麦读
MyRead

走向上的路　追求正义与智慧

献给朱莉、莫莉、玛德琳、杰克逊和阿玛亚

GEOFFREY R. STONE

性与法律

[美] 杰弗里·R.斯通 著
何远 译

从古希腊到二十一世纪

Sex, Religion, and Law from America's Origins to the Twenty-First Century

SEX AND THE CONSTITUTION

中国民主法制出版社
全国百佳图书出版单位

> 性是
> 人类生活中
> 一种
> 伟大而神秘的
> 动力
>
> 也是古往今来
> 一个令人心醉神迷的
> 主题

威廉·J. 布伦南大法官，
1957年"罗斯诉联邦案"

致谢

写作这本《性与法律》,耗费了我十多年的光阴。当然,我在其间也做了许多别的工作,不过,《性与法律》从未离开过我的脑海。我下定决心投入一个重要的研究项目,但对于它的发展方向却毫无头绪,这于我而言还是破天荒头一遭。尤其是在本书的前半部分,我从零开始,求索这条道路上的每一个脚步。这是一段令人迷醉、也常常令人惊讶的冒险之旅。

在这段旅程中,我非常幸运,有来自芝加哥大学和纽约大学的学生们担任研究助手,他们非常杰出。他们与我分享好奇心、探索感受和对这个课题的激情。对于他们的研究、编辑、写作、批评、勤勉和幽默感,我深表感激。我向他们所有人致敬:艾丽安·安德雷德、里安农·巴彻尔德、克里斯蒂娜·贝尔、罗丝·富尔顿、帕特里克·加林杰、凯拉·金斯伯格、亚历山大·格莱奇、安妮·高恩、德文·汉利、埃里卡·豪克、萨拉·赫什曼、雅各、卡洛、陈·卡谢尔、玛莎·金塞拉、阿杰伊·昆德拉、詹妮弗·拉森、布琳·莱尔利、克莉丝汀·麦克唐纳、塞琳娜·

麦克拉伦、莫尼卡·默卡多、杰西卡·麦克、雷切尔·摩根、约瑟芬·摩尔斯、希勒尔·纳德勒、尼科尔·纳吉、德鲁·纳维茨卡斯、金伯莉·佩尔泽、伊丽莎白·波拉斯、凯西·普鲁谢尔、凯尔·雷诺兹、亚历山大·斯通-撒普、约翰·苏利文、夏洛特·泰勒、利利特·沃斯卡尼扬、杰里米·温伯格。谢谢他们！

诸多同事、朋友、家人、同道者与反对者提供了源源不绝的评论、建议、反驳以及常常是非常诚恳的批评，我也从中获益良多。他们使我的思考更加尖锐、写作更加严谨，在我深感受挫、疲倦和怀疑之时，给予了我支持。他们作出的贡献如此之多且各不相同，我对他们深表感激：李·巴特尔、安德烈·贝歇特、玛丽·贝恩克、斯蒂法诺斯·比瓦斯、斯蒂芬·鲍恩、科里·布雷特施奈德、玛丽·安、凯斯、罗恩·柯林斯、简·戴利、爱丽丝·德雷格、伊丽莎白·埃蒙斯、凯思琳·费比尼、哈里特·范伯格、凯伦·弗兰克、芭芭拉·弗里德、帕特里克·加林格、玛丽·哈维、克里斯蒂·赫夫纳、格雷琴·黑尔弗里希、斯蒂芬·霍姆斯、丹尼斯·哈钦森、辛西娅·尤里森、凯伦·卡普洛维茨、詹妮弗·金斯利、肖姆·克拉夫、布莱恩·莱特、索尔·莱夫莫尔、斯科特·门德洛夫、理查德·米歇尔、杰弗里·米勒、威廉·纳尔逊、玛莎·努斯鲍姆、格里·拉特纳、戴维·理查兹、玛莎·罗斯、迈克尔·希尔、朗达·索南伯格、朱莉·斯通、陌莉·斯通、南希·斯通、戴维·施特劳斯、帕特丽夏·斯汪森、卡斯·桑斯坦、丽塔·萨斯曼、丽莎·范·埃尔斯泰恩和劳拉·温瑞卜。我喜欢听到他们的批评,有时候也会欣然接受。

自始至终,在一系列研习班、研讨会和讲座之中,我都有机会检验和改善我的观点和论据。这是取得学术进步不可或缺的一部分。我很幸运,能够在许多地方探讨这个主题蕴藏的各种含义,包括芝加哥大学法学院的"半成品研讨会"、芝加哥大学法学院的"最佳思想"讲座系列;纽约大学法学院的"法律史研讨会"、哥伦比亚大学法学院的"哲学与法律研讨会"、芝加哥大学的"瑞尔森讲座"、芝加哥人文艺术节、福特汉姆大学法学院的"教师研讨会"、斯坦福大学法学院的"教师研讨会"、加州大学洛杉矶分校法学院的"梅尔维尔·尼默讲座";阿斯彭研究所;密西西比大学的"马修斯讲座"。

本书的部分节选,或至少是受本书启发而成的几篇文章,都曾出版过,包括:《淫秽问题的历史、英国小说与第一修正案》,载于《颠覆与同情:性别、法律与英国小说》总第65期(玛莎·C.努斯鲍姆、艾莉森·L.拉克鲁瓦主编,牛津大学出版社,2013);《第二次大觉醒:基督教国家?》,载于《佐治亚州立大学法律评论》第1305页(2010);《同性婚姻与政教分离条款》,载于《维拉诺瓦法律评论》总第54期第617页(2009);《宗教热忱的威胁》,载于《加州大学洛杉矶分校法律评论》网络版总第54期第15页(2009);《制宪先贤们的世界:基督教国家?》,载于《加州大学洛杉矶分校法律评论》总第56期第1页(2008);《淫秽的起源》,载于《纽约大学法律与社会变革评论》总第31

期第711页(2007);以及《性、暴力与第一修正案》,载于《芝加哥大学法律评论》总第74期第1863页(2007)。

  我想在此特别感谢下列朋友和机构:芝加哥大学法学院和纽约大学法学院,为我提供了慷慨大方的研究支持;南希·斯通自始至终陪伴在侧,她的鼓励千金难买;安妮·戈温,是我前所未有的全明星级的研究助理;格雷格·尼默,不知疲倦地在芝加哥大学图书馆系统中为我寻找各种鲜为人知的资源;洛丽·拉格兰和道恩·钦科,给予了我非比寻常的秘书和生活支持;林恩·朱和格伦·哈特利,是优秀的出版代理人;卡拉·格朗德、罗伯塔·卡普兰和伊迪·温莎,毫不吝惜地付出他们的时间;在利夫莱特出版社的威尔·梅纳克、史蒂夫·阿塔尔多、玛丽·潘多哈、比尔·鲁辛、彼得·米勒、科迪莉亚·卡尔弗特等人的帮助下,本书才有可能出版;鲁斯·曼德尔,在我们希望找到完美配图时,再次成为完美的搭档;帕特丽夏·邓恩,在文字编辑工作中绝对一丝不苟;鲍勃·韦伊,是这个国家最杰出的编辑;最重要的人,是简·戴利,她在这个无疑令人精疲力竭却也激动兴奋的过程中,给予了我支持、质疑、忠告和启发。

  我对他们所有人都至为感激。没有他们,本书永远不会有面世之日。

目录

致谢 ………………………………………………… 1
序 …………………………………………………… 1

第一编　先祖 ……………………………………… 11
第一章　古代世界——奥古斯丁的胜利 …………… 13
　　"阿弗洛狄忒之事" ………………………………… 14
　　罗马人的方式 ……………………………………… 19
　　希伯来的传统 ……………………………………… 22
　　早期基督教的教义 ………………………………… 27
　　奥古斯丁以及贝拉基的论战 ……………………… 30
第二章　揭示真理的权力 …………………………… 39
　　"道德权威的象征" ………………………………… 41
　　中世纪的肉欲 ……………………………………… 44
　　手淫与私通 ………………………………………… 47
　　神圣的婚姻 ………………………………………… 49
　　与性别不适当的人发生性行为 …………………… 52

"彻底沦为禽兽" ……………………………… 59
挑战唯一真正的教会 ……………………… 60

第三章 英格兰、启蒙时代与"性爱时代" … 67
清教徒与放纵派 …………………………… 68
女性化男子与男性化女子 ………………… 75
性文学:"只能在宗教法庭上施以惩罚" … 78
《欢场女子回忆录》 ……………………… 85
"性爱时代" ……………………………… 90

第二编 美国先贤 ……………………………… 99

第四章 从清教徒到追求幸福 ……………… 101
清教徒之道 ……………………………… 103
十八世纪新英格兰地区的"人生乐事" … 110
卡罗莱纳、切萨皮克和中大西洋地区
　各殖民地的性 ………………………… 112
"色情图书种类繁多,令人震惊" ……… 114
费城:"兄弟之爱的城市" ……………… 115
我们必须警惕"自身的……放荡" …… 120

第五章 制宪先贤们身处的世界
　——一个基督教国家? ………………… 122
"并非还处于信仰的时代,而是已步入理性的
　时代" ………………………………… 123
富兰克林:"彻底的自然神论者" ……… 128

　　　　杰斐逊:"因疯狂的想象说出的胡话" ············ 130
　　　　亚当斯:"为人应正直善良" ················ 134
　　　　华盛顿:"是罗马式斯多葛主义者,而非基督教
　　　　　　圣人" ························· 138
　　　　潘恩:"恶人和不信教者" ················· 140
　　　　"民主所必需的公民道德" ················· 144
第六章　"自由政府的基本准则" ···················· 148
　　　　"每个人所关心的灵魂得救,只不过是私事" ··· 149
　　　　"新宪法的荣耀"之一 ··················· 152
　　　　"追求公共利益" ······················ 153
　　　　"人民自己":权利法案,以及司法审查的
　　　　　　起源 ························· 156
　　　　未列明的权利:"理性与正义的永恒原理" ······ 165
　　　　"分离之墙" ························· 167
　　　　启蒙的终结 ························· 172

第三编　道德家 ······························ 175
第七章　第二次大觉醒 ························· 177
　　　　"人群中出现痉挛" ····················· 179
　　　　"道德民兵" ························· 180
　　　　星期日邮件:"重建神圣秩序" ·············· 184
　　　　亵渎上帝:"对正派风气的严重侵犯" ········· 188
　　　　禁酒运动 ·························· 193

奴隶制："灵魂之血" ………………… 194
"觉醒的性欲" …………………………… 196
自由思想家，自由的爱 ……………… 201
第二次大觉醒的终结 ………………… 204

第八章 "它会腐蚀公共道德"——淫秽的含义 205

"应当制定一部法律" ………………… 208
走进康斯托克时代 …………………… 210
为"害虫"辩护 ………………………… 214
严肃文学与当下的标准 ……………… 222
波士顿的禁书 ………………………… 225
康斯托克身后 ………………………… 227
戏剧与电影 …………………………… 230
"为了下流而下流" …………………… 234
淫秽的"邪恶臭味" …………………… 238

第九章 从美国成立至二十世纪五十年代的避孕和堕胎 ………………………………… 241

什么才能让她们保持贞洁？ ………… 242
"这个时代的邪恶" …………………… 247
美国医学会 …………………………… 250
（再次）进入康斯托克时代 ………… 254
玛格丽特·桑格与"生育控制运动"的诞生 …… 260
"一定是上帝送你来我们之中的" …… 268
避孕：凡人的罪恶？ ………………… 271

二十世纪的生育控制 …… 274
　　"很多人改变了想法" …… 277
第十章 "天生的奇异怪胎" …… 282
　　别过脸不去看 …… 282
　　"天生的奇异怪胎" …… 285
　　同性恋亚文化圈 …… 293
　　第一次世界大战、禁酒和二十世纪 …… 298
　　大萧条 …… 303
第十一章 出柜 …… 307
　　善战 …… 309
　　紫色恐慌 …… 315
　　"异常邪恶的循环" …… 322
　　阿尔弗雷德·金赛、伊夫林·胡克与法律院校 …… 326
　　出柜 …… 332
　　撞上石墙 …… 335
　　抵制 …… 341

第四编　法官们：性表达与宪法 …… 347
第十二章　淫秽与第一修正案
　　　　——"堕落和腐化的"影响 …… 349
　　新的贞洁运动 …… 351
　　"鼓励言论，而非强迫沉默" …… 353

"爸爸懂得最多" …………………………… 357
"一种伟大而神秘的动力" ………………… 361
再次到来的《欢场女子回忆录》 ………… 369
"淫秽书籍的大日子" ……………………… 373
"私人想法" ………………………………… 375
"雷德拉普案" ……………………………… 377
"色情文学作者的大宪章" ………………… 379
"米勒案"与"巴黎成人影院案" …………… 382

第十三章 淫秽的终点? …………………… 392
米斯委员会 ………………………………… 393
反剥削和猥亵儿童局 ……………………… 395
现实的变迁 ………………………………… 399
"推动正义的事业" ………………………… 402
"战争结束了,我们输了" ………………… 410
色情与基督教右派的诞生 ………………… 413

第十四章 二十一世纪的性与言论 ………… 417
"为了烤猪肉烧掉房子" …………………… 418
"脏话" ……………………………………… 421
把重担留在它所属之处 …………………… 429
"人们不应随意暴露私处" ………………… 434
儿童色情问题 ……………………………… 443
公共博物馆、图书馆、学校和艺术项目 …… 447
我们创造了什么? ………………………… 455

第五编	法官们：生育自由与宪法	467
第十五章	宪法与避孕	469
	"格里斯沃尔德案"	473
	"婚内隐私"权利	480
	是否"生养孩子"	484
	桑格的胜利	488
第十六章	"罗伊案"	489
	美国法学会、萨力多胺恐慌和"穷街陋巷"堕胎的黑暗世界	490
	宗教与政治	495
	女权运动的声音日益高涨	498
	从立法上推动堕胎合法化的斗争	501
	起诉	506
	"罗伊案"	510
	反响	521
	勇敢前进？	527
第十七章	"罗伊案"及其后续	530
	基督徒右派的兴起	532
	抵制"罗伊案"	539
	完善"罗伊案"	544
	"我们最大的恐惧已成为现实"	548
	"'计划生育联盟'诉凯西案"："我畏惧黑暗"	553

"半生产式"堕胎 …………………………………… 560
"以斯卡利亚和托马斯为标准" ………………… 563
再次审理"'半生产式'堕胎案" ………………… 567
今日之堕胎 ……………………………………… 572
"过度负担"与堕胎的未来 ……………………… 579

第六编　法官们：性取向与宪法 ………………………… 591
第十八章 "同性恋时刻" …………………………………… 593
"世纪瘟疫" ……………………………………… 595
"我们死去/他们袖手" …………………………… 597
"我们就无法成为我们应该成为的样子" ……… 600
"不再仅仅因为他人是同性恋者就加以歧视"
　………………………………………………… 602
"为他们热爱的国家效力的权利" ……………… 610
"去教堂" ………………………………………… 615
传遍美国的爆炸性消息 ………………………… 620
捍卫婚姻 ………………………………………… 624
第十九章 "保留尊严"的权利 ……………………………… 628
鲍尔斯："同性恋鸡奸行为是不道德的" ……… 630
"犹太教与基督教共有的价值观……不足以
　成为充分的理由" …………………………… 633
"罗默案"："赤裸裸的伤害欲望" ……………… 638
"劳伦斯案"："全新的认识" …………………… 644

　　　　　最高法院与"同性恋议题" ……………… 649
　　　　　当街起舞的时刻 ………………………… 653
第二十章　同性婚姻与宪法 …………………………… 656
　　　　　辩论的内容 ……………………………… 659
　　　　　"与自己选择的人结婚的权利" ………… 663
　　　　　"我们会赶你下台" ……………………… 667
　　　　　通往联邦最高法院之路，道阻且长 …… 669
　　　　　"温莎案"：《婚姻保护法案》的终结 …… 674
　　　　　"温莎案"之后 …………………………… 679
　　　　　"另一只靴子" …………………………… 684
　　　　　"宪法……与之完全无关" ……………… 688
　　　　　谁才是对的？ …………………………… 690
　　　　　展望未来 ………………………………… 697

后记 …………………………………………………………… 709
译后记 ………………………………………………………… 719

序

我们正处于一场宪法革命之中。这场革命考验的是大多数美国人民的基本价值观,并从根源上撼动了宪法。它还让美国的公民、政治家和法官产生了巨大的分歧。这场战役主宰了政治领域,激发出宗教热忱,促使美国人重新思考和审视自己在一些问题上的立场,而他们曾经以为这些问题已经得到解决。这是一个此前从未道出全貌的故事。而最棒的是,这个故事讲述的是性。

在这场斗争中,对于避孕、堕胎、淫秽与鸡奸等相关性行为存在的诸多政府规制,美国法律对其合宪性均提出了质疑。与之相应,联邦最高法院面临的根本问题包括:性自由的性质,自由、平等与隐私的含义,政府规制性道德问题的合法性,宗教在公共生活中的适当地位。《性与法律》一书研究的是,美国人——尤其是联邦最高法院的大法官们——为这些存在严重分歧却又意义重大的问题提供指引的非凡历程。

规制性行为的社会观念与法律,深深植根于宗教信仰与宗教传统，这不足为奇。《性与法律》的中心主题是，几百年来，关于性、罪与耻的宗教信仰——尤其是早期的基督教信仰，如何塑造了美国人对性的态度。宪法中有一个令人不安的问题是，在承诺政教分离的国家中，法院应当如何处理那段历史？

我们在思考这些问题时，宪法处于如此核心的地位，这不免令人生出几丝困惑。宪法并没有作出任何关于性自由权利的明文规定。诸如淫秽、避孕、堕胎、鸡奸与同性婚姻等当代争议——有人称之为"文化战争"，美国历史上此前任何时候的联邦最高法院大法官，如果得知最高法院*与宪法在其中所处的地位时，都会感到震惊不已。我们如今亲眼见证的这场宪法革命，是一段漫长、复杂、迷人的历史带来的结果。这是一段若干世纪以来由各种不同且对立的观点所塑造的历史，包括圣奥古斯丁、托马斯·阿奎纳、伏尔泰、托马斯·杰斐逊、安东尼·康斯托克、玛格丽特·桑格、阿尔弗雷德·金赛、哈里·布莱克门、杰西·赫尔姆斯、菲利斯·施拉夫利和安东尼·肯尼迪，而这仅仅只是其中一小部分人物。我敢说，这是一个伟大的故事。

《性与法律》分为六编，每一编研究的都是性道德和美国宪法之间的这场历史性变革中的某个关键时期。

---

* 本书中的"最高法院"，如无特别说明，均为美国联邦最高法院的简称。——译者注

第一编《先祖》研究性的历史，尤其是从古代一直到启蒙时代的性与宗教之间的关系。这几章奠定了这场旅行的基础。唯有看清来路，明白不同的文化处理看待这些问题颇有不同，我们才能理解现在。如果以为我们对性、罪和法律的态度是自然形成且别无他路的，那就大错特错了。

《先祖》开篇研究的是希腊人、罗马人和古希伯来人是如何看待性问题的。在前基督教时代，这些社会将大多数形式的性视为人生中自然和十分快乐的组成部分。这些文化都不会认为性具有内在的不道德、罪和羞耻。

不过，五世纪之初，在圣奥古斯丁的巨大影响下，早期的基督徒对性及其与罪之间的关系形成了新的理解。随着时间的流逝，教会将手淫、私通、鸡奸乃至婚内非以生育为目的的性交都作为"道德罪恶"加以谴责。尽管，对于性，尤其是婚内的性，宗教改革产生了新的宗教观点，但它也导致新教改革者发起了一次成功的运动，即动用国家权力强制实施他们在性问题上的宗教戒律，即使对不认同他们信仰的人也是如此。之后，启蒙运动引发了对基督教学说的强烈质疑，尤其是在性领域。随着人们不再关注信仰，转而开始关注理性，一种自由思想的文化在某些领域逐渐生根发芽，到了十八世纪中叶，伦敦已成为著名的性欲之都。正是在这样的文化背景和社会背景下，美国诞生了。

第二编《美国先贤》越过大西洋,审视了新大陆从"五月花"号横渡重洋直到美国宪法制定之时的性观念变化。它探索了清教徒的刻板性观念,他们相信,政府的创立,是为了遵从上帝的谕令、遏制凡人的罪恶。然而,久而久之,人生的快乐所产生的诱惑,启蒙运动所带来的勇敢新理念,让清教徒的世界日益黯然失色,在各殖民地中催生出一系列的性观念,对性自由异常宽容。毕竟,这是全心全意"追求幸福"的一代人。

不过,对于当代有人提出美国是作为"一个基督教国家"而建立的主张,我们该如何看待?《美国先贤》讨论了这个问题。许多制宪先贤对传统基督教持批判态度,他们钟情于自然神论,承诺创造一个致力于政教分离的国家,足以证明他们想要建立一个基督教国家的说法不过是谎言。与此相反,美国诞生于一个理性的时代,而非信仰的时代。

《美国先贤》接着讨论宪法本身以及制宪先贤们所认为的"自由政府的基本信条"。在此,我们深入了解了美国建国一代对政府和宗教之间可能关系的理解,探讨了重要的"未列明"权利问题。如果宪法未曾明确规定性自由权,联邦最高法院是否可以合理地将宪法解释为限制政府在禁止避孕、堕胎、鸡奸和同性婚姻问题上的权力?在历经近两个世纪之后,确认此类未列明宪法权利的挑战,将会成为围绕宪法解释展开的司法战争中的关键枢纽,使联邦最高法院的大法官们产生严重分歧。

第三编《道德家》研究的是新教的宗教狂热于十九世纪初和二十世纪中叶之间在美国的卷土重来。在此期间,各种社会运动和宗教运动试图再次让法律成为助力,以将各宗派所持有的宗教价值观强加给社会,在性领域尤为如此。这段故事始于十九世纪初第二次大觉醒期间爆发的宗教狂热,这是一场强有力的福音运动,它试图争取政府权威下令遵守安息日规定,将亵渎神明宣布为非法,压制性表达和性行为。正是在这个时代,美国首次出现了禁止淫秽表达的法律。

在美国内战结束后,安东尼·康斯托克突然出现,发起一场全国性运动,要根除"各种邪恶的"性表达。康斯托克在十九世纪末发动的宗教战争,留下了强有力的遗产。在二十世纪的大部分时间里,每一级政府都普遍建立了审查制度,确保图书、戏剧、报纸、杂志和电影中关于性内容的任何暗示都会被清洗干净。

这个时代的道德家们并未将自己局限于性表达问题上。他们积极活动,试图将此前一直合法的避孕和堕胎宣布为非法,关于罪和性羞耻的观念也在其间居于重要地位。一位十九世纪中叶的狂热信徒宣布,如果女人可以获得避孕或者堕胎,还有什么"能让她们保持贞洁"。此种观念带来的结果就是,针对避孕和堕胎的法律在十九世纪比历史上任何其他时候都要严苛得多。

《道德家》还探讨了美国从建国伊始直至二十世纪中叶的

同性恋历史。直到十九世纪末，人们才开始认为，会被同性性行为所吸引的人，具有与众不同的心理认同。在主流宗教将同性恋视为邪恶之罪的社会中，法律将同性恋者作为罪犯处理，医生将之诊断为"天生怪胎"。而怀有同性欲望的绝大多数人，在家人、朋友、邻居和同事面前，竭力隐瞒自身秘密。就连美国当时最坚定的公民权利组织，对同性恋者也丝毫不予理会。

《性与法律》剩下的一半篇幅，探讨的是始于二十世纪五十年代末的这项进程，法官们尤其是联邦最高法院的大法官们对宪法的解释和适用，限制了宗教保守派人士审查性导向表达、禁止避孕和堕胎、迫害同性恋者的能力。这段进程无比漫长，时而踌躇不前，且经常引发巨大分歧。美国宪法的守护者们摸索着前行，试图着手解决言论自由、平等、宗教、个人自由和未列明权利等复杂议题。性自由问题中的这些议题，既造成了政治对立，又往往导致社会情绪的紧张。对于作为公共机构的最高法院和这个国家而言，所面临的风险一直居高不下。

第四编《法官们：性表达与宪法》追溯了自二十世纪五十年代至今规制性表达的法律的历史。从二十世纪五十年代中期开始，大法官们与之缠斗不休的问题，是如何定义"淫秽"，这是一项令人沮丧的挑战，而且，无论如何定义"淫秽"，它究竟是否属于第一修正案意义上的"言论"？就性露骨表达的限制问题所展开的这场战斗，最终成为美国"文化战争"的中心议题。新近浮现的基督教右派谴责说,此种表达是对美国道德准则的根本威胁。

尽管宗教领袖、法官、政治家和总统想要阻止性露骨表达的浪潮,但他们的共同努力却最终付诸东流。二十世纪六十年代的社会变革犹如猛虎出笼,随着有线电视和互联网之类的全新通信技术的问世,法律限制性表达的能力被摧毁了。但是,尽管基督教右派想要阻止自愿的成年人获取性表达的运动未能获胜,但它对淫秽的宣战,却帮助激励了一场强有力的宗教和政治运动,对于生育权、女性权利和同性恋者的权利在法律上获得承认,产生了严重的阻碍。这场强有力运动的诞生,是终告失败的取缔淫秽斗争的一项重要遗产。

第五编《法官们:生育自由与宪法》讨论的是联邦最高法院与避孕、堕胎议题的艰苦角力。这个过程最终促使最高法院承认个人享有自主决定"是否生养孩子"的基本权利。大法官们先解决了避孕问题,之后进而致力于解决堕胎问题。在"罗伊诉韦德案"中,最高法院卷入"女性选择权"还是"胎儿生命权"的争议之中,终使美国陷入分裂,激发了基督教右派的热情,重构了美国政治的轮廓,深刻影响了联邦最高法院的任命和提名确认程序。

在"罗伊案"之后的许多年,来自天主教会和福音教派团体的宗教领袖,包括杰里·福尔韦尔、帕特·罗伯森和菲利斯·施拉夫利等人,在关于规制堕胎的政治斗争和司法斗争中发挥了重要作用。这场仍在继续的斗争，见证了制定宪法修正案推翻"罗伊案"的呼求、针对堕胎手术提供者和诊所的暴力行为、破坏和规避"罗伊案"的立法努力，以及两党向各级联邦法院任命致力于支持或推翻"罗伊案"的法官、大法官们付出的不懈努力。时至今日，"罗伊案"的未来命运仍未可知。

第六编《法官们：性取向与宪法》回到了同性恋议题，不过，现在它已经进入宪法领域。如果同性恋者享有宪法权利，那又是些什么样的权利？他们是"天生怪胎"和有罪的堕落之人吗，又或者，因为他们是在历史上承受迫害的团体，所以应当得到宪法的保护？第六编追溯了同性恋者权利运动的历史、来自基督教右派的强烈反对、艾滋病造成的灾难、公共舆论朝着宽容同性爱情的渐进演变，以及联邦最高法院所发挥的作用，它谨慎地承认，同性恋者享有自由、尊严和平等等根本性宪法权利。

联邦最高法院在处理这些议题时，常常陷入严重分裂，它力图作出明确区分，一方面是宗教上关于罪的观念和道德，另一方面是宪法所不允许的敌意。对于这些议题，最高法院内部的分歧尤为严重，一些大法官试图为诸如平等和尊严之类的宪法概念赋予意义，其他大法官则指责他们屈服于"政治正确"和"同性恋议程"。从起诉鸡奸行为到歧视同性恋，再到同性婚姻，在范围众多的这些议题上，最高法院再次将自身置于宪法争议的漩涡中心。

《性与法律》讲述的故事至关重要,它是美国为调和历史悠久的宗教观念与不断演进的个人自由、个人隐私和人人平等而展开的一场斗争,而且它仍在持续。本书讲述了联邦最高法院的上下求索之路,美国宪法制定于十八世纪,所使用的措辞往往含糊不明,它想在其中找到合理的答案,以解决复杂的、高度敏感的社会、政治、道德和法律议题,而这些议题自始便与我们同在。同时,本书也追溯了随着环境、价值观、道德观和社会共识的不断改变,美国所发生的变化的根本路径。

第一编

先祖

第一章
古代世界——奥古斯丁的胜利

两个多世纪以来,在立法规制性、淫秽、避孕、堕胎、同性恋与同性婚姻的问题上,美国人在社会、政治和宪法领域陷入严重的分化对立。这些分歧之所以造成对立,很大程度上是因为在决定法律该如何调整性问题时,宗教占据了核心地位。美国宪法的制定者们曾经预见到,将宗教信仰纳入世俗法律,必然会在个人自由、政教分离、宪法含义上引发根本性的问题。

为了理解这些分歧的根源,我们尝试着了解过去的不同社会如何解决这些问题,以及我们如何形成对待性的态度,必然有所助益。从古代世界直至美利坚合众国诞生之初,社会、文化、宗教与法律诸领域对于性的观念,是如何演化而来的?

或许会令人感到惊异的是,在基督教诞生之前的世界里,人们普遍认为性是一种自然和正面的人生体验,与罪、耻或者宗教等问题并不相关。然而,基督教的创立,极大地改变了当时的主流性观念。随着罗马帝国的崩溃,后世所谓美国人对性的"传统"态度,才第一次占据上风。本章追溯的,正是西方文化的这段形成期。

"阿弗洛狄忒之事"

自公元前六世纪至四世纪,希腊文化在文学、哲学、政治、科学和艺术等诸领域的成就令人叹为观止。彼时的希腊人,往往不会顾及道德或者宗教赋予"正确的性行为"观念的法律强制。古典希腊的道德与法律关注的并非性的罪恶,而是个人行为是否对他人造成损害。对古代希腊人而言,性爱是对人生有全方位影响的原动力。

希腊众神自由地沉溺在性快乐之中。在希腊神话中,宙斯为了诱奸凡人,常常化身公牛或天鹅,甚至还变成雨水。阿弗洛狄忒是主司爱、美和性狂喜的女神。性是"*ta aphrodisia*"——"阿弗洛狄忒之事"。据说,在赞颂阿弗洛狄忒的节日中,作为礼拜仪式,她的女祭司们要与陌生人发生性行为。

希腊人看待人体时,从不会觉得裸体是羞耻的。恰恰相反,阴茎是繁殖力的有力象征,而繁殖力又是希腊宗教的核心主题。雅典城几乎每家每户的前门上,都立着一根头顶赫尔墨斯头盔的柱子,上面装饰有傲然挺立的阴茎。瓶罐与陶瓦上也描绘着性交、手淫和口交的清晰场景。

而且,希腊人并没有"淫秽"的概念,要到两千年以后,这个法律概念才会出现在西方文化之中。例如,希腊喜剧往往非常色情。公元前四世纪的剧作家阿里斯托芬描写了各种形式的性行为。在《骑士》这部作品中,他描写了手淫、口交和男人之间的肛交(拉丁语:Coitus in ano)。一名角色自夸"在城市公共会堂之上吸吮阴茎",另一名角色则吹嘘自己出售的不仅仅是香肠,偶尔也出卖"屁股"。希腊文学还玩笑般地描写女性的手淫,作品中的人物,用手或者能够派上用场的器具加以辅助。希腊人称这些器具为 baubon 或者 olisbos。

在赫隆达斯的《两位好友》(又名为《私语》)中,两名年轻女子激动地聊着这些 olisboi。剧终时,尚未拥有此物的那名女子迫不及待地想要得到这样一款"宝贝"。在阿里斯托芬的《吕西斯忒拉忒》中,一名女子为痛失皮制 olisboi 而伤心不已,那可是米利都女人精心制造的。希腊瓶罐也清晰描绘了每一种可能的 olisboi 使用方法、体位及其组合。

希腊的男人们一般都能自由地追求婚前与婚外的性快乐,但这项自由却没有扩展到女人们——至少没有扩展到上层社会的女人们身上。已婚女子的作用,是为丈夫生育继承人并管理家务。男人的性愉悦主要在婚姻之外得到满足。公元前四世纪前叶的希腊史学家色诺芬评论道,"到处都有能够满足男人性欲的对象,还有妓院,你当然不会认为,是性欲促使男人走入婚姻"。

16 / 性与法律

高等妓女跳进装满假阴茎的篮子

确实,卖淫不但常见,而且合法。高等妓女(*hetaerae*)*受过良好教育,富有教养。较为普通的从业者男女都有,人数众多。公元前四世纪,希腊诗人塞那耳科斯惊讶于雅典"妓院中面容姣好的年轻人"的数量,他们公然"晒着太阳,为行事方便而袒胸露乳"。

希腊人采用各种方法来避孕,包括服用草药、事后清洗和体外射精等。堕胎也十分常见。公元前五世纪,希波克拉底所著的《女性的疾病》就推荐了多种堕胎药,包括药草和阴道栓。柏拉图十分赞赏这些方法,认为这对确保人口数量的稳定十分重要。亚里士多德也支持首次胎动之前的堕胎。

---

* 古希腊的高等妓女拥有良好的教育和很高的社会地位,在一些城邦中,高等妓女的塑像与功勋卓著的将军和政治家的塑像并排放置。详细介绍参见[德]利奇德:《古希腊风化史》,海豚出版社 2012 年版,第 361-386 页。——译者注

希腊人的性传统之中有一个特殊的项目就是"男孩之爱"（pederasty）。无论是否已婚，成年男性常常与未成年男孩保持性关系。希腊人理想中的美，最完美地体现在了少年男子的身上。诗人、立法者梭伦写道：爱慕"一位少年，花一般的青春，着迷于那修长双腿，还有甜蜜的唇"。奥林匹斯山上自宙斯以降，法力无边的众神也都拥有这种情感，埃斯库罗斯、索福克勒斯、亚西比德、品达等人也莫不如此。

没有人教导希腊的男孩们，在异性恋与同性恋之间只能非此即彼，在此后将近两千年里，这种区分也并不存在。与此相反，希腊文化承认，在同一个人身上，自然地并存着对同性与异性的性欲，只是程度有别而已，就如同今天的我们或许会觉得，不同的个体因为欲望的差异，有的人会比其他人更为频繁地发生性行为。对希腊人而言，同性之间的性，也仅仅是性而已，不能以之定义某种类型的人。

希腊的"男孩之爱"一般发生在两情相悦的感情基础之上。柏拉图评论道，此种关系中的成年男性会为"心爱之人"做"情人之间会做的所有事情"，以礼物、诗歌、关切和爱慕来表现情意。还有一种方式，是成年男性会指引这些年轻人，带他们进行社交活动，在贵族阶层中尤其如此。色诺芬证实道，在此种关系中，年龄较长的男子"煞费苦心地训练这名弟子兼'爱人'的性格，倾囊相授"。

许多希腊人接受了此种习俗，而且还称之为一种特别值得赞美的人际关系。希腊的诗人与作家将之与爱情、正直、荣誉和勇气联系在一起,希腊人相信,这样的联系是性爱的**唯一表现形式**,它产生的是纯洁、长久和神圣的爱情。这也多少是因为当时的主流观点认为,女性较为低等,不适合成为完美感情的对象。想要得到真正的爱情,男人应爱慕其他男子。

除了"男孩之爱"外,希腊人往往对其他各种同性性行为存在矛盾心态。人们不太认同成年男子之间发生同性性行为,因为,这会将其中一名成年男子(而不是少年)在性关系中置于屈从的地位。大多数希腊人觉得这有违自然。困扰希腊人的是被另一名男子进入身体的行为,而不是同性之间发生性行为的事实。而且,希腊人无法容忍娘娘腔,他们讥之为与男人身为城邦守护者的身份毫不相容。

与男性相比,女性之间的同性性行为较少公之于众。但在希腊的瓶罐和陶瓦上出现了描绘女子发生性关系的图案,根据普鲁塔克的说法,此种关系在斯巴达非常普遍。古希腊最杰出的女诗人萨福的诗歌,常常被认为是对女同性恋的颂歌。公元前612年,萨福出生于莱斯博斯岛,有人认为,希腊文学应将她称为"古往今来,人类声音发出过的最难忘的爱之倾诉"。

总而言之,古希腊人一般将性快乐视为人生中自然和健康的一部分,它能丰富人生的体验。尽管他们在一切事物中倡导适度,也明白不加节制的**性爱**会对社会稳定产生威胁,但还是没有从道德或宗教权威中接受或者发展出抑制性欲的要求。

古希腊人从未有过性罪恶的概念。

罗马人的方式

古罗马初期的性事与希腊颇为不同。早期的罗马人对希腊人十分不满,认为后者"狡诈、软弱、堕落"。早期的罗马人都是粗俗、勤苦的农民和残忍无情的战士。不管希腊人如何赞美人类的形体,早期的罗马人却无法忍受赤身裸体。罗马哲学家、博物学者老普林尼写道,即使就雕像而言,"希腊人习惯不着寸缕","罗马人的方式"却相反,给所有雕像都穿上了"盔甲"。

但是,与希腊一样,阴茎在罗马的宗教生活中具有核心的地位。它代表神圣的创造力,常被用作女性的护身符和儿童的辟邪物。阴茎形状的酒杯随处可见,普里阿普斯*也常被刻绘成拥有一根巨大的阴茎。在罗马的宅院和花园中,常常可以见到他的雕像。

色情业在罗马也十分发达。比如,庞培城的妓院多达三十五家,而该城总人口不过一万左右,几乎每三百居民就有一家妓院。与希腊一样,高等妓女也十分普遍。色情业应当纳税,所以妓院必须向官方登记。妓院往往开设在公共浴室,女性经常登台表演性行为。男性从业者也很常见,而且,男妓还拥有

---

* 普里阿普斯为古罗马神话中的男性生殖力之神以及肉欲和淫乐之神。——译者注

普里阿普斯

自己的节日。

  罗马的宗教与法律都没有关注同性性行为。① 不过,与古希腊一样,人们十分抵触成年男性之间的屈从性的性行为。罗马性文化着重区分的是,谁是进入者、谁是被进入者,而不考虑

---

  ① 罗马承认同性之间的婚姻,虽有一些证据,但不够充分。见 Craig A. Willims, *Roman Homosexuality* 245-52 (Oxford 1992)。

性别。让别人进入自己身体的成年男性,承受的是 *muliebria pati*("女性的体验"),不再被视为真正的男人。拉丁语中的 *mollis*("柔软")所嘲讽的正是这些男人。这里的 *mollis* 不仅包括让人进入自己的男性,也包括卷曲头发、使用脱毛膏或滥用油剂和香水的男性。而在娘娘腔的男性饱受指责的同时,人们却普遍认为,"真正的"男人进入他人,无论是男孩或男人,还是女孩或女人,都算不上不自然或不正常之举。

公元前202年,第二次布匿战争结束,罗马文化开始了一场影响深远的转变。这场战事持续近一个世纪,罗马终于击败了迦太基。突然之间,罗马拥有了史无前例的财富和权力。数百万奴隶涌入罗马,贵族们享受着刚刚获得的巨大财富。罗马历史学家维莱里乌斯·帕特尔库鲁斯写道,对迦太基的恐惧消除了,"罗马沉浸在……喜悦之中"。

罗马人的期望值不断升高,能够把握的机会也越来越多,无论男女,婚外性行为都变得更加普遍。罗马历史学家李维写道,新的时代带来了"享乐的倍增"。公元前二世纪中叶,女性的传统贞洁观已随风而逝。罗马诗人尤维纳利斯写道,堕胎如此普遍,"很难见到"教养良好的女子会生儿育女。对于罗马性道德的这次转变,毁誉参半。历史学家塞勒斯特怒斥"男人只惦记有违自然的淫乱,女人公然兜售尊严",拉丁哀歌诗人普罗佩提乌斯直斥罗马"堕入淫秽"。而其他人却醉心于新的时代。

任何关于法律应当介入性表达(与政治表达相反)自由的建

议,无疑都会引来一片指责之声。这个时代的罗马诗歌与戏剧,充斥着性题材和情色描写,罗马最著名的诗人对性事也毫不遮掩。他们描写各种正当和不正当的爱情,也写下各式各样的滑稽性事。卡图卢斯粗俗不堪("我入你后庭,你为我口爱"),奥维德常用幽默的笔调描写同性之性、男子不举、多人之性和通奸。他写的《爱之艺术》被称为"享乐主义的精细指引",旨在教导"尽可能彻底和快乐地享受……女性身体的艺术"。

奥维德、维吉尔、贺拉斯、卡图卢斯、提布鲁斯和佩特罗尼乌斯等作家描写的同性性行为,足以证明罗马晚期对此类行为听之任之的态度。但与古希腊人不同,罗马人并未将之理想化。对热衷此道的人而言,它与口交和肛交一样,只不过是另一种形式的性快乐。

包括奥古斯丁在内的早期基督教作家,将罗马在公元五世纪的覆亡归因于性堕落。不过,罗马的性标准就算与其灭亡有关,这种关联也是微乎其微的,因为此时距离第二次布匿战争已有六百年之久。不过,奥古斯丁的观点揭示了他们与希腊罗马文化之间存在的巨大差异,后者将性视为人生中的自然组成部分,而早期基督徒却视之为应当压抑的罪恶诱惑。

希伯来的传统

《希伯来圣经》并无只言片语对性快乐加以贬斥,"对禁欲也无赞美",更没有暗示亚当和夏娃的罪是性而不是违抗神谕。与古希腊人和古罗马人一样,古希伯来人并没有禁止手淫、婚前性行为、口交、肛交、卖淫、避孕、色情文学、女同性恋和堕胎。

《雅歌》与《箴言篇》可以证明,古希伯来人不会羞于提及性快乐,更不用说婚内的性追求了。《希伯来圣经》特别强调了夫妻之间互相满足性需求的义务。比如,《箴言篇》命令丈夫从妻子身上寻找喜悦,"愿她的胸怀使你时时知足,她的爱情使你常常恋慕"。《希伯来圣经》没有责难口交,也没有禁止未婚者发生性关系。[①] 尽管古希伯来整体上反对卖淫,却从未视之为非法。虽然通奸者会被处死,但仅限于已婚女性。禁止妻子通奸,彰显的是丈夫的财产权,以及保护家庭财产不被妻子与他人通奸所生的后代继承。

公元前八世纪的犹太人大流亡之前,希伯来人对于同性性行为的态度,并无证据传世。此后,以色列人迁徙到古代世界各地时,他们日益需要找到将自己与其他人区别开来的方法,以保持与众不同的身份。他们坚持维护自身的特殊性,拒绝强势的希腊罗马文化,这就使得大流亡之后的犹太人制定了数百条规矩和仪礼,遗世独立。除了男子割礼的习俗外,这些命令的内容包罗万象,包括胡子样式、饮食律法、女性经期、遗体收

[①] 《希伯来圣经》规定,男人与处女发生关系,应向她父亲支付五十舍克勒,并和她结婚。不过,《希伯来圣经》并没有禁止非婚性行为,如果发生非婚性行为的女子并非处女,《希伯来圣经》并未加以谴责。

殓、焚香仪式、纹身规矩、忌食剩菜、丧事仪程、饮食器皿和公共厕所。

在这诸多规矩之中,《利未记》也对同性性行为作出了规定:"男人若与男人苟合,像与女人一样,他们二人行了可憎的事,总要把他们治死。"这项禁令的制定时间无法考证,希伯来人在努力维护自身的特殊性时,以如此明确的文字谴责当时盛行的希腊人的"男孩之爱"行为,是希望藉此将自己与异教徒区分开来。虽然这段文字声称要对之处以死刑,但切勿信以为真。《希伯来圣经》也声称要处死施巫术者、卖淫的神职人员女儿、未遵守安息日规矩者、诅咒他人父母者,但并无证据证明,古希伯来人曾经严格地或者有组织地根据犹太律法处罚同性性行为。

《圣经》记载的俄南和所多玛的故事,在西方法律和文化的演进中起到了核心的作用,值得用心审视。俄南的故事教导人们,手淫和避孕都是罪恶的,所多玛的故事让我们知道了"违反自然"的性。大多数学者都同意,是后来的各种解释曲解了这两则故事。

俄南的故事揭示了希伯来律法中生育和财产继承的重要程度。古希伯来有"娶寡嫂制"的习俗,如果已婚男子死亡时没有子嗣,他的兄弟负有与遗孀同房生育一名子女的义务。俄南是犹大的儿子,珥的兄弟,他玛的小叔子。珥死后,犹大命令俄南完成《利未记》规定的责任。根据《创世纪》的记载,俄南对此十分恼怒,因为他与他玛的后代"不能归己,所以同房的时候,便遗在地,免得给他哥哥留后"。为此,俄南违反了《利未记》规定的传统,会因此导致他玛去世时依然无后,也剥夺了已故兄长留下后代和保护遗产的权利。俄南的行为,"在耶和华眼中看为恶,耶和华也就叫他死了"。

这则故事的实质,它对于古希伯来人的核心意义,均在于俄南拒绝遵守《利未记》规定的婚姻制度。古代的评注者都能理解这段情节所教导的基本教训,是应当遵守律法,服从"滋生繁多"的神谕,为家庭争光。然而,后世的基督教神学家却将之解释为对体外射精、避孕和手淫的神谴。① 不过,古希伯来人和古希腊人、古罗马人一样,实际上并未禁止其中任何一种行为。

《创世纪》中第一次提到所多玛,是罗得要找一处地方居住。《希伯来圣经》写道:"所多玛人在耶和华面前罪大恶极。"数章之后,耶和华告诉亚伯拉罕他要灭这座城,因为城中居民罪恶"甚重"。亚伯拉罕祈求耶和华切勿"无论善恶都要剿灭",经过一番争辩,耶和华同意,如果有十个义人,就饶恕所多玛城。

此后,两位天使来到所多玛,遇见了罗得。所多玛的居民包围罗得的家,要求罗得交出天使,"任我们所为"。罗得答

---

① 因为此种解释,手淫行为就被称为"性交中断"。

道:"众弟兄,请你们不要作这恶事。我有两个女儿,还是处女,容我领出来任凭你们的心愿而行,只是这两个人既然到我舍下,不要问他们作什么。"

人们想要破门闯进罗得家中,天使施法使他们不能视物。次日清晨,天使催逼罗得携妻带女离开所多玛。耶和华降下"硫磺与火",毁灭了所多玛和与之并称的蛾摩拉,"并城中所有的居民,连地上生长的都毁灭了"。

基督教神学将这则故事解释为对同性性行为的神谴。但这种解释曲解了这段情节以及《圣经》中引述它的地方。在犹太传统中,人们一直将它理解为与好客义务有关的一种道德,与同性性行为无关。尽管赋予好客义务如此高的重要性,显得很奇怪,但在沙漠中,好客是生存的必要。在游牧民族中,好客不但是一种道德品质,而且是一种道德义务。在希伯来文化中,"客人是神圣的",为了保护客人,罗得愿意牺牲自己的女儿。

当然,所多玛的故事可以解读成对同性性行为的谴责。但在《希伯来圣经》中,后文若干处提及所多玛时,无一提及同性性行为。比如,先知以西结数列所多玛的罪恶时,也从未提及同性性行为。同样,《新约》中提及所多玛的若干处,也无一提及同性性行为。耶稣自己显然认为,所多玛之所以毁灭,是因为不好客的罪恶:"凡不接待你们、不听你们话的人,你们离开那家或是那城的时候,就把脚上的尘土跺下去。我实在告诉你们,当审判的日子,所多玛和蛾摩拉所受的,比那城还容易受呢。"

此外,早期的基督教徒将所多玛的故事理解为对与同性恋无关的罪恶的谴责。比如,公元三世纪最杰出的基督教神学家之一奥利金解释道:"对客人关闭门扉的人,听听这个故事!躲避旅行者如同躲避敌人的人,听听这个故事!罗得生活在所多玛人之中……只因为一件事便能逃出烈火。他向客人敞开门扉,天使走入那热情的家庭,火焰只会焚烧对客人关闭门扉的房屋。"

尽管如此,后世的基督教神学家却援引所多玛的故事,作为基督教教义中指控所谓"鸡奸"的依据。

早期基督教的教义

在这些古代文化中,性都被视为人生中的自然组成部分。不过,到了五世纪末,基督教教义开始贬斥性欲,认为它天生可耻。这种转变逐步发生在一个走向崩溃的世界之中。

耶稣自己几乎没有提到过性。他批评过通奸行为(但宽恕了通奸的那名女子),反对不存在通奸情形时的离婚,在《登山宝训》中警告说:"凡看见妇女就动淫念的,这人心里已经与她犯奸淫了。"后世的一些基督教神学家引用这句话,作为耶稣谴责性欲的证据,但这段文字显然说的是背叛婚姻关系。

还有一次,门徒们问耶稣,是否"不如不娶"。耶稣回答,这则训谕"不是人人都能领受的",并补充道:"因为有生来是阉人,也有被人阉的,并有为天国的缘故自阉的。"早期基督教的一些神学家将这段话解释为隐含服侍上帝应当禁欲之意,另有一些神学家从字面上做解释,于是自宫了。除了这几处意思隐晦的训诫外,耶稣再也没有提到过性的话题。

另一方面,在耶稣身后约五百年著书立说的塔尔索的保罗,鼓吹的是一种非常局限的性观念。在《罗马书》中,他痛斥偶像崇拜者的"邪恶感情":"他们的女人把顺性的用处变为逆性的用处;男人也是如此,弃了女人顺性的用处,欲火攻心,彼此贪恋,男和男行可羞耻之事,就在自己身上受这妄为当得的报应。"他不但谴责同性性行为,还补充道,任何淫乱之人都不能"承受神的国"。

保罗传达的信息严重背离了古代社会的主流观点,他宣称禁欲才是典范,非婚性行为不道德,同性性行为有违自然。不过,保罗传达的信息含糊不清。他并没有将婚内性行为仅仅与生育联系在一起,也没有谴责婚内性行为带来的性快乐。他承认性欲天生存在,并强调夫妻不应"彼此亏负"。至于生育,保罗觉得与此无关,因为神的国即将到来。他写道:"时日无多。"

随着使徒时代的逝去,基督教教义在罗马帝国这个复杂的熔炉中不断演化，早期的基督教教徒逐渐发现，自己身处希腊化哲学、异教神话、诺斯替派教理交织而成的晦暗世界中。在基督教教义发展的这个关键阶段，基督教神父们不得不与几波敌对的哲学、宗教运动展开竞争，每一波运动都在基督教教义中留下了印迹：斯多葛派哲学、新柏拉图派哲学、诺斯替派教理和摩尼教。

在这些基督教教义中，每一条都强调了欲望的危险，尤其是性欲。摩尼教教徒、诺斯替派教徒、新柏拉图主义者都赞同的一个观点是，物质世界本是邪恶的，纵欲会将人束缚在肉体欲望之中，无法触及灵魂。比如，诺斯替派教徒宣扬的是，物质世界之所以存在，正是从更高领域悲剧性地"堕落"的结果，因而天然就是邪恶的。他们教导说，唯有遵从苦修和禁欲的戒律，过极端苦行的生活，人们才能获得拯救。诺斯替派视自宫为坚定信仰的首要之举。

与之类似，斯多葛派哲学家坚称，获得真正平静的唯一方法，是拒绝纵欲。比如，公元一世纪的斯多葛派哲学家穆索尼乌斯·鲁福斯，对生育以外的任何目的的性行为都大加谴责，斯多葛派诗人提图斯·卢克莱修·卡鲁斯坚称，性欲是一种疾病，应当完全避免。

在基督教历史上，击败这些哲学和神学对手，是最重要的关键胜利之一。不过，在击退斯多葛派、新柏拉图派、诺斯替派教徒、摩尼教教徒的过程中，基督教正统教义吸收了它们的许多观念。事实上，到了公元五世纪之初，基督教对待性的态度，所受到的异教神秘主义的影响，与古希腊人、罗马人和古希伯来人的率真观点相比，更为深远。

奥古斯丁以及贝拉基的论战

奥古斯丁使早期基督教对性的理解具体化，这也最终帮助形成了一千多年以后美国人对性的传统观点。奥古斯丁于354年出生于塔迦斯特，也就是今天阿尔及利亚的苏格艾赫拉斯。在成为圣奥古斯丁之前，他沉迷于欲望，这段经历深刻影响了他后来形成的神学理论。十八岁时，奥古斯丁与一名迦太基女子交往，并生下私生子。为遵从母命，他抛弃这位忠贞的情人，将她送回非洲，答应迎娶一位尚未达到婚配年龄的女孩。他等待着女孩长大，同时又有了另一位情人。最后，他将她们全都抛弃了。在《忏悔录》中，奥古斯丁对这些经历痛心疾首：

> 爱与情欲在我身上混杂地燃烧着……把我拖到私欲的悬崖，推进罪恶的深渊……我在淫乱之中不停挣扎……疯狂支配了我，我对欲望唯命是从。[*]

---

[*] 本段英译原文引自企鹅出版社的英译本《圣奥古斯丁忏悔录》，译者为R. S. PINE-COFFIN。本段中文翻译参考了商务印书馆出版的周士良先生的中译本《忏悔录》。——译者注

次年，奥古斯丁接受了摩尼教。在此后的十多年中，他全心全意信奉此教。摩尼教源于公元三世纪先知摩尼的教诲，他生活在巴比伦王国南部，在公元277年被钉死在十字架上。摩尼教导说，当一个人生育后代时，他便是复制邪恶之力，将自己的灵魂与魔鬼锁在一起。获得拯救的唯一方法，是彻底远离性的诱惑与肉体的玷污。最重要的是，性会腐蚀人们，必须远远躲开。从公元三世纪末开始，摩尼教如同一场大风暴，横扫埃及、希腊、小亚细亚、北非和欧洲。

奥古斯丁在摩尼教内一直未能得到升迁，这让他深感沮丧，而其中的部分原因，是他难以处理好性欲问题。他无法控制欲望，在祷告时，他表达了对于性的矛盾心理："请你赏赐我纯洁和节制，但不要立即赏赐。"大约在公元383年，奥古斯丁来到罗马，潜心沉浸在新柏拉图哲学之中。这种哲学教导说，人们要将自己从感官知觉的诱惑中解放出来，才能实现最终目标。与斯多葛派、诺斯替派、摩尼教一样，新柏拉图学派强调，人们应戒除一切感官享受。

数年来抵抗肉体诱惑的努力终告失败后，奥古斯丁受洗，成为基督教徒，恪守独身。他回到塔迦斯特，探求"完美的"生活，变卖全部家产，分发给穷人。后来，他接受圣职，成为教士。

奥古斯丁作为学者的名声渐起，影响力日隆，在公元396年，他被任命为希波的主教，在此后的三十四年中，他一直担任此职。奥古斯丁在致力于禁欲之后，著书立说反对性的诱惑。

作为自摩尼教改宗而来的信徒，他对性事与罪恶的迷恋，自然会受到个人经验和智识训练的影响。他写道，没有任何事物，比"女子的爱抚"更能将"头脑从高处拉下来"。

奥古斯丁将性欲与亚当、夏娃被逐出伊甸园联系在一起，这是一次决定性的转变。他提出，在天国时，亚当和夏娃从未经历性欲的堕落。作为更高领域的造物，他们未曾体验兽性世界的任何一种肉体冲动。但在堕落之后，他们饱受粗俗的、兽性的冲动之苦——追求性满足，从不餍足。

这种"丑恶"令奥古斯丁不知所措。他将强烈的性快乐视为人性堕落的明确证据。亚当未能抵抗夏娃的诱惑，才有了人类，人类因此很容易陷入罪恶。撒旦控制着他，迫使他按其意志行事。奥古斯丁论证道，亚当所违反的，并非古希伯来人所认为的不服从神谕，而是性。所以，每一种性行为都源自邪恶，由邪恶所生的每一个孩子都带有原罪。通过性，人类一代又一代地传承罪恶。

因此，人类获得拯救的最大希望，在于拒绝性冲动，并以此拒绝源自亚当的罪恶负担。任何形式的性都污秽、不洁、可耻，唯有禁欲，才有望获得伊甸园中曾经拥有的荣耀。奥古斯丁结合他非凡的才智、因个人邪念所受的天罚以及此前摩尼教信仰的影响，将一则讲述不服从神谕的古老希伯来故事，转化成了对人类性行为的神谴。如此一来，他也就深刻影响了未来的西方文化和法律。

圣奥古斯丁

　　婚姻与生育的问题仍未得到解决。在耶稣蒙难后不久,使徒们教导说,神国就要降临,人类无须再繁衍。但在奥古斯丁所处时代之前,人们早就知道,等待的时间比预期的要长久。因为,《希伯来圣经》和《新约》都承认婚姻是正当的,奥古斯丁论证道,尽管独身才是理想的,但太过软弱无法持守独身者,可以有以生育下一代基督徒为目的的性行为。但性行为**只能**发生在夫妻之间,**只能**以生育为目的,**只能**用传教士体位,据说这样能使受孕的机会最大。

即便如此,性生活也应当剥离任何激情与快感。身体是不洁的容器,只能用于不含快乐的繁殖。奥古斯丁将任何其他形式的性行为都贬斥为罪恶,包括手淫、口交、肛交、同性性行为、经期性行为、哺乳期性行为、更年期后的性行为,以及任何避孕措施。他宣称,"上帝的旨意,不在于满足欲望",而在于"人类的繁衍"。奥古斯丁是基督教传统中第一个谴责所有的性欲和性快乐——无论是婚内还是婚外——之人。

绝大多数人无力抵抗追求性快乐的欲望,这对他们来说意味着什么?用奥古斯丁的话来说,这是加诸人类身上的"因罪恶而生的残酷之必需之事",上帝的恩泽只有上帝才能赐予,无法通过行善获得,如果人类未能获赐恩泽,"无法仅凭自由意志克服人生中的各种诱惑"。

公元411年,苦行修士贝拉基成为罗马的著名教师,他的人性观点与奥古斯丁相反。贝拉基主张,上帝独立地创造了每一个灵魂,并未受到源自亚当的天生罪恶的污染。奥古斯丁认为,人性堕落,无力遵从上帝的神谕,贝拉基认为这种观点是邪恶的。与此相反,他认为,每一个人生来都有可能宣称,"我没有伤害任何人,我待人以诚",选择正直、道德的人生,就能获得拯救。

奥古斯丁对性大加谴责,贝拉基教派对此不屑一顾,将之视为摩尼教的变异。他们认为,性冲动完全符合自然,自然的事物不会邪恶。奥古斯丁将性欲和原罪混为一谈,贝拉基教派对此不予认可,并指控他困扰于自身的年少荒淫,"对性心态扭曲,因而诽谤上帝的精美造物"。

贝拉基派的挑战,引发一连串激烈的神学论战。在解决这些论战的过程中,教会最终采纳奥古斯丁的原罪与性不道德说。奥古斯丁指控贝拉基撒谎和传播异教邪说。贝拉基派的教理传播之时,奥古斯丁用一系列极为有力的评论予以回击,捍卫原罪的存在、无罪人生的可能性以及获得拯救的恩典的必要性。

为了阻止贝拉基派学说传播开来"腐蚀人心",两百名主教于418年召开迦太基会议,将贝拉基斥为异端。教宗佐西玛签发通谕,明文谴责贝拉基派学说。奥古斯丁去世后的第二年,即公元431年,以弗所会议召开,正式声讨贝拉基派学说。奥古斯丁彻底获胜。

如果基督教沿着斯多葛派哲学、新柏拉图派哲学、诺替斯派学说、摩尼教教义的路径发展,这一切就都不是问题了。但是,事实并非如此。在基督教时代的最初几个世纪之中,罗马人深受基督教徒的学说与煽动性信仰之苦,但这些困扰断断续续,未成大器,还适得其反。公元二世纪末,基督教开始在较高的社会阶层中传播,公元三世纪时,罗马帝国陷入内战和野蛮人的入侵,再也无力阻止基督教的传播。

君士坦丁大帝皈依基督教，是历史上的关键时刻。君士坦丁是罗马军官的儿子，他的军队在公元 306 年拥戴他成为"凯撒"*。在此后的内战中，异教徒君士坦丁预见自己会在十字圣号之下完成大业。在打了一场漂亮的胜仗后，他于公元 313 年宣布不再继续迫害基督教徒。在押的基督教徒立即获释，受到了教徒们的热烈欢迎。此后，君士坦丁一再地赋予教会种种特权。

讽刺的是，君士坦丁并不是一个信仰坚定的人，他也从未理解基督教教义，直到公元 337 年弥留之际，他才在病榻前受洗入教。他推崇基督教，既出于宗教考虑，也出于政治考量。不过，作为政治谋略，这一步非常英明。公元四世纪初，罗马帝国陷入内外交困。罗马的军事、司法、财政、经济、交通和贸易一片混乱。上层阶级深陷权力斗争之中，无力实现统治。暗杀司空见惯，相继上台的君主均是疯狂、野蛮、昏庸之徒。

包裹着神秘、巫术、灵性外衣的外来宗教，席卷整个帝国。虽然绝大多数罗马人仍然选择信仰古罗马神明，但他们视之为了无新意的神话和无益于教化的多神论迷信，日益失望。他们逐渐被一神论尤其是基督教整体上所具有的精神信念和道德约束所吸引。

---

* 罗马皇帝戴克里先为了解决罗马帝国疆域过于辽阔带来的管理困境，采用"四头政制"，即将帝国分为东西两部分，每一部分各设置一名"奥古斯丁"负责行政管理、一名"凯撒"担任军事统帅。——译者注

这是一个混乱、危险、异化和充满不祥预感的时代。对君士坦丁而言，"似乎只有基督教——这个在帝国之中传教三百年后显得十分崇高的外国宗教——有望整合广袤的罗马疆土之内庞大、混杂的各种群体"。

君士坦丁的皈依，不仅仅意味着对基督徒迫害的终结。从此以后，政权涉足教会的活动，教会卷入政权的决策，这种发展最后导致美国制宪先贤们批准了宪法第一修正案。对基督教持异见者进行迫害的内容，在帝国制定的法律中日渐发挥作用。君士坦丁并未将基督教确立为罗马帝国的国教，直到四世纪末，西奥德修斯皇帝才完成这项确立。基督教在事实上征服了罗马。

公元410年，西哥特人攻入罗马城大肆劫掠，西方世界大为震惊。入侵的野蛮人运走宏伟的教堂和宫殿中已烧得漆黑的残余材料，用来搭建粗糙的村庄。时人写道，罗马人流离失所，经受着疏离、恐惧、挫败，感觉不到任何生活目标。神的旨意之类的深层问题，从恐惧和绝望中滋生。基督教宣布，对罗马的劫掠，是上帝在惩罚人类的堕落与腐朽，这是不可否认的神迹，基督教如今应为人类的未来承担起责任。

在这个绝望与幻灭的时刻，教会接受了奥古斯丁的教义。奥古斯丁学说的独特吸引力，在于它宣称完整的人有赖于神的主权。人类缺乏自由意志，别无选择，唯有敬畏造物主。眼看着文明社会岌岌可危,黑暗笼罩四周,人类还有别的选择吗?

在人类对待性的态度上,奥古斯丁获得的胜利并无先例。在奥古斯丁之前,大多数西方社会谴责通奸(至少会谴责妻子们的通奸行为),有一些社会抨击同性性行为,少数社会批评非婚性行为。但是,之前的任何西方文化都没有谴责婚内以生育为唯一目的的性活动之外的**所有**性行为,此前的每一种西方文化,均认为大多数形式的性行为是自然的,是人生中正当追求的赏心乐事。然而,公元五世纪初时,基督教教义的主要立场无疑却是:性欲及其实现方式的任何一种表现形式,都是罪恶的,应予禁止。

就神学理论角度而言,教会接受奥古斯丁关于人性的阴暗观点,绝非无可避免之举。《希伯来圣经》与《新约》都没有提出这种观点,奥古斯丁的学说在东正教也没有产生任何明显的影响。但在西方,随着罗马帝国的灾难式崩溃,捕捉到当时的黑暗人心的人,正是奥古斯丁,他对自由意志和性的灰暗观点,为中世纪及其后世做好了准备。

第二章

揭示真理的权力

罗马帝国覆灭后的一千年黯淡无光,人口数量起伏不定,蛮族统治者来而复去,经济、社会、政治日益地域化,世俗法律基本上都已消失。罗马帝国分崩离析,在无常和动荡的人世间,教会成为最重要的凝聚力量。读写能力几乎只掌握在修士手中。修士们抄录正统的文献,毁弃不正统的文献。知识主要由教会控制。早期的基督教神父们的著述,就此掌握了揭示真理的权力。

在地狱烈火与罚入地狱的威慑之下,基督教教义获得的不仅仅是宗教权力,还有社会、法律和政治权力。关于罪恶的独特概念,成为教会的教义。罪恶的概念是推导出来的,并非出自摩西的石版或者耶稣的教诲,而是源自生活在罗马帝国末年的几个男人的性怪癖和神秘哲学。公元500年的经书注解,在之后的一千年中,变成了一套性行为法则,塑造了上至君王下至农民的日常生活。

魔鬼在激发人类的性欲

这并不是说，教会的教条控制了日常生活中的每一个细节。中世纪是一个复杂的时代，泛滥的淫行与极端的苦修相互交织烙印其上。此时此地的同性恋者炫耀性事，彼时彼处的同性恋者却被绑上火刑柱烧死；此时此地的妓女公然上街拉客，彼时彼处的妓女却受尽侮辱和虐待；此时此地的教士与异性淫乱，彼时彼处的教士却过着纯洁的禁欲生活。罪恶就存在于贞洁与现实之间的鸿沟之中。五百多年后，我们依然与它所结的苦果纠缠不清。

"道德权威的象征"

早期的教会对教徒的要求非常严格。相信被提①已经临近的教徒,会欣然接受禁欲和舍弃俗世财物的理念。但是,末日并非近在眼前,这一事实日渐明显,因此,无论是要求他人自我克制,还是自身践行自我克制,都越来越难。久而久之,就出现了双重标准。普通的基督徒,无力抵抗人生中的所有诱惑,即使无法达至完全,仍会努力遵守教会的戒律。然而,神职人员必须恪守更高的标准。

对基督徒的圣洁提出的最高要求,体现在始于公元二世纪的早期修道运动之中。基督教时代来临,一些基督徒公开宣布放弃包括性与婚姻在内的一切,只留尽可能少的财物。他们的苦行有时候会采用极端的形式。禁欲十分普遍。有人戴着沉重的铁链,也有人过着野生动物般的生活,露宿荒野,以草木果腹。有人在柱子上生活了三十多年,并因此出名。一些早期的苦行基督徒自宫,以此证实、同时也确保自己持守禁欲。

许多修士都不过是年轻人,自然会有性欲。在控制欲望的斗争中,他们得到的支持来自修道院奉行的一般伦理,即强烈

---

① 被提(Rapture),是基督教末世论中的一种概念,认为当耶稣再临之前(或同时),已死的人将会被复活高升,活着的人也将会一起被送到天上的至圣所与基督相会,并且身体将升华为不朽的身体。

谴责女性为魅惑人心的事物，是魔鬼的奴仆。大多数修道院禁止修士与女性发生任何接触。但是，即使持身最为严谨的修士，要禁止所有性念头和欲望，也是一项很大的挑战。特别疑难的一个问题是梦遗。奥古斯丁相信，性梦是"魔鬼情人"做下的好事。对于想要成为禁欲者的人而言，性梦，尤其是引起射精的那些梦（中世纪称之为"玷污"），指明了志向与实际之间的距离，成为进步的衡量标准。

同性性行为是修道院中存在的一个严重问题。早在公元四世纪，修道运动的创立者之一圣巴西尔就警告弟子说，"万勿和与你同龄的同道交往过密，逃离他们，如同逃离烈火……年轻的兄弟与你交谈，或在合唱中站在你对面时，在回答时要低着头，以免在偶然之中凝视他的脸，植入欲望的种子"。公元567年，第二次图尔市会议批准本笃戒律，规定修士不得二人同床，油灯必须经夜长明。同性性行为在女修道院中也是大问题，因此，也对修女们制定了同样的规定。

修士与修女基本上与世隔绝，生活在修道院里，其他神职人员却生活在普通人当中。如何指望他们独善其身？如果婚姻仅仅是对人性弱点的勉强让步，教士们作为力量与圣洁的社会典范，难道不应该恪守禁欲吗？禁欲，可以成为神职人员"道德权威的象征"，使他们凌驾于俗人之上，并成为他们服侍上帝特别身份的明显标记。在奥古斯丁之后的六百多年中，教会全力应对的正是这个问题。

在这个时代,教会仍然允许教士结婚,但是,神职人员的婚姻常常被信徒批评为亵渎神职。面对此种指控,教会逐渐开始强制推行神职人员独身的政策。然而,直到十一世纪,教宗才掌握足够强大的权力,坚持神职人员无条件独身。教宗格里高利七世将此昭告天下,在神职人员中引发强烈的抗议,不过,教会还是获得了胜利。①

要求神职人员独身,导致了一定程度的弄虚作假,并长期困扰教会。在中世纪,许多神职人员进入教会,不是因为信仰虔诚,而是因为这是谋求法律、学术、政府、行政管理部门重要职位的唯一途径。因为他们无法再有婚姻,却又不能或不愿压抑性欲,许多人就会拥有情妇或者频繁光顾妓院。修士与巡回传教士常常被嘲讽为"玩弄女性者",当时的大众文学也常常指责神职人员的禁欲不过是"笑话"。② 神职人员沉迷女色的丑闻不断,尤其是还有人生下了私生子,常令教会颜面扫地。

神职人员之中的同性性行为,也是一个重大问题。在六世纪中叶,查士丁尼皇帝拷打、阉割、流放了多位位高权重的主教,就因为他们卷入到此种行为之中。在十二世纪,圣安塞姆写道,"此种罪恶"在神职人员中"已如此泛滥,几乎无人为此

---

① 未曾受到奥古斯丁影响的东正教,拒绝接受此种观点。
② 对此种行为的嘲讽,在十三世纪的这首诗歌中即有所体现:"牧师没有心爱的女孩/除非已经老朽否则绝/不甘愿/他们逮住谁就是谁/已婚、单身——毫不介意!"参见布伦戴奇:《肉体的快乐》,第298页,脚注7。

感到羞耻"。教会禁止神职人员结婚后,关于神职人员同性性行为的传闻甚至更加泛滥,神父们也时常因"爱慕男孩"受到嘲讽。

中世纪的肉欲

我们关于中世纪普通人性生活的知识,并不完整。写日记的人极少,甚至能识字作文的人都很少。大部分资料来自神父、修士、神学家和教会律师的著述。当然,对这个时代的大多数人而言,性的基础知识已不再是谜。大多数人以种地为生,十分熟悉动物如何繁衍。而且,他们还生活在狭小、人口拥挤的小家庭中,很少或者几乎没有隐私,很难想象性能成为隐秘之事。

教会正是在这样的背景下,向西方文化注入对性与罪恶的裁决。性欲逐渐与罪行、耻辱、失败和羞辱联系在一起。这并非一朝一夕或者同步发生的,但是,随着教会不断扩张,进入地方社区,采用越来越强有力的社会控制机制,它的成功已无可阻挡。并非中世纪的每一个人都接受教会在性问题上的教导,但是很少有人敢于"不重视它"。

在中世纪对于性的态度中,严重的压抑与自然的欲望交织在一起,相互冲突。教会提出的观点,即性是羞耻和污秽的,已广为流传。神职人员谴责任何"不自然"的性,不仅包括人兽交、肛交、口交、同性性行为和手淫,还包括任何形式的体外射精,甚至还包括夫妻之间除了以传教士体位完成生育这项唯一任务以外的任何性生活。但同样在中世纪,贵族拥有情妇,农民在干草堆中性爱,杰弗里·乔叟和乔万尼·薄伽丘用诗歌与文学探索人类的性行为。

中世纪性伦理的核心,源自奥古斯丁,并在1217年的昂热会议上得到明确的宣布:"除非是在合法的婚姻之中,否则,每一次自主的射精,都是道德上的罪恶之举,男女皆是如此。"匈牙利的保罗补充道,即使在婚姻中,"在天然容器(指阴道)之外的污染,无论如何……均是违逆自然的邪恶之举"。

教会面临的一项重要挑战,是如何慢慢灌输这些理念。传播信仰是基础工作,但是教会不能仅仅依靠人们的信仰。教会逐渐发明了许多方法,强制实施教义。拯救世人的承诺,罚入地狱的威胁,当然能够促进教义的施行。唯有通过教会的仪典才能获得拯救,罚入地狱绝非无关紧要之事。在中世纪教会所描绘的地狱之中,"入地狱者被自己的舌头吊挂在火树上,不知悔改者被架在火炉上烤,魔鬼撕咬着女巫"。

面对获得拯救与堕入地狱的取舍抉择,信徒具有充分的动机遵从教会颁布的教义。但是,与任何惩罚机制一样,威胁不可太过严厉,这很重要。如果有哪怕一次失足,也会带来永恒的诅咒,曾经犯错的罪人就不再会有自我约束的动机。所以,教会需要找到一种方法,将威胁分等级,以阻止罪恶,引导正确的行为,不致削弱自己的目标。教会日渐发展出一套复杂的方法,包括忏悔、苦修、教会法和执行基督教教义的世俗法律。尽管教会也用这些方法处理多种罪恶,包括贪婪、暴食、懒惰、嫉妒、愤怒和骄傲,但它尤其重视性欲。

忏悔对于教会的执行程序而言不可或缺,它在公元六世纪时开始成型。七个世纪以后,第四次拉特兰会议于1215年召开,要求所有的基督徒每年至少忏悔和赎罪一次,违者以不可饶恕的大罪论处。随着忏悔的强制化,执行与惩罚也变得更为现实。

但是,应当如何惩罚每一种罪恶?自公元六世纪至十二世纪,各种指引(或称"悔罪规则书")问世,指导神职人员在人们忏悔时该如何处理。比如,六世纪的《胜利之路会议》详细说明了诸如通奸、乱伦、人兽交、手淫等罪恶的具体赎罪方式。七世纪一位爱尔兰修士撰写的《卡明悔罪规则书》要求人兽交应忏悔一年,与母亲乱伦应忏悔三年,口交("弄污嘴唇的人")应赎罪四年,肛交的人应赎罪七年。其他悔罪规则书提到了梦遗、与妻子"像狗一样"过性生活、看到妻子的裸体、在礼拜日过性生活、产生淫乱的念头、在妻子经期过性生活等。十一世纪时,沃尔姆斯的布尔夏德主教编纂的《教会法汇编》和圣彼得·达米安所著的《蛾摩拉之书》全面审查了所有此前的忏悔方式,试图用一种精确的递升次序,将性罪行分类,使当时混乱和各地自行其是的制度井然有序。

悔罪规则书指导神职人员在引导教徒忏悔时如何做到最好。这些书警告说，若非迫不得已，不得询问特别严重的性问题，比如不正常的性姿势或者鸡奸行为。这种慎重的态度十分必要，能够避免罪恶想法可能会无意识地"如病毒一般从教士传递给信徒"。正如十三世纪时威廉·贝特劳在其《罪恶与美德的总结》中所写，"提及"这些邪恶"必须十分小心……才不会泄露分毫，以致为他们提供犯下罪行的机会"。

手淫与私通

教会因为其对性的理解，将手淫视为不可饶恕的大罪。十三世纪的哲学家、神学家、法学家圣托马斯·阿奎纳对后世影响巨大，他称手淫为四种"违逆自然的邪恶"之一，与鸡奸、违逆自然的性爱体位（即除了婚内以生育为目的，且男人在上、面对面之外的任何体位）、人兽交并称。与其他违逆自然的邪恶相比，手淫到底如何严重，就此问题曾发生过激烈的辩论。大多数神学家得出结论说，手淫属于相对较轻的性罪恶。对手淫的特有赎罪方式是禁食二十至三十日。之所以相对宽大处理，是因为中世纪的人们结婚较晚，北欧尤其如此。在人们应对性欲可能采取的所有方式之中，手淫是罪责**最轻**的，因此，尽管手淫是不可饶恕的大罪，神职人员却倾向于宽大处理。

尽管悔罪规则书主要针对男子的手淫，但它们认为女性的手淫也是罪恶。但是,因为它没有导致精液的消耗,因而并不十分符合中世纪关于违逆自然行为的观念。在处理女性手淫问题时,神职人员特别关注有无使用假阴茎。在十一世纪初,沃尔姆斯的布尔夏德主教建议对女性要作细致的审问,确保她们没有使用"形似男子性器官的器具,它的大小经过计算,足以提供快感"。

中世纪对于女性手淫的观点,与当时对女性性行为的主流观点紧密相关。教会视女性为继承夏娃性贪婪本性的引诱者。男人是理性和属灵的,女人是非理性和属肉体的。圣杰罗姆因教导基督教道德生活并拥有巨大影响而知名,他在四世纪时写道,女人对性"永不餍足"。她们在激情过后,也会立即"烈焰复燃"。十三世纪伟大的百科全书编纂者博韦的樊尚补充道,女人"不仅比男人贪欲,而且,比可能除了母马以外的所有雌性动物都要贪欲"。

而且,因为当时普遍视女性天生比男性低等、缺乏自律、在思考和理解能力上有所欠缺,传统观点于是认为,为了保护她们,还有男人,应当对她们天生的欲望加以严格的控制。女人的性让中世纪男人惊恐不安,他们害怕女人激起他们的不洁念头,使他们无法诚心获得拯救,诱惑他们走上淫乱之路。简而言之,女人在道德上很危险。

私通行为被宽泛定义为任何非婚性行为,毋庸置疑,教会对此严加禁止。十二世纪的修士、意大利法学家格兰西创立教会法，将与配偶以外的任何人发生的性行为，都界定为私通。手淫不属于犯罪，但私通可不一样，不但要忏悔和赎罪，还会引发犯罪指控。

然而，实际情况却是，私通几乎从未引发过犯罪指控。总体而言，唯有一名男子的私通侵犯了另一名男子就妻子的忠诚或女儿的贞操享有的权利，法律才会介入。与非处女的未婚女性发生性关系，只是很小的罪过。女性受到私通的指控，远比男人为多，部分是因为人们认为男人性犯罪的严重程度比女人轻，也有部分原因在于，举证证明双方自愿的私通原本十分困难，但在未婚女子怀孕时，难度自然大为降低。

神圣的婚姻

只有婚姻才能让性行为合法。1217年，影响深远的昂热会议宣布："除非是在合法的婚姻之内，否则，每一次自主的射精都属于不可饶恕的大罪。但是，信仰教导我们，只有在合法婚姻中遵循正当礼仪的结合，才能使男女之间的性行为得以豁免。"因此，即使在婚内，"遵循正当礼仪"也很重要。教会教导说，基督教的婚姻无性欲可言，而且还巨无遗细地规定了允许夫妻发生性行为的时间、地点、方式和频率。教会严厉警告说，夫妻之间的性行为，次数应当很少，只能以生育为目的，只能采用传教士体位，绝不能口交或者肛交，绝不能只是为了满足肉体的快乐。配偶之间口交的赎罪方式,是悔过四年,并由教区神职人员施以鞭刑。

即使是采取正当体位以生育为目的的婚内性行为,性快乐也被视为罪恶。七世纪初,第一位出身于修道院的教宗格里高利一世宣布,夫妻若在过性生活时获得任何快乐,即"违反了婚姻的律法","玷污了"他们的性生活。十二世纪的意大利教会法学家西奥宣称,婚内性生活"绝非不存在罪恶,因为它总是存在并伴随着某种……快感进行"。

对婚内性快乐抱有的此种观念,在十三世纪开始发生改变。圣托马斯·阿奎纳论证道,婚内性生活为生育所必需,因此,上帝必然在性行为中注入喜悦,以引导夫妻繁育子息:"借助于人类的缺陷,籍此驱使人们行事,他在性事中注入喜悦。"因此,在繁衍生息的婚内性生活中,享受适度的快感,不可能是罪恶。但是,阿奎纳拒绝更进一步:如果上帝在并非承担生育责任时,仍使人产生性快乐,为追求快感而发生性行为,应当**也是自然和道德的**。阿奎纳没有解决这个问题,坚称生育是性的**唯一合法理由**。

悔罪规则书接受了这种观点,也增加了非常多的限制规定。他们禁止夫妻在妻子生理期、孕期、白天、双方赤身裸体时、采用非传教士体位、在教堂、礼拜日、宗教节日过性生活,而这些时间覆盖了一年中的大部分日子。六世纪时,图尔的圣格里高利主教警告说,不顾教会禁止的场合、时间、方式发生性行为的人,会遭到神的惩罚。他描述了在礼拜日晚上与丈夫过性生活的一名女子,她后来生下的孩子严重畸形,简直是个"魔鬼"。教训很明显:"如果夫妻坚持在礼拜日过性生活,此种结合生下的孩子将会四肢不全,患上癫痫或者麻风病。"

除非以生育为目的,否则婚内性生活便是不可饶恕的大罪,因此,避孕是被禁止的。尽管早期的基督徒还是会使用避孕手段,也尽管早期的教会神父不会总是将圣经中俄南的故事解释为对避孕的谴责,但到了中世纪,教会的立场已十分明确:使用药剂、药草、体外射精或者其他任何避孕方法,都是不可饶恕的大罪。

中世纪的教会将避孕定义为一种谋杀行为。这看起来很合理。毕竟,如果男子乱撒种子(即在阴道以外的地方射精),会被处以死刑——也就是俄南遭遇的命运——乱撒种子是一项严重的罪行,这一点不言自明。它违反了自然秩序,扼杀将要诞生的生命。如果男人乱撒种子是不可饶恕的大罪,等同于谋杀;以任何方式阻止受孕,也应当是不可饶恕的大罪。十五世纪时,方济各会传教士锡耶纳的伯尔纳宣称,采取避孕手段的人是"杀害自己孩子的凶手"。

堕胎也遭到了教会的谴责,即使是在受孕后四十日——人们相信胎儿获得灵魂的时间——之内堕胎,被视为仅仅比避孕稍微轻一些的罪恶。虽然避孕与堕胎被认为是严重的罪恶,但中世纪的世俗法律均没有将之作为犯罪行为加以惩处。

与性别不适当的人发生性行为

教会神父们将同性性行为视为比私通更为严重的罪恶,后者至少"符合自然"。在《罗马书》中,保罗谴责那种人"弃了女人顺性的用处,欲火攻心,彼此贪恋,男和男行可羞耻之事",他们将"顺性的用处变为**逆性**的用处"。尽管如此,直到538年,在号称"新"罗马的君士坦丁堡,查士丁尼大帝将基督教伦理融入罗马法,才将同性性行为宣布为不法行为。查士丁尼害怕,此种行为若盛行,将会使帝国发生"饥荒、地震和瘟疫"。不过,这项法律几乎没有得到执行。

而且,在之后的五个世纪中,专门立法禁止同性性行为的基督教国家很少。在某种程度上,这是因为教会与世俗政府都认为同性性行为与其他形式的"鸡奸"并无不同,而后者已被宽泛定义为包括任何形式的不正当排射精液。与之相同,这个时代的悔罪规则书几乎没有专门规定同性性行为是罪恶,将之与其他形式的鸡奸行为区分开来。比如,六世纪的《胜利之路会议》规定,肛交赎罪四年,腿交赎罪三年,相互手淫赎罪两年,不过,这些处罚措施在适用时并不考虑行为人是异性还是同性。有罪的是这些**行为**,而非参与者的性别。

十一世纪时,情况发生了变化。对这个问题所持观念的变化,最终对美国人对待同性性行为的态度和法律产生了深刻影响，所以值得给予密切关注。

究竟是什么原因引起教会对同性性行为的突然关注，目前仍不清楚，不过，当时的教会十分担心，在它对神职人员提出禁欲的新要求时，或许会导致神职人员之间的同性性行为增加，而这些人很可能继而污染普通教众。圣彼得·达米安是热忱的宗教改革运动家，催生了世人所知的第一次专门直接针对同性性行为的辩论，他在《蛾摩拉之书》中强烈抨击了十一世纪时神职人员的堕落。达米安区分了四种"违逆自然的性欲"，它们属于"邪恶性事"的组成部分：手淫、互相手淫、腿交和肛交。这一切性行为可以发生在异性之间，也可以发生在同性之间，但是达米安关注的重点是同性性行为。他坚称，男子之间发生的"从身后进入的"私通行为，在道德上甚至比人兽交还要恶劣，因为"人兽交只会将他自己罚入地狱，而不会把他人罚入地狱"。达米安宣称，此种行为应当处以死刑。第一个创造"鸡奸"术语的人，正是达米安。

但是，在之后两个世纪中，"鸡奸"和"违逆自然的性"的说法，却显得太过含糊。它们被用来宽泛且混乱地描述许多遭到禁止的性行为，既包括异性之间，也包括同性之间。比如，十二世纪中叶，首屈一指的教会法学家格兰西，继续交替使用这些说法，尽管他很清楚，最严重的性罪恶是肛交——"男人使用妻子身上本非用于那种用途的器官"。十二世纪末，教宗亚历山大三世召集第三次拉特兰会议，将"违逆自然的性罪恶"等同于鸡奸所带来的毁灭性,但仍未准确界定这项罪恶。

1220年,匈牙利的保罗在影响深远的著述《赎罪大全》中,在援引奥古斯丁和格兰西后得出结论说,鸡奸是比乱伦更严重的罪恶。保罗解释道,之所以如此,是因为与母亲发生性关系是"符合自然的",从某种意义上说,没有发生精液的浪费,反之,根据定义,鸡奸是"违逆自然的"。保罗补充道,鸡奸如此盛行,"引来饥荒、瘟疫和地震"。保罗认为,鸡奸应当处以死刑,因为所多玛的故事已如此教导,上帝降下惩罚,不仅是对身负此种特别罪恶的罪人,也是对未能阻止罪恶的其他人。所以,人们若想生存,需要教会与国家消灭鸡奸这种祸害。

但是,究竟什么行为可以构成"鸡奸",仍然不甚明朗。

教会对同性性行为的态度变得很强硬,最应该对此负责的人,是将奥古斯丁思想系统化并加以拓展的著名神学家托马斯·阿奎纳。1259年,时年三十五岁左右的阿奎纳离开了巴黎,他曾在此担任神学教师,备受推崇。他来到罗马,创立了一座新的大学。在之后十五年中,他撰写了震惊世人的《神学大全》,在很大程度上改写了整个基督教道德神学体系。虽然阿奎纳尚未完成《神学大全》便与世长辞,但这本书所蕴含的能量和讨论的范围无与伦比。奥古斯丁为教会神父们对性的厌憎提供了理由,他提出,唯有为了婚内生育而发生的性关系,才能得到承认,与此相同,阿奎纳提供了一项理由,以证实在上帝的眼中同性性行为尤为可鄙。

阿奎纳假设,上帝制定了自然秩序,每一项事物都完全符合它的正当目的;上帝创造了自然的性交,它是自然秩序的组成部分,唯一的目的就是生育后代;人类不应违反自然秩序;因而,人类不应有不符合生育后代目的的任何性行为。而且,"正当理性"已经明确,最重要的一点是,性快乐是在用欲望(拉丁语:*luxuria*)让思想堕落。性快乐不符合自然秩序,即使它们存在的目的是生育后代。

阿奎纳将欲望定义为无节制追求性快乐的罪恶。他解释说,性事本身并无罪恶,只要人们的性生活是为了正当的目的(繁衍生息)、采用适当的方式(传教士体位的阴道性交)。阿奎纳将欲望分为六种相互独立的行为:单纯的私通,通奸,乱伦,夺取处女的童贞(拉丁语:*stuprum*),强奸,违逆自然的邪恶(拉丁语:*vitium contra naturam*)。前五种是不可饶恕的大罪,但严重程度都不如违逆自然的邪恶,因为,它们仍然属于自然的性交(在阴道之内射精)。违逆自然的罪恶更为严重,因为它们是对上帝的冒犯。

阿奎纳进一步详细陈述他的分类系统,确定了四种违逆自然的邪恶:(1)对自己的欲望(手淫);(2)与异性之间的除"自然"方式之外的欲望;(3)对同性的欲望;(4)对其他物种的欲望(人兽交)。阿奎纳以罪恶的严重程度为序,将这四种违逆自然的邪恶排了位次。

阿奎纳采取的关键步骤,是将重点从不考虑参与者性别的罪恶性行为(互相手淫、口交、肛交),转变为明确区分异性性行为与同性性行为。在他的分类中,两名男子之间的口交或者肛交,比异性之间的同样行为,其罪恶要深重得多。

十六世纪时,《神学大全》已经成为基督教神学最为重要的权威。阿奎纳被尊为基督教道德的"保证人",曾经存在分歧的基督教道德问题,而今已"记载于教义之中"。1563年,在特伦托会议上,教会将阿奎纳的观点认可为最终权威,成为正式的教义。

自何时起,同性性行为不仅仅是一种罪恶,也成为一种犯罪了?这个问题很重要,因为罪恶仅仅是令信众感到恐惧,而成为犯罪,却会令所有人感到恐惧。十三世纪,宗教法庭正式设立,教会在迫害异端时,日渐获得世俗政权的帮助。这种迫害部分是由十字军东征导致的担忧引发的,不仅仅针对基督教内部的异端,同时也针对穆斯林、犹太人和同性恋者。随着宗教法庭的进一步发展,教会试图在全欧洲推行宗教大一统,日益将异端与"最邪恶的"罪恶联系在一起,开始对宗教异见人士提起存在鸡奸行为的指控。日复一日,"针对宗教异见的战争,注定会与针对同性恋的战役联系在一起"。

对于同性性行为泛滥的恐惧突然大幅增加。十三世纪晚期,一则同性性丑闻震惊了巴黎大学,校方解雇了许多神学家与学者。鸡奸泛滥的谣言在瑞士、荷兰、意大利、法国和西班牙迅速传播开来,十五世纪时,锡耶纳的圣伯尔纳愤怒地认为,同性性行为已经达到了流行病的程度。

突然之间,整个欧洲开始刑事立法制裁同性性行为。这些立法通常会对鸡奸者处以阉刑、肢解、火刑、溺死、绞刑、石刑、斩首或者活埋。卡斯蒂利亚的一项法令规定,若发现有人犯有同性性行为的罪行,应当"当众阉割,三天后吊在支架上,直到吊死为止,尸体永不得解下"。被控存在同性性行为的人,成为一项"消灭计划"的对象,与之一并成为攻击对象的还有异教徒和女巫。在这个时期的大部分欧洲地区,同性性行为从合法行为——尽管是罪恶的——转变为受到死刑惩罚的犯罪行为。

这是教会首次将基督教的性道德直接确立为世俗的刑事法律。此前的宗教罪恶,如今已成为死罪。教会利用宗教法庭,将世俗法律转变为执行基督教教义的工具。许多法律甚至专门在禁止性条款中引用了《圣经》。尽管是多方面的因素结合才导致教会对待同性性行为态度的转变,但提供关键理论依据使此次转变合法化的人,正是阿奎纳。

这个时代的神职人员的著述,基本上没有提及女性之间的同性性行为。在长达千年的中世纪,在悔罪规则书、教会法与市民法、通俗布道书中,只有不超过十余种文献有零星提及。"女同性恋"的概念尚未形成。在悔罪规则书中,完全未曾提及此种行为,而在提到女性之间的性行为时,较之男性之间的性行为,它们更为语焉不详、措辞缓和。

这部分是因为，女性之间的性行为，如同女性手淫一样，并没有射精。在此种意义上，对中世纪的基督教而言，它与男性的鸡奸行为截然不同。而且，教会法学家很难理解，没有阴茎的帮助，女性如何体验欲望，因为，一般都认为，女性的性满足需要阴茎的插入。为此，悔罪规则书通常不会提及女性之间的性行为，而是重点讨论插入工具的使用。

大多数男人认为，女性之间的同性性行为，就算是罪恶，也是一种有趣的尝试，女性之所以如此行为，也是为了挑战与男性之间的真实性行为。当时有一名男子写道："我曾经听闻许多女士说，没有什么事物能比得上男人；她们在其他女人身上并无所得，只会想着去找男人来满足自己。"

不过，也有些教会中的大人物，猛烈抨击存在同性性行为的女性。比如，十二世纪的神学家彼得·阿伯拉尔将此种行为斥之为"违逆自然秩序"，因为上帝"创造女人的生殖器是给男人用的"。尽管刑法基本上不涉及女性之间的同性性行为，但还是出现了一些指控，惩罚结果也很严厉。西班牙的两名修女因为一起使用"工具"，被活活烧死；法国的一名女子冒充男人，在她的假阴茎被发现后，也被活活烧死。

许多基督徒将之与巫术联系在一起，这可不是可以一笑了之的事。1298 年，教会援引《出埃及记》中的禁令——"行邪术的女人，不可容她存活"——发动了一场声势浩大的运动，抓捕并烧死了许多女巫。《女巫之锤》(*Malleus Maleficarum*)是指导如何发现女巫的最重要手册,它宣称,"所有巫术都源自原始欲望,女人对此永不餍足"。数百名、也可能是数千名女子遭受了酷刑,并被烧死在十字架上,因为据说她们"与魔鬼有性交和鸡奸行为","受魔鬼之命,与其他人类有鸡奸行为"。

"彻底沦为禽兽"

在中世纪,人生被视为与罪恶(尤其是性欲)不断斗争的历程,一直掺杂着诱惑、忏悔、赎罪和宽恕。教会的权力和影响力不断扩张,性从人生的自然组成部分异化为可耻、污秽之事,奥古斯丁的学说从抽象理论转变为宗教教义和世俗律法。犯罪、耻辱、罪恶,主宰着社会对性和性欲的理解,对西方文化和法律影响深远。

可是,诱惑无法轻易克服。教会可以定义道德完人,但不能强迫人们成为道德完人。教会关于性的教义,在多大程度上控制着普通人的生活?有证据表明,这个时代的许多人并未遵守宗教对日常性生活的严格命令,拒绝相信私通等普通性犯罪会"让罪人堕入地狱,受尽折磨,永世不得翻身"。

而且,尽管存在忏悔和赎罪的需要,教会人士却甘当现实主义者。他们向信徒高谈阔论性是罪恶的,自己却热衷鸡奸行为从而陷入堕落(足以让他被烧死在火刑架上),而且,对于诸如卖淫、淫秽作品、怀孕早期的堕胎和手淫等行为,他们在绝大部分情况下都视若无睹。

中世纪教会并没有让人们在性行为方面成为"完人",却使西方社会的性观念、性道德和性行为发生了根本性的转变。或许,在中世纪基督教教义之中,最为有效的便是持续不断、无所不在地贬低性欲,称之为玷污人心和天生邪恶之事。普通人或许无法掌握奥古斯丁和阿奎纳精深的神学观点及二者之间的区别,但是,他们开始知道,性是羞耻的。著名神学家约翰·科雷特在十五世纪末劝诫道,所有基督徒应当"努力如天使一般纯洁",因为,人们在满足肉欲的行为中,"表现得如同已彻底沦为禽兽"。中世纪教会的教义,在西方的观点和文化上留下了不可磨灭的印记,也决定了美国法律直至二十一世纪的发展方向。

挑战唯一真正的教会

十四世纪的意大利诗人彼特拉克发现的西塞罗信件,常被公认为开启了文艺复兴的大幕。彼特拉克颇有远见地预言,罗马帝国覆灭之后的一千年,仅仅是"暂时的"黑暗时代,并将很快终结。他希望,"遗忘所带来的此种麻木状态"将立即终结,人们会再次"步入历史上那种纯洁的光芒之中"。

在十五和十六世纪,欧洲经历了一个新的时代,人口迅速膨胀,城市生机勃勃,从新世界涌入大量财富,各国实行中央集权制。这些发展结合在一起,产生了古典科学和文化的再发现,以及艺术、政治、文学等领域创造力的复兴。文艺复兴时代的人文主义者十分唾弃经院派神学,对中世纪教会关于人类及其在宇宙中的地位发起了挑战。培根、笛卡尔、伽利略、哥白尼、牛顿等人阐明了科学与神学之间的截然不同之处,打开了数学、天文学和物理学的新世界,却并不符合传统的基督教教义。

这场变革将人类想象力的新生与宗教改革联系在了一起,而这正是文艺复兴的自然结果。马丁·路德领导的新教改革者,拥有着同样的质疑精神,正是这种精神在推动文艺复兴。这场变革为社会、文化、宗教和法律等领域的性观念带来了重大变化,粉碎了中世纪唯一"真正的"教会所拥有的权威。

路德是德国的修士、牧师,并担任威滕伯格大学神学教授,"在抗议的声音越来越响之时"挺身谴责教会的所作所为。路德提出的诸多批评,源自他所挑战的传统最深处。对路德及其新教同道而言,宗教改革倡议的是回归早期基督教的真实面目,反对的是他们视为已严重扭曲却又主导着教会的那些教义。这场改革始于1517年,它试图复兴早期基督教的个人宗教体验,抛弃"拘泥形式和墨守成规的人为添加",新教改革家认为,几个世纪以来,这种人为添加扭曲了教会的教义和活动。

关于神职人员独身的教义,是新教改革家攻击的一个主要目标。路德本人曾是一名恪守独身的牧师,他宣称,婚姻不仅仅是与人性弱点之间的困难妥协,而且是一种神圣的启示人心的习俗。他认为,神职人员独身的教义"源自邪恶",呼吁将之废止。

路德劝告说,当符合上帝的诫令时,性可以、也应当成为正面经验:"正如同金杯在斟满贵腐酒时变得尊贵、在盛满粪便和污秽时污浊不堪一样,我们的身体(就此而言)注定可以拥有尊贵的婚姻。"上帝赐婚姻以荣耀,"以上帝之能……点燃和保持对女性所怀有的自然、热切之欲望的热情。"路德坚称,节欲才是违逆自然的,禁欲是"危险的",性"与饮食一样,是人类天性所必需的"。

路德强调的重点是性与婚姻之间的联系。虽然性欲是自然的,但它**只能**在婚姻之中才能得到正当的满足。与其他新教改革家一样,路德在谴责非婚性行为时,立场十分坚定。就此而言,新教改革家仍然坚守中世纪的基督教传统。不过,在婚姻之中,如果性是因想要"拥有孩子的渴望、不愿陷入私通的境地、减轻家务带来的烦恼和忧伤、取悦彼此"而发生,就是应当允许的。

但是,考虑到人们本就可以结婚,新教改革家们认为,私通、通奸、卖淫没有任何理由可言。婚姻是"上帝赋予"性欲的"补偿机制"。路德向刚刚结婚的尼古拉斯·格贝尔送上如下祝词:"你如此幸运,拥有高贵的婚姻,战胜邪恶的独身,独身应受谴责,它所引发的,不是持续的欲火燃烧就是邪恶的堕落之举。"他为格贝尔欢呼,为他躲开了"悲惨至极的独身",它"每天都会引发此种巨大的恐惧"。因为婚姻能让"年轻异性"表露自然的冲动,它就是"天堂"。

对于中世纪教会对避孕所持的观点,新教改革家也提出了反对。因为新教神学家承认更为广泛的婚内性行为的价值,不仅包括为了生育,还包括促进健康和快乐,他们认为体外射精和其他方式的避孕措施是符合道德的正当之举。

天主教与新教尽管存在教义上的分歧,但在激烈抨击同性性行为时却并无二致。针对鸡奸行为的迫害心态,即为此种激烈之情的先兆,而它在文艺复兴运动中更是有所发展。比如,在威尼斯这座"意大利最严厉的城市"之中,鸡奸者经常被活活烧死。威尼斯绝不容忍鸡奸行为,其中既包括男性之间、也包括异性之间的肛交行为,此种做法的依据,就是援引圣经中记载的所多玛故事。威尼斯于1458年正式宣布,上帝"因为此种可怕的罪恶,摧毁了整个世界",所以,必须"将我们的城市从此种危险的神圣审判中解救出来"。当时,瘟疫多次侵袭正在经历文艺复兴的城市,人们处于恐惧之中,害怕受到所多玛式的惩罚。

一个世纪之后,天主教与新教引用所多玛被摧毁的故事,构建了肛交的"主要社会形象"。十六世纪,西班牙天主教徒安东尼奥·德·科罗为了躲避宗教法庭逃离西班牙,他称此种行为如此"污秽",会引来"至高无上的上帝"最为"恐怖的裁

对鸡奸者行刑

决"。广受尊崇的圣彼得·卡尼修斯是天主教耶稣会的神父，他将鸡奸描述成恶行：它如此邪恶，"怎么谴责都永不为过"。新教徒同样将鸡奸描述为"令人作呕的罪恶"，"令罚入地狱的人感到恐惧"。路德将之描述为人类"对自然激情"的"令人憎恶"的悖逆之举，"完全违逆自然"。鸡奸被视为一种罪恶，它如此邪恶，"不属于上帝的创造"。它是"黑暗"世界的一部分。

因为天主教徒与新教徒均猛烈抨击鸡奸行为，在他们针对彼此展开的辩论中，指控对方鸡奸成了首选的武器。比如，1520年，路德致信教宗利奥十世："我确实十分鄙视您治下的天主教廷……无论是您还是其他任何人,都无法否认教廷比……所多玛还要腐朽。"在《反对天主教廷:一座邪恶的机构》中,他将天主教会的统治机构描述为"娈童"的集中地。英国新教主教约翰·贝尔指控说,天主教徒"纵情于彼此之间的肉欲……也就是说,修士之间、修女之间、托钵修士之间、神父之间,极尽污秽之能事"。新教改革家不断提出此种指控。在新教徒眼中,天主教会注定要与所多玛走向相同的命运。

宗教改革还引发了宗教与国家之间关系的重大转变。在宗教改革之前,教会在强制推行遵守教会教义上承担着主要责任。中世纪教会利用忏悔、赎罪、教会法和宗教法庭,强势搜捕和惩罚犯有性罪恶的人,以此迫使人们遵守基督教教义。在这些事项上不接受基督教信仰的人,或许会被罚入地狱,但在大多数问题上,他们有随心所欲的自由,除非是诸如鸡奸之类的最为严重的罪行。

此种局面的改变,也可以说是宗教改革的结果之一。路德相信,获得拯救的关键在于信仰,而非正确的行为。他坚称,真正的基督教徒因此必须**自愿**服从基督的教诲。强迫并不能制造信仰,因恐惧受到惩罚而被迫作出的正确行为,并非出自道德心,无法获得拯救。所以,路德反对新教教会应当尝试强制人们遵守基督教教义的理念。他提出,此种强制就属灵而言并无意义。

就此而言,路德强调的是世俗领域与宗教信仰之间的一个根本区别。国家可以立法惩治违反法律的人，以保护社会和平与良好秩序。但是，教会不得立法强制人们遵守教会的戒律。尽管路德相信，强迫不能让人们获得拯救，但他鼓励国家禁止和惩治卖淫、通奸、私通以及其他的淫邪行为，他解释说，如果国家"希望具有基督徒的品格"，就应当惩罚此种行为，以维持有序的社会。

此后，宗教改革运动思想的这一组成部分，在合法利用国家权力强迫人们遵守宗教教义时，发挥了关键作用。如果国家"希望具有基督徒的品格"，就应当向所有的个人贯彻基督教价值观，无论他们是否追随信仰，并非为了确保他们获得拯救，而是要维护社会的"良好秩序"。于是，由中世纪教会对教众施加惩罚的罪恶，因宗教改革运动转变成由国家加以惩治的犯罪，甚至还针对并不持有共同信仰之人。

这标志着西方法律史上的一次根本转变，并为许多法律争议和宪法争议奠定了基础，而它们既十分复杂又往往观点分裂。在美国历史进程中，这些争议也引起了美国人民和联邦最高法院的注意。

第三章
英格兰、启蒙时代与"性爱时代"

十七、十八世纪,启蒙时代的思想家渴望纵情追求幸福,他们对上帝、理性、自然和人类等关联概念提出了根本性的质疑。他们假设说,如果人类能够学会依靠理性,而不是信仰,就能进入在社会、科学、智力、政治和道德诸领域取得长足进步的全新时代。

伏尔泰、卢梭、狄德罗等启蒙运动哲学家秉持此种精神,向基督教对于人类性行为的传统信仰发起了挑战。他们坚称,性快乐并非天生罪恶,而是人性中不可分割的组成部分,应给予赞美而非诅咒。他们的论证最终产生了深远影响,不但是对欧洲文化,对美洲殖民地也是如此,而且,也包括最后设计《美国宪法》的人们的价值观。

在这个时代,英格兰的文化实践、法律概念和社会规范对于美洲殖民地具有特殊的影响。尽管我们或许倾向于认为,在美国独立战争之前的数十年中,英格兰社会的性实践相当古板

约翰·克利兰的《欢场女子回忆录》

而乏味,但事实上,这种想法大错特错。

清教徒与放纵派

直至十六世纪,英格兰教会一直承认教宗的权威地位。但是,1527年,教宗克拉门特七世拒绝宣告亨利八世与阿拉贡的凯瑟琳的婚姻无效,之后,亨利八世拒不承认天主教会的权威。这次分裂深刻改变了英国人的日常生活。展现神迹的圣物和图像遭到破坏,神父遭到驱逐,忏悔受到禁止,神父宽恕罪恶的权力"被宣布为虚伪的欺骗"。

与其他新教教派一样,圣公会反对奥古斯丁对婚内贞洁的观点。由于"夫妻感情"已成为伦理规范,英格兰神学家解释说,婚姻的目的不仅在于生育,还在于提供"彼此之间的交流、帮助和慰藉",其中也包括性快乐。虽然婚外性行为仍然被视为罪恶,但十六至十八世纪的英格兰日常生活和法律的现实,却对此种"罪恶"通常非常宽容。

的确,英国普通法对于性十分宽容。虽然在十七世纪颇有影响的律师、法官马修·黑尔爵士自信地宣称,基督教教义是"英格兰法律的一部分",但是,大多数的性罪恶——包括手淫、互相手淫、口交、私通、通奸、卖淫和乱伦——都被视为不属于普通法法院的管辖范围。大部分情形下,唯有在公众场合发生性行为、牵涉到儿童、使用暴力、构成"鸡奸"(即肛交)或者人兽交,普通法才会关注性行为。

在这个时代,婚前性行为自始至终十分普遍。婚前性行为经常以男子承诺迎娶女子为前提,尤其是在这名女子怀孕的情形下。就此而言,人们通常视此种性关系为"已处于"婚姻之中,所以不属于违反社会规范。典型的例子,是一名掏粪工对情人所做的承诺:"她亲吻他的手,他牵着她的手,以信仰之名发誓,如果他让她怀孕,就会娶她。"这种习俗的后果就是,在所有新娘之中,有半数在婚礼上都怀有身孕。

清教徒对此心怀不满。十六、十七世纪时,清教徒在英格兰教会中是一个特殊的群体,他们认为,宗教改革运动的成效远远不够。清教徒自认"虔诚",试图恢复使徒时代的朴素基督教教义,对虔诚之心要求更高,并宣称英格兰教会必须抛弃《圣经》中没有记载的任何祷文、仪式或者做法。

清教徒有许多不满之处,包括批评普通法法院对性的宽容。他们公开宣布,强制实施性道德,是世俗政权的一项必要且正当的责任。十六世纪的清教徒议员威廉·兰巴德坚称,世俗法庭应当对性堕落者采取措施,他还主张,如果民众"彼此私通或者通奸",法律应当"将他们投入监狱"。不过,这并非当时的法律。

1650年清教徒革命后不久,形势发生了变化。以奥利弗·克伦威尔为首的清教徒控制了英国政府,在全国范围内推行严厉的"反快乐原则"。他们禁止赛马、舞台表演,关闭了酒馆和妓院,尾闾议会通过《禁止乱伦、通奸、私通等令人憎恶的罪恶法》,批准对此类罪恶适用死刑。但是,清教徒革命十分短命,这部法律几乎没有得到实施,数年后王政复辟,它也就被废止了。

几乎是从1660年结束流亡返回伦敦之时起,查理二世便不顾清教徒的直接抗议,奠定了他的宫廷对个人享乐看法的基调。对性自由的公然追求,如今得以通过此前闻所未闻的方式得到宽恕。查理二世本人就拥有无数情妇,其中许多人与他幽会时,乘坐的小船能够很方便地停靠在这位国王的卧室下方。在王室复辟之后的朝廷中,双性恋十分盛行,穿异性服装、化妆舞会和异装癖等流行时尚也起到了推波助澜之效。王室复辟后的性爱自然少不了色情文学,这不但可以用来挑起性欲,而且还能让英国社会中的古板人士不快。

性乱成为"朝廷和政坛高层的时尚标志"。人们都期望有身份之人拥有情妇,有时候还建议他们这样做,以免他们"因为想如此做却遭恶意鄙视"。就连妻子们也公然承认与人私通,这已然"被视为一种时尚的邪恶,而非犯罪"。

王室复辟时代的性行为是勇敢无畏、玩世不恭、不循旧规的。王室复辟朝廷的常见标志形象,就是"浪子"——无忧无虑、风趣诙谐、绝不压抑性激情的贵族,他认真求知,赞助艺术,却又放荡不羁。浪子一般都会被描绘成风度翩翩、肆无忌惮之人,挤眉弄眼,左拥右抱。

第二代罗彻斯特伯爵约翰·威尔莫特,正是"1670年代放荡不羁者的典型"。罗彻斯特撰写下流诗歌讥讽他人,并因此在朝廷之上备受推崇。比如,他有一首臭名昭著的诗,名为《假阴茎先生》,描写一位意大利新娘为了嫁给约克公爵,极不情愿地放弃自己的假阴茎所拥有的"活力与自主"。罗彻斯特之所以有名,不仅因为他所写的下流诗,还因为他拥有许多情妇,并且会漫不经心地"蔑视他人尊敬的一切事物"。在1680年,他写下自己在性生活中同时奉行的两句箴言:"对他人的伤痛,什么都不要做";"'应当纵情'享乐,'这是对我们自然欲望的满足'"。罗彻斯特认为,臆断这些欲望"存在于人们身上,只是为了加以抑制",实在太不合理。对于传统基督教价值观中的性禁欲主义,他也不屑地视之为违逆自然。①

随着城市化在英格兰的推进,卖淫越来越普遍,司空见惯。十七世纪晚期,不但有卖淫者在伦敦街头公然拉客,也有许多妓院在城中公开营业。据估计,每二十名年龄在十五岁到二十二岁的女性中,就有一名妓女,来自所有社会阶层的男人,即便不是频繁召妓,也会偶尔光顾。尽管基督教教义谴责卖淫,但是,许多人"却相信,既然自然、也可能是自然中的上帝,已在人类身上植入性欲,那么追求性欲就不可能是邪恶之举"。

为了回应此种公开的恶行,1690年代在伦敦成立了风俗改革协会。这些协会的成员主要来自新兴的中产阶级,他们认为伦敦似乎已丧失所有自控能力,想要将它管理起来。然而,到了1740年,这些协会却因为得不到支持而纷纷解散,伦敦于是成为人们熟知的"性都"。

高级妓女的价目表,如今已在公然售卖和传播。其中最为成功者,莫过于《哈里斯之考文特花园女士清册》。此书的每一则条目都是指引,描述了该名女子的年龄、体重、眼睛、发色、

---

① 放纵之人,有男性,也有女性。或许其中最著名者当属特莉西亚·康斯坦莎·菲利普斯,她是当时最美丽的女子之一,因与多位著名男性存在性关系、重婚以及出版大胆的自传而闻名。

肤色、腿长、胸型和社交技能。有些条目还描述了该名女子的性偏好,她是否鼓励客人获得多次高潮,她的阴蒂与阴道的大小、外观和特殊效果。这一切都用"浪漫的淫辞"写就。比如,利斯特小姐的阴道,宛如"位于黑暗的销魂树丛中央的极乐天国之泉源"。书中写到诺布尔小姐的口交技术时说,她的舌头"拥有双重魅力,在言说时与沉默时皆是如此。因为,它的诀窍——**恰如其分地运用**——口才之佳足以直达您的内心"。

・・・

这个性解放的时代促进了避孕的需求。一些人自封专家其实不过是江湖郎中和骗子,但他们却把握良机,出版了许多得以广泛流传的避孕题材图书。最普遍的避孕方法是体外射精,其他方法还包括法术(如女性在性交前向一只死青蛙的嘴里吐三次口水)、草药(如用毒芹或白杨树皮制作而成)、阴道环、用芸香和蓖麻油冲洗阴道、采用人们认为能防止怀孕的体位、在性交后将腹部暴露在冷风中、(女性)在性交后狠狠打喷嚏以及在女性月经周期中的某个特定时期节欲("安全期"避孕法的早期形式)。其中的某些方法相对会比较有效。

在这个时代,人们逐渐开始使用避孕套。十六世纪中叶,意大利解剖学家、医生加布里勒・法洛比亚首次尝试使用亚麻布避孕套作为防御梅毒的保护措施。十八世纪初,避孕套开始推向市场,特别用于防止怀孕。此时,大多数避孕套用羊肠子或者鱼皮制作。出售避孕套的是妓院和专业批发商。卡萨诺瓦极力赞美道,避孕套足以"保护女性远离所有恐惧"。

堕胎在这个时代的英格兰有多普遍,已经无法得知。有记录显示,在想要避免污名和非婚生育的单身女子和守寡妇女中,堕胎十分普遍。不过,已婚妇女也会堕胎,以终止意外怀孕。在十八世纪的四十年代,凯洛琳·福克斯得知自己多年以来第三次怀孕时,写信给丈夫说:"我肯定是怀孕了。昨天,我吃了很多药,希望能送走它。"此后不久,她又写信给丈夫说,她成功了,并问道:"是不是很聪明?"

女性堕胎的方法很多,包括放血、剧烈运动、束腰、阴道栓,以及在凯洛琳女士的例子中使用的堕胎药。十八世纪中叶,堕胎用的"女用避孕药"已可在商店中随意购买。最受欢迎的"约翰·胡珀医生的女用避孕药",它在硫酸铁中加入了大剂量的铁。它的主要竞争对手包括"韦尔奇寡妇的女用避孕药"、"富勒的本笃会修女避孕药"和"谢拉特先生的女用避孕药"。至少,其中一些避孕药是有效的,或者直接作用于子宫,或者让孕妇轻度中毒。

公众对堕胎的看法,随着环境的转变而发生变化。堕胎所选择的时间很重要。女子在怀孕期内第一次感受到胎动的时间通常是在四个半月左右,在此之前的堕胎,一般不会被视为不道德之举。普遍的看法是,在第四个月之前,胎儿还未被"赋予灵魂"。英国的医书反映了此种观点,大多数人相信,早于胎动的堕胎不是罪恶。在胎动之前服食堕胎药的女性，往往将自己描述成想要调理月事，而非试图堕胎。普通法就算将堕胎视为犯罪行为，也只会是在胎动以后。

女性化男子与男性化女子

1533年，议会首次宣布鸡奸违法，鸡奸在英国才成为犯罪。这部法律的制定，是亨利八世主张王权、对抗天主教廷的举措之一。因为鸡奸长期以来都被视为神职人员的邪恶之举，这部法律于是赋予了英国政府一项法律武器，以之攻击修道院势力。此前仅仅是宗教罪恶的鸡奸，主要出于政治原因，如今成为对抗政府的犯罪行为。不过，这项新的禁令却专门使用宗教术语作出规定。对被告人提出指控的标准起诉书是："受到魔鬼的引诱而堕落"，犯下"令人作呕、极为可憎的鸡奸罪恶"，令"全能的上帝十分不悦"。鸡奸被官方描述为"基督徒不可提起名称的"犯罪。

这部新法律并没有直接指向同性性行为。然而，"鸡奸"在人们的理解中既包括肛交，无论发生在男人之间还是异性之间，还包括人兽交。十七世纪初，当时最伟大的法学家爱德华·科克爵士解释说，鸡奸要构成犯罪行为，要求"进入……人类，或者禽兽"。法律没有禁止男人之间的互相手淫或者口交，也没有禁止女人之间的任何性行为。

双方自愿发生的肛交行为,几乎无法予以证实,因为不会有什么结果能够证实,也因为几乎总是在私底下发生的,参与者也都会被处以绞刑,所以不会有人供认。因此,几乎没有依据这部法律对任何人提起过指控。

・・・

当时人们普遍认为,对于同性和异性,大多数人感受到的性欲程度是不同的。此时并不存在专门的"同性恋者"身份。的确,十七世纪时,鸡奸者在文学和戏剧中的典型形象是"一名花花公子,一只手拥着情妇,另一只手拥着'娈童'"。人们认为,令参与同性性行为的人屈服的,是大多数人在不同程度上都经历过的诱惑——就像手淫或者口交的诱惑一样。

在十七世纪的最后几年中,情况发生了变化。随着欧洲各大城市的发展,同性恋亚文化群开始形成,这些群体在范围与行为上都与此前曾经存在过的群体明显不同。同性恋者原本总是秘密相会,但是,如今他们公开在巴黎、阿姆斯特丹和伦敦的"公园、公厕、拱廊和酒馆之中"相会。西蒙斯·迪尤斯爵士在私人日记中评论道,鸡奸在伦敦似乎"司空见惯",只有发布神圣的豁免,才能避免遭受所多玛式的惩罚。

人们越来越关注鸡奸行为,部分是因为十七世纪末在伦敦出现的数十座"女性化男子之家"。女性化男子之家散布在泰晤士河北面,是热衷于同性性行为的男人们聚集之地。有一些女性化男子之家位于私人住宅之内,还有一些是在酒馆的隐秘房间之中。经常光顾女性化男子之家的人来自社会的各个阶层。女性化男子之家中的这个世界,发展出了一套独有的通常带有阴柔特征的行话、规矩和手势,并成为女性化男子在其他场合中彼此辨认的讯号。一些女性化男子身着女装,涂脂抹粉,还取了女性化的昵称。1700年,伦敦有多达数千名男子认为自己是"女性化男子"(当时伦敦的总人口五十余万)。女性化男子的公开身份与明显的女儿态,可是新鲜之事。

记者报道了这些行为,他们对荒唐的女里女气和性倒错的描述,令公众大为震惊。1726年5月,《伦敦日报》报道称,"我们听说,已经发现了20座女性化男子之家,举办过鸡奸俱乐部","为数众多的此种怪物……进行可憎的交易,躲进黑暗的角落,行令人作呕的邪恶之事"。这些报道使敬畏上帝的中层市民深感忧虑,他们将之视为对文明根基的威胁。在一定程度上,为了回应"即将来临的对罪恶国度的神圣裁判的再次警告",风俗改革协会宣布女性化男子为"已成为世界新霸主的英国的……耻辱"。协会的一位领袖托马斯·布雷教士将女性化男子之家称为"入侵我们领土的邪恶力量"。

风俗改革协会对女性化男子之家发动了一场声势浩大的运动,由此导致英国历史上对同性恋者的第一次大规模逮捕。定罪之后的处罚是高额罚金和有期徒刑,有时还有"用颈手枷造成的致命伤害"。不过,此后不久,对女性化男子之家的攻击便停止了。很明显,至少其中部分原因是人们认识到,正如妓院一样,女性化男子之家事实上具有有益于社会的功能。它们能使女性化男子远离街道,进而保护社会的正派风气。于是,只要女性化男子隐秘行事,避而不谈才是明智之举。

女性之间的性关系在这个时代也广为人知。最常用于形容女性追求同性性快乐的词语是"男性化女子(意为扮演男性角色的女同性恋)"。尽管不如"鸡奸者"那般负面,但这个术语仍是贬义词。不过,人们看待女性之间的性行为时,要比男性之间的性行为宽容得多。在这个时代的英国,从未有女性因为同性之间的性关系受到起诉。女性之间的性行为,通常"不过是八卦趣事,而非应上绞刑架的恶行"。关于女性之间发生性行为的想法,构建宗教教义和法律规定的人们并不太在意,因为,在他们眼里,这似乎根本不属于性行为。性的概念与阴茎的进入深深联系在一起,因此,没有阴茎就完全谈不上存在"性行为"。

性文学:"只能在宗教法庭上施以惩罚"

自十九世纪初至今,在美国就言论自由问题发生的法律与宪法辩论中,从道德和宗教角度对性表达的担心,占据了核心地位。然而,在古代的剧本、诗歌、艺术和雕塑中,色情内容并不会被视为冒犯、耻辱和伤害。虽然希腊和罗马会惩罚煽动暴乱、亵渎神明和离经叛道的表达，但他们并不会以"淫秽"为由施以惩罚。

基督教兴起之后，基于宗教理由的审查日渐盛行，但在上千年时间里，无论是教会还是政府，都没有将性表达视为淫秽而加以审查。直到十六世纪，英语中甚至还没有明确的词语来形容冒犯他人的性表达，即使是在此之后，"bawdy"（淫秽）这个词也不具有贬义。淫秽的民歌、诗歌和戏剧，或许冒犯了一些人，但是，人们不会认为这种作品属于需要政府介入的问题。

在中世纪，人们在酒馆中、篝火旁、城堡里兴高采烈地分享各种对性事直言不讳的寓言和韵文诗。这些韵文诗都是简短的故事，朗朗上口，性不离口。它们讲述的都是没有婚姻关系的男女，女子的丈夫被戴了绿帽子，"往往活该如此"。未婚的男子常常是一位贪欲熏心的神职人员或者地位低下之人，女子往往被描述成肆无忌惮、牢骚满腹、不知廉耻的骗子。这些韵文诗的目的是娱乐大众，性事越荒唐，娱乐效果越好。诗里面用的净是些脏话、色情描写和下流话。

玛丽·德·法兰西创作于十二世纪末期的韵文诗《女人及其情人的另一个故事》，就是一则很好的例子。农民"看到妻子和她的情人朝树林走去"。她回家时，他"破口大骂"。妻子假装作出震惊的样子，痛哭道："我要死了！我明天就会死，或者可能是今天！这种事在我奶奶和妈妈的身上也发生过。"她接着眼泪汪汪地告诉丈夫，在奶奶和妈妈的例子中，"她们马上就要断气的时候","有人看到一名年轻男人引导着她们,实际上她们身边并没有人"。傻乎乎的农民吓坏了,指天发誓说,他从来没有看到妻子的身边有个男人,"对这件事情再也……不会说一个字"。这则寓言的寓意是"女人的花招比魔鬼还要多"。

乔万尼·薄伽丘的《十日谈》和杰弗里·乔叟的《坎特伯雷故事集》均出版于十四世纪末,诸如此类相对严肃的著作,也都包含了大量与性有关的故事。薄伽丘撰写《十日谈》时,适逢黑死病在欧洲肆虐,在1348年至1351年间,三分之一的人口因之丧生。此书开篇对佛罗伦萨爆发瘟疫的描写令人不寒而栗,佛罗伦萨因此失去了几乎百分之八十的市民。对瘟疫起源(老鼠身上的跳蚤传播了这场瘟疫)的无知,加深了公众的恐惧。对大多数人而言,唯一可能的解释就是神的愤怒,正如那场灭世洪水一样,似乎上帝想要再次灭绝人类。

在这样的背景下,薄伽丘描述了一个轻松愉快的小团体,七名女子和三名年轻男子,他们在那不勒斯郊外的一座雅致别墅中相会,整日里无所事事,等待着(也希冀着)瘟疫散去。在这十天中的每一天,每一名成员都要讲一个故事。因此,《十日谈》也就包含了整整一百个故事,或风趣诙谐,或令人唏嘘,或英雄气概,或常常又是放荡不羁的,涉及了人类生活的方方面面。其中,约有三分之一的故事是淫秽不堪的,提到了通奸、乱伦、三角家庭、鸡奸、错认他人、同性性行为、手淫,以及这个时代十分普遍的教士和修女在性方面的不幸遭遇。

比如，在《第九日，第二个故事》中，年轻漂亮的修女伊莎贝达与一名年轻男子堕入情网，二人相约在她的房间幽会，"共度快乐时光"。修道院中的其他修女发现了偷偷溜进伊莎贝达房间的年轻男子，她们用力敲打院长的房门，想让她将伊莎贝达抓个现行。修女们却不知道，院长的房内还有一名教士，"她常常用箱子将他带进自己的卧室"。

门外的人声喧哗，让院长十分慌张，她匆忙穿好衣服，但戴到头上的却不是修女头巾，而是那名教士的衬裤。但是，修女们和院长赶到伊莎贝达的房间时如此匆忙，没有人注意到院长的头巾。院长发现伊莎贝达与情人"紧紧相拥"，于是指控伊莎贝达损害了修道院享有的美名，威胁要处以严厉的惩罚。

然而，伊莎贝达看到了院长"戴在头上的"物什，"吊带垂挂在两侧"。她礼貌地提醒大家注意这幅景象，院长马上改口宣布："这里的每一个人，都应在任何可能的时候享受快乐，只是要做到……小心谨慎。"于是，"院长返回房间与她的教士共眠，伊莎贝达自然与情人继续在一起；……没有情人的其他修女，以她们所知的最佳方式秘密地寻求自己的慰藉"。

在《坎特伯雷故事集》中，乔叟根据自己的目的融合了法国韵文诗和《十日谈》。作为屹立于世界文学之林的史诗级作品，《坎特伯雷故事集》讲述的是三十名朝圣者离开伦敦，赴坎特伯雷参观圣托马斯·贝克特的圣殿。他们来自社会的各个阶层，都用讲故事来打发时间，这些故事幽默、精明、洞察人心。它们揭示出了人性，却也常常十分淫秽。

例如，在《商人的故事》中，一对情人在梨树上做爱，而女子的多疑却眼盲的丈夫正站在树下，等着她从树上扔梨子给他。在《里夫的故事》中，两名剑桥的学生在同一个房间内与一对母女"性交"。《磨坊主的故事》通常被视为史上最佳淫秽喜剧之一，在这个故事中，聪慧过人的年轻学者尼古拉斯哄骗"有钱的蠢材"约翰，得以与后者的妻子做爱。

两个世纪以后，在文艺复兴运动中涌现出了它所特有的色情题材文学。这个时代最有影响力的色情作家是意大利诗人、讽刺作家皮埃特罗·阿雷蒂诺，他也是十六世纪最具才情的作家之一。1535年前后，阿雷蒂诺在威尼斯创作了《对话》，这是一部严肃的喜剧作品，嘲弄了文艺复兴时代社会上的虚荣风气。

《对话》中有一章题为《卖淫学校》，描写的是经验丰富的妓女南娜向急不可耐的年轻女儿皮帕传授皮肉生意的窍门。她教导皮帕说，她们选择的职业是一门艺术，应当熟练掌握相关技艺。其中一幕是，南娜向皮帕解释，为什么恩客"会开始爱抚你的乳房，将整张脸都埋进去，就像是在吸奶，接着，他的手会沿着你的身体慢慢滑落，伸到你小小的下体。在轻轻抚摸一阵子后，他会开始摸你的大腿，因为你的屁股就像是磁铁一样，很快会吸引住他的手"。最后一课是传授肛交的快乐，恩客会急不可待地额外支付一笔嫖资。

十六世纪时,英国开始担心出版物不受控制带来的危险,约翰尼斯·古登堡发明的印刷机使之成为可能。1557年,政府成立英国出版同业公会,"以保护读者"。设立公会的皇家特许令宣布未获特许的印刷厂属于非法,并授权出版同业公会收缴和烧毁未获特许的出版物,还下令监禁未获出版许可而出版图书者。不过,此时的政府对淫秽作品仍然毫无兴趣。它授权拒绝颁发许可的对象,仅仅是煽动暴乱、亵渎上帝、宣扬异端的图书。

这种对色情题材作品漠不关心的态度,反映了当时的普遍标准。伊丽莎白时代的英国人喜欢"低俗粗鲁的笑料"。然而,伊丽莎白时代行将结束,清教徒开始要求更加严格的性标准。1580年,清教徒领袖威廉·兰巴德起草了一部限制"淫乱"出版物的法案,禁止出版意在促进"挑起淫荡的邪恶爱情的艺术"的"图书、小册子、歌曲等作品"。兰巴德主张,此类出版物会令"上帝极为不悦",还会鼓励"世俗生活和风俗的堕落"。这部法案反映了道德家对色情读物快速传播的忧虑日益增长。但是,兰巴德的法案遭到了伊丽莎白时代议会的拒绝。

直到1708年,英国才首次对淫秽作品提出指控。出版业者詹姆斯·里德被控出版长诗《处女膜的第十五次灾难》,讲述的是一名极度渴望失去童贞的处女的沮丧之情:

84 / 性与法律

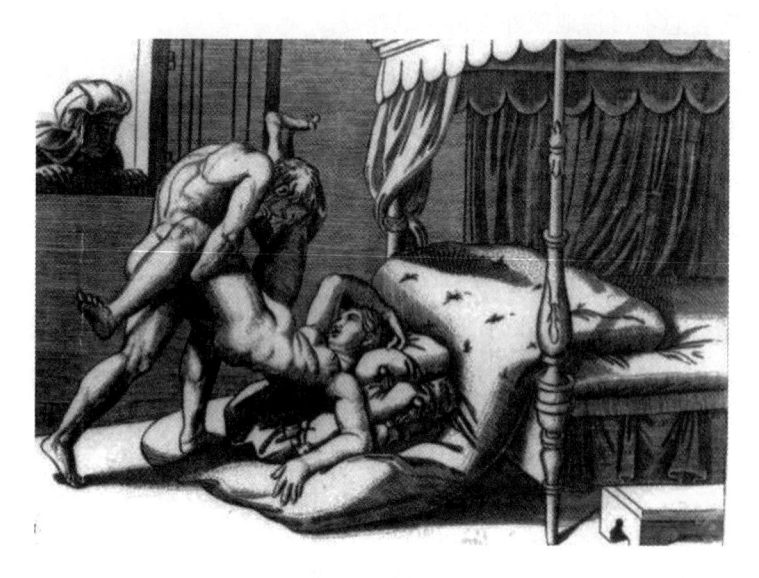

皮埃特罗·阿雷蒂诺的《对话》

哦！轻抚我的酥胸，这带来欢乐的双峰，
你的触摸会点燃一位隐士①；
接着，让你的手掌稍稍迂回，
用你的手指探寻我的幽径，让我欲仙欲死，
爱的号角吹响，凡人皆有所享……
可怜的囚犯，或许还有获得宽宥之日；
遭遇海难的水手，偶尔还会有幸见到令人绝望的

---

① 在中世纪的欧洲，隐士指的是选择避世独居禁欲的神秘主义者。

暴风雨停歇之时；

　　但我这可怜的处女,却永不能享鱼水之欢。

　　王座法庭裁定,此书"没有违反普通法"。法庭解释道:"本案处理的是出版淫秽内容……这些内容不适合公开提及……(但是)法律没有对此加以惩处……它确实会腐蚀善良风俗,但是,仅此不能加以惩处。"法庭驳回了起诉,裁定"创作淫秽书籍……不应对之提起指控,只能由宗教法庭施以惩处"。

《欢场女子回忆录》

　　英国法律首次惩罚淫秽出版物,是在1727年的"雷克斯诉柯尔案"中。卷入这起案件的人名为埃德蒙·柯尔,他是当时最臭名昭著的无赖之一。十八世纪的出版业风雨飘摇,剽窃抄袭成风,柯尔"如同出门捕食的野兽般引人注目"。

　　1724年,柯尔出版了《修道院中的维纳斯》(又名《穿袍的修女》),这是一本从法语译成英语的反天主教小册子。本书开篇讲的便是窥阴的一幕场景,修女安杰莉卡从锁眼中偷窥修女艾格尼丝手淫。之后,安杰莉卡目睹自己的情人——一名修士——与另一名修女发生了关系。上至女院长,下至最年幼的修女,修道院中的每一个人都在使用性工具,数量多达五十多件。书中的大多数情节都是修女之间的对话:

安杰莉卡:哦!让我看看一丝不挂的你……跪到床上去……

艾格尼丝:好吧,这纯真无邪之处,你放肆地看着,看够了吗?哦,上帝呀!你摸那里了!……什么,你吻那里了?……

艾格尼丝:(拍打安杰莉卡的屁股)你知道你这里越来越可爱了吗?某种激情让它充满活力……我百看不厌。我看到了我所渴望的一切,包括你的天性。为什么你要用手遮挡住那里?

安杰莉卡:哦,亲爱的,你可以仔细检查那里,看看你能找到什么……

在《修道院中的维纳斯》出版几个月后,柯尔遭到起诉。他的律师主张,"里德案"的判决意见已经明确规定,普通法不应惩处出版色情作品。审理本案的三位法官意见不一。福蒂斯丘法官支持再次肯定"里德案",他认为,出版《修道院中的维纳斯》虽然"严重违反"社会公德,但是"我们加以惩处缺乏法律依据"。雷诺法官对此不予认同。他承认,"或许在许多情形下,只有教会才拥有对不道德行为的审判权",但他认为,本案不属于此种情形。普罗宾法官投出决定性的一票,认为此书"会腐蚀文明社会与善行和美德之间的纽带,在普通法上应按妨害治安的罪名予以惩处"。作为惩罚,法庭对柯尔科以适度的罚金。

在十八世纪的英国，内容露骨的色情作品大量问世，尽管有了"柯尔案"，但起诉淫秽作品的案件仍然十分罕见。讽刺作品《祝酒词》据说是威廉·金所著，出版于1736年，此书被称为"迄今为止出版印行的"最色情的"作品"之一，尽管书中有大量内容详细描述一名两性人的性经历，却并未遭到起诉。

十八世纪的英国读者不仅能够轻易读到虚构的色情文学，而且还能读到源源不断的露骨色情诗歌、妓女清册、出版物以及反天主教和反政府的小册子。虽然色情作品最初主要用于娱乐和挑起性兴奋，但在启蒙运动中，它逐渐成为"反对政府和教会权威，并最终反对中世纪道德观的载体"。

人们对前所未有的性题材的兴趣不断高涨，英国作家受此刺激，也因为这是迅速发家之道，他们写作了大量的"性爱指南"。其中最成功的一本书是《亚里士多德的杰作》，伪称作者是亚里士多德，在1684年到1790年之间印刷了大约三十版。另一本影响广泛的准医学书《罕见的真理：未上锁的维纳斯密室》由乔瓦尼·贝内德托·西尼巴尔迪撰写，此书为"多情的读者"提供了关于少女情欲的引人入胜的描述，还讨论了变性、如何扩大女性阴部、如何拉长或者缩短男人的"尺寸"等问题。

十八世纪"非幻想"性文学中受人欢迎的其他题材，包括手淫、使用假阴茎和鞭笞的技术。在此类挑逗性欲的作品中，比较著名的有：《历史上的鞭笞》，伪称是对女修道院和修道院中鞭笞的历史回顾;《先生那话儿的起源》,追索了一根假阴茎的性历程;最著名的是《手淫》,又名《两性自渎的可憎罪恶及其所有可怕后果》,此书将"onanism"误用为手淫的同义词,这一谬误却广为流传。

《修道院中的维纳斯》一书足以证明,这个时代的诸多色情图书不啻为丝毫不加掩饰的反天主教宣传册。这些图书通常都会将场景设于修道院或女修道院中,描述修士与修女们的或真或假的性历程。1743年,格瓦塞·德·拉图什的《东·布格史话》在英国出版,描述了这位男主人公与修士和修女们的深夜狂欢:

> 有时候,我会被赤身裸体扔在凳子上;一名修女跨坐在我的脸上,如此一来,我的下巴就埋进了她的下身;另一名修女坐在我的腹部,第三名修女坐在我的大腿上,想要把我的那话儿放进她的下身;还有两名修女在我的两旁,我每只手都能摸到其中一人的下身;最后那名修女拥有最漂亮的胸部,就在我的头顶,她身体前倾,就把我的脸夹在双乳之间;她们所有人都赤身裸体,都在抚摸自己,也都已湿润;我的大腿、下腹、下身,一切都已湿透,我一边干一边漂浮在水中。

色情文学也被用于败坏贵族的名声。例如,1771年,住在伦敦的法国流亡者查尔斯·特韦诺·德·莫兰德出版《战舰盖泽尔》,讥讽路易十五及其情妇杜巴利伯爵夫人。莫兰德巨无遗细地记录了杜巴利伯爵夫人的所谓与侍女们的同性恋关系、妓女生涯以及被修士诱奸之事。玛丽·安托瓦内特也得到了相同的待遇。1789年,《王室》在伦敦出版,描写了路易十六在沙发上睡觉之时,玛丽·安托瓦内特就在一旁与阿图瓦伯爵和波利内公爵夫人做爱。丑闻传播者与广受欢迎的色情文学家为十八世纪英国的《时尚》、《科芬园》和《蔷薇》等杂志撰稿,写的都是外国显贵和英国贵族的淫乱故事。

十八世纪中叶最重要的文学发展之一,是小说的出现。诸如丹尼尔·笛福的《摩尔·弗兰德斯》、塞缪尔·理查森的《克拉丽莎》、托比亚斯·斯末莱特的《蓝登传》、亨利·菲尔丁的《汤姆·琼斯》以及劳伦斯·斯特恩的《项狄传》等早期小说,对于诱奸、私通、窥阴、乱伦和通奸等情节,均加以戏剧化处理。这些小说中的插图,常常会强调本书的色情面。到了十八世纪中叶,评论者可以抱怨说,这种新的文学形式已然打上了"极其下流"的印记,而且过分侧重描写"通奸和私通"。在小说中描绘性事日渐流行,符合不断增长的现实主义需求和启蒙运动对传统基督教性观念发起的挑战。

十八世纪中叶色情文学最重要的例子,是约翰·克利兰的《欢场女子回忆录》,因其女主人公的名字芬妮·希尔而广为人知。此书首次出版于1748年的英国,情节俗套,不谙世事的乡下女孩来到伦敦,经历了一连串感情奇遇,在她的故事中,包括了手淫、女同性恋、恋物癖、集体性交、性虐待和鞭笞。文学史家们猜测说,克利兰与朋友们打了个赌,赌他能否"不用一个'脏'词,用英语写出最'脏'的书"。

克利兰在枢密院受到撰写淫秽书籍的指控。他以贫困为由为自己申辩。枢密院议长格兰维尔伯爵对本案的处理决定,是判决克利兰每年100英镑的罚金,并不得再犯,这也反映了当时的主流态度。此书成为十八世纪最成功的色情文学。但克利兰很不走运,他把版权卖给了一名印刷商,售价不过区区20英镑。

克利兰的例子足以说明,在十八世纪末,对于何谓文学上的淫秽作品这一概念,英国法律尚未形成任何结论。这一术语还没有公认的定义,也没有法律理论阐述如何加以规制,只是在这个问题上发生过几次争论而已。在这个时代,自始至终都没有达官显贵出面齐心协力抑制色情作品的扩散。到了1780年代,当美国在构思《宪法》时,伦敦却充盈着形形色色的色情作品。在这个美国历史上的关键时刻,英国法律对于淫秽问题基本上仍保持沉默。

"性爱时代"

性在十八世纪的文化中举足轻重。在这个世纪的英国,纵欲成风的各种协会层出不穷。例如,1750年,弗兰西斯·达希武德爵士在梅德曼纳姆修道院创设了一家纵欲俱乐部,其成员包括威尔士亲王*、昆斯伯里伯爵、约翰·威尔克斯以及坎特伯雷大主教的儿子。他们穿上修士服,参加秘密仪式。在情妇和妓女的陪同下,梅德曼纳姆协会的成员走入修道院时,入口上方镌刻着协会的格言"*Fay ce que voudras*"(为所欲为)。

性鞭笞是一种特殊的性迷恋,在上层社会中尤其如此。大多数学者认为,对鞭笞的迷恋源自学校将鞭打作为维持纪律的方式,这种做法显然产生了意料之外的色情内涵。十八世纪的色情文学对打屁股和鞭打大加美化,甚至还有专门提供鞭笞服务的妓院。在特蕾莎·伯克利夫人开设的妓院中,客户可以得到被鞭打、殴打、针刺、架在"伯克利之马"(一种供抽打之用的特殊架子)上等各式服务。由于生意十分兴隆,仅仅八年之后她就退休了。

在萨德侯爵笔下,道德放纵到达了它的巅峰,他仔细研究了恋物癖、人兽交、鸡奸、舔肛、恋尸癖、受虐狂,当然还有广为人知的性虐待狂。萨德的著作兼具"理性、色情、道德放纵的快乐以及对仅仅诉诸感情的激情的蔑视"。宣泄痛苦甚至伤害身体,并将之作为引起"狂烈性快乐"的手段,萨德"对性幻想的叙述永无止境"。

---

* 英国王太子的封号。——译者注

鞭笞

　　道德放纵的核心是对基督教教义的断然否定。道德放纵者反对所谓拒绝快乐才是自然之道的说法,积极贯彻自身信念,不仅在性行为上如此,在许多更加严肃的追求上也是如此。例如,业余爱好者协会成立于1732年,创设该协会的道德放纵者对于古代的性价值观和性实践特别感兴趣。协会参加了对几次考古远征的资助,威廉·哈考特爵士发现了男根形状的古代护身符,为古典文化拥有的性观念与基督教所宣扬的截然不同的说法提供了证据。部分是基于此种发现,理查德·佩恩·

奈特出版了《论对普里阿普斯的崇拜》，揭示了基督教学者几个世纪以来对古代世界宗教的扭曲。奈特准确地指出，这些护身符和其他考古发现反映了古代世界的"性事频繁"和"对生殖和创造之力的崇拜"。

道德放纵者们提倡的性自由，反映并强化了十八世纪社会发生的重大变化。这些变化是诸多因素的产物，包括：启蒙运动在历史、人类学、哲学和生物学领域取得的令人瞩目的进展；世俗主义的出现；受过教育的中产阶级不断壮大，并对理性主义和科学探索抱有浓厚兴趣；印度、塔希提岛和中国等地流行的非基督徒的性观念，这些令人大开眼界的发现，都产生了巨大的影响。

这些影响渐渐引发了对性的全新看法。启蒙运动者再也不把性定义为罪恶，反而认为是"进步、秩序和幸福的动力"。启蒙运动者反对清教徒和纵欲者的极端观点，试图阐明一种对性的全新理解，它来源于理性，以及人们拥有自然的、不可剥夺地追求幸福的权利的观点。

在欧洲和殖民时代的美洲，政治理论家、文化批评家、宗教怀疑论者结成松散的联合，这些启蒙运动者想要实现一个雄心勃勃的计划："世俗主义、尊重人性、世界大同、自由，尤其是自由，各种形式的自由——摆脱强权的自由、言论自由、贸易自由、发挥才能的自由、审美自由，简言之，具有道德之人为自己做主的自由。"1784年，这个时代行将结束，伊曼纽尔·康德认为,启蒙运动的中心主题即为"*Sapere aude*"(敢于求知)。

洛克、休谟、伏尔泰、边沁、狄德罗和康德等思想家严厉地审视着他们认为已积重难返的"无知"和"偏见"的领域。他们致力于追求理性的力量,对基督教的诸多传统规定发起挑战。伏尔泰轻蔑地形容基督教是"拙劣、邪恶、落后"的。启蒙运动者视古希腊为人类文明的典范,认为古希腊人创造了健康的"好奇心"。然而,基督教获得胜利后,此种精神随之消亡。用孔多塞的话来说,基督教害怕"探究的精神",在教会的权威之下,好奇心却成为异端邪说。启蒙运动者指控基督教"神话的核心并不可信",它的圣书只是"远古传说的粗糙组合"。他们蔑称基督教不过是非理性的"人类恐惧的产物",卢梭宣称,"有必要发动一场革命,将人类带回常识"。

启蒙运动者对基督教发起了诸多挑战,其中也包括对基督教性教条的质疑,称之为"利用人类的无知强行施加的"专制束缚。他们认为,性快乐理所当然是善,而非罪恶,他们提倡从正面欣赏性行为。狄德罗写道,基督教"给各种完全与道德无关的行为贴上了'邪恶'和'美德'的标签"。伏尔泰主张,寻欢作乐符合自然,热情"本身就是善"。德裔法国哲学家霍尔巴赫男爵在法国启蒙运动中声名显赫,他补充道,基督教制定的"大多数戒律"都是"荒唐可笑的","禁止人类的激情,就是不准他们成为人类"。启蒙运动者力图重申性行为合乎人性,"将之作为人性中不可分割、值得称道的一部分而大加赞美"。

"自由性爱"在启蒙运动中备受争议,对性的坦率讨论被视为人际关系中的自然之举。英国作家、哲学家、女权支持者玛丽·沃斯通克拉夫特鼓励"赤裸裸地讨论"性行为,极力主张人们"自由谈论生殖器官,如同谈论眼睛或者双手一样"。在启蒙运动中,"自由既是一项事业,也是一种理念",性自由的实践也在不断经历再造。

但是,与道德放纵者不同,启蒙运动者并未提倡毫无节制的"性自由"。尽管狄德罗嘲笑基督教的性观念,也认为性冲动是自然的,但他没有将"自然"定义为"无边无际"。与此相反,他建议"明白何为善恶"的人们应当判断自身行为对于"个人幸福和公共利益"产生的影响。启蒙运动者试图寻找"用作指引的理性规则",重新定义可以接受的性行为。

在这个时代,关于性的写作十分普遍,引发了"一种向下的渗透",上层社会的哲学由此逐渐被范围更广的文化所吸收。英国历史学家彼得·瓦格纳评论道,"启蒙时代"或许称为"性爱时代"才更贴切。随着清教徒伦理的失势和社会的日益世俗化,出现了一种接纳性快乐的新伦理。

1770年代时,模仿《欢场女子回忆录》的性挑逗小说日益普及,报纸公然为性服务做广告,色情读物和性手册在伦敦的商店中随处可见。从外国进口假阴茎等性工具已成为日常,财力充足的人甚至可以为了性爱享受订购真人大小的玩偶。

性疗法也日渐普遍。最著名的代表者是詹姆斯·格雷厄姆,他向大批"通常十分时尚的人群"发表"关于愉快的性行为具有滋养身心功效"的演讲,并指导人们如何使性更加刺激和愉悦。他所指导的技巧中,包括提倡利用色情文学唤起激情。格雷厄姆拥有一张著名的"天空之床",他保证这张床能够增强性快乐,吸引了源源不断的夫妻愿意付费 50 英镑在上面过夜①。尽管道德家们担心,性标准放宽可能会削弱国民的道德品质,但政府并未采取认真的措施抑制人们新发现的性自由。

然而,启蒙运动中的性具有清晰的限度。例如,启蒙运动对于女性性行为的态度,明显具有矛盾之处。一方面,启蒙运动者反对女人是淫娃荡妇的传统基督教观点。另一方面,启蒙运动时代的男人通常不会平等对待女人及其性行为。人们希望妻子在新婚之夜是处女,并在此后忠贞不渝;却又希望丈夫在婚前就获得性经验,妻子要放任丈夫的不忠。公开性事的女性,很容易被诋毁为"荡妇和娼妓",比如与威尔士亲王以及后来的四位首相发生过关系的哈丽特·威尔逊,又比如撰写令人震惊的回忆录详述多年情事的康·菲利普斯。虽然在理论上,

---

① 这张天空之床有 12 英尺长、9 英尺宽,"支撑它的是四十根亮晶晶的玻璃柱",其上是"超级天顶",天顶上有"耀眼的金色镜子",映照出下面床上"快乐的一对"。用格雷厄姆的说法,"在我的天空之床上,在电与火的合力影响之下,性交带来的巨大快乐"着实美妙,"入迷的一对人儿"已 "不再是这个世界的人,……他们已进入狂喜的海洋"。参见 Peter Otto, James Graham as Spiritual Libertine, in Libertine Enlightenment 204, 209 – 13 (Peter Cryle & Lisa O'Connell eds., Palgrave 2003)。

启蒙运动认为女性是"智慧与理性之造物",但讨厌女性的倾向却深植于西方文化之中,许多男人视女性为"男人的玩物"。

启蒙运动的宽容也没有延伸至同性性行为。甚至在启蒙运动的过程中,大多数人依然认为鸡奸是令人厌恶之事,尽管起诉鸡奸十分罕见,惩罚通常也很轻微。在规制同性性行为的问题上,启蒙运动者自身产生了分歧。虽然他们认为烧死同性恋者太过野蛮应予否定,但大多数人还是觉得同性性行为是违逆自然的。不过,一些启蒙运动思想家也对禁止同性性行为深感内疚。比如,孟德斯鸠特别注意到了制裁鸡奸的法律与制裁巫术的法律之间的相似性。但唯有十八世纪的法国哲学家、政治学家孔多塞提出建议说,自愿的鸡奸行为"不应写入刑法",因为"没有侵犯任何人的权利"。

较之男同性恋者,女同性恋者在启蒙运动中的遭遇要好得多。[①] 人们对于男、女同性性行为的态度之不同,在对约翰·克利兰的《欢场女子回忆录》的接受程度上,就十分明显。此书描写的女性同性性行为,几乎没有引起反应,但是,芬妮描述的鸡奸场景,却导致克利兰被起诉,并在此后约两个世纪中出版的几乎所有版本中都被删除。

或许有些出人意料,正是在启蒙运动之中,手淫第一次成为一种严重的公共焦虑的源头。直至十八世纪,公众对手淫并

---

① "Lesbian"(女同性恋)一词首次出现在威廉·金出版于1736年的《祝酒词》,此书猛烈攻击了纽伯格公爵夫人。

不在意。即使在中世纪,教会也是宽容以对。不过,匿名出版于1708年的《手淫》改变了这一切。《手淫》是十八世纪最畅销的图书,此书发出警告称,男性手淫会引发"痛性尿淋沥症、阴茎异常勃起症……晕厥和癫痫……痨病……过度遗精、阴茎虚弱和无法勃起"。

1758年,S. A. D. 蒂索出版了影响甚广的专题著作,解释手淫对女性不但会产生与对男性一样的影响,而且还会另外引发歇斯底里、无法治愈的黄疸症、剧烈的痛经、鼻部疼痛、子宫颤抖,这些病症会使女性丧失体面和理性。另有专家认为,女性手淫会导致女性色情狂症。因而,在这个时代中,"女色情狂的可怕形象赫然出现于"公众的想象之中,关于"手淫时代"的焦虑在西方世界第一次爆发。

然而,大多数人并不在意这些反常现象,尤其是上层阶级,他们接受了启蒙运动带来的性开放,将之作为重要一步,告别性是丑行、自我克制才是获得拯救之途的时代,向前迈进。人们态度上的这场转变意义深远,最终在美洲殖民地修成正果,还将塑造草拟和签署《美国宪法》的人们的观点。

不过,在走得太远之前,我们必须将时钟拨回来,与清教徒们一起越过大西洋。

第二编

美国先贤

第四章

从清教徒到追求幸福

来到新大陆的人们,移民的原因非常之多。几乎所有早期的殖民者,都是为提高经济地位而来的,但是,定居在新英格兰的人们具有充分的宗教原因。尤其是清教徒,他们想要建立紧密相依的宗教社区,以家庭和教会为中心,这两者也将成为道德秩序的典范。相比之下,被吸引到弗吉尼亚的切萨皮克殖民地和马里兰的人们,背景更为复杂,也没有带着至高无上的宗教或者道德使命。

清教徒"对于控制离经叛道之举怀有极大兴趣"。他们的刑罚制度强调报应、谦卑和耻辱。由于他们没有长期设立的监狱,监禁只是一种临时措施,意在将一个人仅仅关押很短的时间。清教徒还有一种替代方案,即削去罪犯的双耳,宣判他们"佩戴字母,接受烙印,承受鞭刑,戴上枷锁"。死刑是对亵渎上帝、鸡奸、谋杀、通奸和巫术等严重犯罪的法定刑罚。

在清教徒颁布的法典中,宗教占据了核心地位。约翰·达

清教徒

文波特教士于1669年评论道:"自然的律法,就是上帝的律法,用钻石笔尖的铁笔写就。"清教徒向英国普通法传统注入了狂热的宗教热忱。对清教徒而言,唯一正确的法律就是"神圣的律法,记载于《圣经》之中,根据上帝之道执行"。

1636年,约翰·科顿与纳撒尼尔·沃德编制的《摩西律法》规定,"信奉或者崇拜上帝以外的神"、或"成为巫师"、或"犯有通奸"的任何人,"都应当处死"。这些法律都摘自特定的圣经篇章,并在裁判时作为世俗权威的来源明确加以引用。清教徒彻底抛弃了英国的普通法传统,他们宣布,执行宗教的原则是世俗法院的责任。比如,纽黑文制定于1656年的《政府之律法》对殖民地法院课以确保"宗教纯洁"的责任,并明确宣布"制定法律的至高权力……只属于上帝"、"国民的……法院……是上帝的传达者……"

久而久之,在启蒙运动的影响下,高级法的理念在美洲殖民地日益世俗化,此种观点不但使性文化日渐宽容,而且也慢慢催生出制定美国宪法的基本原则。

不过,我们要从清教徒开始,他们在美国法律中注入了极深的宗教元素,而且,直至二十一世纪的今天,它们仍在继续决定我们这些宪法战役的方向。

清教徒之道

1620年,"五月花"号在经过65天的险象环生的航程后,搭载着102名移居美洲的清教徒抵达目的地。为了抵达新大陆,这些清教徒经历了暴风雨、晕船、疾病以及悲惨的生活条件。十五年前,贵族、工匠和冒险家在弗吉尼亚建立了詹姆斯敦,与他们不同,清教徒们是举家搬迁至此的。他们深知,移居詹姆斯敦的人中,有超过80%死于疾病、饥饿和通常"极其血腥的"印第安人袭击。为了逃离英国国教的控制,还有他们视之为邪恶堕落的英国层出不穷的性文化,清教徒心甘情愿忍受这一切。

与所有清教徒一样,"五月花"号上的人们相信,英国国教必须净化它的缺点。不过,这些人却是"彻头彻尾的"清教徒。他们并未尝试从内部改变英国教会,而是在1608年逃往荷兰,然后出发前往新大陆,他们"坚信,上帝"希望他们去那里。

马萨诸塞湾殖民地首任总督约翰·温斯罗普向踏上此次旅程的人们清楚地表明,他们与上帝订立了新的誓约。他解释道,在这份新的誓约中,如果他们成功建立"一种适当形式的政府",将获赐庇佑,但是,如果他们失败,接受了"现世,堕入红尘俗世",上帝"定将勃然大怒"。温斯罗普毫不怀疑,他所谓的"一种适当形式的政府",一定会全力镇压罪恶,将"人们从自身的堕落中"拯救出来。

这些清教徒历经艰险横渡大西洋,他们的任务并非仅是逃离迫害,而是要建立"山巅之城","让世人瞩目"。这个目标将成为"传奇和典范,闻名于世",全世界都将追随效仿。

抵达美洲的清教徒坚信,他们能够从圣经经文中找到处理任何情形的规矩。他们"认为圣经是基督徒生活的完整指南",努力将世界塑造得符合那些约束,并因之"非常狂热"。因为,对于清教徒而言,仅仅是不为非作恶,还远远不够。1654年,清教徒领袖托马斯·胡克解释道,真正的信徒必须积极设法破坏所有的诱惑之源:"但凡罪恶所及,皆勉力除之。"简而言之,"向他人热忱地施加道德影响"必不可少。

将道德加诸他人之身,才能确保上帝会赐予繁荣,而非像对所多玛与蛾摩拉一样加以摧毁,此种坚定信念不可或缺。因此,清教主义在将自身意志加诸"异议者和判定的罪人"身上时,十分冷酷无情。对清教徒而言,绝不容忍不同的信仰,不但合情合理,而且是强制要求。

清教徒秉持过度安逸即是罪恶的道德准则,过着简朴苦修的生活,至少在早期是如此。另一方面,清教徒在婚内性关系中,却可以十分接地气。清教徒牧师们拒绝接受性是"天生危险或者邪恶"的观点,对"'天主教'提倡的节欲生活"不屑一顾。塞缪尔·威拉德牧师写道,"夫妻之间的爱"应当通过"夫妻之间的结合"来表现,丈夫与妻子藉此"合而为一"。

尽管清教徒接受婚内的性欲,但他们将其他任何情境下的性欲都贬斥为"不洁"。他们小心谨慎地监督性行为,是为了将之引入它唯一"合乎体统的背景和目的——婚姻之中的责任和愉悦"。这是清教徒法典的核心。如果基督徒在"宣布人天生带有原罪而堕落不洁"时想到的一种罪恶,说的正是婚外的性罪恶。但凡有人触犯这条戒律,等待他的就是严厉的惩罚,而且常常公开执行。历史学家威廉·纳尔逊评论道,清教徒"对罪恶的罪行一视同仁,并认为政府是上帝在尘世的手臂"。

1648年,《马萨诸塞法典》授权法官作出当时的英国法官不会作出的判决:根据"与上帝之道最相符"的规定,对私通行

鞭打罪人

为科以罚金、肉刑,或者命令双方结婚。通奸、鸡奸和人兽交均为死罪。已婚男子与未婚女性之间发生的性行为,被界定为不太严重的私通行为,而已婚女性与不论是否已婚的男子之间发生的性行为,却被认为是严重得多的通奸罪行。因纳撒尼尔·霍桑的《红字》等书籍而广为人知的一幕,便是严厉的清教徒法官羞辱犯下宗教罪行之人,并非凭空捏造。

尽管清教徒牧师宣称，所有形式的非婚性关系"会危及犯罪者的灵魂"，但他们将最强烈的谴责留给了鸡奸。十七、十八世纪之交的马萨诸塞清教徒牧师领袖科顿·马瑟宣称，鸡奸行为是"邪恶的……丑行"，必须施以"毫不留情的死亡"的惩罚。其他清教徒领袖则斥之为"有违自然的污秽之举"。塞缪尔·丹佛斯牧师的布道书《所多玛的哭泣》出版于1674年，他在书中谴责所多玛的"号哭的罪恶"，并警告称，因为"罪恶深重"，"上帝会施加可怕的报复"，"土地无法得到清洁，直至吐出此种不洁的畜生"。

与当时的英国一样，清教徒禁止"鸡奸"，并非着眼于同性之间发生性行为。相反，它禁止（无论性别的）肛交或者（无论性别的）插入式人兽交。这项禁令不包括非插入式的同性性行为或者女性之间的性行为。因为此种定义，在以清教徒为主的新英格兰地区，对鸡奸行为提起指控十分罕见，仅有一人因鸡奸（不涉及人兽交）被执行死刑。

早期的殖民地都是农村，人兽交于是成了人们特别重视的问题。在马萨诸塞的罗科斯伯里当牧师的塞缪尔·丹佛斯称之为"上帝眼中可憎的混乱之举"，"玷污了牲畜"，使之"不配在牲畜中生存"。清教徒确实相信，人与禽兽的交配会产下怪物后代。因此，他们惩罚的不仅仅是人类，还有那只牲畜。有一次，纽黑文的法官以人兽交的罪名判处乔治·斯宾塞死刑，判决的依据是他有一只眼睛畸形,就像是生来就在"脸部中央长着一只眼睛"的小猪。

最初时,虽然有覆辙在前,清教徒仍信心十足,他们生活的社区与世隔绝,远离旧大陆的腐化堕落,可以强制施行严格的道德律法。而结果却是,尽管清教徒制定了严刑峻法,强力查处性犯罪,却无法根绝性罪恶。早在1642年,普利茅斯殖民地总督威廉·布拉德福德不禁哀叹,殖民地未能"阻止各种臭名昭著的罪恶的爆发"。1662年,清教徒牧师迈克尔·威格尔斯沃思抱怨称,造物主若得知清教徒们发生了什么,恐怕会震惊不已:"如果他们是这样的人,为何我却看不到圣洁,只看到肉欲?"

清教徒第一次踏上前往新大陆的航程时,他们希望其他虔诚的信徒能够追随而来。但他们未曾想到,未来的移民潮为新英格兰带来的是大批"好色的伊丽莎白时代英国人"。威廉·布拉德福德控诉道,这些"邪恶的家伙和不敬上帝之人"大量涌入,彻底改变了"因为宗教原因"来到此地的人们建立的文化。1640年,远渡重洋到新英格兰定居的"不思悔改者的人数",已超过清教徒。

早期清教徒的子孙辈生活在后来者之中,混迹于罪人之间,很容易受其影响。1660年代时,牧师们在叹息之余,常常痛斥违背与上帝所立清教徒誓约的那些人。从信奉异教、违反安息日教规、撒谎(尤其是在商业往来中),直到性罪恶,他们全面溃败。神职人员指控女性"在醉汉行路中途施以诱惑",还抱怨称,"私生子越来越多",令他们痛心疾首的现实是,在伦敦和大部分欧洲大陆泛滥成灾的卖淫业,甚至已在古板守旧的波士顿立稳了脚跟。

直到此时,新英格兰地区迅速发展的城市和海港已成为"寻欢作乐"的发源地。等待"下一次航程"的海员们,"迫不及待地想要寻找快活,远航的海员们的妻子,常常乐于施惠"。在马萨诸塞的小港口查尔斯顿,有几座"目无法纪的"房子,提供各式各样的"淫乱活动"。1672 年,爱丽丝·托马斯被判有罪,罪名是"在家中向淫乱不堪、臭名昭著的人们提供频繁、秘密、不合常理的娱乐活动","为他们提供陷入性邪恶的机会"。马萨诸塞殖民地议会痛心疾首:"卖淫与污秽的罪恶在我们当中滋长。"

尽管清教徒严厉惩罚违反上帝律法的每一次行为,惩罚措施也常常十分残忍,却终究败局已定。十七世纪末,清教徒殖民地的希望彻底破灭。堕落一旦开始,后人也证明他们无法达到最初的殖民地居民设立的道德高标准,政府的哀叹愈发强烈。1684 年,哈佛学院院长、著名清教徒牧师英克利斯·马瑟评论道,"看今日世事,黑暗且沉沦"。最初,清教徒宣布通奸是死罪,但是,惩罚过于严厉,罪行又过于普遍。清教徒社区中弥漫着听之任之的想法,对道德纯净的要求日渐消失。

十七世纪末时,下列图书已从欧洲传入波士顿的书店之中:《修道院中的维纳斯》《斯科金的拳头》,通篇都是低俗下流的笑话;《抛弃情人的伦敦女子》,描写伦敦妓女的色情故事;罗彻斯特伯爵的色情诗。此类图书的售卖,既反映了文化价值,也对之产生了影响。它们公开谈论性事,激起性想象,促进了道德标准的转变,落入清教徒眼中,却是道德标准遭到了腐蚀。

1692 年的塞勒姆女巫审判,实际上标志着新大陆清教徒实验的终结。历史学家凯·埃里克森评论道,清教徒至此"不再是一项伟大事业的参与者,不再是'山巅之城'的居民,不再是注定要根据上帝的神谕矫正历史进程的特殊……精英成员。他们只不过是他们自己,独自生活在世界的偏远角落,对于一场始于很高期望的改革运动而言,这似乎是一种合适的结局"。

十八世纪新英格兰地区的"人生乐事"

二十世纪的历史学家克兰·布林顿曾经嘲讽道,在性领域,"十九世纪禁止的很多事情",我们现在都已允许,不过,我们是否已经回到"十八世纪的标准,却是一个会引起批判性讨论的敏感问题"。诚然,在十八世纪,大多数殖民者对很多"人生乐事"所持的态度越来越宽容。他们倾向于"用混杂着宽容、娱乐和兴奋的心态"看待偏离传统道德标准的那些人。对十八世纪的大多数美国人而言,性自由并非他们十七世纪的祖先及其或者十九世纪的子孙眼中的犯罪。

十八世纪初,各种深刻的变化使新英格兰从偏远的清教徒聚居地,一跃成为大英帝国深具经济和社会复杂性的一部分。这场转变对界定性道德和规制性行为影响深远。清教徒被不断多样化的新英格兰社区所同化,他们对性道德的强硬观点开始弱化,地区商业利益在日常生活中日益占据核心地位,法律制度的重点从维护道德转向人们认为更加迫切的商业和经济问题。而且,启蒙运动理念对宗教、道德和人类理性的影响不断扩大,深化了已经开始的新英格兰社会世俗化进程。殖民地居民信奉独立精神,欢迎革命性变化,在"追求幸福"的启蒙话语的感召下,较诸从前,他们在主张个人自由时更加不受拘束。

这并非是说,十八世纪的新英格兰人在性观念上放荡不羁。与英国一样,婚姻的理念在宗教和社区规范中都处于核心地位,同时,因为法律不再贯彻严格的清教徒性道德,新的社会机制随之兴起,缓和了变革所带来的影响。在十八世纪三四十年代的大觉醒中,福音派牧师走遍各个城镇,力图再次唤醒灵性的时候,这一点尤为真实。传教士们极力攻击他们视为社会中淫荡因素的现象。比如,大觉醒的重要代言人乔纳森·爱德华兹呼吁反对"淫行"和"下流罪恶的蔓延,尤其是私通"。

爱德华兹和他的牧师同伴宣扬称,注入上帝的恩典,即他们所谓的灵魂"新生",就能获得拯救。他们鼓励"重生"的人们——他们称之为"新的光"——在信仰与罪恶的问题上挑战政府的权威。但是，尽管大觉醒"在美洲殖民地宗教史上是一个转折性事件"，却很快烟消云散。十八世纪缓缓流逝，即便是福音派，也不再猛烈抨击人们的性过错。

在独立战争时期，新英格兰人不再对大多数自愿的性行为适用刑法提起指控。尽管鸡奸仍然是新英格兰明文规定的应处死刑的犯罪行为，新英格兰的报纸也不可免俗地用"可憎"、"可鄙"、"骇人听闻"来形容它，但在十八世纪，新英格兰没有对任何成人之间自愿的鸡奸行为定罪。无论民众还是政府都认为，成人之间自愿的同性性行为，无论在道德上造成何种困扰，都不适合法律干预。

确实，十八世纪的英格兰人十分熟悉"花花公子"的形象。在这个时代的大多数流行小说中，好几本描绘了努力追求同性之欢的男人。例如，在托比亚斯·斯末莱特的《蓝登传》中，有一个人物名为斯特拉特韦尔伯爵，"因喜欢同性而声名狼藉"。所以，尽管鸡奸的确没有得到宽恕，但它一般被视为不过是"社交上的"冒犯行为。

卡罗莱纳、切萨皮克和中大西洋地区各殖民地的性

当然，美洲殖民地并非只有新英格兰地区。比如，卡罗莱纳就呈现出与清教徒为主的新英格兰地区截然不同的面貌。

1711年,英国国教牧师约翰·厄姆斯顿称南北卡罗莱纳的居民"荒淫、放荡、可耻",另一位英国国教牧师查尔斯·伍德梅森形容卡罗莱纳是"腐化堕落"的窝点,多配偶在此地"非常普遍","同居司空见惯","私生子习以为常"。他指责道,"同居"生活的卡罗莱纳居民,不受拘束地"交换妻子"。他们不知羞耻,"在此地,赤裸并非可受指责或者下流粗俗之事,他们常常赤身裸体。"伍德梅森形容此地"淫乱不堪"、"欲望横流"、"色欲纵横"。

"早期的卡罗莱纳土地广袤,却十分野蛮、人口稀疏、管理混乱",宗教毫无影响力。许多南方神职人员都是冒险家,他们的获授神职,往往不乏可疑之处。在穷乡僻壤之中,即便是他们,也依然缺衣少粮。人们很容易就从一段同居关系走向另一段同居关系,毫不考虑婚姻的仪式或者约束。与其说他们关系混乱,不如说他们在确定性关系和个人关系时,实在太过随便,可以说成是连续的一夫一妻制。他们没有传统意义上的结婚或者离婚,一对夫妻结婚时,新娘通常"一眼就看出是怀孕了"。

南方的牧师、立法者、治安官偶尔试图在这些社区推动传统的婚姻和性标准,往往徒劳无功。牧师人数太少,法律软弱无力,无法产生影响。1790年,北卡罗来纳立法机关通过一项法案,禁止通奸、乱伦、多配偶等罪恶,不过,真正通过的法律却只禁止多配偶。这便是道德家推动立法机关获得的全部成果。

在新英格兰与卡罗莱纳的穷乡僻壤之间,是中大西洋和切萨皮克殖民地。它们虽然立法禁止私通、通奸和鸡奸,但在处理私下里的性违法时,却十分宽松。自十八世纪初起,纽约、新泽西和宾夕法尼亚几乎从未惩罚自愿发生的性违法。马里兰和弗吉尼亚尽管有时候会惩罚通奸者,但很快就不再对之适用刑法。在切萨皮克殖民地,惩治违反性道德行为的法律罕见执行,偶尔有人提出控告,却未获受理。

"色情图书种类繁多,令人震惊"

与当时的英国一样,在十八世纪的殖民地书店中,"色情图书种类繁多,令人震惊"。尽管在存货的广度和深度上,这些书店无法与伦敦同行比肩,但美洲人能够找到许多他们想要的图书。托马斯·杰斐逊、本杰明·富兰克林等文化和政治领袖对此类图书收藏颇丰。杰斐逊收入书房的图书包括薄伽丘的《十日谈》、数本文艺复兴时代的色情戏剧,还有查尔斯·约翰斯通的《克列萨尔》,此书描写了生动的性爱场面、性欲和性丑闻。罗伯特·斯基普威思为将要开办的图书馆征求杰斐逊的意见,杰斐逊推荐了379种图书,包括范布勒、勒萨热、斯摩莱特、菲尔丁和斯特恩等人所著的许多色情图书。

小贩在各殖民地贩卖着形形色色的色情笑话,露骨的反天主教小册子尤其普遍,它们并没有多少文学性可言。关于生育、接生、性病、手淫的所谓医学书,很大程度上被当作色情图书使用,包括数个版本的《亚里士多德的杰作》。殖民地书店中售卖的图书还包括《修道院中的维纳斯》、《抛弃情人的伦敦女子》(又名《政治妓女》)和《意大利修女与英国绅士往来书信集》等色情小说。简而言之,十八世纪的美国人(美洲人)能够读到"欧洲人在读的所有色情作品"。

在整个殖民地时代,并未出现对淫秽作品提起的指控。所有殖民地均立法禁止亵渎上帝和异端邪说,却没有涉及"不具有反宗教倾向的色情题材"。直到十九世纪,美国才出现第一桩真正的淫秽指控案。殖民地时代始终认为,贩卖、展示、持有色情读物与政府无关。

费城:"兄弟之爱的城市" *

在中部各殖民地之中,最激动人心的冒险事业,就是威廉·佩恩为建立一个尊重宗教自由的社区所付出的努力,这个社区将为"世界树立开明政府"的典范。佩恩保证,但凡同意"文明社会中的和平、正直生活"的人,"绝不能……因为信仰和对神的崇敬……受到骚扰或者侵害"。尽管这块殖民地偶有宗教之争,但佩恩的实验最终获得了成功,费城逐渐壮大,成

---

* 费城(Philadelphia)一词,即为希腊语中的"兄弟之爱"。——译者注

为美洲殖民地上的中心城市。

在独立战争时期,费城已是北美洲最没有地域偏见、种族和宗教最为多元化的城市。费城是一个生气勃勃、在智识上充满生机的社区,拥有美洲大陆上第一批图书馆、医学院和哲学学会,并以此为傲。它欣然接受启蒙运动的精神,成为十八世纪美洲思想界的文化、社会、政治、经济和知识中心。

十八世纪费城的性文化因"缺乏节制"而闻名。婚前、婚外和随便的性行为十分普遍。城市中到处都是涌入费城求职、谋进身之阶和找乐子的年轻人。在一个致力于追求个人自由的社区中,城市生活使人身自由成为可能,让新来者迫不及待地想要好好体验。

与伦敦一样,城市生活的互不知名,使性违法变得十分容易,婚前与婚外的性行为越来越普遍。在1767年与1776年之间出嫁的所有新娘中,大约三分之一在结婚时怀有身孕,一位评论家注意到,"想要发生外遇的人,发现自己有了充分的机会"。来到费城的游客形容这座城市在性方面十分开放。法国贵族莫罗·德·圣梅里在费城住过几年,他评论说,费城信奉的是无拘无束的性文化。德国教师戈特利布·米特尔贝格尔写道,婚前性行为很平常,政府毫不在意私通之事。

十九世纪末,随便的性关系普遍存在,反映了一种全新的个人自由文化。费城摆脱了传统道德的羁绊,"追求幸福"成为日常生活的核心。而此时的伦敦,色情业也普遍存在。一位游客评论道,"费城的妓女如此之多,以致入夜后满街都是她们的身影"。1784年,《费城杂志》形容费城的一家妓院是"这座城市的核心,还是公认的公共机构"。

在小册子、喜剧、歌曲、年鉴和歌谣活页上,妓女的故事比比皆是,这也表明,卖淫业普遍存在,人们对此也坦然接受。这并不是说,卖淫业没有激起费城道德家们的怒火。卖淫业是这座城市性文化最为明显的一个方面,自然会经常招致反对之声,理由不外乎引发混乱、威胁婚姻制度、破坏社区道德观念以及剥削堕落的女子,最后这个理由特别有说服力。一位游客评论道,通常是"缺乏可靠谋生手段的"女性才会转投卖淫业,特别是"海员们的妻子"被丈夫抛弃的已婚女性、丈夫死于独立战争的女性和缺乏其他生计来源的单身女性。对于她们中的很多人而言,转投卖淫业通往的是"落入虚弱境地"。

形势发展至此,费城政界精英中的保守人士颇觉痛心疾首。费城最古老教堂的牧师嘲笑费城人的"放荡生活",斥之为通往"婚姻生活"之路上的"艰难险阻"。不过,从未有人发起有组织的努力,以遏制费城开放的性文化。历史学家克莱尔·莱昂斯评论道,十八世纪六七十年代,费城发生的社会、文化和政治变化,使作为个人自由之本的"追求幸福"得以正当化。

与私通、通奸和卖淫一样,鸡奸是违法行为,却从未受到起诉。十八世纪末的费城,一片"各自生活、互相包容"的氛围,政府从未突袭公然欢迎同性性行为的酒馆,也没有以任何方式惩治鸡奸行为。这可不是因为费城人没有注意到同性性行为的存在。与此相反,直至该世纪中叶,费城的书商们还在兜售大量描写同性性行为的图书,包括女性之间的同性性行为。

费城保持与欧洲的文化联系,部分是通过引进图书实现的,包括那些色情性质的读物。费城书商兜售的是《修道院中的维纳斯》、《英国流氓》、《伦敦妓女》和《著名的法国情人》等在欧洲大受欢迎的图书。18世纪中叶以后,在费城出版的诗歌、歌谣、小册子和戏剧中,性主题日益成为写作题目。1750至1775年间在费城印刷的历书,常常出现讨论诱奸、婚前性行为、通奸和卖淫的条目。在出版性阴谋故事方面,《亚伯拉罕老爹年鉴》是先驱者。诸如《纵情声色后致友人书》《论放荡之乐》之类的文章,描述的是放纵和随心所欲的性态度,为读者介绍了全新的"都市享乐文化"。

费城在性态度和性开放问题上发生重大转变,部分是努力将启蒙运动关于追求幸福的理念付诸行动的体现。在人们重新定义彼此之间、与政府之间传统关系的斗争中,在实现启蒙运动的自由平等理念的斗争中,性自由的议题呈现出新的政治意义。1776年,《独立宣言》勇敢地宣布,政府的正当目的不是扼制罪恶,而是"追求幸福"。它反映的是启蒙运动的价值观和准则,与早期殖民地思想已大为不同。这种转变产生了深远的影响。

这绝不是说,到了独立战争之时,各殖民地居民接受了某种狂热的放纵主义。恰恰相反,就算是有,也只是极少一部分殖民地居民过上了罗彻斯特伯爵所认为的那种生活。不过,与此同时,各殖民地清晰明确地拒绝了清教徒的价值观。因此,他们的性态度,既非放纵派,也非清教徒式。他们将性视为人生的自然组成部分和个人自由的基本要素,所以,他们不再利用刑法强行施加道德和宗教的性准则。但是,各殖民地的绝大多数人,在性生活方面仍然循规蹈矩,并没有全盘抛弃传统的道德价值观。

在殖民地对性的处理方法上,"未婚情人和衣同床"的做法,就是一个很好的例子。性标准在十八世纪的放松,对想要保护未婚女儿不致怀孕的父母们提出了考验。即使在一个性自由不断增加的社会中,大多数父母仍然坚持保护女儿,"避免始乱终弃的不幸遭遇"。随着一种强调婚前性行为如何危险的"诱奸文学"的出现,这个问题更加严重了。此类警世故事的内容,多为"备受摧残的"少女们在被魅力过人的年轻男子勾引后,惨遭抛弃,孤身面对苦难人生。故事通常的情节是年轻女子生下孩子,却无家可归、贫困潦倒、清誉尽毁。她常常不得不出卖身体,来养活自己和孩子。

女孩的父母们对此有一种非常实用的回应,他们常常允许年轻的未婚情侣在家中同床而眠,借此更容易监督这段感情,如果女儿怀孕,也更容易让年轻男子承担责任。这种做法就是所谓的"未婚情人和衣同床",假装青年爱侣们在床上会衣裳齐整或者用"专用隔板"保持距离。不过,这个时代未婚先孕的比例很高,这也意味着此类安全措施往往徒有其名。

我们必须警惕"自身的……放荡"

独立战争长达八年,对新生的美国影响深远。在战争期间,社会动荡不安,人们居无定所,经济和军事陷入困境,军队无所不在,爱人天各一方,影响到了社会生活的方方面面。对传统权威的挑战,融合了启蒙运动理念和革命共和哲学,再结合战争年代的压力和混乱,这些都提高了人们对个人自由的要求,并更进一步放松了对性行为的传统束缚。在独立战争之前,人们的性态度和性行为就已开始出现这些变化趋势,随着战争的不期而至,这些趋势开始日益加速。

独立战争时期,人们拥有这样一种理念,即在自由社会中,个人对自己享有自主权,即便在性生活中也是如此,也因此,在十八世纪末,性自由不断扩大的趋势愈演愈烈。尽管这种理念与独立战争所体现的个人自由理想相契合,但也存在冲突。共和理念认为,"拥有道德的人民由理性思想指引,关心公共利益"。在自由、自治的社会中,公民们必须约束个人欲望,按照理性行事。于是,人们认为,性自由的扩大,既是独立战争价值观的表现,却也是对它们的威胁。

独立战争的政治精英们相信,他们能够平衡个人自由和个人责任,但是,有一些国家领袖担心,普通民众未曾受过良好教育,"心智发展并不完全",无力处理这种程度的个人自由。例如,费城的社会改革家、教育家、医生本杰明·拉什就担心,如果太快将自我管理的自由和责任推给民众,美国的自治实验注定会失败。

美国获得独立之后,拉什告诫说,美国人民仍然必须学习"提防我们自身的无知和放荡带来的影响"。他警告说,纵欲,尤其是下层社会的纵欲,"对道德会产生十分有害的影响,并因此为我国带来不幸"。他敦促美国人"最终能够觉醒,遏制腐蚀(我国)社会环境的邪恶",防止性行业破坏"社会的其余部分"。拉什宣布,"独立战争已经结束,但这是它未竟之事业"。

第五章

制宪先贤们身处的世界——一个基督教国家?

当代基督教福音派信徒常常声称,美国是作为"基督教国家"而建立的,只不过,在最近数十年中,失控的世俗主义者背弃了我们的宗教传统。当代的主要议题,既包括宗教在制定公共政策时的适当地位,也包括如何正确理解和解释宪法——尤其是避孕、淫秽、堕胎、鸡奸和同性婚姻等争议,这种说法都在其中占据了核心位置。

这种说法究竟有几分真实?制宪先贤们从总体上如何考虑宗教,尤其是基督教?或许,他们的观点有助于我们理解宪法的正确含义,并作出正确解释,在与性的规制相关的问题上,可能尤为如此。

独立战争之前的数代人,已经越来越怀疑宗教权威的传统来源。一种全新且振奋人心的自由感觉即将到来。在启蒙主义理想的感染下,美洲殖民地创造了一种勇气十足的自由观,对宗教、人、权利和政府赋予了全新的理解。与《独立宣言》一起,这些全新的理解成为美国政治传统的基础,这种传统"完全源自启蒙运动"。

美国人勇敢摆脱旧秩序的侵害,欣然接受一种新的、进步的、更为理性的对于人的观念,为此,托马斯·潘恩提醒道:"我们用新的眼光去看,我们用新的耳朵去听,我们用新的思维思考,不再回复原来的状态。"他宣布,旧大陆的愚昧和迷信终被驱逐,"思想一旦接受启蒙,不会再回到黑暗之中"。

在这样的背景下,美国事实上是作为"基督教国家"而建立的吗?

"并非还处于信仰的时代,而是已步入理性的时代"

清教徒建立的是严格的神权社会。诸多清教徒教会对上帝的话语作出解释,公民身份直接与宗教信仰联系在一起。清教徒"只能接受虔敬基督徒的统治"。他们坚定地想要建立一个"基督教国家"。但是,他们对于新大陆的愿景破灭了,在独立战争时期,不但清教徒的人数严重下降,而且,传统基督徒也出现了更加普遍的人数严重下降。1787年,制宪先贤们在费城开始起草《美国宪法》时,正式的教会成员人数每况愈下,只有10%到20%的美国人加入了教会。正如福音教派的当代倡导者所定义和理解的那样,福音教派在"(美国)建国时期的作用无足轻重"。

在经过启蒙后的开明时代,即使是上帝的权威,"也无法免于挑战"。清教徒严格恪守《旧约》的耶和华拥有无上权威",但在强调自然和理性更甚于强调信仰和神启的时代,美国人对此不再接受。在美国的奠基者之中,不少人并未止步于仅仅质疑传统基督教义还能拥有什么重要意义。

美国诞生时,"并非还处于信仰的时代,而是已步入理性的时代"。制宪先贤严厉批判他们眼中的基督教的极端与迷信。他们相信,人们应利用"理性与良心的指引",自由地求索真理。他们得出的结论是,世俗政府"为了最好地服务于此种目标,不可支持宗教,但要保护所有宗教"。

与《康涅狄格基本法》不同,《美国宪法》引以为权威终极来源的,不是"上帝的话语",而是"我们人民",这并非偶然。制宪先贤的目标,简而言之,不是创造"基督教国家"。恰恰相反,《美国宪法》明确禁止对担任公职者进行任何宗教测试,第一修正案也明确规定"不得确立国教",同时,美国不得以基督教国家的名义"自居"。事实上,从《独立宣言》到《人权法案》,没有一处提到美国是"基督教国家"。

. . .

与此后的法国革命不同,美国的独立战争并非**反对**基督教的革命运动。法国革命之前最具影响力的思想家们,包括伏尔泰、孟德斯鸠、狄德罗和霍尔巴赫在内,都猛烈抨击了基督教。

用伏尔泰的话来说,"每一个明理之人……一定会出于恐惧信奉某个基督教派"。不过,在美国的建国先贤中,大多数人至少会偶尔参加教堂礼拜,且至少在一定程度上认同某一个基督教派。但是,作为启蒙运动人士,他们之中很少有人相信传统基督教义。事实上,独立战争时代的许多领袖,都不是传统意义上的基督徒。他们是眼界非凡的怀疑论者,认为宗教热忱会引起社会分裂和非理性,无论是公开或是私下里,他们一直都在挑战传统基督教教义。

十八世纪中叶最重要的宗教发展趋势,当属自然神论(又名理性宗教)。它对建国时代产生了深远的影响。自然神论源于古希腊哲学,但它对独立战争时代的美国人的影响,通常可以追溯至十七世纪末、十八世纪初的几位英国作家。比如,唯理论哲学家约翰·托兰德论证道,宗教必须符合逻辑,必须符合自然法则,才能令人信服。在英国圣公会接受过神学训练的神学家托马斯·伍尔斯顿对关于神迹的学说提出质疑,并得出结论说,《新约》记载的耶稣神迹"拙劣不堪、难以理解、荒谬可笑"。评论家马修·廷得尔于1730年指控道,天启神学不过是痴心妄想,是非理性的迷信。

自然神论者未必就是无神论者。尽管他们对不容于理性的基督教(和其他宗教)的信仰提出质疑,但他们之中的大多数人接受至高存在的理念。不过,犹太教与基督教共同信奉的上帝会介入人间事务,倾听人们的祈祷,而自然神论者信奉的上帝,可不是那一位上帝,而是更为遥远、不食人间烟火的自然力量。自然神论者称之为"造物主""第一因""伟大缔造者""自然之神"。

自然神论者相信,这位至高存在创立了包括自然法则在内的宇宙,是一位仁慈的上帝,造物主已然在自然法则之中揭示了它的存在与本质,也赋予人类运用理性理解这些法则的能力。大多数自然论者并不接受耶稣的神性、神迹和神启的真实性以及原罪和宿命的教义。他们以"与理性的指引背道而驰"为由,反对这些观念,并提出,此种学说"不仅让人类陷入迷信与无知的桎梏",而且"冒犯了上帝的权威与尊严"。大多数自然神论者相信,人们毫无必要阅读《圣经》、祈祷、受洗、割包皮、参加礼拜或者遵守他们认为非理性的基督教或者任何宗教的信仰和礼仪。

当然,还有一些激进程度不等的自然神论学说。一些自然神论者断然否认基督教,另有一些自然神论者自视为开明基督徒。更为激进的自然神论者认为,基督教让人们相信自己受到了原罪的玷污,这种教义引发人们的自我憎恨,阻碍人们的自我提升,基督教借此获取了对人类而言十分危险的道德影响力。他们认为,基督教在历史上对异己毫不宽容、残酷镇压,因此,他们将之视为人类进步的根本性阻碍。

更为温和的自然神论者坚定不移地相信人性本善,他们信奉通过理性才有进步的可能,认为神迹和神启荒诞不经,不信任圣礼和神职人员，相信人们有义务过上有道德的生活（按照理性而非《圣经》的要求），信奉仁慈却远离尘世的造物主，自遥远的过去开始，这位造物主就通过永恒的自然法则统御万物。

自然神论在各殖民地产生了巨大的影响。托马斯·潘恩、托马斯·杰斐逊、本杰明·富兰克林、伊桑·艾伦和古弗尼尔·莫里斯等多位建国先贤都是自然神论者，而且，约翰·亚当斯、詹姆斯·麦迪逊、亚历山大·汉密尔顿、詹姆斯·门罗和乔治·华盛顿等人也多少倾向于自然神论，他们接受了大部分自然神论者对基督教提出的批评。

正如历史学家弗兰克·兰伯特所述，自然神论对于美国建国的重要性"再怎样形容都不过分"。大约在1725年至1810年间，自然神信仰在美利坚合众国的孕育过程中起到了核心的作用。建国时代的人们透过启蒙运动的透镜，审视宗教，尤其是宗教与政府的关系，对正统基督教深感怀疑。

当然，并非所有的建国先贤都是自然神论者，帕特里克·亨利、塞缪尔·亚当斯、约翰·杰伊和伊莱亚斯·布迪诺特等人就是传统的基督徒。不过，想一想，在他们之中，有些人或多或少受到了本杰明·富兰克林、托马斯·杰斐逊、乔治·华盛顿和托马斯·潘恩等自然神论者的影响，是很有启发意义的，因为，在界定美利坚合众国的价值观、愿景和共识时，他们起到了核心的作用。

富兰克林:"彻底的自然神论者"

本杰明·富兰克林是美国启蒙运动的化身。他"对宗教热忱深感厌恶",并在《自传》中明确表示,自己是"彻底的自然神论者"。富兰克林拒绝接受很多基督教教义,只是因为它们"莫名其妙",而且,他严厉批判了基督教对人类产生的影响:

> 如果我们回顾历史,寻找基督教中现存的各个教派的特征时,我们会发现,几乎没有哪个教派,没有在迫害者与受迫害者之间转换过身份。早期的基督徒认为对异教徒的迫害极其错误,却仍彼此迫害。英国国教的第一批教徒谴责罗马教廷的迫害,却又迫害清教徒。清教徒主教们看到了此种愚行,自己却又重蹈覆辙。

1790年,在临终前夕,当有人问及宗教信仰时,富兰克林回答道:"我的答案如下。我相信一个神明,宇宙的创建者:他用天道统御世界。他应当接受崇拜。我们可以敬奉的最能为其所接受的服侍,是善待他的其他孩子。"他又道,这是"所有明智的宗教秉持的基本原则"。

在谈到耶稣时,富兰克林评论道:"我认为,他留给我们的道德和他的宗教体系,前无古人,是最好的,也可能后无来者;

不过,依我看来,它经历了各种不同的走向堕落的改变。"在谈到耶稣的神性时,富兰克林在临终前讽刺地作结道:"我对他的神性……心存疑虑;尽管这是一个我不会武断作答的问题,我从来没有研究过,也认为现在毫无必要再去考虑它,现在我很期待,因为我很快就有机会能够毫不费力地知道真相了。"

与反对原罪和宿命教义的大多数自然神论者一样,富兰克林信奉的神,"欣慰于"人们追求的德行,富兰克林称之为"关于我们真趣的知识;即为了实现我们所希望的主要目标——**幸福**,在人生的所有处境中,如何作为才是最好的"。在富兰克林看来,人们应通过满足自身的需求和提升他人的幸福从而获得幸福。他认为,人们追求自身的幸福,能让造物主感到喜悦,因为,真正仁慈的神"因他所造之物的幸福而欣喜"。

富兰克林认为,人们服侍上帝的最佳方式,不是遵从教条和声称相信神迹,而是为了人类的福祉多行善事。他批评基督教未能"促进如我所见的更多的善行:我说的是真正的善行、善良、仁慈、宽恕和公德之举,而不是谨守安息日、聆诵经文、参加教会仪式或者吟诵通篇皆是奉承恭维之词的冗长祈祷"。

富兰克林认为,所有宗教的最基本教义,或多或少都是可以互换的。他认为,这些教义都要求人们追求自身幸福、以善意和敬意待人。他视耶稣为充满智慧的道德哲学家,但并不必然就此成为神圣或者受到神启之人,基督教教义背离了耶稣的核心教诲,于他并无用处。有位多年老友深感绝望,富兰克林这般"品行无瑕、影响巨大"的人物,却如此"不信仰基督教"。

杰斐逊:"因疯狂的想象说出的胡话"

建国时代的人们没有谁"比托马斯·杰斐逊更能体现美国的民主理想"。亚伯拉罕·林肯道:"杰斐逊的信念,就是自由社会的定义和公理。"与富兰克林一样,杰斐逊是一位真正的**启蒙思想家**。作为彻底的无神论者,杰斐逊"让包括自己的宗教在内的每一种宗教传统,都经受科学的审查"。他毫无耐心谈论神迹、神启和复活。杰斐逊将所处时代视为独特机会,人们可以打退黑暗势力,解除对人类理性的束缚,领悟宇宙的真正秩序。

十八世纪八十年代曾在巴黎生活五年的杰斐逊和狄德罗、伏尔泰等法国启蒙思想家一样,坚信人类是可以理解宇宙的,就长远来看,运用理性就能解开它的神秘。对于宗教,杰斐逊告诫外甥彼得·卡尔要"摆脱所有的恐惧与盲从的偏见,否则,软弱的头脑会因此盲目跟从、卑躬屈膝"。他鼓励卡尔"勇敢质疑哪怕是上帝的存在;因为,如果上帝真的存在,他肯定更加赞成出于理性的崇敬,而非因蒙蔽而生的畏惧"。

与富兰克林一样,杰斐逊钦敬耶稣是一位道德哲学家。他致信约翰·亚当斯说,耶稣所提倡的道德信仰反映了"人类迄今为止最崇高和仁慈的道德准则"。在另一个场合,他形容耶

托马斯·杰斐逊

稣的品德是"人类所见过的""最天真无邪"和"最有说服力的"。尽管杰斐逊否认耶稣的神性,但他认为耶稣将自身归因于"**人类的每一种美德**",并断言耶稣本人"并未给出任何别的说法"。

不过,杰斐逊认为,耶稣的教导已经被连绵不断的"腐化堕落"扭曲得面目全非。他称此类教义为宿命论、善行对之也无能为力,并称原罪是"陈腐的教条"、"糟粕"、"曲解"、"无稽之谈"、"疯言疯语"、"欺骗世人的教义"和"因疯狂的想象说出的胡话"。

在写给马萨诸塞的一神论者约翰·戴维斯的信中,杰斐逊深深鄙视耶稣信徒们的"玄乎空想""狂热疯话""模糊幻梦",他说,他们"荒唐透顶,不可理喻",已使基督教不堪重负,"没有时间、耐心和机会剥去它华而不实的装饰之人,唯有放弃信教"。他得出结论说,对基督教的诸多"不知所云的观点",唯一合理的回应就是"大加嘲讽"。他写道,"神职人员"是"虚假的牧人""教名的篡夺者",他们就像"乌贼",将自己覆盖在"黑暗"之中,令"追逐他们的敌人无法看到他们"。

不过,杰斐逊并非无神论者。尽管他致力于实现政教分离,强烈反对教会干预政治,但他依然是"深具宗教信仰"之人,他热切地信奉一位仁慈的造物主,"对人类唯一的神启就是自然与理性"。

至少在公开表态时,杰斐逊自称是一名基督徒,但这只能是按照他**本人**的定义而言。在当选总统三年之后,他在给好友、同为《独立宣言》签署者的本杰明·拉什的信中写道:"我是基督徒,但只是[基督]希望每一个人都成为的那种意义上的基督徒;我所谨守的是他的教导,而非其他。"

杰斐逊认为,"一些道德准则,既是基督教的根本,也是所有其他宗教的根本,严格恪守它们"非常重要,而他也断然拒绝遵守他认为武断和非理性的教条,它们关注的都是些"法衣、仪式、形而下的观点与形而上的假说"之类的内容,"与道德毫无关系,于社会的正当目的无足轻重","无数人因之丧

第五章 制宪先贤们身处的世界——一个基督教国家？ / 133

命,世界各地都因为战争和迫害凋敝荒芜,人类的聪明才智都被用来发明新的酷刑,针对的却是自己的同胞"。杰斐逊向约翰·亚当斯表达了自己的期望,"人类心智终将在某一天能重新找回两千年前享有的自由",也就是他斥之为真正基督教精神堕落之前的自由。①

与其他自然神论者一样,杰斐逊相信造物主已赋予人类道德指南针——"与生俱来的"、自然的"是非感"。杰斐逊论证道,人类的"道德观念或良知","是人的组成部分,如同他的腿与臂"。他写道,所有人"在我们的情感中都已嵌有""道德直觉"和"对他人的爱","让我们无可抑制地对他们的苦难感同身受并施以援手"。杰斐逊称赞此种道德本能是"人性中镶嵌着的最明亮的宝石",他认为,正是此种自然的道德素质,才使民主成为可能。

于是,对杰斐逊而言,美德的本质既不依赖于"基督的启示",也无须依靠它才能"得以理解",而是"在自然之中本就非常明显,运用理性即可识别"。他写道,"宗教教条"与"道德原则"截然不同,他毫不费力就得出了无神论者也可以是有德之士的观点,但这在当时却常常会引发争议。对杰斐逊而言,道

---

① 杰斐逊力图调和基督信仰与启蒙精神,并力图将耶稣教诲的真髓与他所认为的后世添附的堕落迷信和非理性教条区分开来,他创作了自己的"剪刀加糨糊"版本的《新约》,以之为施行共和政体的社会实现社会和谐提供有益的指引。参见 Thomas Jefferson, *The Jeerson Bible: The Life And Morals Of Jesus Of Nazareth* (Henry Holt 1995)。

德的根本,由"所有宗教"共同秉持,已在耶稣的箴言中阐明,"你们愿意人怎样待你们,你们也要怎样待人"以及"爱人如己"。杰斐逊不厌其烦地道:"美德的根本在于与人为善。"

杰斐逊强烈反对任何将基督教教义等同于世俗法律或将之纳入法律的企图。当然,杰斐逊是《独立宣言》的主要起草者。从他的观点可见,他是一位信奉自然主义的自然神论者,而许多独立宣言的签署者所持观点,与他并无二致,因此,仔细观察《独立宣言》的精确用词非常重要。它没有提及"耶稣""基督""圣父""主"等任何对于基督教上帝的传统描述。与此相反,它使用的是"自然之神""造物主""至高审判者"和"神的旨意"。

《独立宣言》是一份启蒙运动时代的文件,而不是清教徒、加尔文派教徒、卫理公会派教徒、浸信会教徒、主教派教徒、天主教徒、福音派教徒所发的基督教声明。恰恰相反,这是一份深谋远虑、**处心积虑**引用美国自然神论用语的文件。这是一份属于它所处时代的文件,它雄辩地说出了那个时代的美国人的信念。

亚当斯:"为人应正直善良"

约翰·亚当斯认为世界是一个充满敌意的地方,"对他自己而言,对他的人生热情所在即美国独立战争而言",都是如此。关于启蒙运动的志向和可能性,在制宪先贤们当中,没有人比亚当斯更为博览深思。

与杰斐逊一样,亚当斯认为,耶稣最初的教导十分符合情理,但被后来"嫁接其上"的腐朽所玷污。随着年岁渐长,亚当斯越来越怀疑基督教教义。他写信给本杰明·拉什道:"人性之中有一株宗教萌芽,它如此茁壮,只要有人发号施令,利用奉承或者恐惧说服人们,称只要听其驱使便能使灵魂得救,欺骗、暴力、篡夺将永不停歇。"

终其一生,宗教与上教堂做礼拜对于亚当斯都十分重要,较之于富兰克林和杰斐逊,他更加相信属于个人的上帝。不过,与其他自然神论者一样,他拒不接受清教徒先祖传承下来的僵化教条,转而赞同一种更加简单、清晰的基督教。阅读和思考引导他拒不接受宿命和原罪之类的教义。他宣称,造物主"赋予我们理性,用于发现真理,以及我们存在的真实意图和真正目的"。对亚当斯而言,基督教在很大程度上是"理性、平等和爱"的宗教,他抛弃了所有"无法通过人类理性独立证实的"宗教教义。亚当斯从未赞同过启蒙思想家们更加激进的理念,不过,他仍是"一位彻头彻尾的自然神论者"。

亚当斯在写给杰斐逊的私信中,写下了自己的自然神论原则,他的宗教信仰可以"包含在简简单单四个字中:'正直善良'"。此外,亚当斯还在日记中写道,基督教最伟大的圣约,也是在所有伟大宗教与伦理准则中居于核心地位的原则:"要爱人如己,你们希望别人怎样对待你们,就要怎样对待别人。"

亚当斯强烈意识到宗教与政治必须相分离。他写道:"再没有什么事情,比政府与宗教牵扯不清更为恐怖。"亚当斯写信给本杰明·拉什道:"我尽可能不将宗教与政治混为一谈。" 1774年,他撰写了《论教会法和封建法》,猛烈抨击早期天主教与新教当权者对于民间和教会的专横暴虐。1788年,他撰写了《美利坚诸宪法之辩护》,用好几章的篇幅谴责"宗教战争、十字军、宗教法庭、大屠杀的恐怖"。亚当斯警告说,一有机会,美国的基督教"福音派就会挥舞鞭子,手持枷锁,支起火刑架",就如同他们在欧洲的所作所为一样。

第二次大陆会议的一位与会者是教士,他希望大陆会议关注美国的"基督教特性"。亚当斯写信给妻子阿比盖尔道:"他是参加大陆会议的第一名教士,我忍不住希望,他也是最后一名教士。神职人员当政治家……不会有什么好结果。"亚当斯以总统身份签署的《1797年黎波里条约》,获得了参议院全票通过,为了解决因为巴巴里海盗所产生的纠纷,美国在条约中着重强调:"美国政府……在任何意义上均非建立在基督教之上。"

1817年,距离去世还有九年,亚当斯致信杰斐逊道:"最近读书时,我有二十次几近爆发,'如果这个世界上没有宗教,它会是所有可能存在的世界中最好的一个'。"不过,他接着道:"没有宗教,这个世界将会成为不宜对体面人士提及之事物,我说的正是地狱。"

这种矛盾心理影响了亚当斯毕生的信念,即人类渴望财富、权力和名誉并由之驱使,所有的历史都能证明,无所顾忌的人民,会变得"不公正、残暴、野蛮、凶残和残忍"。与其他制宪先贤一样,他深知,自治最终依赖于人民的品格,因此,这种看待人类的视角,为作为政治理论家的亚当斯带来了一个严重的问题。他评论道,若非"对公共利益怀有无可置疑的激情",没有一个共和政府可以长久存续。考虑到他对人类容易误入歧途的批评态度,对于人民是否拥有使共和实验获得成功所需要的健全品格,亚当斯深感怀疑。

因此,他警告说,如果未能"在我们的人民中培育热心公益的美德",他们"将无法获得长久的自由"。在这个问题上,与许多制宪先贤一样,亚当斯认为,宗教有助于塑造"人们的道德行为"和"对于公正、正派、责任和义务的理念"。他相信,宗教可以成为共和制下美德的重要来源。

不过,在将"宗教"作为健全的共和制政府的基础时,亚当斯与其他制宪先贤中的大多数人,所指的并非是传统的基督教及其诸多教义和教理。与此相反,亚当斯写信给杰斐逊道,他的宗教信仰的本质,一言以蔽之,"为人应正直善良"。杰斐逊对此回应道:"所有宗教都赞同的,可能就是正确的。"

制宪先贤中的绝大多数人相信,"为人应正直善良"的原则,对于培育他们认为是自治所必需的那种公德精神可以起到十分重要的作用。他们也相信,某种罗素所谓的"公民宗教",以及杰斐逊所称的"自然之神",对于培养美国人的共和主义精神,也是非常有益的。不过,此种做法,与承认基督教教义神圣不可侵犯,自然完全不同。

华盛顿:"是罗马式斯多葛主义者,而非基督教圣人"

与富兰克林、杰斐逊和亚当斯相比,乔治·华盛顿并非博学之人。他是实干家,不是理想家。他的伟大之处在于人格,而他的人格已在美国留下不可磨灭的印记。最能体现人品高洁的两件事,是他在独立战争结束后辞去大陆军总司令之职,以及决定不参加1796年的第三届总统竞选。如此行事,自然使他成为此种公心和正直无私的共和品格之代表人物,而这正是这个新生国家所极为需要的。

用华盛顿本人的话来讲,他"不盲从任何崇拜"。他相信,有一种无法看见却非常仁慈的力量指引着宇宙和人间的种种,他用不同的说法来指称这种力量:"天意"、"宇宙的全能统治者"、"宇宙的伟大创造者"和"诸事物的伟大安排者"。

华盛顿很不愿意谈论自己的宗教信仰。他对个人生活中的宗教并未太过在意,也没有殷勤地做礼拜。他"既非积极的信徒,也不是学识渊博之人"。他说自己的宗教信条"少而精"。他的一位传记作者约瑟夫·埃利斯评论道,在他去世时,"华盛顿并未多想天堂或者天使之事;他知道自己的身体所要去往的唯一处所,就是地下,至于灵魂,它的最终栖息地不得而知。他辞世之时,是罗马式斯多葛主义者,而非基督教圣人。"

我们甚至不清楚,华盛顿是否自认为基督徒。尽管他保持了与英国国教的联系,对行事谨慎的政治领袖而言,无论他是不是真正的教徒,这确是慎重之举。或许更能说明问题的是,华盛顿的私人文件无一表明他相信《圣经》的启示、永生和耶稣的神性。在数千封信件中,他一次都没有提到过耶稣,耶稣之名显然从未在他脑海中停留。总而言之,将华盛顿对基督教的信仰形容为"有限和浅层的",可谓非常贴切。

尽管华盛顿与杰斐逊不同,没有公然蔑视基督教,但对于他对基督教的怀疑态度,认识他的神职人员都很不满。例如,教士伯德·威尔逊博士伤心地承认,华盛顿"并未宣布信奉基督教",威廉·怀特主教承认,"任我再如何竭力回忆,也无法想起足以证明华盛顿将军是基督教启示信徒的证据"。华盛顿多次被人准确地形容为"冷静的自然神论者"、"温和的自然神论者"、"有神论理性主义者"、"斯多葛主义者"和"基督教自然神论者"。

事实上,将华盛顿理解为深具荣誉感之人,而非宗教信徒,才更为妥帖。华盛顿力行正义,"因为正义才是正道,正义的缺失会让他失去对自己的尊敬"。历史学家彼得·亨里克斯得出结论道,"华盛顿最重视者,是依良心行事,于他而言,这比启示宗教更具有力量"。华盛顿相信,"他知道何为'正义',他并不依赖某种启示宗教或者圣经来告诉他答案"。

在担任总统时,华盛顿对各种宗教传统非常警觉,谨小慎微地不去引用基督教教义。他的正式演讲、命令以及其他公开通信,均小心翼翼地体现了自然神论者的观点。他谈及宗教时,都会省略"耶稣"、"基督"、"主"、"圣父"、"救赎者"与"救世主"等词汇,同时,无论何时,只要下属想在正式文件中写入此类词汇,他总会将之删除。与此相反,他使用的是"天意"、"至高存在"和"神"等自然神论措辞。

不过,与亚当斯一样,华盛顿相信,某种形式的道德信仰,对于公共道德与共和政府均不可或缺,他也并不担心宗教在增进国民福祉中的作用。例如,在卸任演讲中,他警告说,"理智和经验,都不容我们期待,在排除宗教原则的情况下,道德观念仍能普遍存在"。

潘恩:"恶人和不信教者"

1774年,托马斯·潘恩离开英国来到费城。两年后,他出版了《常识》,此书对鼓动各殖民地和促成《独立宣言》大有帮助。独立革命之后,潘恩返回英国,出版了《人的权利》,在自然权利理论的基础上,为共和主义作出强有力的辩护。不久后,他继续撰写《理性时代》,猛烈抨击基督教教义,并宣布,人类在道德和宗教上的唯一指引,应是"理性,而非超自然的教义或教条"。

影响深远的《理性时代》出版于 1794 年,潘恩在此书中宣布,"我只信仰唯一的上帝,我期待今生之外的幸福。我相信人人平等,我相信宗教信仰的职责在于让人们行仗义、爱宽容,致力于使我们的同胞过上幸福快乐的生活。……我不相信犹太教会、罗马教会、希腊教会、土耳其教会、新教教会以及任何我听说过的教会所宣扬的教义,我的头脑就是我的教会"。[*]

潘恩认为,"自然神论的宗教,优于基督教",因为,如此"可以让我们的理性不会因那些虚构和扭曲的教条而感到震惊"。他写道,自然神论的信条"纯粹且极为简单。它信仰上帝,并全心寄托。它尊理性为上帝赐予人类的最佳礼物……它避开一切专横的信仰,抵制伪装成启示的一切图书,它们是人类虚构的创作"。

潘恩在攻击基督教教义时毫不留情。他拒绝相信"全能的神以任何形式的言辞,不论何种语言,或任何方式的形象,与人类产生交流"。他称基督教教义为"无稽之谈,荒谬不经的程度,连古代神话都无法与之相比"。他将《圣经》斥为伪书,指出其中的内在矛盾,将书中内容与科学发现相对照,痛斥它

---

[*] 引文摘自陈宇先生的中译本《理性时代》,武汉大学出版社 2014 年版,下同。——译者注

托马斯·潘恩

的邪恶。他指责道:"这是一本充满谎言、邪恶和渎神之言的书;将人类的邪恶归咎于全能的神的命令,还有什么能比之更为渎神的呢?"

潘恩认为,基督教要求不容置疑地相信超自然的干预和启示,要求信徒将迷信接受为真理,拒绝承认信徒有权批评宗教教条,已经从根本上破坏了良心自由,煽动了偏狭与迫害。用潘恩的话来说,"最可憎的邪恶,最可怕的虐待,最大的苦难,让人类饱受折磨,源自名为启示或者天启宗教的这个东西"。

他补充道,基督教要求盲从教会规定的教义,而不是追求知识与幸福,"腐蚀人心,使人们变得残酷无情"。他得出结论说,"至今为止创立的所有宗教系统中,没有一个比这个名为基督教的宗教,对全能的神更为不敬,对教化人类更为无益,与理性更为敌对,自身更为矛盾"。

潘恩是自然神论者,而非无神论者。不过,在他看来,要理解上帝,人类必需运用理性和科学调查,才能学习上帝的创造。他强调,那"才是真正的神学"。他的著作《常识》《人的权利》《理性时代》是十八世纪流传最广泛的政论书籍。潘恩是"通俗自然神论最伟大的代言人",对传统的基督教而言,他却是"恶人和不信教者"。

十八世纪下半叶,观察力敏锐的基督徒都十分担心自然神论产生的影响。独立战争时代,是美洲(美国)基督教不断衰落的一个时期,自然神论的兴起被视为持续的威胁。亚当斯、华盛顿、杰斐逊、门罗与麦迪逊等人均出身其中的受教育阶层,不但热情颂扬自然神论者的观点,而且常常在谈话和写信时流露出此种观点。十八世纪末,耶鲁大学、威廉玛丽学院、普林斯顿大学皆已成为自然神论的温床。就连古板的、清教徒创立的哈佛大学,也已卷入自由思想之中。尽管对自然神论的兴趣始于受教育阶层,但通过报纸、杂志、活页册与书籍,逐渐在社会大众之中传播开来。到了十八世纪末的最后数十年,自然神论不再局限于社会精英,已为社会大众所接纳。

基督教当权者的回应是加以报复。早在1759年,公理教会牧师埃兹拉·斯泰尔斯即发出警告说,"在这个放纵越轨的时代,自然神论已经如此领先","击败、摧毁它"势在必行。大觉醒中最重要的神学家乔纳森·爱德华兹控诉说,自然神论者都是"无信仰之人"。

1784年,"格林山兄弟会"的领袖、提康德罗加堡战役的英雄伊森·艾伦出版了一本支持自然神论的著作。他撰写的这本《理性:人类唯一的神谕》遭到神职人员的强烈谴责。耶鲁大学校长蒂莫西·德怀特指责他拥护的是"撒旦的事业",埃兹拉·斯泰尔斯指控他"渎神、不敬",乌萨·奥格登牧师怒斥他为"无知、渎神的自然神论者……脑中尽是可怕之事",南森·珀金斯牧师说他是"出现在这个罪恶的星球上最邪恶的人之一"。数年以后,德怀特于1788年出版了措辞激烈的反自然神论著作《无信仰的胜利》。

"民主所必需的公民道德"

制宪先贤们是否想让美国成为"基督教国家"?显然,他们并没有这么想。《独立宣言》标志着一个根本性的转变。在1776年之前的各殖民地中,公开表达信仰的人,显然往往是基督徒。不过,美国的建立者们为了宣布独立于英国,引用的是启蒙运动的语言和精神。在《独立宣言》的签署者们中,宗教信仰相当多元化,从传统基督徒到坚定的自然神论者都有,不一而足。然而,在美国历史上的这一时刻,最具决定性的是将签署者团结在一起的事物,而非他们之间存在的分歧。虽然《独立宣言》明确承认"自然之造物主""造物者""天意",但它小心谨慎和相当刻意地不去使用基督教或其他基督教派的任何祷文。

这并不表明建国元勋们是反宗教的,不过,这也确实表明,他们对各式各样的宗教观点抱持开明态度。在美国的建国元勋之中,皆是杰斐逊、潘恩、富兰克林、华盛顿、亚当斯这般人物,他们将美国推上独立之路时,欣然接受的是启蒙运动价值观,而不是传统的基督教教义。尽管,与此同时,制宪先贤们准确地注意到,用詹姆斯·麦迪逊的话来说,共和政体以人民所具有的公民美德达到某种程度"为前提条件"。虽然启蒙运动思想将美德的概念重构为"公共的、公民的,而不是私人的、用于祈祷的",建国一代中的很多人仍然相信,在宗教和公民美德之间具有直接的关联。

抱持传统宗教信仰的人们当然对此深信不疑。比如,深具影响力的公理会牧师菲利普斯·佩森认为,宗教"对公民社会……至关重要……因为它使最佳意义上的道义责任得以延续"。长老会牧师、新泽西学院(即后来的普林斯顿大学)校长约翰·威瑟斯彭警告说,除非让人民了解宗教的价值观,否则,即便是"好的政体",也不能保护他们免于天生的"生活的放荡和堕落"。同时,本杰明·拉什写信给著名的词典编纂家诺亚·韦伯斯特说,虽然"理性产生伟大和普世的真理",但它"提供动机时太过无力,无法引导人们愉快地依照理性行事"。他认为,宗教"展现同样的真理,并伴随着动机,如此愉快,如此有力,无法抵抗"。

即使是质疑传统基督教信仰的那些建国元勋,往往也同意宗教有助于培育共和国公民的美德。比如,约翰·亚当斯在一封写给拉什的信中就认为,"宗教与美德"为"建立共和主义以及所有的自由政府"所必需。与此类似,亚历山大·汉密尔顿论证道,自由有赖于道德,"道德**必须**与宗教偕行",因为,宗教有助于将人们"限制""在社会责任的范围之内"。

即便是本杰明·富兰克林,也认为宗教对保持普通公民的道德很重要。有位年轻作者猛烈抨击宗教,富兰克林写信加以劝告,警告意味十足:

> 你本人或许觉得,没有宗教提供的帮助,品行端正并不困难;你……拥有下决心的力量,足以令你抵制普通的诱惑。但是,想一想,有多少人不过是意志薄弱、无知愚昧的男女……他们需要宗教给予的动机,约束他们不致踏上邪路,支撑他们的美德,维持他们的品行直至习以为常……如果人们在拥有宗教时仍然如同我们此刻所见的这般邪恶,一旦没有宗教,

他们又会如何？

所以，即使是制宪先贤中的自然神论者，也都认识到，在帮助"保持民主所必需的公民道德"时，宗教可以、也应当发挥作用。特定的宗教戒律，是促进自治社会所必需的，不过，制宪先贤们对自己的理解又作出了明确的区分。对他们之中的大多数人而言，宗教的核心教义，应当是每一个个体以善良和尊敬待人的义务，而不是基督教教义的特定细节。

对于自由社会中宗教和法律之间的适当关系，制宪先贤们也非常谨慎。他们重视宗教，但他们清楚宗教纷争曾经给人类历史带来的困扰，也清楚个人自由对信教自由和不信教自由的重要性，"他们领会到了区分个人宗教与公共宗教的智慧"。每一位个人都可以用自己的方式自由地追求自身的信仰，但是，在"国家公共事务"上，政府在谈及宗教时，"用一种团结的方式，而非分裂的方式"，至关重要。

正是基于这样的认识，制宪先贤们担负起了创制《美国宪法》的重任。

第六章
"自由政府的基本准则"

制宪先贤们对《美国宪法》和《权利法案》展开激烈争论时,对性的规制根本不在其考虑之中。但是,他们在辩论和决定言论自由、宗教自由、司法审查和未列明的权利时,面临的却是一系列基本问题,这些问题界定和构造了性、宗教和宪法之间错综复杂的交互作用,绵延至今。

在1787年的制宪会议上,制宪先贤们面对的一个核心问题,是宗教在这个全新的全国性政府中的适当地位。自四世纪的罗马以降,基督教社会通常会确立宗教,并禁止这个宗教认为是异端或者罪恶的行为。

然而,在独立战争时代,对于宗教在新的各邦政府中处于何种适当地位的问题,美国人产生了巨大分歧,这个问题很快进入了他们为制定全国性宪法而展开的辩论之中。1776年,在十三个殖民地之中,有九个仍然确立了宗教。不过,即使在这九个殖民地中,十八世纪还是带来了实质性的变化。世俗主义不断壮大,人们越来越追求个人自由,宗教多样化戏剧性地攀升,融合而成一种新的宽容精神。得到确立的宗教仍能获得公共资金的支持,出掌公共职务的权利依然常常局限于得到确立的教会成员,但是,没有一个殖民地会禁止不信教的行为。浸礼会、卫理会、天主教、犹太教、路德教会都能自由地从事信仰活动,即使在信仰公理会的马萨诸塞和信仰圣公会的弗吉尼亚也是如此。不过,大多数殖民地的流行语,却是宗教宽容,而非宗教平等。之后发生的事情,对美国法律的未来产生了深远影响。

"每个人所关心的灵魂得救,只不过是私事"

对制宪先贤这一代人而言,在政教关系的问题上,约翰·洛克是最有影响力的启蒙哲学家。洛克描绘的基本原则,日后由杰斐逊、麦迪逊等建国先贤欣然接受并进一步加以拓展。在出版于1689年的《论宗教宽容》一书中,洛克写道,政府是"由人们组成的一个社会,人们之所以如此,仅仅是为了谋求、维护和增进公民们自己的利益"。因为,"每个人所关心的灵魂得救,只不过是私事",政府对司法权的正当行使,不应"以任何方式……扩及灵魂拯救"。所以,"如果一个罗马天主教徒相信,别人称之为圣饼的东西确实是耶稣的躯体,他并未因此而损害他的邻人;如果一个犹太人不相信《新约》是上帝之言,他并未因此而给人们的公民权带来任何变化;如果一个异教徒怀疑《新、旧约全书》,他也不应当因此被视为有害的公民而受到惩罚"。*

就新的各邦宪法展开的辩论,始于十八世纪七十年代中期。在政教关系的问题上,出现了两种主要的观点。较为保守的观点,为确立教会的各邦的现状作出辩护。此种观点的支持者认为,确立邦的宗教,对于构建和平、有序的社会很重要,官方教会的缺失,会导致纷争与混乱。因而,尽管反对者可以按照自己良心的指引信仰自由,但他们可能依然要被迫支持得到确立的教派。

与之竞争的观点反对单纯的宽容,支持宗教平等。此种观点的支持者坚称,宗教是个人良心之事,对于政府应当建立甚至优待一个宗教更甚于其他宗教的想法,他们将之斥为暴政。最戏剧性的一幕冲突出现在弗吉尼亚,当托马斯·杰斐逊起草的《弗吉尼亚宗教自由法令》通过时,这场为时已久的斗争到达了高潮。

杰斐逊最初于1779年提出这项法案。法案的序言谴责"以为他们有权统治其他人的信仰,把自己的意见和想法,说成……永无错误的真理"的那些"立法者与统治者"。杰斐逊论证道,"如果有人误入歧途,这是他自己的不幸,对你毫无伤

---

* 本段译文引自吴云贵的中译本《论宗教宽容》,商务印书馆1982年版。——译者注

害,所以你无需对他加以惩罚,因为你已认定他会下场凄凉"。

杰斐逊认为,"唯有在对他人有害时,政府的立法权才能扩展到此类行为上。但是,当我的邻居说存在二十位上帝或者上帝不存在时,对我并没有造成任何伤害。这种话没有扒走我的钱包,也没有折断我的腿"。因此,在杰斐逊起草的《弗吉尼亚宗教自由法令》之下,圣公会、公理会、浸礼会、卫理会和长老会的教徒,将与"犹太教徒和异教徒……伊斯兰教徒、印度教徒和每一个教派的异教徒"完全平等。

将杰斐逊执笔的这部法案付诸实施的努力,在1785年到达了紧要关头。杰斐逊当时因担任驻法大使身在巴黎,重任便落到了詹姆斯·麦迪逊的肩上。在他所写的《反对宗教征税评估的请愿抗议书》中,麦迪逊以洛克与杰斐逊的观点为依据,既不承认"世俗的法官有资格认定宗教真理",也不接受"世俗的法官……可以将宗教作为推动世俗政策的方法"。麦迪逊解释道,"基督教的法律机构"已经试验了"差不多十五个世纪",他认为,"几乎在所有的地方",试验的结果都是"迷信、偏执与迫害"。

《弗吉尼亚宗教自由法令》的制定,是美国人追求宗教自由的重大胜利,为两年后在费城召开的制宪会议奠定了基础。

"新宪法的荣耀"之一

在崭新的全国性政府中,如何处理政教关系,是 1787 年齐聚费城的人们面临的重大问题。他们中的大多数人,都参加了此前十五年中各邦的制宪会议,因此,他们十分清楚各邦采用的不同规定。他们也敏锐地意识到宗教在十八世纪美国的日益多元化,并且非常清楚历史上的那些教训。制宪先贤们并未将宗教视为"综合力量",而是视之为潜在的"分裂"因素,会招致破坏"他们建立'更加完美的联邦'"的危险。《宪法》的首席设计师詹姆斯·麦迪逊评论道,贯穿全部历史的宗教热忱"煽动(人们)相互仇视,让人们更容易陷入相互折磨和彼此压迫,而不是为了公共利益携手合作"。

制宪先贤们不但决定在新的全国性宪法中不确立特定的宗教,而且,他们**明确**规定,"合众国政府之任何职位或公职,皆不得以任何宗教标准作为任职的必要条件"。

在为批准宪法而展开的辩论中,此种观点招来了许多激烈的反应。大陆会议的代表之一,来自康涅狄格的威廉·威廉姆斯抗议道,《宪法》应当包含"明确承认上帝及其完美无瑕与无上旨意"。来自马萨诸塞的托马斯·拉斯克少校,是马萨诸塞宪法批准大会的代表之一,他因"想到罗马天主教徒、教宗党羽、异教徒有可能任职"而战栗不已,参加北卡罗来纳宪法批准大会的一名代表怀着惊恐的心情警告说,甚至连"天主教徒……和伊斯兰教徒"都可以成为美国总统。

不过,"不得有宗教标准"条款的支持者十分坚决。在《联邦党人文集》的第五十一篇和第五十六篇中,麦迪逊把此条款视为"新宪法的荣耀"之一,未来的联邦最高法院大法官詹姆斯·艾尔戴尔称赞它是基本的"宗教自由原则"。包括弗吉尼亚浸信会领袖约翰·利兰、新罕布什尔的塞缪尔·兰登教士、马萨诸塞的丹尼尔·舒特教士在内,许多神职领袖也给予了大力支持。最终,"对宗教在政治中的地位,展开了美国有史以来最重要的公开辩论之一",而在此之后,各邦批准《宪法》的原因之一,正是因为它没有提及上帝或者基督教,也因为它明确禁止对公职采用宗教标准。

"追求公共利益"

《宪法》起草者面临的挑战不可胜数。与探索性自由和宪法之间的关系直接相关的其中一项挑战,涉及的是权利的本质问题,以及新的《宪法》将如何辨识这些权利并对之提供保护。这个问题让制宪先贤们陷入了严重困扰,也让他们产生了分裂。

传统的共和理论认为,唯有公民愿意为了更大的善让出个人利益,自由才能在自治社会之中得到实现。没有这样的公正无私和自我牺牲,自治是不可能实现的。这就带来了一个困境,因为,独立战争一代的大多数领袖,对普通个人有无能力克服私利促进公共利益深感忧虑。比如,约翰·亚当斯担心,自治要获得成功,必须"对公共利益充满激情",但人民缺乏这种激情。

作为共和主义的拥护者,杰斐逊、富兰克林、华盛顿、亚当斯、汉密尔顿等人最初的解决方案,是假设将要治理这个国家的是与他们一样的人。他们相信,领导人民的责任,应当授予理性、诚实、宽和、受过教育、大公无私、致力于追求公共利益的人,站在"高处"因而"对人类事务视野开阔"的人,"没有普通人的偏见、狭隘和宗教狂热"的人。

但是,如果人民没有选举出"正确"的领导人,怎么办?这个问题难免会令人担心。确实,独立战争结束后,各邦的新政府日益民主化,普通出身、没有受过教育的人,不断被选举担任公职。新的机会,能够带来财富和权力,自治似乎培养的是竞争心和占有欲,而不是大公无私的精神。遍地都是政治讨价还价、政治分肥、鼠目寸光;一大批自私自利的债务免除法案,对经济稳定产生了严重威胁。

詹姆斯·麦迪逊等人很快意识到,"共同体的总体利益"在"牟取私利"面前已溃不成军。麦迪逊评论道,这种行为让人"对共和政府的基本原则产生了怀疑,即治理共和政府的大多数人,都是公共利益和私人权利的最佳卫士"。

1787年夏天,《宪法》起草者们齐聚费城之时,举国上下弥漫着的正是此种气氛。各邦议会中都有自私的商人、敲竹杠的农民和闹派系的议员,也无一不落在他们眼中,他们不情愿地被迫重新审视独立战争的共和理念。这项挑战是要弄清楚,如何在维护核心共和原则的同时,防止失控民主的危险。

制宪先贤们认识到,他们通过《邦联条例》创设的中央政府太过虚弱无力,不能满足一个不断成长、充满活力、经济强劲的国家,这项认识也使得他们面临的挑战更加复杂。在某种程度上,美国独立战争本是对强力中央政府理念的反抗。因此,通过《邦联条例》建立的全国性政府,目的在于确保这个政府永远不能对各邦强征过高的税收、削弱个人自由、强推军政府。不过,这个结构显然未能满足国家的需要,很明显,必须要有一个更加强大的全国性政府。

各邦政府的经验令人沮丧,然而,与以往相比,人们却具备了更多的理由,担心更加强大的全国性政府可能会逾越界限。对于强大的全国性政府的担心,来自几个不同的方向。杰斐逊担心,获选官员因权力和受特殊利益的影响而腐化堕落,肆意践踏选举他的人民的利益。麦迪逊担心,获选官员过于关心选民的需要,毫不顾及少数人享有的权利。换句话说,杰斐逊"担心的是多数人的权利;麦迪逊担心的是少数人的权利"。制宪先贤们力图调整这些互相矛盾的目标与危险,设计出由交易、平衡、审核、交叉审核组成的多层次交错图案,并最终形成

《美国宪法》。

1787年《宪法》提出了崭新的政府结构,既赋权新的全国性政府,以满足国家的需要,也将政府权力分化和孤立为多个层次,以限制其为害的能力。为了实现这些目标,也为了限制与平衡新的全国性政府的潜在权力,《宪法》明确规定:全国性政府拥有有限的权力;立法分支分立为两个独立的议院;确立司法独立,保证大法官的终身任期,将他们与多数人带来的压力隔绝开来;设立总统,由选举团选举产生,而不是直接普选,总统可以否决国会的法案,但是,反过来,他的否决权也可以被两院的绝对多数推翻。

"人民自己":权利法案,以及司法审查的起源

1787年提交批准的《宪法》,并不包含权利法案。这是反联邦主义者反对批准宪法的理由之一。他们对宪法提出了许多批评,其中的一项是,拟设立的新的全国性政府,是在要求普通人民付出代价,以"增加出身优渥的少数人的财富"。反联邦主义者对之嗤之以鼻的一种说法是,存在一个大公无私的精英人士阶层,他们对"人民的需要深感同情",为他们的"感受、处境和利益"仗义执言。他们警告说,精英们谋取的仍然不过是自身利益,无论他们可能受过多么良好的教育、多么富有教养,他们都会利用手中的政治权力,让共同体中的其他人付出代价,以此自肥。

令反联邦主义者深感不安的是,能够保护人民不受更强大的全国性政府侵害的权利法案,尚付诸阙如。他们问道,如果《宪法》的核心目的是保护人民的权利,为什么没有权利法案?他们确信,如果在《宪法》中没有以最明确和最严密的方式对这些个人自由作出具体规定,那么,拟设立的中央政府必然会侵犯这些权利。

杰出的演说家、反联邦主义的斗士帕特里克·亨利回忆道,在"英国,由于**隐含**权利的不确定性,人民与王室斗争了上百年,直至《权利法案》作出明文规定,才最终解决这个问题"。弗吉尼亚的理查德·亨利·李曾出任根据《邦联条例》成立的大陆会议的主席,他认为,"普遍经验"告诉人们,"为保护人们的正当权利和自由,免受权贵们悄然、强势、长期的阴谋侵害,必须有最明确的宣告与权利保留"。

对于没有在宪法中加入权利法案的做法,《宪法》起草者在为之辩护时,提出了数项理由。首先,由于新的全国性政府只拥有特定的、有限的权力,它没有宪法权威侵犯个人自由领域。

其次,宪法中对权利的列举必然是不完全的,所以会带来一种危险的推论,即没有明确具体规定的权利,《宪法》就不会提供保护。因此,从长远来看,权利法案会事与愿违。

最后,权利法案能发挥的实际作用,就算会有,也将很小。

因为，在自治社会中，多数人可以直接无视《宪法》"所保障的"无论何种权利。他们论证道，对个人自由的保护，有赖于人民的自律与相互尊重，也有赖于权力的抑制、平衡和分立，而这些都已经内置于新的政府之中，如果只是一纸"权利"清单，对于多数人而言无法产生真正的约束作用。他们认为，如果要让权利受到尊重，唯有为此目的对政府架构进行精心设计，并让这个国家的人民和领导人都深具智慧、宽容和美德。

这些理由看似非常有力，不过，它们丝毫没有减轻公众对提交批准的《宪法》的批评。反联邦主义者继续坚持说，拟设立的新的联邦政府授予政治精英的权力，会侵犯普通美国人的权利和利益，太过危险。

综观这场辩论的全貌，对于美国的宪法史至关重要，也是继续深入研究权利史所必需的。法律史学家杰克·拉考夫评论道，英国最初的权利宣言，如1215年的《大宪章》和1689年的《权利宣言》，与美国人民在1776年之后制定的权利法案颇不相同。此前的权利宣言，都是君主与臣民达成的**协议**。但是，既然美国人摒弃了君主制，自己当家作主，为什么还要与自己达成这样一种协议？这种想法似乎不合逻辑。美国人当然要保护自己的权利，因此，毫无必要制定形式上的权利法案。

此外，此前的权利宣言从未被理解为是它们所保护的权利的最重要来源。恰恰相反，它们被视为对早已存在的自然权利的纯粹"确认"。所以，由宪法提供保护的权利，被视为是"不得让与、不可剥夺的权利,是所有人生而为人所固有的"。1766年,费城政治家约翰·狄金森写道,这些权利"与生俱来,与我们共存,任何人类力量也无法剥夺……简而言之,它们建立在理性与正义的永恒真理之上"。1775年,亚历山大·汉密尔顿补充道,"人类的权利不是从古老的羊皮纸或者发霉的档案中翻找出来的",而是"如同阳光一般,写在人类本性的整体之上"。无论这些权利是否记载于法典、宪法或权利法案,它们都被认为是独立存在的。所以,形式上的权利清单毫无必要。

尽管发生了这些争论,但到了独立战争时代,美国人开始担心,他们的权利如果未能明明白白写进各邦新宪法的文本中,可能就得不到保障。他们害怕,权利"若未加以规定,可能就会丧失权威——它们会在事实上消失无踪、被人遗忘,不再成其为权利"。因此,独立战争期间,在十三个邦中,除了康涅狄格与罗德岛以外的十一个邦,都制定了新的宪法,其中八个邦的宪法都包含了权利法案。

不过,如何将这些权利法案整合纳入全新设计的宪法,仍是一个难题。这些权利宣告(宣言)究竟只是在单纯地声明热切的愿望,还是旨在付诸实施,如果属于后者,那要通过何种方式加以实施?没有接受权利法案的各州,又将如何处理?这些州的公民是否就此丧失权利?

正是在这样的背景下,制宪先贤们思索着制定全国性的权利法案的问题。制宪先贤中最具影响力的人物,当属麦迪逊,他早就明白,在共和制政府中,对权利的保护会产生一个新的问题。传统理论所关注的权利,是为了保护人民免受非经选举产生的君主之侵犯,而麦迪逊意识到,共和政体中的权利,是为了保护共同体的各部分免受多数人的私利和不受约束的欲望之侵犯。

麦迪逊仔细观察了各邦议会在1775年至1787年之间的活动,他意识到,因为议员们对自己选民的需求**太过敏感**,经常行事不公。他得出结论说,这个问题的真正根源,"在于人民自身",因为,他们往往把政治视为一种手段,借此牟取私利,并将之凌驾于公共利益和他人权利之上。这就让麦迪逊产生了疑问:"在共和制政府中,多数人……最终制定了法律。因此,在明显的利益或共同的热情将多数人联合起来之时,拿什么来阻止他们对少数人的权利和利益的不公正侵犯?"

为了解决这个问题,麦迪逊给出了几种对策,包括在政府内部建立审查与平衡的复杂机制。不过,麦迪逊对将权利法案形成书面的价值感到怀疑。他相信,对权利的书面保证,无法遏制热切的多数人的私利,在他的领导下,制宪会议没有接受制定全国性的权利法案的想法。

然而,在为批准宪法而展开的辩论中,面对反联邦主义者的强烈反对,势必要重新审视这个问题。1787年12月20日,托马斯·杰斐逊从巴黎致信麦迪逊道,在重新考察拟批准的

《宪法》之后,他为"权利法案的缺失"感到遗憾。他坚称,"权利法案,是人民本就有权拥有的,人民以此对抗地球上的每一个政府的侵犯……没有一个公正的政府应当拒绝它,或者仅仅依赖推理来确定它的内容"。

麦迪逊在回信中重申了他的疑虑,即权利法案能为少数人的利益提供多少有意义的保护,他写道,"经验足以证明,在最需要它的约束能力之时,权利法案却往往无能为力",因为,"在每一个国家,对这些用羊皮纸所确立的界线的一再侵犯,都是专横的大多数人所为的"。他问道,有鉴于此,"一纸权利法案,于平民政府……又有何用"。

麦迪逊自问自答,他评论道,尽管权利法案可能无法遏制多数人的私利,但它可能还是会有一定的作用,因为,"用庄严的方式宣告的政治真理",或许久而久之会变成"自由政府的基本原则",并因此为全社会所重视,足以"抵制因利益和激情而生的冲动"。

杰斐逊回答道,麦迪逊对权利法案可能产生的作用所怀有的疑虑,无法应对一个潜在的重大问题,"这个问题于我而言非常重要,它要经由司法权作出法律审查"。他评论道,全国性的法院"若能独立"于立法机关,就能成为对多数人滥权的强有力的"法律审查"。

这次交流明显对麦迪逊产生了影响。包括马萨诸塞、弗吉尼亚在内的几个邦表态说,未得到会制定适用于全国的权利法

詹姆斯·麦迪逊

案的保证,他们就不会投票批准《宪法》,这个事实也同样对他产生了影响。1789年6月8日,麦迪逊向众议院提交了一份权利法案。起初,他提醒同事们说,自由"最大的危险","并不在于政府的行政分支和立法分支,而是在于人民自身,在多数人针对少数人时,就会产生此种危险"。

麦迪逊在为自己提出的权利法案辩护时,先是重申了他本人关于权利法案的教育价值的评论:"有人或许认为,所有用书面文件设立的屏障,在抵抗共同体的权力时,都太过无力,不值一提……然而,因为它们会带来一种趋势,使人们对它们产生某种程度的尊敬,形成支持他们的公共舆论,唤起整个共同体的关注,它或许是控制多数人的一种方法,使他们不致作出在没有权利宣言时很可能会作出的行为。"

之后,麦迪逊转而讨论"毫无必要在宪法中纳入"权利法案的反对意见,因为,"在几个邦的宪法中",人们发现权利宣言并没有"发挥作用"。他承认,"在几个邦"之中,邦宪法所规定的一些权利"曾经受到侵犯",尽管如此,他认为,这未必就意味着这些权利无法"在某种程度上成为对抗权力滥用的有效方法"。

之后,他重复了杰斐逊写给他的信中的内容,谈到了司法审查,他认为,如果这些权利"写入宪法,独立的法院将会认为自己是……那些权利的守护者;它们将成为无法逾越的堡垒,对抗立法权或行政权的每一次越权;它们自然也会抵制对于宪法明确规定的权利的每一次侵犯"。

人们认为,为了让法官能够有效地履行职责,他们必须独立于政府的其他分支,必须终身任职。约翰·亚当斯解释道,如果缺乏这种独立,期望法官拥有履行职务所必需的"不偏不倚",就是不现实的。美国宪法制度的关键转变,正是在于认识到,法官不但需要独立于行政权,而且,用麦迪逊的话来说,还要独立于"人民自己"。

1786年,未来的联邦最高法院大法官詹姆斯·艾尔德尔在报纸上发表了一篇短文,他所写下的正是一篇支持司法审查

约翰·亚当斯

的雄辩。艾尔德尔解释道,"议会制定的法律,只要不符合宪法,就是**无效的**,无法得到人们的遵守,否则就会违反高级法",我们都"无可避免地受其约束"。所以,法官必须拒绝执行缺乏"宪法授权"的法律。艾尔德尔强调,"这不是一个僭越或酌情的权力,而是设置法官职位后必然会出现的结果,法官是人民整体利益的裁判者,而非议会的服务人员"。

在为批准宪法而展开的辩论中,亚历山大·汉密尔顿在《联邦党人文集》第78篇中强烈支持司法审查,称之为"显而易见、无可争议"。汉密尔顿认为,宪法上的限制"通过司法的独立性才能得到维护,别无他法"。他论证道,"法官之独立","对于保卫宪法与人权具有重要意义,使之不受玩弄阴谋诡计之人……不时在人群中阴谋传播的某种不良情绪的影响"。他坚持道,法官有责任抵制对宪法权利的侵犯,即使这种侵犯行为是由"共同体中的多数声音挑动的"。

简而言之,虽然司法审查的理念是全新的,但它却是"宪法本意的基本要素"。处理淫秽、避孕、堕胎、同性恋与同性婚姻等议题的法律,是否符合这部全国性宪法所体现的"正义的基本准则",在两个世纪以后爆发的此类论战之中,这项革新将会处于核心的地位。

未列明的权利:"理性与正义的永恒原理"

反对制定全国性的权利法案的理由之一,是担心将某些权利列明或许会被理解为,这暗示着除此以外的其他权利无法得到《宪法》的保护。制宪先贤们显然拒绝接受存在一组封闭、定义清晰、完善、"不可转让、不可剥夺"的权利的想法。恰恰相反,他们完全理解,与所有的知识一样,个人权利的识别与承认是永不停止、不断发展的事业。

因为,他们认为,权利内在于人性之中,"建立在理性与正义的永恒真理之上",他们对权利的理解,就如同对科学规律的理解。他们知道,他们无法穷尽关于生物学和物理学的所有知识一样,同样,他们知道,他们无法穷尽关于权利的所有知识。理性、观察与经验可以使人们获得哲学、科学与人性的更多知识,与此相同,长此以往,它们也能使人们了解不可转让之权利的本质,将之"从理性与正义之中"提炼出来。

不过,还是留下了一个潜在的问题。一种解决办法是不列明任何权利。詹姆斯·艾尔德尔在北卡罗来纳宪法批准会议上提出,权利法案是"危险的",因为没有人"能够列明所有的个人权利"。他假设了这样一个场景:

> 假使……列明了非常之多的权利,却也遗漏了一些权利,很久以后,我们现在的争论都已不再留下丝毫痕迹,最终,被遗漏的权利就会受到侵犯,受到侵犯的人对侵犯权利的行为提起了指控;政府能够对此回以什么言之成理的答案?难道他们不会自然而然地说:"既然在权利法案中列明的权利并未受到侵犯,你就没有理由提起指控……"所以,权利法案反倒成了一个陷阱,而不是一种保护。

杰斐逊认为这种主张不具有说服力。正如他对麦迪逊所言,"半块面包亦胜无。如果我们不能保护所有的权利,那就保护我们所能保护的"。麦迪逊得出了同样的结论,但走得更远。他提出了一条特殊的宪法条文来解决这个问题。在向国会提交权利法案的同时,他建议制定宪法修正案明确宣布,承认《宪法》"列举的某些权利,不得被解释为贬低人民保留的其他权利的重要性"。这项提案经过修改后最终得以通过,成为了宪法第九修正案:"宪法中列举的某些权利,不得被解释为否认或贬低人民所保留的其他权利。"

宪法第九修正案的正式通过,给未来留下了有趣且充满挑战的难题:什么是"人民保留的"其他权利?这些程序通过何种程序识别?第九修正案的解释和实施,是否与《权利法案》中其他条文的解释和实施一样,留给法官行使——成为对抗未经授权的立法权与行政权的"不可逾越的屏障"?性自由之类的议题,是否有可能纳入此种"未列明"的权利?使用避孕用品的权利、堕胎的权利、缔结同性婚姻的权利,是否也同在此列?

"分离之墙"

十八世纪末,对于宗教在公共生活中的适当地位,人们的观念发生了改变,影响了新独立的各邦对法律制度的重构。共和主义精神为法律带来了更为"开明"的适用方法。不但邦议会修改了殖民地时代的严苛刑法,废除了诸如鞭刑、枷刑、烙刑、身体刑等残酷刑罚,而且,独立战争在法律目的的共识上引发了影响深远的变化。早期的殖民地认为国家是上帝在尘世的手臂。人们把犯罪"看作罪恶"。独立革命之后,美国人试图建立的,不是基督教信仰塑造的法律体系,而是"共和主义信念"塑造的法律体系。

即使在保守的马萨诸塞,这种转变也非常明显。在独立战争前夕,法律的重心是对"宗教"犯罪的指控。比如,在 1760 年至 1774 年间,马萨诸塞的大多数刑事案件,都可纳入英国法学家威廉·布莱克斯通所归类的"对上帝和宗教犯下的罪行",其中约有 40% 是诸如通奸、私通、姘居、猥亵和卖淫之类的性犯罪。

独立战争之后,马萨诸塞几乎完全停止了基于宗教的指控,对私通行为提起指控的案件减少了 90% 以上,"对上帝和宗教犯下罪行"的案件减少了几乎 60%。独立战争催生的政治与文化变革,令人们十分怀疑利用法律对并未直接威胁公共秩序的行为强制推行宗教戒律的效果。因此,这个时代的法律日益"世俗化"。人们认为,法律的主要目标,不是贯彻宗教教义,而是维护社会秩序。"政府……将"宗教价值观"强加给……并非自愿接受的人们",不再是"正当之举"。

然而,权利法案如果谈到了宗教,它又说了些什么呢?因为制宪先贤们决定,新的全国性政府仅被授予有限的权力,并无凌驾于宗教之上的权威。在制宪先贤中,有很多人认为,无须制定防止政府干涉宗教自由的特别规定。他们觉得,此种条款属于画蛇添足。

但是,在为宪法批准而展开的辩论中,反联邦主义者要求制定权利法案,不但要保护言论自由、新闻自由、免于无理搜查和逮捕的自由、免于残酷和异常刑罚的自由,而且要保护宗教自由。最终,宪法应明确规定宗教自由的主张,获得了胜利。1790年9月25日,国会批准了成为宪法第一修正案的宗教自由条款:"国会不得立法确立宗教,不得立法禁止宗教活动自由。"

禁止立法"确立宗教"的准确含义,并不确定。历史学家伦纳德·利维评论道,"针对权利法案展开的辩论,停留在非常模糊的抽象层面,它给人留下的印象,是美国人……对他们想要获得保障的特别权利的含义,只具有最朦胧的概念。发现这一点,人们不免会大惊失色"。的确,即使在"言论自由"、"新闻自由"、宗教"活动自由"、禁止立法"确立宗教"的拥护者中,哪怕是最能言善辩之人,也无法"分析这些权利的含义、范围与限制条件"。

人们不应对此感到惊讶,在起草权利法案时,制宪先贤们"并不是在试图解决具体的问题",而是在确认宽泛的原则。所以,宪法第一修正案的制定通过,本来就是对未来作出的一份模糊宣言,也本来就是一种挑战。

而且,"确立宗教"的概念也晦暗不明。在欧洲与美国,对于什么是"确立"的理解,几个世纪以来已经发生了很大变化。即使在1790年,在依然确立宗教的各州之中,这个概念的轮廓也明显各不相同。尽管"确立"显然指的是政府与宗教之间在某种程度上的法律联合,但这种联合的准确性质并不明确,也没有单一的答案。

比如,在历史上,一些宗教在得到确立后,会要求人们参加官方批准的教派,或禁止人们支持不同的教义,或仅准许该宗教的神职人员参加官方活动,或仅让该宗教的信徒享有担任政治职务的权利,或利用公共资金资助该宗教的教会及其神职人员,或制定法律强迫人们信奉该宗教的信仰(比如制定法律惩罚亵渎上帝和违反安息日休息的行为),如此种种,不一而足。在这样的背景下,对于如何才会构成"确立宗教",人们并没有清晰的理解。

令此种不确定性更为加剧的是,不得确立宗教条款的制定者们不但禁止"确立宗教",而且禁止"与确立宗教相关的"所有立法。很显然,这是为了确保不得确立宗教条款得到宽泛的解释。考虑到制宪先贤们,尤其是反联邦主义者担心的诸多问题,这极为合理。一个强大的全国性政府即将诞生,它也引发了巨大的担忧。因为,即便是在1780年代的美国,它的宗教信仰也已经非常多元化和多样化了,每一个宗教团体都在担心,某个宗派或者宗派的联合可能会攫取全国性政府的权力,确立不利于它的全国性的宗教规范。最安全的方法是制定含义宽泛的规定,保护所有的宗教团体,以免出现此种危险。

制宪先贤们就算没有理解所参与之事业的全部意义,但对于它的重要性自然是清楚的。比如,乔治·华盛顿将宪法第一修正案中的宗教条款作为重大的全国性胜利来加以庆贺,詹姆斯·麦迪逊则称之为自由的灯塔。麦迪逊写道,"没有政府的帮助,宗教才能更加纯洁,才能因之兴盛,我们正在将这个伟大的真理传授给全世界"。尽管麦迪逊也承认,"在每一种可能的情形下,要在宗教权利与世俗政权之间划出界线,或许都很不容易",但他认为,"它们会彼此取代,或者组成腐化不堪的联合体或联盟,防止此种局面的最好办法,是通过彻底禁止政府无论何种方式的干涉,除非是为了维护公共秩序以及保护每一个宗派、令其他宗派不致侵犯其合法权利的需要"。

然而,使不得确立宗教条款的核心含义具体化的第一人,正是托马斯·杰斐逊。宪法第一修正案通过之后的第十年,杰斐逊总统写信给康涅狄格州丹伯里市的浸礼会信徒,向他们保证说,"我怀着最深的敬畏,思考属于全体美国人民的那部法律,它宣布,国会'不得立法确立宗教,不得立法禁止宗教活动自由',就这样在教会与国家之间建立了一座分离之墙"。虽然,不得确立宗教条款最重要的精神已经清晰,但"分离之墙"的具体轮廓,至今仍争论不休。

启蒙的终结

建国先贤们期望美国成为"启蒙运动的典范"。他们的梦想是让美国成为照亮未来的希望之灯塔——一种新版的"山巅之城"。在美国独立战争之后,很快爆发了1789年的法国大革命,整个世界似乎处于一个新时代的巅峰,它基于人类理性的全新信念,追求个人的自由、尊严与平等。

美国人在正式批准《宪法》之时,也在满怀热情地一心"追求幸福"。彼时的美国,没有惩治淫秽的法律,没有限制避孕措施的法律,没有禁止传播避孕资料的法律,同时,美国沿用英国普通法,没有禁止胎动之前堕胎的法律。此外,尽管仍有法律规定要查禁描述自愿鸡奸行为的图书,但在几乎一个世纪之中,那些法律在美国的任何一个地方都没有得到实施。那正是制宪先贤们身处的世界。

但是,法国大革命的暴力演变成了1793年的恐怖统治,美国人震惊地看到,自称"理性主义者"的人们摇身一变成为新的"暴君"——在本质上,这是"观念问题,而非宗教问题"。断头台成为法国大革命的公众形象,巴黎的恐怖局势"与法国启蒙思想家的政治激进主义和对宗教的怀疑论……脱不了干系"。

疑问与抵制接踵而至,人们在审视"启蒙计划"时,日益带着怀疑和恐惧。欧洲和美国都出现了对十八世纪的理性主义的强烈抵制,将之推出了中心舞台。十九世纪初,美国突然出现第二次大觉醒,"一次新的……宗教狂热浪潮"将会横扫这个国家。

1826年,托马斯·杰斐逊已届垂暮之年,他回首往事,深感绝望,于是提笔写道,美国社会"正在倒退"。杰斐逊曾经投以莫大信心的普通人,"比起独立战争时期",如今"似乎更加偏狭,更少理性"。他们不但没有变得"更加文明",如今反而更加牢固地被过去的"迷信"所束缚。

这就是我们接下来要讨论的时代。

第三编

道德家

第七章

第二次大觉醒

在获得独立之后的数十年中,大致从十八世纪九十年代持续至十九世纪四十年代的第二次大觉醒,标志着宗教热情的复兴,数百万美国人在高度情绪化的信仰复兴布道会中获得"重生"。① 虽然主流清教徒都认为这不过是披着宗教外衣的集体发疯,对之不屑一顾,但它们对美国文化产生的影响,却有着令人震惊的结果。第二次大觉醒引发的一场全国性运动,是通过基督教福音派的透镜,对美国的法律与政治实施的改造。美国是一个"基督教国家"的说法,正是在这个时代首度扎根的。

对于宗教在美国政治中的适当地位,第二次大觉醒提出了

---

① 第一次大觉醒是国际性的一次运动,始于十八世纪三十年代。这场运动基于对启蒙运动价值观的否定,通过极富影响力的布道,令听众感受到需要耶稣基督拯救的深刻的个人化启示,得以传播开来。它在美国的领导人是乔纳森·爱德华,他强调直觉的、个人的宗教经验的重要性,批评科学探索与进步的观念。第一次大觉醒基本上结束于1743年。

"人群中出现痉挛",肯塔基州甘蔗岭,1801 年 8 月 6 日

许多根本性的问题。制宪先贤与十九世纪的福音派都相信,自治必须依赖公共道德,但在如何理解基督教与公共道德之间的适当关系上,双方存在巨大的分歧。制宪先贤们相信,公共道德的原则应当在理性的运用中寻找,而福音派则认为,公共道德来自基督的启示;制宪先贤们认为,公共道德的原则来源于"与人为善"的义务,而福音派则宣称,公共道德必须在服从上帝的义务中寻找。简而言之,十九世纪初的福音派宣扬的是,唯有基督教,才能从罪恶与不幸中拯救美国。

第二次大觉醒中的诸多事件之所以重要,不仅是因为人们在其中所享有的权利,也不仅是因为它们直接挑战了制宪先贤们的价值观与愿望,而且还因为,在力图用世俗法律禁止淫秽、避孕、堕胎、同性性行为和同性婚姻时,宗教处于何种地位才算适当,这些当代的巨大争议,当时即已有所预兆。其间的相似之处,委实惊人。

"人群中出现痉挛"

十九世纪末的美国社会因其世俗化、城市化和工业化引发了人们的无归属感,法国大革命中涌现的恐怖暴力,在十八世纪九十年代美国萌生的往往十分严重的社会与政治分化,这些原因在很大程度上促成了第二次大觉醒的出现。比如,《独立宣言》的签署人之一本杰明·拉什对费城的基督教堂虔敬有加,他在1798年忧心忡忡地预言,如果这个世界继续信奉"异教、自然神论和无神论","人类唯有承受苦难"。两年后,托马斯·杰斐逊在激烈的竞争中赢得选举,这位对传统基督教直言不讳的批评者出任美国总统,保守的宗教领袖们警告说,美国面临的"精神堕落,几乎直追基督教历史上最黑暗的几个时期"。

十九世纪初的布道者们拥有超凡的魅力,他们利用普通人的焦虑感,掀起了一阵大规模的宗教热情。这场宗教激情最为剧烈的爆发,发生在时人所谓的美国西部。1801年8月6日,在肯塔基州的甘蔗岭召开了决定美国福音派复兴运动愿景的会议。这是由十八位长老会牧师出面组织的盛事,与会者多达一万到两万五千人,在会场的每一个角落,都有许多牧师同时在滔滔不绝地布道。

甘蔗岭的"人群中出现痉挛",这是民众情绪的一次剧烈爆发。在摇曳的篝火畔,寻求灵魂拯救之道的人们尖叫、大笑、怒吼、念咒、绕圈,"纷纷摔倒在地"。巴顿·沃伦·斯通参加了甘蔗岭信仰复兴布道会,据他所说,人们"受到剧烈动作的影响",会发出"刺耳的尖叫",并突然"摔倒在地,就像地板、地面或泥沼上的一段木头,就像死了一般"。通过甘蔗岭会议,只有基督教才能救美国的主张,成为作战口号,信仰复兴布道会成为福音派救世的核心模式。

福音派宣称,美国是上帝新选的"灵魂以色列",所以,美国人身负传播福音的根本任务。第二次大觉醒的基本目标,是"让美国成为""世界上最伟大的典范"基督教国家。在之后四十年中,第二次大觉醒影响了政治、文化、教育、两性关系以及人们对待性的态度,或许最为根本的,它还影响了宗教与政府在一个自由和民主的社会中保持适度关系所应适用的社会与政治规范——时至今日,这些问题仍在造成美国的分裂。

"道德民兵"

如果说某个时刻标志着第二次大觉醒的智识开端,那就是1795年提摩太·德怀特获命出任耶鲁大学校长。德怀特是著名的神学家,他相信,无信仰者与自然神论者策划的阴谋,已使美国陷入危险之中。德怀特将"对大能的加尔文宗上帝的信仰",与他本人对罪恶与自由意志的更为现代的观点"融为一体"。亚撒黑·内特尔顿、纳撒尼尔·威廉·泰勒与莱曼·比彻等人都是耶鲁大学的学生,他们为此深受感动,后来也都成长为福音运动的领袖。德怀特教导说,人类是"道德代理人",基督教不应仅仅培育信仰,还应培育"善行"。

德怀特的门徒莱曼·比彻,是来自纽黑文的长老会传教士,他是福音派在十九世纪初发动的这场道德运动的精神典范。比彻以德怀特的教导为基础,成为他那一代人之中对道德改革运动最强大的支持者。他"谴责社会的道德沦丧,并告诫说,如果没有道德改革,这个国家将在劫难逃"。比彻警告说,如若任其发展,罪恶将会"切断社会的纽带"。他视之为自身使命的,不仅是个人灵魂的胜利,还有整个"社会的转变"。

1803年,比彻在长岛的东汉普顿道德协会布道,题目是"为镇压邪恶之目的创立协会并加以实现的可行性"。他在这次布道中提出,敬畏上帝的基督徒必须"一致行动对抗邪恶"。他提倡创立道德协会,致力于引领"公共舆论",使之契合神圣秩序。他敦促这些协会群起攻击他所谓的"道德犯罪",他解释说,"上帝之名遭人玷污;圣经遭受抨击;安息日受到亵渎;公众礼拜受人忽视",这些在道德上都是无法接受的。比彻宣称,基督教是美国政府必不可少的"奠基石",他警告说,"搬走它,整座建筑也就倒了"。

到了1812年，比彻得出结论说，遍地都是"国家陷入凋敝"的迹象。因此，他重申设立大量改革协会的呼吁，并称之为"道德民兵"。他号召严格执行禁止"不道德行为"的法律，主张发起一场志在必得的运动，"设计出镇压邪恶、保护公共道德的方法与手段"。比彻宣称，福音的原则，必须成为"统治所有人的规则"。

到了十九世纪二十年代末，正是在纽约西部，福音派的重生运动达到了巅峰。这次运动的领军人物是查尔斯·格兰迪森·芬尼。芬尼出身农家，在父母亲生育的十五个孩子中排行最末。芬尼于1821年得到重生，他在布道时说，"转变信仰的经验，伴随着向基督的彻底回归，是基督徒灵魂生活的中心"。芬尼自命要从"强加其上的各种堕落"之中重建基督教。

芬尼在各地游历，他主持的各场复兴布道会，往往持续数天之久。他拥有无穷的精力，几乎每天都在布道，而且常常是一天数次。每到一个新的城镇，他都能辨认出有希望改变信仰的候选人。他邀请他们坐在教堂前部的显眼位置上，并称之为"忧虑坐席"。他认为，当他们体验到信仰改变，便会对其他人产生影响。他在布道时说，上帝让人们成为"道德的自主代理人"，邪恶是人们自愿选择的结果，如果人们"择善弃恶，并相信别人也会如此"，罪恶与混乱就会消失无踪，如果基督徒同心协力，"投身于这项事业，他们可以让这个世界改变信仰"。

芬尼在布道坛上得心应手。作为前律师，他的布道风格展

查尔斯·格兰迪森·芬尼

现出令人惊叹的法庭技巧。他主持的祈祷会经过精心的设计，总是确保要座无虚席，他用"嘲讽、妙语和单纯的好奇心"积极劝诫听众。在改宗之时，罪人们往往会放声大哭，这也成了最重要的公共表演。

芬尼带着预言，行走在东北部的城镇之间，"在成千上万中产阶级中"打造"全新的意志"，让他们踏上一场感情的"圣战，以上帝之名重塑社会"。芬尼在纽约获得成功的新闻，引发了一波宗教热情，大规模的复兴运动在俄亥俄、密歇根和新英格兰迅速传播开来。这些复兴运动的终极目标,简而言之,就是"让世界皈依基督"。

星期日邮件:"重建神圣秩序"

从 1800 年直至十九世纪四十年代,福音派基督徒大举进军美国政界。福音派牧师为了制定禁止在星期日营业、对亵渎上帝之举提起指控、禁酒等诸多以道德为基础的法律,积极展开政治活动。比彻号召设立自愿改革协会,福音派教徒之间的合作如火如荼。在这场道德改革运动中,浸礼会、长老会、循道宗与美国圣公会的信徒团结一心。福音派的各个团体组成紧密合作的组织网,此即著名的"仁爱帝国"。它的目标是"实现事实上的确立宗教"。

福音派政治运动的首要前提,是共和制政府需要道德,而道德需要基督教。福音派相信,唯有《圣经》才能彰显美国人"是如何生活的"。历史学家约翰·韦斯特道,福音派"几乎是在危险地"宣布,唯有基督徒才是"善良的公民"。比如,比彻认为,基督徒应当只投票支持接受"福音教义与圣职"的候选人。来自佐治亚州的众议员威尔逊·兰普金公开抨击他所谓的"基督教的党派政治",这也反映了许多美国人对此产生的担忧与日俱增。批评者担心福音派试图"使世界神圣化",攻击这场运动是"使自由政府陷入危险之中"。

在福音派运动的反对者中,弗兰西丝·赖特是最直言不讳的批评者之一,她警告世人说,福音派正在宣传"一种错误的制度",会让这个国家陷入"冲突"。范尼·赖特是出身上层社会的苏格兰女子,一度由在格拉斯哥大学担任道德哲学教授的叔祖抚养。她是果敢且深具人道主义的改革家,于1824年赴美宣扬她的自由理想。她谴责信仰复兴运动是"可憎的实验",称女性的信仰改变是这场运动的特殊"受害者",因为,基督教福音派提出的要求,是对女性自由与尊严的控制。

作为在公众舞台上讨论政治哲学的未婚女性,赖特十分引人注目。正因如此,她常常遭到福音派最猛烈的嘲笑。他们形容她的"无礼与讨厌令人无法忍受",说她是利用公众舞台自说自话假扮的公众代言人,还说她是侮辱他们眼中正派的端庄女性形象的"红娼妓"。赖特对公共道德需要福音派神学的理念大加嘲讽。她指责道,福音派非但不是在培育真正的道德,更多的却是在"破坏自由的基本原理"。

对莱曼·比彻及其追随者而言,最为直接威胁到美国的罪恶,是"公然违反神圣的安息日不得营业,妄称上帝之名,做礼拜懈怠"。他警告说,如果美国人未能持守"神圣秩序",美国将会被摧毁。此种观点促使福音派提出政府应执行安息日不得营业的要求。

虽然,对安息日的遵行,在基督教神学中并不具有传统上的核心地位,但清教徒却将之提升为与上帝立约的一项基本内容,他们还宣布破坏安息日是一种犯罪行为,可处以罚款、鞭刑或者戴枷示众。美国社会日益宽容,文化不断多元化,对惩治破坏安息日的法律的执行日渐松弛。虽然这些法律仍然有效,但在十八世纪中叶,美国人认为此种立法不容于美国努力追求的宗教多元与政教分离。

不过,在第二次大觉醒期间,福音派重新提出这个问题,在星期日投递邮件的问题上引起了激烈的争议。在美国成立之初的数十年中,美国的邮局一周七天都会投递邮件,包括星期日。1810年,国会立法特别批准了此种做法,明确要求各地邮政人员"在每周的每一天"投递邮件。

然而,1827年,莱曼·比彻宣布,如果对违反安息日的做法不加禁止,反宗教势力将会"获得胜利",美国将被"邪恶"感染,进而对"共和体制"产生极大破坏。次年,一群福音派教徒创立"推动遵守基督徒安息日联合总会",它的具体目标就是重建"堕落共同体的神圣秩序"。福音派教徒向国会提交了数百份请愿书,要求废除星期日的邮件投递。他们最直接的论据,却是坦率的宗教理由:安息日"由上帝制定;所以,必须得到尊重"。许多请愿书警告称,"漠视安息日的国家,会招致天谴"。①

反对停止星期日邮件投递的人们,既强调了美国的经济利

---

① 这些请愿书还援引了良心的权利,认为,政府要求邮政雇员在安息日工作,侵犯了宪法第一修正案中宗教信仰自由条款所保护的宗教活动自由的权利。宗教自由条款规定,"国会不得制定法律……禁止宗教信仰自由"。

益,还强调了他们的担心,如果国会同意福音派的请愿,实际上就是立法"确立宗教"、"让自身卷入关于哪一天才是安息日的宗教争论之中"。他们形容福音派的主张是将"宗教注入政治之中"、"破坏共和政府"的一场全国性运动的"第一步"。一位反对者将福音派的申请描述为"插入的楔子——教士独裁制度的第一步"。批评者们问道,如果违反安息日因不合基督教教义可以被宣布为非法,那么接下来的又会是什么?

对停止星期日邮件服务最激烈的反对者,是来自肯塔基州的众议员理查德·约翰逊,他后来出任马丁·范布伦的副总统。约翰逊就此问题撰写了两篇影响巨大的国会委员会报告。他写道,"宗教联合起来以图实现政治目的……非常危险"。他论证道,禁止星期日邮件投递的法律,会危及《宪法》的精神"与"公民的宗教自由权利"。

约翰逊认为,要求停止星期日邮件投递的人们主张,违反安息日有违"神圣的律法",这个事实本身即足以成为驳回此项主张的充分宪法依据。他警告说,如果福音派如愿,他们最后会谋求立法禁止"人们在安息日写信",强迫他们"参加公众礼拜活动"。约翰逊的报告在全国范围内广为传阅。

"席卷全国"的要求停止星期日邮政服务的福音派运动,持续了数年时间,产生了巨大的争议。许多美国人担心,这场运动造成了一种严重的威胁,"福音派要将他们的宗教信仰强加到"这个国家之上。在美国各地举行的公众集会中,演讲者将福音派运动的领导人斥为试图"破坏美国共和政府的""宗教狂热分子"。

最终,约翰逊议员的主张取得了胜利,部分是因为来自传统新教徒的支持,他们对信仰复兴运动持怀疑态度,不确立宗教已使人们获得解放,他们唯恐"得到政府支持的安息日"会将此种效果"劈成碎片"。福音派要求政府停止星期日邮件投递,以失败告终。①

亵渎上帝:"对正派风气的严重侵犯"

当时的福音派认为,美国是"基督教国家",对基督教的虔诚信仰是"道德的最好体现",因此,他们要求政府对亵渎上帝的言行提起指控。亵渎上帝,包括了对"神圣事物"的诋毁。支持对亵渎上帝的行为提起指控的人们主张,此乃必要之举,可以消除神的愤怒,与主流宗教信仰并行不悖,使这些信仰与不断蔓延的怀疑情绪相互隔绝,以保护信徒的情感,避免信徒对嘲笑他们信仰之人的报复行为。

在君士坦丁大帝于公元四世纪皈依基督教后,对亵渎上帝言行的惩治,成为基督教社会的规则。而对异教徒而言,它却是"虚假的"宗教教义的蔓延。奥古斯丁主张对诋毁基督教教

---

① 1912年,多位部长和邮政职员终于说服国会,在星期日停止邮政服务。

义之人提起指控,他所基于的理由是,未能惩罚亵渎者和异教徒的社会,注定要遭受可能降临到人类身上的最大灾难。

从公元五世纪到宗教改革运动,对亵渎者和异教徒提起指控的做法非常普遍。中世纪时,对亵渎者所处的刑罚包括死刑、火刑、割唇和割舌。十三世纪时,托马斯·阿奎纳论证道,亵渎上帝是比谋杀更严重的罪恶,因为亵渎上帝"是直接对上帝犯下的罪恶",而谋杀仅仅"是对邻居犯下的罪恶"。就连路德也支持对亵渎者判处死刑,他称之为拒绝真正的基督教信仰。在十六、十七世纪,整个欧洲都对亵渎者和异教徒判处死刑和其他野蛮的刑罚。

不过,在美洲殖民地,尤其是在南方和中大西洋地区的殖民地,对亵渎上帝提起指控,相对而言非常罕见。然而,在新英格兰,清教徒对待亵渎者却十分严厉。早期的清教徒法典《利未记》①宣布亵渎上帝是死刑。从十七世纪六十年代到十七世纪八十年代,清教徒对亵渎上帝提起了大约二十件指控。在一起案件中,被告人称上帝是混蛋而被起诉。在另一起案件中,被告人称魔鬼与上帝一样仁慈。虽然清教徒从不对亵渎者适用死刑,但他们会对被判有罪之人适用鞭刑、枷刑和肢体刑。

十七世纪末时,即便在新英格兰,对亵渎上帝判处的刑罚也变得更为宽松,到十八世纪时,几乎完全不会再对亵渎上帝

---

① "那亵渎耶和华名的,必被治死。"《利未记》第 24 章第 16 节。

提起指控。虽然惩处亵渎上帝的法律并未废除,但在独立战争之时,政府可以用法律手段惩罚诋毁基督教之人的想法,已经臭名昭著了。人们认为这种观念不符合一个致力于实现宗教宽容、政教分离与言论自由原则的社会的核心目标。1776年,惩治亵渎上帝的法律被视为"已逝时代的陈迹"。

然而,随着第二次大觉醒的开始,对亵渎上帝提起的指控突然重新出现。比如,1811年,纽约以普通法的亵渎上帝罪名,对一个名叫拉格尔斯的人提起指控,因为他在一家酒馆中说:"耶稣基督是杂种,他妈妈肯定是妓女。"拉格尔斯被判有罪,入狱服刑三个月。

代表纽约法院宣判的是首席法官詹姆斯·肯特,他是一位保守派法官,认为宗教是社会秩序的壁垒。他宣布,基督教是国家法律中不可分割的组成部分,亵渎上帝是对基督教的"侮辱与中伤",因此构成"对正派风气与良好秩序的严重侵犯"。肯特解释道,其他宗教在遭到此类嘲弄时无法得到保护,因为"我们是基督徒,美国的道德具有深刻的基督教烙印,但没有"犹太教、伊斯兰教或印度教"教义的印迹"。肯特认为这些宗教信仰不过是"骗子"和"迷信"。当时的福音派满怀热情地将"拉格尔斯案"判决意见作为美国终究还是一个基督教国家的"最重要的证据"。

1824年,宾夕法尼亚州对艾伯纳·厄普德格拉夫提起指控,此人在一场就《圣经》中的谬误展开的公开辩论中,嘲笑

《圣经》"不过是虚构的故事而已"。虽然宾夕法尼亚州最高法院从技术上推翻了有罪判决,但还是维护了亵渎上帝构成犯罪的主张。法院解释说,厄普德格拉夫的措词是"在基督教国家宣诸于口",太过"无礼","直接构成扰乱治安",必须加以惩处。法院补充道,因为"基督教是本州普通法的组成部分",法律不保护"恶意辱骂基督教之人"。

在清教思想盛行的新英格兰,历史学家佩里·米勒评论道,"写下《宪法》的"人们"将会震惊不已,觉得自己是不是被带回到了过去,听到律师们开口说道,普通法体现的是'摩西颁布、基督阐述的神圣律法的基本原则'"。在"厄普德格拉夫案"发生前后,约翰·亚当斯与托马斯·杰斐逊都强烈谴责此类刑事指控。亚当斯致信杰斐逊道,惩治亵渎上帝的法律是"巨大的障碍",他要求废止所有此类法律。杰斐逊针对基督教已成为国家法律组成部分的说法,写下了一段著名的批判,他得出结论说,这种说法完全是无稽之谈。

在十九世纪最值得注意的一起亵渎上帝刑事案件中,对于基督教与法律之联合,马萨诸塞州最高上诉法院的首席大法官莱缪尔·肖,写下了这个时代最有力的论断。此案的被告人名为艾伯纳·尼兰,他是一位脾气暴躁、直言不讳的前牧师,因在政治、宗教、奴隶制(他是废奴主义者)和避孕问题上观点激进而广为人知。尼兰还是一位著述颇丰的作家、编辑与演说家,他之所以遭到刑事指控,是因为他在1833年出版的一篇文章中宣称,关于基督的"整个故事""与普罗米修斯的故事一样,是虚构和杜撰的",《圣经》中的奇迹不过是"戏法和骗局"。

尼兰经历的一系列审判程序,大多数以陪审团未能达成作出裁判的一致意见而告终,但政府终于在第五次努力中认定了他的罪名。尼兰被判入狱服刑六十天。在首席大法官肖撰写的判决意见中,马萨诸塞州最高上诉法院维持了尼兰的有罪判决。肖论证道,怀有离间"他人对上帝的爱与崇敬"的"不敬意图","对神加以诽谤",构成亵渎上帝。肖认为,判处尼兰有罪,符合《马萨诸塞州权利宣言》的规定,因为,保护言论自由和宗教自由,并非等于保护"毁谤上帝"的个人。

这些刑事案件明确体现了第二次大觉醒的价值观,它们确认和巩固了美国是基督教国家的观念,而这个观念还在不断发展之中。①

---

① 随着第二次大觉醒的影响力日渐衰落,对亵渎上帝提起刑事指控的做法也随之消失。从1838年起,在美国只发生了少数几起亵渎上帝刑事指控案件,人们也达成了广泛的共识,杰斐逊与亚当斯是正确的。1952年,联邦最高法院作出全体一致判决,"在我国,阻止对特定宗教教义的攻击,无论此种攻击出于真实还是想象",以及保护"任一或者所有宗教不受其所厌恶的观点之害","均非政府所应涉足之事",最终平息了对这个问题的争议。联邦最高法院宣布,在宪法第一修正案之下,此类政府行为是违宪的。见 Burstyn v. Wilson, 343 U.S. 495, 505 (1952)。

禁酒运动

十九世纪初,美国人在喝酒时,绝不会想到这可能会被认为是不道德的。清教徒从不节制饮食,传统基督教也从不禁止饮酒。十九世纪初的大多数美国人,将酒精视为日常生活中的普通事务。大多数人还认为,比起当时可以日常获取的饮用水而言,酒水更安全,也更健康。

然而,1812年,提摩太·德怀特将饮酒斥为一种罪恶,莱曼·比彻随后也接受了这种观点。1826年,比彻就此问题撰写的《讲道辑录六章》首次出版,书中形容酗酒是"我国的罪恶",并警告说,酗酒的邪恶将会摧毁整个国家。他坚持道,唯一的解决办法,就是"将酒精从合法的商品清单中删除"。

当年晚些时候,福音派在波士顿成立"美国禁酒促进会"。这个问题引起了公众的兴趣,1828年,全国已经涌现出了四百多家禁酒协会。在十年之中,这些协会又设立了五千多家地方分会。早期的禁酒协会迫使零售商人不再销售酒精饮料,鼓励会员们许下戒酒的"誓言"。虽然一百多万美国人许下了誓言,但人们很快就清楚地发现,自愿戒酒并不能拯救美国。于是,禁酒协会要求立法禁止售酒。

1836年,在彻底禁酒的纲领下,美国禁酒运动浮出水面。福音派眼中的禁酒问题,与它在更广泛意义上所理解的美国密切相关。禁酒,与违反安息日、亵渎上帝一道,"成为罪恶的重要象征"。福音派讲道说,降临到人类身上的诸多邪恶,均可追溯到"酗酒"。缅因州于1846年通过了第一个适用于全州范围的禁酒令,在接下去的十年中,追随效仿的有佛蒙特、罗德岛、密歇根以及其他八个州。虽然清教徒的主流观点认为,禁酒的要求,既不是来源于道德原则,也不是来源于宗教原则,而且过度限制了个人自由,提倡禁酒的福音派则坚持说,但凡饮酒就是不道德的,所以必须禁止。

奴隶制:"灵魂之血"

奴隶制问题使十九世纪的福音派产生了巨大的对立。在独立战争期间,长老宗与卫理宗倾向于谴责奴隶制,不过,革命理想一旦实现,国家的重心就转向了经济和贸易扩张。十九世纪初,奴隶制已成为南方经济的中心,几乎连最坚定的反对者,也认为它是美国经济生活或许令人遗憾但却必须的组成部分。曾经号召废除奴隶制的教会,如今只能"在理论上谴责奴隶制",并将奴隶制的持续存在,作为"宗教领域之外的政治事务"。它们不再要求废除奴隶制,"而是要求对待奴隶时要有基督精神,要求奴隶皈依基督教"。

认为奴隶制度违反道德的人,主要关注的是殖民地问题。1817年,美国自由有色人民殖民地开拓协会得以成立,它的目标是在非洲为获得自由的奴隶设立一块殖民地。殖民主义者认为,由于在肤色、能力、文化与客观环境上存在差异,黑人永远无法在美国获得平等。所以,彻底的地理分离才是最佳解决方案。

美国口才最佳的废奴主义者威廉·劳埃德·加里森,最初受到的是莱曼·比彻对福音派改革愿景的启发。加里森在这个传统之中开始了自己的职业生涯,在一份致力于实现禁酒事业的报社担任编辑。但是,他所拥护的解放事业,很快就让他疏远了比彻和大多数的福音派人士。福音派相信,美国处于"巨大危险之中,准备纵身跃入黑暗",加里森借用了这句话,指责同胞,尤其是福音派漠然无视自身的道德责任,不顾"众多不幸的人们"身陷苦难。加里森宣布,奴隶制是"美国人是否忠诚于与上帝所立之约的晴雨表",并指责说,"灵魂之血"正降临到基督教徒身上。

十九世纪三十年代初,福音派拒绝接受加里森的观点,加里森的宗教信念因之受到强烈的动摇。讽刺的是,虽然加里森号召废除奴隶制,福音派中的大多数人却对此怀有敌意,他所获得的热情支持,来自贵格会、一位论派与自由思想家,而对他们的宗教观点,加里森本人"曾经斥之为是反宗教的"。有一次,加里森想在波士顿的教堂或礼堂举行演讲,却一无所获。莱曼·比彻拒绝帮忙,认为加里森呼吁废除奴隶制是"误入歧途"。正是不久之后被控亵渎上帝的艾伯纳·尼兰,为加里森提供了帮助,在"自由求索协会"的赞助下,让他举办了这场演讲。在演讲中,加里森严厉指责了对他的吁求充耳不闻的基督教教会。

在为奴隶制度展开辩论时,对《圣经》的引用发挥着核心的作用。西奥多·德怀特·韦尔德于1837年出版《反奴隶制的圣经》,像他这样的废奴主义者引用的是圣保罗在雅典所说的话,他宣称,上帝"用一滴血,造了所有国家之人,居住在地球的所有角落"。但是,奴隶制的辩护者们也会引用《圣经》,比如,诺亚在《创世纪》第9章第25节宣布:"迦南当受诅咒,必给他弟兄作奴仆的奴仆。"在最热情支持奴隶制的人中,确有诸如浸礼会教士桑顿·斯特林费洛这样的一些人,满腔热情地引用圣经中的段落,来证明"神选之民践行奴隶制,上帝并未对奴隶制加以谴责,反而为之定下了律法"。十九世纪三十年代,南方的教士与政治家频繁引用《圣经》为奴隶制辩护。各方都认为自己已经"在这场争论中取胜"。[①]

"觉醒的性欲"

在社会与法律如何对待性的态度上,第二次大觉醒也产生

[①] 在二十世纪的公民权利斗争中,种族隔离主义者与主张取消种族隔离者都会引用圣经作为依据。基督教神学的确与"种族隔离主义思想紧密交织,为歧视黑人提供支持"。参见 Jane Dailey, *Sex, Segregation, And The Sacred After Brown*, 91 J. Am. Hist. 119, 121 – 22 (2004)。

了深远的影响。前文已述及，十八世纪末时，大多数美国人已经接受相对宽容的性态度，各州也已在相当程度上不再将成人之间的自愿性行为作为刑事案件处理。独立战争时期的美国人单纯地认为，此种行为不值得上升到法律层面。制宪先贤们并非放纵派，不过，他们是属于这个时代的人，这是亨利·菲尔丁写下《汤姆·琼斯》的时代，也是约翰·克利兰写下《欢场女子回忆录》的时代，这个时代可不会对性欲羞于启齿。

在第二次大觉醒之前，各殖民地或各州都从未用法律审查性表达。恰恰相反，十八世纪的美国人十分享受自由放任的色情文学市场。不过，在第二次大觉醒期间，这种态度发生了变化，一种全新的"性节制的伦理规范出现了"。福音派基督徒的宗教道德观将性表达斥之为罪恶，向"肉体罪恶"正式宣战。

1815年，第二次大觉醒到达高潮，费城的酒馆老板杰西·沙普利斯，遇到了美国有史以来第一桩淫秽刑事指控案。在这座一度被视为美国最放任自由的城市中，他被控收费展示"与女性摆出淫秽、无耻、下流姿势的男子"的图画。沙普利斯的律师主张，对他的行为所施加的惩处，最多只是"令社会公众皱眉不已"。但是，宾夕法尼亚州最高法院对此并不认同。首席大法官威廉·蒂尔曼引用古老的"雷克斯诉柯尔案"[①]，认定沙普利斯展示图画之举会诱发"过度的色欲"，构成破坏社

---

① 参见第3章。

公德。蒂尔曼补充道,展出此种"淫荡"图画,会因"激发热情"进而腐蚀年轻人的道德,它树立了"邪恶的榜样",应当对他提起刑事指控。

数年后,彼得·霍姆斯因出版"下流淫秽"书籍——约翰·克利兰的那本声名狼藉的《欢场女子回忆录》——被马萨诸塞州最高上诉法院判决有罪。对沙普利斯和霍姆斯提起的刑事指控,根据的是普通法。美国禁止销售淫秽文学的第一批法律,出台于十九世纪二十年代的佛蒙特、康涅狄格和马萨诸塞,此时正值第二次大觉醒的高潮时期。

在整个第二次大觉醒期间,福音派都在积极推动更为严格的性标准,谴责性欲是"罪恶的欲望"。他们谴责的对象,不仅仅是直接的性表达,还包括涉及避孕的信息。他们认为,避孕"消除了对怀孕的恐惧",尤为危险。他们认为,"为了保护女性的贞洁",此种恐惧"是必需的"。他们在布道时说,对于被激发起情欲的女性,无法报以信任,因为她会效法夏娃,自然而然地被驱动着"去满足自己的欲望"。

1831年,马萨诸塞州医生查尔斯·诺尔顿出版了《哲学之果》(又名《年轻夫妻的私人指南》),这本开创性的书"试图在两性关系中引入科学"。诺尔顿主张,人们对性和性行为的理解,必须进入医学领域。他推荐了女性冲洗阴道的特殊方法,使用的是可重复使用的冲洗器和常见的化学制品。他还列出了这种方法具有的诸多优点:"它不要求牺牲快感,由女性自己做主,在事后而非事先使用,是对女性有利的重要考量。"诺尔顿为避孕辩护,提到人们需要有合理的家庭计划,还引用了托马斯·马尔萨斯对人口控制的论点。他反对禁欲,认为那是对性欲的压抑,不切实际。

诺尔顿的书,并不是最先出版的关于避孕建议的图书——理查德·卡莱尔的《写给每一位女性的书》(又名《爱是什么?》,出版于1826年),以及罗伯特·戴尔·欧文的《道德生理学》(出版于1830年),都比《哲学之果》早了若干年。但是,诺尔顿是因为提出避孕建议而遭到刑事指控的第一名医生。马萨诸塞州法院秉承福音派路线,正式宣布所有讨论避孕的书籍,哪怕是医生用医学方法写成的书籍,在道德上也是不可接受的,诺尔顿因此被判处苦役。

日益受到关注的性表达,与人们对手淫的担心密切相关。对色情文学持批评态度的人们警告说,此类图书会唆使年轻人犯下当时被委婉地称为"隐秘的邪恶"的罪行。在十九世纪三十年代,父祖两代均为教士的西尔维斯特·格雷厄姆,就是对此种观点最著名的支持者。格雷厄姆认为,男人"有手淫行为,会让本能的欲望走向堕落",成为"不洁习性与癖好的活火山"。格雷厄姆教导说,手淫会危及整个身体,因为手淫"伴有抽搐","会引起整个身体系统的强烈震动"。

根据格雷厄姆的说法,"在人的一生中,身体只能承受若干次这样的刺激"。格雷厄姆旗帜鲜明地谴责色情文学,因为它们会激起"淫荡的想法",从而引发隐秘的邪恶,导致体弱、疯狂甚至还有死亡。格雷厄姆将手淫视为最糟糕的性放纵方式,因为它与生育无关,所以"完全是违逆自然的"。他研究出一种新的全麦食物,也就是今天的全麦饼干,并将之吹捧为抑制性欲最有效的办法。

恐惧手淫会产生不良后果的人们"草木皆兵"。卢瑟·贝尔是波士顿一座教堂的教士,他哀叹道,"在每一座图书馆……每一家印刷厂中,都有一些东西,短文、诗歌或者图画,使人堕落……用来激起强烈的情欲,使人受污"。反对手淫的人们警告说,手淫的受害者将"沉沦到彻底堕落的境地"。他们警告为人父母者要留心孩子出现手淫的早期迹象。如果他们不够注意,他们的儿子将会面临失败、体虚、暴力、被关进疯人院的人生,他们的女儿将会遭受可怕的疾病、不断与人私通、最终走向卖淫。在这个时代,人们利用挂锁、通电的电线和生理限制,发明了大量装备,在想要阻止子女手淫的父母中,这些装备的销量相当可观。

这些恐惧源于福音派在第二次大觉醒中的性观念,并导致了禁止进口"下流淫秽"物品的第一部联邦法律即《1842年关税法》的出台。美国内战之后,在安东尼·康斯托克时代,州和联邦层面都制定了大量的反淫秽法律,它们存续至今。[①]

[①] 参见第8章。

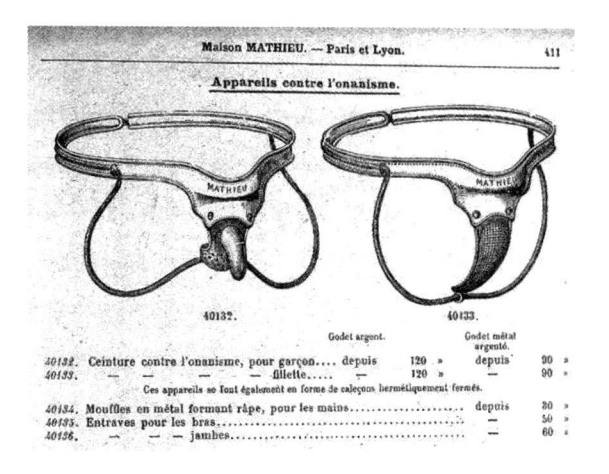

防止手淫的装置

自由思想家，自由的爱

在第二次大觉醒期间，宗教热情稳步侵入美国的法律与政治话语之中，也有许多人挺身积极为启蒙运动思想辩护。进步主义改革家有着各种各样不同的名称，如自由思想家、自由求索者、性激进派和理性主义者。他们认为，福音派运动篡改了美国道德的含义，非常危险，对之大加谴责。自由思想者用来主张所谓美国核心理念的，是建国先贤们的言论，而不是《圣经》。他们致力于追求理性，其观点源自新兴的经济学和生理学。

在1825年至1850年,出现了数十家奉行自由思想的报纸,取了《反迷信报》或《理性与常识先驱报》之类的名字。它们承诺"传播分辨何者为真的知识,使人们有能力判断可能存在的虚假知识",以此提升"人类的处境"。最著名的自由思想家在各地发表的演讲,常常座无虚席。

在各地举办的自由思想演讲中,范尼·赖特本来不太可能成为明星。不过,1828年,从辛辛那提到费城再到新奥尔良,她举办的一系列讲座均座无虚席,令她大放异彩。赖特等自由思想家提出的一项要求,是他们认为要用理性重新评价婚姻制度。赖特质疑说,社会与法律设置的障碍,实际上剥夺了妻子的人格与财产。她主张,在婚姻之中,"女性的尊严"已被"无法自主"的法律地位破坏,"对女子美德的监护权","从她本人转移到了他人手中",女性自主权居于从属地位,令人无法容忍,这带来了"大量荒唐、不公、残忍之事"。

十九世纪三十年代,此前被控亵渎上帝的艾伯纳·尼兰出版了《婚姻问答书》,书中认为,女性在婚姻中的从属地位"如此随意、专制、残忍、不公,在一个自由国家中,人们还能如此长时间地忍受它,这让我非常震惊"。一些自由思想者走得更远,将婚姻与"非洲奴隶"这一"灾祸"相提并论。

对于福音派积极推动的严格性标准,自由思想家反击称,性是生命中自然且重要的组成部分。范尼·赖特勇敢地将性欲称为"人类热情中最高贵者"、"人类幸福的"自然"之源"。

罗伯特·欧文是威尔士的社会改革家,于1824年来到美国,他认为,性欲赋予"社会交往以诸多魅力与热情"。福音派主张,妨碍怀孕的任何努力都是违逆自然的,欧文对此断然否认,他说,"自然将性欲赐给人类,也赋予人类控制其后果的能力"。

对于赖特这样的自由思想者,福音派传道士斥之为"反对基督者"的代言人。1830年,莱曼·比彻称这些人所信奉的学说"道德败坏",指责他们妄图用"性欲的狂热"排挤基督教道德。自由思想家毫不畏惧。他们继续对性和婚姻的社会主流观点提出质疑,努力争取女性自主权与非传统婚姻,恰与蓬勃发展的"自由的爱"运动的宗旨相符。这场运动认为,男人与女人的结合,是因为爱,而不是因为一纸文书,而婚姻的法律地位却是将灵魂的结合转化为"奴隶制度"。

根据自由思想家对婚姻制度的批判,先后成立了多家"自由的爱"团体,比如在纽约州布伦特伍德的"摩登时代",以及在俄亥俄州柏林高地的"自由的爱互助网络"。这些团体彼此类似,异性成员在一起公开生活,但不受婚姻的约束。因为他们提倡的是福音派所谓的不道德的私通,所以,他们受到了严厉的谴责,还常常要承受人身攻击。由于不断遭受骚扰,所以这些团体之中的大多数,在几年之内就关门了。

第二次大觉醒的终结

第二次大觉醒推动了宗教活动在美国的长期兴盛。十九世纪中叶,多达三分之一的美国人都加入了基督教的教会,相比独立战争时期有了大幅增长。在这个时代发生的这场运动,首次站稳了脚跟,它削弱了制宪先贤们的"自然神论倾向",也提出了美国是作为"基督教国家"而创立的主张。

然而,十九世纪三十年代中期,第二次大觉醒运动开始衰退。福音派运动中更为极端的那些因素,促成了这个结果的发生。他们狂热地反对天主教,在政治上强烈排外,吓跑了许多温和人士。他们要求,基督徒只能为基督徒投票,公共教育应包含大量的基督教价值观,宪法应修正为"承认基督的权威",这一切都破坏了主流清教徒对这场运动的信任。

1836年,前信仰复兴布道者卡尔文·科尔顿颇有深意地警告称,福音派的"狂热"会引起人们的"蔑视和厌恶"。他是对的。在这个十年行将结束时,在地方与全国层面展开的政治竞选活动中,人们日益发现,激进的福音派"站在一边,几乎其他所有人都站在另一边"。1840年,原本闯劲十足的福音派改革却已陷入停顿。但这只是暂时现象。

第八章
"它会腐蚀公共道德"——淫秽的含义

在1815年之前,政府审查的言论都与宗教异端和煽动性诽谤相关,而非性表达。尽管人们可以买到大量的性题材文学作品,但色情言论不会受到法律的关注。第二次大觉醒中的宗教煽动,才首次引发了禁止性表达的尝试。

然而,十九世纪四十年代,色情文学再次泛滥成灾。工业化与城市化改变了城市的性质,纽约以"西方世界的肉体陈列柜"而驰名。城市生活日渐拥挤,卖淫之风盛行,在纽约的报刊上,性表达充盈其间。用银版照相法拍摄的各种女子宽衣照,在文具店以及在纽约穿街过巷无所不在的零售小贩处均可买到。

随着"赌博"媒体的兴起,《闪电》、《浪子》、《放荡》和《鞭子》之类的周报,对赌博、拳击、卖淫和性等活动大加赞扬,鼓吹的净是言语粗俗的男子气概,它们的中心主题,是"自然既然赋予男性以激情,就必须满足他"。体育媒体宣称,妓院"与教堂一样,是社会福祉所必需的",并公然为付费客户打广告,经常刊登当红妓女的专访、简介和评论。这些女子俨然已跻身名流。

十九世纪四十年代初,为了约束这些出版物,纽约地方检察官詹姆斯·R. 怀挺以非法出版"淫秽"物品为由,对《闪电》提起刑事指控。这次指控源自一则非常典型的赌博媒体的报道,描述西百老汇一家妓院中的妓女阿曼达·格林"被始乱终弃"的故事。她的堕落,始于借酒诱奸了她的一个老男人;次日清晨,"鸡鸣之时,她已失去处子之身"。后来那个无赖对她不忠,阿曼达转身投向一个又一个情人的怀抱,之后不久,她进了妓院。

美国在反淫秽法律方面的先例相对缺乏,纽约州也没有就此制定法律,怀挺转而求助于英国的普通法与法学家。其中最重要的英国权威著作,是弗兰西斯·勒德洛·霍尔特就《反诽谤法》撰写的专著,此书认为,社会必须维护道德,因此,法律负有惩治"淫秽"书籍的责任,"它们容易……污染社会风气的根源与原则"。

尽管陪审团认定《闪电》的编辑无罪,勤勉严格的检察官却并未就此罢手。在此后提起的刑事指控中,他们最终成功将《闪电》的编辑定罪的证据,是描述在炮台公园游弋的站街女的一篇文章,以及描绘少女引领男士上床、后者腿间置有长柄暖床器的一张引人遐想的图画。威廉·斯内林是《闪电》的编

第八章 "它会腐蚀公共道德"——淫秽的含义 / 207

辑之一,他提出的辩护理由是,人们假想中的"《闪电》的不堪,全部出自你们自己的想象"。

尽管偶有刑事指控发生,性题材的销售力却没有逃过正在蓬勃发展的美国印刷业的眼睛。性成为"下流"短篇小说和小册子的标准题目,内容甚至有性虐待、同性性行为和跨种族性行为。1842年对印刷商亨利·R. 罗宾逊提起的刑事指控,让人们得以一窥当时色情图书市场的究竟。为了维持公开记录的洁净,当时的法院往往很少提及被控淫秽书籍的内容。但是,无论出于何种原因,对罗宾逊提起指控的诉状,却详细列举了数种令人不快的书籍,包括《欢场女子回忆录》中的肛交场景,乔瓦尼·贝内德托·西尼巴尔迪所著的《未上锁的维纳斯密室》中的三人肛交场景,以及丰富多彩的色情版画。罗宾逊搜罗了大量的性题材作品,尽管如此,此案仍被撤销,因为这并非单纯的持有淫秽物品的罪行,同时,也没有充分证据证明罗宾逊曾向他人出售或展示其中任何一件物品。

此后的二十年,美国的当务之急是奴隶制与内战,性表达并非优先考虑的事项。1865年,内战结束,国家近乎狂热地回归"常态",美国被裹挟着进入镀金时代,男性体育文化进入社会的最高阶层。在纽约,性交易甚至出现在百老汇的剧院之中,剧院的特别包厢,专为妖冶的应召女郎预留,她们提供的是戏剧结束后的"娱乐活动"。英国女演员莉迪娅·汤普森凭借滑稽歌舞团,彻底征服了百老汇,一种新的"音乐会沙龙"开始

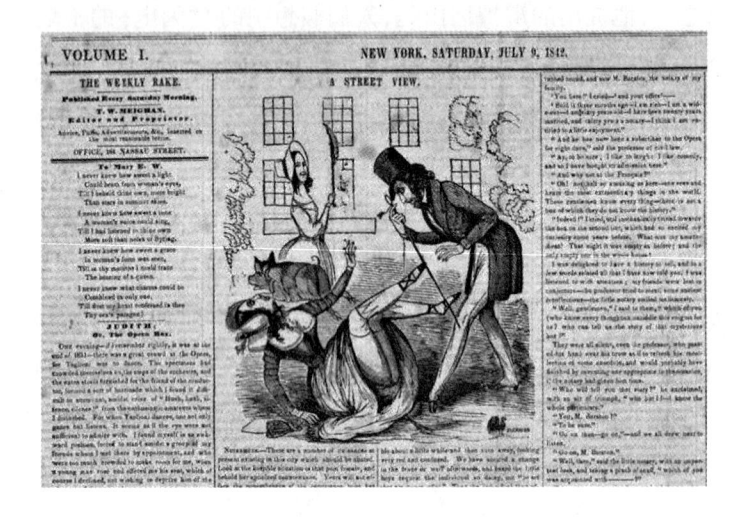

《每周浪子》,1842年7月8日

提供活色生香的、半裸的娱乐项目,将酒吧、剧院和妓院提供的服务融为一体。这些新的娱乐项目将性推到了前所未有的美国社会中心地位。

并非所有人都对此欢喜不已。

"应当制定一部法律"

十九世纪四十年代,一些牧师和正直的商人设立"基督教青年会",为虔诚的青年提供一个从事正当休闲活动的场所,远离各个城市的"道德漩涡"。美国内战期间,基督教青年会建立由军队牧师和清教徒祷告小组组成的组织网,名为"基督教委员会",以维护军队的道德标准。委员会在士兵中传播宗教文学,建立军队图书馆,所藏的都是诸如西尔维斯特·格雷厄姆的《贞洁演讲录》之类的道德说教图书。委员会发现,军队中存在一个需求旺盛的阅读市场,却苦于相当缺乏健康向上的阅读材料,基督教青年会于是决定采取行动。他们采取的第一项行动是推动国会充分意识到这个问题,但是,国会忙于处理更为要紧的事务,对此兴趣寥寥。

战争刚结束,基督教青年会立即发起全面的研究,记录在纽约市蔓延的邪恶。研究结果详细描述了各种性题材的物品已经泛滥到了骇人听闻的地步,简直令基督教青年会执行委员会的一些成员无法置信。一名独立调查员提出了确切证据,执行委员会决定,如果还没有禁止此类物品的法律,那就一定要将它制定出来。

因为纽约尚未立法禁止传播淫秽物品,因此,之前提起的刑事指控均是基于不甚明确的普通法原则。然而,在第二次大觉醒的影响下,约有二十个州已经制定反淫秽的刑事法律,其中最早的法律是由佛蒙特州于1821年制定的。

在此种背景下,基督教青年会执行委员会在纽约起草了立法提案。1868年,基督教青年会开展积极的游说活动,最终让纽约州议会通过了这部法律。这部新的州法规定,销售或赠送任何"淫秽与下流的"书籍、小册子、素描、油画或相片,"作下流或不道德之用的"任何文章,"妨碍怀孕"或"介绍他人堕胎"的任何文章或药物,都是犯罪行为。随后,这部州法成了其他州和联邦政府的范本。

尽管基督教青年会执行委员会促成了这部法律的制定,但他们担心,执行法律的官员还有更为紧急的优先事务,不会动用所有资源去查禁生意兴隆的下流物品市场。所以,委员会决定,为了实现自己的目标,有必要采取法律以外的手段。于是,委员会建立了自己的私人工作组,以确保这部来之不易的法律得到有力的实施。基督教青年会在这场运动中的首席检察员是安东尼·康斯托克,在此后四十年中,他将主宰全国范围内针对淫秽问题展开的辩论。

走进康斯托克时代

1844年,安东尼·康斯托克出生于康涅狄格州的新迦南。他的父亲是一位富农,母亲是虔诚的公理会教徒。康斯托克年仅十岁时,母亲就去世了,但她的宗教热忱却遗传给了儿子。康斯托克坚定地相信,魔鬼的诱惑无所不在,他衷心相信,禁戒所有不洁的思想与行为,是达致正义的唯一可信路径。

1864年,康斯托克应征加入联邦军队。他期盼在军队中会产生找到道德同志的感觉,却事与愿违。他满心厌恶地发现,连队中的同袍都在阅读"最差劲的黄色封皮读物"。康斯

安东尼·康斯托克

托克终身保持严谨地写日记习惯,他在其中痛斥战友们的"罪恶与不道德"。

战争结束后,康斯托克搬到纽约市,以独行侠的姿态,向伤风败俗的行为发起挑战。在 24 岁时,他干着服装店售货员的工作,有位好友"误入歧途,腐化堕落,疾病缠身",最终死于神秘病痛,很可能是性病。康斯托克相信,色情作品才是朋友堕落与死亡的原因,他找到贩卖色情作品的商人,认为是他助长了朋友的欲望,对此负有责任。他买下商人所售的色情作品,立即转交警方,并因此挑动了有生以来第一次对罪恶的逮捕。商人仅被判处缴纳少许罚金,康斯托克怒不可遏。

康斯托克仍然是全职的售货员,尽管如此,他却着手调查纽约已泛滥成灾的色情作品市场。康斯托克带领警察横扫色情书商,在一天之中逮捕了七个人,于是成了色情作品市场的名人。1872年,他得知,纽约的绝大多数性读物,都是由三位著名的出版商出版的。他下定决心要让他们关门大吉。经过周密安排,康斯托克找到并盘问了出版商的党羽,然后说服警方与他联手,展开了一系列的突然搜查并大获成功。康斯托克的能力、热情与战斗力,给基督教青年会的领导人留下了深刻印象,他们为他提供了一份全职工作。

康斯托克轻松地融入了新工作之中。他拉起一支队伍,取名为"除恶委员会",积极投身于追捕活动。在他的带领下,对本地出版商的几次检查都大获全胜,但是,他很快意识到,想要产生真正重大的影响,需要的是全国性的立法。在基督教青年会的大力支持下,康斯托克赶赴华盛顿,为制定联邦法律开展游说活动。联邦最高法院大法官威廉·斯特朗曾经试图将"上帝"一词写入《宪法》,却未能如愿,康斯托克聘请他来起草这部法律。康斯托克警告国会说,淫秽是"极难根除的怪兽",需要强有力的法律武器。

1873年3月3日,尤利西斯·格兰特总统签署了《禁止交易和传播淫秽作品和不道德物品法》。国会通过的这部法律并未引发关注,它所规定的禁止销售的范围非常宽泛,包括可被认定为"淫秽、下流、淫荡、猥亵的"所有商品,却又没有对这些词语作出界定。它确立了六大类淫秽物品:文字或图案的色情作品,避孕药物,堕胎药物,与避孕或堕胎有关的资料,性辅助用具或性玩具,以及对上述物品的广告。它准许判处包括强迫劳役在内的严厉刑罚,同时,它还授权邮政总局检查、没收任何违禁物品。康斯托克被任命为特别邮政代办,而这部法律也恰如其分地成为人们熟知的《康斯托克法》。

履新不足一年,康斯托克就逮捕了五十五人次,得到了二十次有罪判决,没收和破坏了数以千计的"下流"图书、杂志、图画、扑克牌和性"用品"。他的一贯做法,是在报纸上检索可疑广告,然后寄送诱骗信,获取淫秽物品。

康斯托克在其著述和公开发表的演讲中,热情洋溢地坚持自身使命的神圣性。在格兰特总统签署这部联邦新法律的当天,康斯托克在日记中写道:"哦,我如何才能表达灵魂的喜悦,说出上帝的仁慈!"1880年,康斯托克出版了题为《被揭露的诈骗》一书,将色情作品形容为"害虫",他坚定地认为,"性欲腐蚀身体,让想象堕落,玷污思想,消沉意志,摧毁记忆,麻木良知,僵硬人心,毁灭心灵"。

康斯托克坚定不移地相信,性表达拥有腐蚀人心的力量。在1883年所著的《为青年设下的陷阱》中,康斯托克强调,"读过一本书后,就无法摆脱它了"。他断言,罪恶的书,是撒旦布下的陷阱,"用来捕获我们的青年,确保不朽灵魂的毁灭"。康斯托克将淫秽物品比作"传染病",并称之为"比黄热病和天花更甚的邪恶"。他写道,"在撒旦役使的代言人中,再没有比邪恶的阅读作品更活跃的了……它破坏了人们的家庭,让各个国家服从于它"。

康斯托克从1873年起一直领导着这场查禁淫秽物品的全国性运动,直到1915年因肺炎去世。在四十年中,对于使美国摆脱淫秽物品的"毒害、堕落与诅咒"的这场运动,他就是最典型的象征。他葬于布鲁克林的常青树公墓,墓碑上镌刻着摘自《希伯来书》第12章的一句话:"放下各样的重担——仰望耶稣——轻看羞辱。"

为"害虫"辩护

康斯托克谈性色变,仿佛来自维多利亚时代,他所拥有的名声和权力,使他成为反对者的主要对手。开明媒体将他所献身的事业嘲弄为走火入魔,将他所使用的手段贬斥为奸诈的把戏。公民权律师莫里斯·恩斯特取笑康斯托克是"患有精神病的内疚手淫者"。作出此种分析的人,可不止他一个。另一位著名的言论自由拥护者、同时也是美国公民自由联盟的联合创始人亚瑟·加菲尔德·海斯写道,康斯托克"在家中身边围绕着三个女人——一名饱受压抑的妻子,比他年长;一位卧床不起的妻姐;还有他收养的智力低下的小女孩……难怪他会认为正派女子只能在黑暗中脱衣服"。有时候,他会在逮捕性表演者之前,看完整场表演,因此,他所做的奉献是否真的那样纯洁,他也不免在这个问题上备受奚落,甚至有位法官也曾经说,他的动机可谓"深怀恶意"。

十九世纪末的自由思想家们,在谴责传统婚姻制度的僵化与常规性别角色的不公之余,也对淫秽问题产生了兴趣。这些"性激进派"是些小团体,规模很小,而且分散于各地,是由质疑十九世纪维多利亚式性观念的作家、编辑和演说家组成的演说队伍。公共卫生倡导者爱德华·布利斯·富特医生、无政府主义者以斯拉·海伍德、自由思想家 D. M. 班尼特和公民权倡导者摩西·哈曼等知名人士,都对康斯托克的做法提出了质疑,他们的理由是,公众知识的累积与个人的完整,均受益于性资讯与性观念的自由传播。他们强调,性是言论自由中一个合法且非常重要的主题,不能因为某些人的恐惧、无知、过分拘谨和偏狭,人们就要被迫保持缄默。

美国内战之后的性激进派人士,面对的却是接踵而至的刑事指控。1876 年,富特医生面临根据联邦《康斯托克法》提起的首次重罪指控。富特所写的家庭指南书《简明家常话：论人体》广受欢迎，此书在性与避孕方面提供了清晰实用的资料，满足了一个广大且急切的医疗建议市场的需求。富特教导人们说，身体产生的"性欲就像食欲一样自然"。在康斯托克的推动下，富特遭到刑事指控，所涉罪名为传播避孕信息。审理本案的法官认定，医疗建议并不在法律的禁止性规定适用范围之外。

次年，以斯拉·海伍德也面临涉及淫秽的刑事指控。出生于1829年的海伍德，卷入了第二次大觉醒引发的巨大宗教狂潮之中。他在年轻时入读布朗大学，想要努力学习成为一名牧师。然而，他对教会没有谴责奴隶制度日感失望，并渐渐认为，宗教组织满口伪善的抽象观念，却完全无视奴隶、穷人、劳工和女性所受的苦难。他再也不愿成为牧师，恰恰相反，十九世纪六十年代初，他成了无政府主义者。

海伍德是一位社会哲学家，提倡自由之爱、言论自由、女性权利和推动性教育，他信奉个人独立自主，认为婚姻制度是逼迫妻子放弃人格。1876年，他写了题为《丘比特之轭》（又名《婚姻生活的束缚》）的小册子，表达了他对婚姻制度的批判。《丘比特之轭》的风格是学术式的，却太过直截了当。

海伍德主张，成人应当懂得两性关系中的生理学，他鼓励人们"认真关注性科学中的重要问题"。他问道，"如果政府不能正确决定我们应当投票选择哪种政见，我们应当参加什么教会,我们应当阅读什么书籍,那么,它又能以什么样的权威,通过钥匙孔偷看、冲开卧室的门,将情人们从神圣的与世隔绝之地拖拽出来"。海伍德攻击康斯托克是"宗教偏执狂",推动他的"正是点燃了宗教法庭之火的那种精神"。

对康斯托克而言,《丘比特之轭》助长了一种"污秽的信念"。他满腔热情地推动对海伍德的这本"最淫秽和令人作呕的书"提起刑事指控,在海伍德到波士顿的自由之爱集会上发表演讲时,实施了一场戏剧性的公开逮捕。康斯托克在《为青年设下的陷阱》一书中,用很有特色的戏剧化笔法,记下了这次逮捕,还形容说,人群中的"每一张脸都写满欲望"。不过,康斯托克知道,"上帝在帮助我",最终,他抓到了他想抓的人。海伍德被判有罪,入狱两年。

《康斯托克法》在适用时遇到的核心问题,就是何谓"淫秽",各州的反淫秽法律在适用时也同样遇到了这个问题。美国法律几乎没有对此作出规定,所以,大多数法院都非常依赖英国的先例,尤其是在"女王诉希克林案"中作出的里程碑式判决,这起1868年的英国案件处理的是广为流传的反天主教小册子《忏悔的本来面目》,书中描述的内容,是神父在女性忏悔时可能会问一些不该问的问题,比如性交、口交和肛交。

首席大法官亚历山大·科伯恩撰写了"希克林案"的判决书,认为淫秽问题取决于"它的旨趣是否在于腐蚀、腐化容易受到不道德事物影响的人"。科伯恩认定,《忏悔的本来面目》

是淫秽书籍,因为它"向年轻人、甚至更为年长之人暗中灌输最不洁和最淫荡的想法"。这条英国法律规则将会主导美国的法律将近一个世纪。

比如,1879年,激进的自由思想杂志《真理探索者》的创始人和发行人D. M. 班尼特,以邮件方式销售以斯拉·海伍德的《丘比特之轭》,向康斯托克发起了直接挑战。班尼特很快被捕、被提起刑事指控、被定罪。联邦法官塞缪尔·布拉奇福德认真研究了"淫秽"的含义,根据《康斯托克法》维持了班尼特的有罪判决。后来,塞缪尔·布拉奇福德经由切斯特·阿瑟总统的任命,擢升至联邦最高法院。布拉奇福德遵循"希克林案"先例认定,如果一本书"有失体面",根据美国法律,它就是淫秽的。"没有必要整本书的内容从头到脚都是淫秽的",如果这本书"有一部分是淫秽、下流、淫荡、粗鄙的,那它就是淫秽书籍,自然是这部法律的应有之意"。布拉奇福德法官得出结论说,《丘比特之轭》当然是"淫秽的"。

在早期的这些案件中,对性激进派的审判显示,根据"希克林案"所设立的法律标准,很难为淫秽指控作出辩护。其中存在的几项困难具体如下:

> 首先,无论是《康斯托克法》还是司法原理,都没有对何谓"淫秽"作出界定。相反,它们给出了一连串同义词——"下流""淫荡""粗鄙"——没有一个词得到过界定。法院仅仅假设,法官会根据"普通的

公认词意与使用方法"理解这些词语。

其次,"希克林案"设立的标准,允许法官对一本书断章取义,而不是根据更广泛意义上的上下文语境作出判断。单独的词组、段落或图片,便足以招致刑责——即使这本书作为整体无可非议。

再次,为了仅在最小程度上泄露"淫秽"内容,法院往往拒绝在正式文件中描述令人不快的书籍或图画。此种司法中庸理念,直到二十世纪仍是淫秽刑事案件的特征之一,这便让任何人都不得而知什么才是淫秽、什么不是淫秽。

最后,如果其中的内容能够腐蚀社会中**最容易受到影响的**社会成员,就会被认为是淫秽。如果陪审团发现,其中的内容会腐蚀敏感的青少年,法官就会指示他们认定它对成年人而言是淫秽的。这种标准实际上是将成年人限制在了儿童读物之中。

性激进派及其支持者对《康斯托克法》的合宪性提出质疑,却未能成功。弗朗西斯·E. 阿伯特是哲学家,他试图根据科学研究重新定义宗教信仰。科洛内尔·罗伯特·英格索尔是自由思想派演说家,人们给他取了个外号叫"伟大的不可知论者",他于1876年创立"全国自由联盟","以击退偏狭、顽固和愚昧的浪潮,它所产生的威胁已经快要淹没我们所珍视的自由"。

1878年,英格索尔代表"全国自由联盟",带着七万多份签名,向国会发起请愿,呼吁以"违宪""轻率""与我们所处时代的精神和进步背道而驰"为由废除《康斯托克法》。但是,康斯托克亲自出面,向国会展示色情物品,证明维护美国的道德福祉必须依赖《康斯托克法》,从而击退了这次请愿活动。

《康斯托克法》的执行力度到了何种离谱的程度,是通过对摩西·哈曼提起的刑事指控才得以揭示的。哈曼认为,性表达也有可取之处,能够服务于社会。1886年,哈曼向读者保证,他的杂志《明亮之星》将会成为不受审查的论坛,此后不久,他刊登了杂志订户 W. G. 马克兰写给编辑的一封信,信中讲述的是一位妻子的真实故事,她在经历了一次艰难的生产后,未能充分痊愈到进行性生活,她的丈夫却不管不顾强行索要,导致她不幸身亡。马克兰问道:"可能存在合法的强奸吗?这个男人强奸了妻子吗?如果他没有与她结婚,它是强奸吗?……如果一名男子持刀刺死妻子,法律会认定他谋杀吗?如果他用阴茎谋杀她,法律会怎么做?"

因为刊登了这封信,哈曼遭到刑事指控,并被判违反《康斯托克法》。联邦法院甚至拒绝在判决书中描述这封信,只是写这封信"非常下流",就算仅仅描述它,也会震撼"正派端庄人士的常识"。法院解释道,自从"亚当和夏娃吃下知识之树的果实"之日起,人类就"拥有了羞耻感——明白眼睛、思想均不应该窥及某些东西"。当"男男女女堕落如斯",对此类下流思想和图画,"他们不再遮挡"双眼时,政府必须"对他们施以援手"。对哈曼的有罪判决有力地说明,在十九世纪末,但凡提及性、性行为或性器官,就会被认定为"淫秽"。

《康斯托克法》持续生效数十载,反对者们依然致力于鼓励人们抵制这部法律。1890年,因为印刷"操"这个单词,以斯拉·海伍德再次入狱;1905年,因为刊文建议女性在孕期不要发生性行为,摩西·哈曼也再次被提起刑事指控。与此同时,言论自由的支持者继续大肆嘲弄康斯托克。爱德华·布利斯·富特医生出版了一本儿童故事书,将康斯托克刻画成了毒蜘蛛;海伍德为一款灌洗器做广告,销售可观,他刻薄地将之称作"康斯托克"。

纽约公立图书馆拒绝接受诺贝尔奖得主、剧作家萧伯纳的作品《人与超人》后,萧伯纳评论道:"在美国以外,没有人会感到最低程度的惊讶。康斯托克派已成为世界上旷日持久的笑话,付出代价的却是美国。"他补充道,此类事情证实了"旧大陆根深蒂固的想法,即美国是一个乡下地方,二流的乡镇文明"。

十九世纪与二十世纪之交,言论自由日渐成为全国性的重要议题,尤其是因为,更加极端的一些意识形态在政治上占据了重要地位。1901年,爱德华·布利斯·富特的儿子爱德华·邦德·富特,与摩西·哈曼的外甥爱德温·沃克组建了"言论自由联盟"。它只有一个单纯的目标:"让任何人在任何地方说任何话都成为可能。"在进步时代的黎明,"言论自由联盟"的早期成员,都是些致力于言论自由的支持者团体,他们规模很小、迥然各异、来自全国各地,包括民权律师吉尔伯特·罗伊和西奥多·施罗德,著名记者林肯·斯蒂芬斯,以及社会民主党的领导人伦纳德·阿尔伯特等人。林肯·斯蒂芬斯是丑闻揭发者,他揭露了广泛存在的政治贪腐。

当时,大多数言论自由的支持者更为关心的是政治领域的言论自由,而不是性表达。"言论自由联盟"的领导人施罗德认为,社会对性礼仪界限的判断太过武断和专制,并对此十分关注,也坚定地将之纳入他对钳制言论的反对意见之中。因此,"言论自由联盟"大力支持因淫秽罪名遭到起诉的被告人,包括:芝加哥女子艾达·C. 克拉多克,因为分发已婚夫妇的性行为指导手册《新婚之夜》遭到指控;玛格丽特·桑格,是支持妇女生育自由事业的全国性领袖,因为违反《康斯托克法》禁止支持避孕的规定遭到指控;华盛顿州"家庭聚居地"团体的成员,因为提倡裸泳遭到指控。二十世纪上半叶最具影响力的美国作家之一 H. L. 门肯称赞施罗德"对美国的言论自由居功至伟"。

严肃文学与当下的标准

这个时代的文学精英大多没有进入康斯托克的视线,因为他们欣然遵从了维多利亚式的社会准则。"严肃"的作家、编辑、出版人、书商和批评家信奉严格的正派风气,二十世纪的评论家马尔科姆·考利将之比作"持身严谨的女孩们所上的寄宿学校才会有的"作风。绝不逾矩的编辑们往往会删去涉及性的内容，哪怕它相对而言平淡无奇。有一则例子可以说明当时过于拘谨的编辑方针，那就是赫尔曼·梅尔维尔的第一本书《泰比：波利尼西亚生活管窥》，此书在某种程度上是他的自传体故事，讲述他在一个南太平洋岛屿上的俘虏生活。此书遭到了删改，删除了半裸土著女子热情欢迎登岸水手的内容。无独有偶，在题为《作为审查员的图书管理员》的演讲中，美国图书馆协会主席亚瑟·博斯特威克提出，要从图书馆的书目中删去带有"不道德倾向"的所有图书。

虽然，康斯托克因此几乎毫无关心十九世纪末大多数严肃文学的必要，但有一种严肃小说还是吸引了他的注意。薄伽丘的《十日谈》、乔叟的《坎特伯雷故事》和《天方夜谭》之类的经典著作，仍有未经审查的版本在美国传播，而联邦法律也禁止继续引进此类书籍。康斯托克毫不在意它们的经典地位，而是闻到了那股"垃圾味儿，哪怕装进大理石缸或金银瓮，依然臭不可闻、令人作呕"。

十九世纪末，出现了一种全新的教授严肃文学的学校。文学自然主义逐渐取代维多利亚时代的温文尔雅，美国作家开始描写城市底层生活的坚韧不拔。1893年，斯蒂芬·克莱恩出版《街头女郎玛吉》，1900年，西奥多·德莱塞出版《嘉莉妹妹》，这些作家的笔锋日渐触及存在争议的社会问题，包括贫穷、酗酒、性乱以及——淫秽指控中最臭名昭著者——卖淫。对自然主义作家而言,卖淫象征着沮丧与孤独的顶点,也就因此象征着无可抗拒的文学探索主题。但是,审查员们却认为这个主题令人生厌。比如,萧伯纳所著的《华伦夫人的职业》,于1905年在纽黑文遭禁,尽管此书既未直接提及卖淫,也没有支持卖淫。

在这个时代问世的另一本关于卖淫的图书,引出了承认社会风俗会发生变化的首份重大判决。丹尼尔·卡森·古德曼所著的《沉迷的夏甲》记述了一位可怜的打工女孩走向堕落的故事,她经历了几次爱情悲剧,最后步入无爱的婚姻,等待她的只有凄凉的未来。在这名年轻女子身上,呈现的是冲动、耽于享乐和感性。书中当然会有挑逗性的段落。1913年,在"合众国诉肯纳利案"中,政府以此书违反《康斯托克法》为由,对出版商提起刑事指控。

勒尼德·汉德是那一代人之中最杰出的联邦法官之一,同时也是在第一次世界大战期间捍卫言论自由的英雄。对于此书应如何适用《康斯托克法》的问题,他在判决意见中重新审视了"淫秽"的法律定义。汉德法官承认,在本案中,"希克林案"设定的标准已普遍为"下级联邦法院所接受",而根据该标准,此书中的若干段落"可能会被认定为淫秽,因为,它们可能落入某些人之手,而他们的思想却容易受到不道德内容的影响,他们自然就有可能在道德上受到腐蚀"。不过,他拒绝接受"希克林案"设定的标准,他写道,不论此标准"与维多利亚王朝中期的道德观"有多么"契合",它"在我看来却无法回答当代的理解与道德"。

汉德论证道,"我们对待性内容时,如果降低到儿童图书馆的标准",人们自然对此不会"感到满意"。他因此得出结论说,在界定"淫秽"的含义时,应当以"此时此地的社区可能在率真与羞耻之间达致的折中临界点"为标准。汉德用当代成人标准设定的"社区标准",取代了注重"是否容易腐蚀""思想"特别"容易受到不道德内容影响的人们"的标准,将淫秽的概念重新聚焦于一个全新的方向。社会不断向前发展,为澄清"淫秽"的法律定义而展开的司法斗争,将会长路漫漫,而这是非常重要的第一步。

波士顿的禁书

并非所有的社区都会秉持相同的道德标准,这个时代的波士顿,拥有全国最严厉的审查制度,并因此闻名于世。究其原因,至少部分是出于波士顿与众不同的天主教氛围。尽管号称"波士顿婆罗门"的精英阶层多为新教徒,但波士顿本质上仍是天主教城市,生活着大量的爱尔兰移民和意大利移民。天主教堂强烈谴责性表达,为审查带来了源源不断的动力。天主教主持的"正派风气军团"为严格审查性内容展开积极的游说活动,神父们主持的"全国正派文学组织"列出了它所认为的"淫秽"出版物,向本地书商施压,禁止他们销售这些图书,甚至还出台了它自己的淫秽法典。

然而,真正主持波士顿这场大戏的是"新英格兰守望守护协会",它最初是在安东尼·康斯托克的鼓励下,以"新英格兰除恶协会"之名于1878年成立的。在前后数位本地知名人物的领导下,协会在波士顿官员中拥有巨大的影响力,并制定了一套具体制度来审查图书、戏剧和电影中的"不当"内容。

协会设立了波士顿书商委员会,审查所有新出版物,一旦认为某种图书是下流读物,就向本地书商发出警告信。尽管委员会并不享有法定权威,但为了避免遭到刑事指控,尤其是因为地方检察官办公室与委员会开展的密切合作,书商们都会听从它的"建议"。甚至为波士顿报纸撰稿的书评家们,也拒绝评论委员会"列举"的图书。

二十世纪初,文学作品越来越现实主义,也越来越敢言,遍布全国的各家除恶协会在努力向书商施压时也愈发积极。甚至连有潜在可能引发道德家谴责的图书,往往也会遭到出版商的拒绝。出版商们既不想面临公众审查,也不想遭到淫秽刑事指控。1917年,时任文学杂志《时髦人士》编辑的H. L. 门肯悲伤地承认,审查员们的谴责声音拥有如此巨大的力量,甚至影响到了他的编辑标准。

康斯托克身后

1915年,安东尼·康斯托克去世,之后,十九世纪的各家反淫秽协会的力量开始衰落。康斯托克在除恶协会的继任者是约翰·S. 萨姆纳,他在二十世纪二十年代初经历了一连串难堪的挫败。萨姆纳最早的重大举措之一,是在1922年精心组织对纽约书商雷蒙德·哈尔西的逮捕,因为哈尔西销售浪漫主义时代的一本法国小说,即特奥菲尔·戈蒂埃的《莫班小姐:爱与激情的罗曼史》。《莫班小姐》成书于1835年,绘声绘色地描写了两位主人公对极致性体验的探求。尽管此书当然属于色情作品,但作品的目的却在于将性作为至美之事加以刻画与赞美。

令萨姆纳大感沮丧的是,虽然提起了销售淫秽物品的刑事指控,哈尔西却得以无罪获释,之后还勇敢地转回身起诉萨姆纳与除恶协会诬告他。哈尔西打了一场漂亮的胜仗,陪审团判他胜诉,他获赔2500美元。纽约州上诉法院维持了这个判决,改变了纽约州对"淫秽"的定义,要求既要评估"全书",也要考虑作品的文学价值。法院解释道,尽管"许多段落……单独而言无疑是粗俗下流的",但"作者的遣词文风"、"细节的纯洁优美"、戈蒂埃的文坛声望和此书在法国文学经典中的地位,足以证明陪审团所作结论的正当性,指控哈尔西销售淫秽图书是不合理的。文学界为此欢欣鼓舞。

在咆哮的二十年代,社会和文化的标准发生了变化,安东尼·康斯托克的那种维多利亚时代谈性色变的世界已经一去不复返。第一次世界大战结束,包括性自由在内的个人自由理念,再次得到广泛传播。这个时代属于衣着大胆的年轻女郎,属于桃色假面舞会,属于勇敢的性暗示。新一代的战后出版商们,开始了更加冒险的尝试。1922年,法官们作出判决,认定出版了三本性导向图书的托马斯·赛尔泽无罪,这是萨姆纳的又一次挫败。这三本图书分别是:D. H. 劳伦斯的《恋爱中的女人》(1920年)、亚瑟·施尼茨勒的《卡萨诺瓦的归途》(1920年),以及佚名的《年轻女孩日记》(1919年)。赛尔泽把法庭当作公共剧场,吸引了报社的报道,还有文学评论界和心理学界对这三本书的支持。比如,西格蒙德·弗洛伊德就认同《年轻女孩日记》是"佳作"。对赛尔泽提出的指控被撤销了。纽约法院在判决中再次强调这些作品的文学价值,认为它们虽有涉及性的内容,却是"对当代文学的独特贡献"。

1922年,萨姆纳追击招摇的年轻出版商贺拉斯·利福莱特出版的公元一世纪罗马经典作品《萨蒂利孔》全新英译本,却再次受到打击。此书虽然仅有残篇传世,但它的特征就是对同性之爱的露骨描写。纽约法院以文学价值为由,撤销了淫秽指控,判决意见写道:"古代的艺术与文学作品,不能以当代标准进行判断。过去的文学艺术记录,承载着文明的精神传承,掌握它们是一种善行，人们想象出来的任何邪恶，都不可能比之更为重要。"

萨姆纳处境艰难，但还没有出局，他决定为除恶协会寻找新的盟友。虽然，在二十世纪二十年代，对文学审查制度的公众支持已急剧减少，出版业的自由趋势也日渐抬头，但人口统计数据却仍与之背道而驰。宗教媒体对感官文学新浪潮大加痛斥，它的社论专页通篇都是要求实行审查制度。在萨姆纳的领导下，一些宗教与文化的保守组织——包括新教主教教区、天主教俱乐部、童子军和哥伦布骑士会——于1923年联合成立"健康图书联盟"，它的目标是在纽约制定新的法律，推翻新近作出的一系列法院判决，废除"全书审查"标准，禁止采信关于文学价值的专家证言。

图书业界谨慎以对。几乎没有出版商会公然宣称喜爱"肮脏的"图书。不过，在热衷于投机的出版商之中，贺拉斯·利福莱特最为引人注目，他带头对"健康图书联盟"的立法建议作出了激进的回应。利福莱特拥有超凡魅力，却也极富争议，他娶了富家女，得以经营自己的出版社。他的私人生活与他出版的书一样，常常粗鄙不堪、丑闻不断，他热衷于投机，不仅出版了许多激怒"健康图书联盟"的作品，而且在许多这个时代最好的作家初入职业生涯时就签下了他们，T. S. 艾略特、尤金·奥尼尔、E. E. 卡明斯、威廉·福克纳、欧内斯特·海明威、多萝西·帕克和舍伍德·安德森等人都在其中。

利福莱特撰文公开为自己的激发人们欲望的出版事业辩护，并谴责审查制度是"愚蠢、无知和无耻的，同时……与所有拥有智慧的美国人所信奉的基本社会原则背道而驰"。他聘请西奥多·德莱塞、埃德加·李·马斯特斯、格特鲁德·阿瑟顿等著名作家赴奥尔巴尼旅游，反对"健康图书联盟"的新反淫秽法提案。不过，他最大的妙招，或许就是让民主党的少数派领袖、未来的纽约市长吉米·沃克出面反对这部法案。沃克在国会提出反对意见时，措辞尖锐、简洁、极具说服力："没有一名女性因为一本书而毁灭。""健康图书联盟"的新提案未能获得通过。

戏剧与电影

性主题的戏剧，充斥着二十世纪二十年代的百老汇：《上海风光》，讲述的是一家中国妓院；《露露·贝尔》，讲述的是执迷不悟的妓女；《装聋作哑》，讲述的是婚姻的不忠。不过，引发最大的争议的主题则是同性恋。1926年，法国剧作家爱德华·布尔特创作了戏剧《俘虏》，担纲主角的，是因饰演夏洛克·福尔摩斯一举成名的巴兹尔·拉思伯恩，他的表演准确细腻，刻画了女同性恋的心理觉醒。

尽管《俘虏》没有直接描述性事，也尽管它受到了许多纽约媒体的称赞（自豪的自由派媒体《纽约晚邮报》向读者保证说,本剧"不会冒犯哪怕是最敏感之人"),但它还是遭到了警方的搜查并被禁演。批评家乔治·让·内森在《美国信使》上撰文,谴责《俘虏》是"在美国剧院中上演过的最……邪恶满盈的戏剧",这也充分体现了纽约政府的反应。演员们唯有在发誓再也不参演这部戏剧之后,才能获释。

不过,勇敢的女演员梅·韦斯特却毫不畏惧。她看了看排着长队观看《俘虏》的人群,决定撰写自己的同性恋题材舞台剧。她创作的《舞会》是一部色情喜剧,公开描绘了纽约同性恋地下圈子的文化与特征。它大胆地将男性角色起名为"凯特"和"公爵夫人",全剧的高潮是一场盛大的男同性恋舞会,男人们均身着垂地长礼服。除恶协会发出威胁,如果《舞会》公演,将提起刑事指控,这部戏剧因此未能登上纽约的舞台。纽约州议会对同性恋题材的戏剧作品大感愤怒,对《舞会》作出的回应是修改本州的反淫秽法律,明确禁止"描写或探讨性堕落或性反常主题的"任何作品。

最终为韦斯特招致淫秽指控的喜剧,是1927年的一部滑稽讽刺剧,剧名起得非常大胆,就叫作《性》。韦斯特的表演,描述了美丽的蒙特利尔妓女玛吉·拉蒙特的不幸遭遇,充满了性讽喻。《纽约每日镜报》批评《性》是"从垃圾桶里拽出来的怪物",《综艺》称之为"下流的红灯区表演"。警方回应了批评家的呼吁,来了次突然搜查,韦斯特因为淫秽罪在韦尔弗尔岛上的女子感化院中待了十天。但她没有因此却步,她此后的戏剧和电影仍然着重探讨性问题。韦斯特认为,"观众**想要**'下流'"——她断然补充道:"那我就给他们!"

电影产业虽然已有长足发展,但在二十世纪初的大多数时间里,却仍显得悄然无声。电影面临的挑战,甚至比戏剧还要严重。纽约除恶协会等组织激动地警告说,电影让"青年看到了绝不应该允许他们听到或想到的东西",在拥有电影的世界里,"年轻女孩的堕落近在咫尺"。自 1909 年至 1921 年,八个州与三十多个城市设立了官方审查委员会,对电影进行事先筛查,以判断是否淫秽,州法院通常会维护政府拒绝向"不道德"电影颁发许可的权力。

在全国范围内,不同的社区对电影产品适用不同的道德标准,这种局面着实令人恼火,电影产业于是作出回应,聘请前邮政部长威廉·海斯主持刚刚成立的美国电影协会。正是在他的运筹帷幄之下,沃伦·哈定才能在 1920 年成功获选总统。海斯受命为整个电影产业起草自律守则。数家天主教组织认为,电影产业从业人数众多,负有保护传统家庭观念的"特殊道德责任",二十世纪三十年代,在它们的推动下,美国电影协会制定了著名的《海斯法典》,在整个二十世纪五十年代,它都主导着电影产业。

《海斯法典》的起草者解释说,它旨在确保"每一帧画面都不应低于观看者的道德标准"。它禁止"过度的、引发性欲的接吻"、"引发性欲的拥抱"之类的任何情节,并规定"应当用不致于刺激低级、不得体情绪的方式处理激情画面"。它禁止描绘"暗示或表现性行为或下流情欲的舞蹈",禁止"跨种族婚姻(白人与黑人之间的两性关系)"的任何画面,还禁止出现"不敬之辞(包括上帝、主、耶稣基督——恭敬之语不在其列——地狱、狗娘养的、可恶的老天爷)以及其他渎神之辞或低俗之辞,无论是用何种方式使用它们"。简而言之,《海斯法典》禁止可能会被解读成性暗示的任何场景,甚至包括已婚夫妇同床共眠的画面。

有一家天主教主教委员会仍未感到满意,它在1934年创建了全国性的"正派风气军团",以确保"电影符合公认的、传统的道德,家庭和文明均有赖于此"。正派风气军团和与之类似的"美国基督教会联邦理事会"等组织,威胁要发起对电影的全国性抵制活动,除非海斯允许由正派风气军团派员执行《海斯法典》,美国电影协会屈服了。

此后,海斯任命正派风气军团的代表约瑟夫·布林主持有权解释和适用《海斯法典》的美国电影协会电影审查委员会。在这个新框架之下,每一本电影剧本都要预先提交布林批准。制片人若没有遵守规定,就会面临被处25000美元罚款的风险。在正派风气军团的鼎盛时期,制片人实际上不得不删减剧本,以避免获得"谴责"的评级,此种评级会引发天主教领导的全国性抵制活动。《欲望号街车》(1951年)、《阳光下的决斗》(1946年)和《洛丽塔》(1962年)等影片在公映之前,均无一例外地受到正派风气军团的严格审查。直到二十世纪五十年代，这种审查制度仍普遍存在，它在好莱坞有效地过滤了所有的性内容。

"为了下流而下流"

与此同时，对于作为法律概念的"淫秽"，各级法院继续不懈探索，想要为之赋予某种清晰、一致、合乎逻辑的含义。1947年，一个州法院作出判决，概述了各种当时的法院在不同司法管辖区内使用的不同标准：作品是否会"激发色欲和淫欲"，是否会"具有刺激性冲动的后果"，是否"故意激发观众的不洁想象"，是否意在为了利益目的而下流，是否会"降低是非标准，尤其是在两性关系之中"，以及是否"为了下流而下流"。这些形形色色的公式，全部是在试图通过某种方式实现"希克林案"标准所强调的"会腐蚀和腐化人们"。

这个时代的典型判例是"联邦诉弗里德案"，1930年，马萨诸塞州最高上诉法院对此案作出判决，维持向卧底警察销售西奥多·德莱塞的《美国悲剧》一书的淫秽罪名，此书正是由贺拉斯·利福莱特出版的。为被告书商唐纳德·弗里德出庭辩护的是亚瑟·加菲尔德·海斯和克拉伦斯·丹诺，但他们败诉了。检察官向陪审团宣读了精心挑选的部分章节，其中一幕是主人公逛妓院，另一幕是主人公及其身怀六甲的女朋友试图堕胎。检察官称此书包含"一个人可以想到的""最恶心、最污秽、最恶毒、最邪恶"的内容。尽管《美国悲剧》被誉为美国小说的杰作,但陪审团还是认定罪名成立。

马萨诸塞州最高上诉法院在维持弗里德的有罪判决时得出结论说,"即使假设这个故事是伟大的文学杰作,不但具有艺术价值,而且促进道德教训",但如果将陪审团认定构成淫秽的章节从中删除,"主人公的生命历程并不会失去必不可少的东西"。因此,《美国悲剧》是淫秽作品。

尽管"弗里德案"反映了这个时代的普遍做法,但法官们开始慢慢抛弃"希克林案"标准,转向一种更为精致的淫秽定义。举几个判决为例,就可以说明这种发展变化的性质。

玛丽·韦尔·丹尼特是一位女权活动家,不但与他人合作创立了"志愿亲子联盟",还是女性选举权的坚定支持者。1918年,她决定向还处于少年时期的两个儿子进行性教育和爱情教育。她沮丧地发现,现有的文学作品带来了"非常误导和有害的影响"。她得出结论说,这些作品"带给他们的影响是,两性关系必然是下贱的,这对孩子们十分有害"。

丹尼特亲自解决了这个问题,她写了一本面向青少年的小册子,题为《生活中的性》,她在此书中提出,在一种健全的、一夫一妻的婚姻中,性是健康的成年人生活中不可或缺的一部分。在整个二十世纪二十年代,这本小册子广受欢迎,但它的直言不讳让弗吉尼亚州的一位母亲大感震惊,她向邮政审查员举报,后者立即宣布《生活中的性》是淫秽的。

1928年，丹尼特受审，她的辩护律师是莫里斯·恩斯特，他后来为詹姆斯·乔伊斯的《尤利西斯》辩护，并因此名声大噪。但是，法官禁止他以作者心存善意或者已获得数家令人尊敬的组织的支持作为辩护理由。法官宣布，此种理由在法律上与本案无关。法官反而召集三种神职人员———一名拉比，一名牧师，一名神父——"为法院的良心提供协助"。法官在听取他们的意见后，判定此书淫秽。丹尼特被罚款3000美元，但她拒绝支付，声称宁愿坐牢。

1930年，联邦上诉法院推翻了她的有罪判决。奥古斯塔·汉德法官（勒尼德·汉德法官的堂兄）代表法院撰写判决书，他承认，解释"性器官功能，在某些情形下确能激起性欲"。他论证道，不过，"不得因此就认为，因为存在激发性冲动的风险，就不应向年轻人提供性问题的指导"，或者说，"提供指导虽有风险"，却必定"更为可取，更糟糕的情形是任由他们在谜团和恐怖的好奇心之中探索，以及要求他们自行获取此类知识，他们或许会求助于所知不多、常常还是居心不良的……玩伴"。

汉德法官因此认为，"用得体的语言，以认真的态度和无私的精神，准确阐述生活中与性相关的方面，通常不应视之为淫秽"。"丹尼特案"判决被誉为言论自由的重大胜利，"希克林案"标准彻底失效，这是"美国在性观念史上的一座里程碑"。

在"希克林案"标准日渐弱化的这个时期，最重要的案件或许当属詹姆斯·乔伊斯的"《尤利西斯》案"。此书用错综复杂的意识流笔法,描述了都柏林人利奥波德·布鲁姆生命中很普通的一天。《尤利西斯》是二十世纪最受推崇的小说之一,书中描绘的脏话和赤裸裸的性场景令人震惊,饱受道德家的非难。《尤利西斯》的写作花了七年时间,于1922年在巴黎出版了完整版,引起了当地文坛的轰动。1933年,兰登书屋与莫里斯·恩斯特安排引进法文版,从船上卸货时,有一本书被联邦政府查获,引发了这场司法挑战。

此案呈到了联邦地方法官约翰·M. 伍尔西的案头,这位前海商法律师在被卡尔文·柯立芝总统任命为法官之前,偶尔会去哥伦比亚法学院上课。在"合众国诉《尤利西斯》案"判决意见中,伍尔西法官提出了判断是否淫秽的一种新标准。伍尔西承认《尤利西斯》粗俗不堪而且对性毫不讳言,但是,在莫里斯·恩斯特提出的观点基础上,他得出结论说,乔伊斯之所以决定使用这种写法与意向,是为了服务于本书的文学表达。伍尔西对乔伊斯使用四个字母的脏话进行辩护,理由是它们是"古老的撒克逊单词,几乎所有的男人以及——恕我冒昧——很多女人都是熟知的",他解释道,它们在乔伊斯手中得到了精确的使用,因为,它们"是乔伊斯试图描绘其身心历程的形形色色的人们……自然、习惯地使用的那种语言"。伍尔西认定《尤利西斯》是"一本真挚、诚实的书",并得出结论说,书中直言不讳的性内容没有一处属于"为了下流而下流"。

1934年,联邦上诉法院在另一份颇具影响的判决意见中肯定了这个新标准,执笔者正是奥古斯塔·汉德法官。汉德赞同伍尔西的意见,淫秽与否,并不取决于是否存在性图画或性文字,而是必须按照作品的"主要影响"作出判断。汉德对"《尤利西斯》案"的判决意见,代表联邦上诉法院首次接受了"整体考虑"标准。汉德评论道,"根据任何对淫秽的公正定义,《尤利西斯》中不可胜数的长篇段落,都含有淫秽内容",它们"赋予全书意义,而不是……为了刺激性欲而刺激性欲,为了下流而下流"。

此外,汉德法官还写道,"许多重要人士都认为这是一本拥有巨大力量的书"。的确,乔伊斯的这本著作已经成为"当代的经典"。因此,《尤利西斯》作为一个整体,不会"刺激性欲",也没有"为了下流而下流"。汉德法官得出结论说,《尤利西斯》不属于《康斯托克法》范围内的"淫秽","即使它可能会冒犯到许多人"。①

淫秽的"邪恶臭味"

尽管少数法院在这些年中逐渐抛弃"希克林案"对淫秽的定义,支持一种要求"整体考虑"作品并根据其影响作出判断的方法,依据的不是根据最容易受到影响道德败坏的人的标

---

① 这段时期另一件产生较大影响的淫秽案件为"联邦诉戈登案"判决,见 Commonwealth v. Gordon, 66 Pa. D. & C. 101 (Phila. 1949)。

准,"而是根据它有可能影响的所有人的标准",这就留下了一个会继续产生争议的问题。

二战之后,淫秽罪案件中最具争议者,或许是美国小说家亨利·米勒。1891年,米勒出生于纽约市,父母都是德国路德会教徒。他在年轻时是社会党的活跃分子,在二十世纪二十年代写了几本书,但都没有出版,包括《疯狂的公鸡》和《可爱的女同性恋》。此后,他移居巴黎,并告诉朋友说:"我明天开始写作巴黎这本书:第一人称,无拘无束,无影无形——让一切见鬼去!"

米勒的《北回归线》(1934年)与《南回归线》(1939年)是自传体小说,讲述的是在困境中挣扎的一名作家及其巴黎社交圈和诸多性经历。米勒写下这两本书,显然是一心要让读者大惊失色。在《北回归线》的开篇,米勒形容主人公是"打桩机",贯穿全书的性描写和性想象也毫不顾及传统的道德与审美。

但是,米勒获得了英美文学界的尊重。比如,乔治·奥维尔在1940年称米勒是"过去数年来,在讲英语的民族中出现的唯一一位拥有创造力、却也最不具有价值的散文作家"。其他人则没有什么赞誉之辞。乔治·萧伯纳承认,"这个家伙会写东西",不过他也抱怨说,米勒"完全没能为他的满篇脏话提供任何艺术价值"。

十年之后,《北回归线》与《南回归线》于1951年来到了联邦法院的案头,法院宣布它们是淫秽作品。一位联邦地方法官对这两本书的"邪恶臭味"深感震惊,他摘录了几例对女性生殖器的描写,"此种彻头彻尾的下流话,会令读者深恶痛绝。如果这就是重要的文学作品,那么人类的尊严与家庭的稳定……我们将不复拥有"。法官拒绝接受文学价值的辩护理由,认为"不过是诡辩之辞",也拒绝考虑这两本书中"污秽的下流语言内容"是作为整体的文学作品而言的组成部分。在法官看来,米勒的目的是让读者震惊,因此,完全可以认定他的作品是下流图书,而非艺术。

从1815年的"联邦诉沙普利斯案"到二十世纪五十年代初就亨利·米勒的两本作品展开的较量,法院主要关注的是,在普通法、《康斯托克法》或州法的范围内,特定作品是否属于"淫秽"。在几乎长达两个世纪之久的这段时期内,人们普遍认为,无论如何理解淫秽,都不能得到宪法第一修正案的保护。的确,在这些年中,联邦最高法院想当然地认为,"淫秽"不属于《宪法》为之提供保护的"言论自由或者媒体"。比如,1931年,最高法院只是顺便评论道,促进正派风气于社会有益,"可以通过取缔淫秽出版物加以执行",十年之后,最高法院又很随便地将"下流和淫秽"归入"有限的言论种类……对之采取的禁止与惩罚,从未被认为会引起任何宪法问题"。

1957年,这个问题依然悬而未决,就在这一年,最高法院终于迎面遇上了它。①

---

① 我们会在第12章再回到这个问题上来。

第九章

从美国成立至二十世纪五十年代的避孕和堕胎

在十八世纪以及十九世纪初,既没有法律禁止避孕,也没有法律禁止出现胎动①之前的堕胎。尽管我们无法得知这个时代的人们避孕和堕胎的准确程度,但我们知道,在十九世纪时,对生育控制的使用程度,出现了显著的上升,因为,较之1800年,1900年的出生率出现了大幅下降。在殖民地时期,普通家庭会养育九个孩子。1900年,孩子的数量只有三个。在十八世纪的农业世界中,孩子是一种重要的经济资产;十九世纪末,随着城市化与工业化的加剧,人们逐渐认为孩子是一种经济负担,会使家庭陷入经济困境。于是,对大多数家庭而言,生育控制被认为是家庭幸福所不可或缺的。

与此同时,十九世纪初的英国经济学家托马斯·罗伯特·

---

① "胎动",是女性在怀孕时第一次感受到婴儿活动的时刻,通常出现在怀孕四个半月时。

马尔萨斯的著作,引发了对人口过剩的担忧,而且日益变得强烈。马尔萨斯预测说,不断增长的人口将会导致贫穷和社会退步。马尔萨斯的许多追随者,将生育控制视为应对迫在眉睫的人口过剩问题的解决方案。如此一来,生育控制既能促进个人幸福,也能促进社会幸福。

这些变化使人们对生育控制的态度发生了巨大的变化。在第二次大觉醒期间,堕胎仍然主要被认为是妓女才会做的事情,是"绝望时的求助"。然而,十九世纪四十年代之后的若干年中,堕胎的社会属性开始发生变化。堕胎率突然飙升,其中很大一部分比例,都来自初婚的中产阶级或上层社会女子,在不断扩大的城市地区尤其如此。

十九世纪五十年代时,人们逐渐认为,为了保持和提高家庭的经济福利,避孕和堕胎在法律和道德上都是可以接受的,生育控制产品的广告和服务十分普遍。十九世纪七十年代时,约有20%的孕妇会故意中止妊娠。但是,接下来,道德家们出场了。

什么才能让她们保持贞洁?

在第二次大觉醒时饱受攻讦的各种行为之中,生育控制成为一种特殊的悖论。对很多人而言,任何形式的生育控制都被视为对上帝旨意的挑战。而对其他人来说,某种"精心计划的怀孕"被认为是保护功能完善的家庭所必需的,这个目标在道德和宗教上也十分重要。比如,在十九世纪四十年代,公理会牧师、热情的废奴主义者亨利·克拉克就已宣扬"意外而来的孩子"带来的隐患。他教导说,对想要"健康、聪慧的子女和幸福婚姻"的夫妇而言,"所求的是'精心计划的怀孕'"。

此外,当时人们对女性抱持的维多利亚时代的态度又是如此自相矛盾。历史学家琳达·戈登评论道,维多利亚时代的女性被视为既没有性欲,又可能成为"堕落、淫荡的怪物"。这种自相矛盾源于对"女人无性的现实"没有信心,这种想法牵强、模糊地建立在此前对女人的观念之上,认为她们承继夏娃的精神,都会因"性欲强烈"而诱惑男人。

这种矛盾使一个令人不安的问题浮出了水面:"如果女人和男人不再需要担心作为性关系结果的怀孕,还有什么能让妻子们保持忠贞,让女儿们保持纯洁?"因为女人完全掌握了自己生育的命运,所以,即使对女性而言,性也可以与生育相分离;不会怀孕带来的自由,会释放《圣经》中说的女性的淫欲。这些貌似有害的想法,开始溜进公众意识之中。女性性欲不受控制,当然会破坏家庭、危害社会关系、腐蚀国民道德。

* * * * * *

在十九世纪,对于生育控制问题,法律与宗教和道德的悖论缠斗不休。十九世纪三十年代,美国人开始通过出版物和公开演讲学习控制和阻止怀孕的方法。此前在女性之间秘密传递的东西,如今已广为人知,这些讨论日渐普及,进一步证明生育控制的理念是正确的。

1831年,罗伯特·戴尔·欧文撰写了美国第一本关于生育控制的重要出版物。在最初的五年中,这本《道德生理学:对于人口问题的简明论述》重印了九次。这本书只是欧文更加宏大的"清除宗教迷信"的一部分。他主张,女性"有义务成为能干的、条理分明的妻子和母亲","生育控制"是其中不可或缺的组成部分。不过,他补充道,即使对于未婚女性,也应允许她懂得生育控制,因为,"诱奸女性的男人,没有受到社会谴责,而女性和非婚生子女,却不得不忍受嘲笑和辱骂"。

欧文的书问世后不久,马萨诸塞州医生查尔斯·诺尔顿出版了《哲学之果》,明确表达对避孕的支持。他主张,生育控制将会避免人口过剩,减少卖淫,减少堕胎和杀婴的发生,保护女性及其家人的健康幸福。

欧文认为,性交中断是生育控制的最好办法,与他不同,诺尔顿支持的方法是事后灌洗杀精。诺尔顿反对性交中断,因为,在他看来,性的根本目的是快乐。他主张,性交中断妨碍了男人和女人的快乐,他建议选择能够保持性快乐的生育控制方法,这些方法"可靠、便宜、方便、无害",而且将生育控制的权利和责任都留在了女性的手中。诺尔顿还对女性堕胎的权利表示支持。

第九章　从美国成立至二十世纪五十年代的避孕和堕胎

对于这些内容各异的出版物,以及美国人日益迫切地想要学习如何控制生儿育女的天命,法律会如何回应?正如我们所见,马萨诸塞州依据尚在形成阶段的反淫秽规则,一再因《哲学之果》一书对诺尔顿提起刑事指控,即使此书的目的是用负责和考虑周到的方式传递关于生育控制的健康信息。①

在规制生育控制信息的历史上,对诺尔顿提起的刑事指控是非常重要的转折点。因为,淫秽概念将避孕信息纳入其中,将是非常重要的法律概念扩张,它们标志着这个过程的第一步。尽管这种推论在美国内战之前仍然非常隐晦,但在此后的数十年中,却占据了主导地位。

不过,尽管诺尔顿的作品受到了马萨诸塞州司法机关的关注,但是,传播生育控制信息的人们遭到刑事指控,在这个时代依然罕见。在大多数情况下,人们仍然认为这些材料与法律无关。

在这些年中,人们对生育控制信息的态度很宽容,甚至对堕胎信息也是如此。在此期间,可以从邮购公司和药剂师处方便地购买堕胎药。每天的报纸上都会刊登产品广告,承诺"治愈"怀孕——终止妊娠的委婉说法。比如,"彻罗基人药丸"的广告承诺,如果在孕期的前三个月服用,"功能可靠,必能终止妊娠"。此时,避孕与堕胎之间的界限十分模糊。许多广告和

---

① 见第8章。

资料讨论恢复月经的方法(甚至在怀孕之后)。尽管这些出版物显然是想帮助女性终止意外怀孕,但它们并未获得与避孕出版物不同的待遇。

十九世纪四十年代,惹人注目的安·洛曼·雷斯特尔是纽约市最著名的实施堕胎手术者,以"雷斯特尔女士"之名广为人知。雷斯特尔出生在英国,于1831年移居美国,迫于生计当了裁缝。她慢慢对女性健康产生兴趣,开始出售"预防药物"之类的生育控制产品。之后,她从事堕胎业务,为上流社会、中产阶级和中上阶层的客户提供服务。每次堕胎手术,她的收费在50至100美元之间。她在格林尼治街的堕胎生意非常赚钱,为她积累了可观的财富,还有第五大道上的一座豪宅。雷斯特尔吹嘘自己拥有"广为已婚女士所知的能力",并在当时的廉价报纸上大量投放广告。例如:

> 致已婚女士:结婚成家,生儿育女,家庭规模却不受控制地扩大,幸福悄然离去,这一幕已经太过熟悉了,对吗?有多少次,在贫苦家庭中,辛勤劳作的双亲,尤其是母亲,终身承受劳役,永无止境的劳作,苦干才能活着,活着却只能苦干……那么,对于家庭规模扩大的父母而言,明明有一种简单、轻松、健康、可靠的治疗方法尽在掌握,却不计自身后果,不顾后代幸福,是否真的可取?

这种广告在当时非常普遍，堕胎生意公开竞争，每一家都在吹嘘自己效果更好、更安全、更保密。当然，也会有批评者出现。雷斯特尔女士也常常成为充满敌意的媒体关注的主角。《纽约论坛报》在一系列反对堕胎的长篇社论中多次批判她，《纽约周末早间新闻》的保守派编辑形容她的生意"丑陋和有害"，"冲击的是所有社会秩序的根源"。雷斯特尔可不是一个怯于战斗的人，她撰文为自己辩护，认为自己的生意完全符合道德，是正当的，因为，她在向女性提供尽享有效、完满人生的能力。

"这个时代的邪恶"

十八世纪和十九世纪初的主流观点，是胎动之前并无生命。比如，布莱克斯通在《英国法释义》（1765 年）中写道，生命"在法律看来始自婴儿能够在母亲的子宫中活动"。美国宪法的起草者之一詹姆斯·威尔逊评论道，"在法律看来，生命始于婴儿第一次能够在子宫中活动"。美国法院遵循传统的英国普通法，认定只要母亲自愿，胎动之前的堕胎合法。

几本常见的图书，包括威廉·巴肯的《家庭医疗》（1782 年）、塞缪尔·K. 詹宁斯的《已婚女士指南》（1808 年）和托马斯·尤厄尔的《致女士们的信》（1817 年），为如何"恢复月经"提供指导，给出的方法是放血、喝下铁和金鸡纳碱的调和剂、喝下用黑藜芦(一种强有力的泻药)调制的酊剂、暴力行为、用很烫的白兰地酒灌洗以及用力对腹部吹气。医生们知道,宫颈扩张、刺激子宫、羊膜囊破裂会引发宫缩,他们利用此类技术终止孕妇的意外怀孕。

第二次大觉醒期间,数个州制定了与堕胎相关的法律。比如,康涅狄格州在1821年立法,宣布药剂师销售旨在引发或导致"女性流产,危及胎儿"的任何有毒物质是违法的。这部康涅狄格州法还规定,企图引发初次胎动之后的堕胎,构成轻罪,如果"因此导致"女性死亡,则属于重罪。

到了1841年,在二十六个州之中,有十个州制定了类似的法律。不过,这些法律只是将传统普通法对堕胎的理解成文化。根据普通法,这些法律仅适用于初次胎动后的堕胎,即使如此,它们也没有惩处孕妇。这些法律在普通法上有两个并列的预设判断,即人类的生命在初次胎动之前尚未开始,同时,即便是在初次胎动后堕胎的女性,她们的行为也不属于犯罪,而是"她们自身道德孱弱的受害者,需要政府提供保护"。①

普通法关于堕胎的规定在这些年中汇编成文,反映出堕胎并没有遇到"公众抗议",也不存在"美国传统"方法的"公众非议"。大众媒体与宗教团体都没有要求改变初次胎动之前的堕胎并非需要政府关注之事的传统观点。

---

① 从1828年开始,包括纽约、新泽西、印第安纳、俄亥俄和密苏里在内的数州立法规定,即便是在初次胎动之后,"保护母亲生命所必需"时的堕胎合法。

改变即将到来。

1845年,纽约制定了一部新颖的反堕胎法律,宣布任何人执行、开处方、提供建议、获取、使用任何"药品、麻醉药、物质或任何物品",或者执行、接受"任何手术或任何方式",旨在引发流产,都属于违法行为。这部纽约州法在适用时不会考虑堕胎发生在初次胎动之前还是之后,甚至也适用于孕妇本人。这是对普通法的彻底背离。时移势易,纽约州的立法成为全国的典范。

雷斯特尔女士成为新法律的首批目标之一。她遭到逮捕,并被控为一位名为玛丽亚·博丁的女子违法提供初次胎动前的堕胎。这次审判成为头条新闻,雷斯特尔女士被定罪,并被判在布莱克威尔岛的监狱服刑一年。

有几种因素促成了法律上的这种转变。首先,堕胎人数在十九世纪上半叶急剧攀升,达到了反堕胎人士口中的"这个时代的邪恶"的程度。自十九世纪四十年代起,堕胎成为"在自由市场中公开交易的"一项生意。与堕胎有关的广告,定期刊登在"城市的日报和农村的周报、专门出版物、大众期刊、房屋侧立面、私人广告牌甚至宗教杂志上",堕胎率从十九世纪初的4%飙升到十九世纪五十年代的大约20%。

其次,宗教对堕胎的观点在第二次大觉醒期间发生了转变。传统新教对胎儿所持有的观点,是认为它在初次胎动之前并无生命。然而,新的福音派的"瞬时性"教义,动摇了这种假定。在十九世纪初的福音派看来，改变信仰的经历，是"一种突然、迅速地改变"，让他们得以"重生"，这就证明，"人可以在瞬间经历转折点"。如果宗教重生可以发生在瞬间，那也就意味着人的生命可以在受孕的那一刹那创造。传统观点认为，"人的生命像一颗未发芽的种子一样休眠，直到母亲第一次感受到胎儿的活动"，第二次大觉醒中的福音派抛弃了这种观点，他们宣称，独立的、不同的、宝贵的生命在受孕的瞬间形成。

最后，一些医学专业人员开始认为，生命始于受孕。这种观点部分基于宗教，部分则基于科学。比如，1839年，宾夕法尼亚大学医学院教授休·雷诺克斯·霍奇出版了一本小册子，充满自信地宣称，胚胎能够思考，也能够辨别是非。

美国医学会

十九世纪末，法律对待堕胎的态度发生巨大变化，或许最重要的原因在于新成立的美国医学会采取的激进立场。此时，医生执业还不需要经过批准，他们竭尽全力，想要获得职业信誉，要求控制美国的医疗卫生事业。在美国内战之前，医生的从业人数很少，彼此相距甚远，也不存在标准化的培训和医生执业许可制度，大多数医疗卫生问题往往在家庭内部用家传药方处理。新成立的美国医学会试图从非专业人员，尤其是从产婆手中抢夺对医疗卫生事业的控制权，而在传统上，产婆却是孕妇保健的主要提供者。

1857年,波士顿妇科医生霍雷肖·斯托勒发起"医生反堕胎改革运动",并说服美国医学会设立堕胎犯罪委员会。1859年,美国医学会在路易斯维尔市召开会议,由斯托勒担任主席的这个委员会向会议提交了一份报告,强烈谴责"在所有社会阶层中,无论贫富、单身还是已婚"日益加剧的堕胎行为"令人发指",并宣称女性出现此种"普遍堕落"的主要原因,是"普通民众对"堕胎的"真相普遍无知",以及人们相信"胎儿在初次胎动之前并无生命"。

这份报告宣布,此种看法所基于的"医学理论是错误的,并已被戳穿",但它已经歪曲了道德与法律上的公众观念。它解释道,堕胎的"严重程度如此可怕",部分是因为"美国法律存在严重缺陷",法律没有承认,自受孕的那一刻起,"婴儿在出生之前,作为独立的、实体的存在,是一个活生生的人"。这份报告宣称,医生必须成为人类"在子宫中的后代"的"保护人",它号召美国医学会"公开表达对违反自然的、如今正在迅速增长的堕胎犯罪的痛恨",并公开建议对法律"进行一次谨慎的审查和修订",因为这"关乎堕胎犯罪"。

这份报告要求美国医学会谴责"在孕期的每一个阶段引起流产的行为,除非是为了保护母亲生命而必需采取的措施",它还宣布,应当只允许医生决定是否存在这样的必要。批评者指出,这实质上是对产婆的一次权力攫取,此前正是由产婆们负责女性的妇科与产科问题。美国医学会经过一番考虑，批准了委员会提出的建议。

六年后，斯托勒因论文《为何不？写给每一位女性的书》（1865年）获得美国医学会的嘉奖，此书明确表达了对堕胎的谴责。《为何不？》广为传阅，医生也常常将之分发给考虑堕胎的病人。在这篇论文中，斯托勒实质上提出了反对堕胎的两项主张。首先，因为医学界已经断定"子宫中的胎儿从受孕之时起就拥有生命"，对一名女性而言，"让生命的第一束光熄灭，是与摧毁一名婴儿、一个孩子或一个人性质相同的犯罪，它既是反上帝的，也是反社会的"。

其次，斯托勒认为，对女性而言，在即时的死亡风险和长期的患病体弱两个方面，堕胎比分娩"要危险上千倍"。他主张，许多堕胎过的女性"已经确诊为伤残，或将终生如此"，并患有"严重的、通常也是致命的器官机能疾病"，比如癌症。有人很快死去，有人后来才去世，却都是"犯罪念头引发的道德震撼"导致的结果，还有一些人则陷入疯狂。他补充道，女性堕胎以后再生育的孩子，会"不健康、畸形、患病"，所以，他们也在承受母亲"可恨"行径的代价。

斯托勒断然否定了女性应能自行作出决定的主张，他写道，如果她被赋予这份责任，"她的决定……将会……被个人考虑所扭曲"，特别是因为，在怀孕期间，"在子宫兴奋的刺激下，女性的思想容易陷入沮丧，以及暂时却真实的精神错乱"。

此外,他还补充道,女性命中注定要生儿育女。"这……是她们在生理上如此构造的目标所在,也是她们天生命运的目标所在。"所以,这也就是说,对女性而言,"与完全节制性行为不同,故意阻止怀孕的发生",或者"故意在一开始就使之过早终结,对于女性的精神上、道德上和生理上的幸福而言,都是同样的灾难"。

正如斯托勒的论证所表明的那样,最积极拥护美国医学会立场的许多医生,都将堕胎视为一种道德问题,同时也完全是一个医学问题。诚然,最热情支持反堕胎事业的医生们,都会将堕胎与淫荡、性放纵、淫秽以及叛逆、不知满足的女性联系在一起,他们鼓吹广泛的除恶行动,包括立法惩治诸如赌博、饮酒和卖淫之类的罪恶行径。

在此后几十年中,美国医学会发起了一场积极的运动,要在全国范围内消除堕胎。这场运动大获成功,得益于十九世纪末的"社会纯净"运动,它试图"向全社会"施加保守的宗教和道德"价值观",在"曾经认为属于个人事务的生命领域"赋予"政府更大的权力"。因此,女性控制自己身体和生活的要求,被医生和宗教界领袖贬斥为与对性的丑陋且不知足的欲望、对经济利益的私欲一样的产物。霍雷肖·斯托勒是反堕胎运动的主要代言人,他认为,女性不得逾越"上帝赋予的范围"。他宣布,"美国女性"的目的是生儿育女,而不是"屠杀"他们。

美国医学会的影响力不断上升,使公众对首次胎动前堕胎的看法和理解发生了彻底的改变。十九世纪末时，每个州都已制定法律彻底禁止堕胎——包括初次胎动之前与之后——除非医生证明是拯救女性生命的必需之举。女性如果想要堕胎，她们本人也会遭到刑事指控，同时，政府第一次积极禁止所有关于堕胎的资料。

不过，尽管要面对受到刑事处罚、医学界发出堕胎存在各种危险的警告以及宗教道德家的布道在内的各种威胁，继续选择堕胎的女性人数却再创纪录。二十世纪初，美国每年实施的堕胎手术高达两百万例，几乎三分之一的妊娠都终结于堕胎。十九世纪末反堕胎法律出台的结果是，这些堕胎手术如今不得不违法实施，比起过去，手术环境更不安全，手术人员更不可靠。

（再次）进入康斯托克时代

直到十九世纪七十年代，避孕以及关于避孕的资料在美国通常不受管制。随着查尔斯·古德伊尔在1839年发明硫化橡胶，避孕套开始普及，在此之前，避孕套都是用动物小肠制造的。十九世纪六十年代时，药剂师和邮购企业都在广泛宣传并销售橡胶避孕套、阴道栓、子宫帽、子宫内避孕器和冲洗阴道注射器。1868年，英国牧师巴勒姆·辛克到美国旅游，对小型家庭的普遍程度深感震惊。他写道，为了实现这个结果"所需要的各种方法，毫无秘密可言"，因为"在每一座城市中……每一份报纸上都在打广告"。

1873年，国会通过《康斯托克法》，情况开始发生变化。《康斯托克法》规定，任何人以阻止怀孕为目的，通过邮件传递"任何麻醉药或药品，或者无论何种物品"，或者为此类物品或关于"何时、何地、如何、何人、何种方式……购买或者获取本条规定的前述物品"的任何资料，都构成犯罪。

《康斯托克法》代表道德家对罪恶、性和生育控制发起的攻击获得了胜利。它反映的正是安东尼·康斯托克大力推动的看法，关于避孕的资料是"淫秽的"，因为它涉及性，会鼓励不道德的思想和行为。康斯托克认为，"宗教和道德，是对一个国家将来的后代唯一安全的基石"，所以，必须将生育控制非法化。康斯托克解释道，之所以如此，是因为人们可以买到避孕用品，他们发生婚前性行为、婚外性行为或卖淫而承受性病或意外怀孕的风险，就会减少。他论证道，这样一来，让人们购买避孕用品就是不道德的，因为它帮助了不道德的行为。

在国会通过《康斯托克法》之后的二十年中，大多数州制定了它们自己的"小康斯托克法"，其中很多法律甚至比《康斯托克法》还要走得更远。一些州不仅认定销售避孕资料是犯罪，而且认定赠送、持有甚至与他人口头分享此种资料也是犯罪。康涅狄格州宣布，任何人购买、持有甚至**使用**避孕用品，都是非法的。

《康斯托克法》在手,踌躇满志的安东尼·康斯托克卷起袖子积极执行这部法律。他从来不是低调的人,在1878年,他就精心策划了对雷斯特尔女士的逮捕。康斯托克亲自按响了雷斯特尔女士位于东52街的办公室的门铃,称自己是已婚男士,妻子已经给自己生了太多的孩子。他说,他非常担心她的健康,希望雷斯特尔能够提供帮助。她卖给他几片药丸。第二天,康斯托克又来了,还带着一名警察,拘捕了她。六十七岁的雷斯特尔意志消沉,她没有选择再一次承受刑事指控和收押监禁所带来的侮辱,在浴缸里割喉自尽。康斯托克后来自夸说,雷斯特尔是在他展开调查后自杀的第十五个目标。在为"雷斯特尔案"案卷作结时,他写下了最后的评论:"血色人生的血色结局。"

数年之后,康斯托克盯上了艾达·克拉多克。她是一位婚姻忠告作家,撰写保守的性指南,标题不外乎《新婚之夜与正确的婚姻生活》之流,里面会写到避孕。尽管克拉多克得到克拉伦斯·丹诺这样的杰出人物的辩护,却还是多次受到刑事指控并被定罪。无穷无尽的刑事指控,折磨身心的监禁服刑,克拉多克在教养院中处境艰难、遭遇残酷,这让她精疲力竭,最终,她于1902年割腕、吸天然气自杀,就在这一天的早上,她还又一次被判处入教养院服刑。

克拉多克留给公众一封信,她在信中写道:"或许,比起我的一生,我的死亡更能让美国人民在震惊之余着手调查事态的

逮捕雷斯特尔女士,1878年2月

严重性,道貌岸然的性伪君子安东尼·康斯托克借此自肥,践踏着人民的自由。"

各家除恶协会效法康斯托克,致力于遏制在全国各个城市中蔓延的生育控制。这些协会的领导者大多生长在宗教信仰虔诚的家庭之中,他们满腔热忱地追随康斯托克的脚步。英国剧作家萧伯纳后来生造了"康斯托克派"这个词,指代当时"美国极端道德的发作"。

这些康斯托克法对生育控制资料产生的影响,并非没有遇到对手。比如,"全国自由联盟"一贯抵制在政府政策中注入宗教内容的做法,它在 1878 年向国会递交了一份有七万人签名的请愿书,抗议对避孕资料的禁令。十九世纪末,许多医生认为,家庭限制是明智合理的选择,此种选择的道德问题,绝非政府可以横加干涉的问题。有评论者指出,禁止避孕的法律反而导致堕胎人数急剧上升,实在太过讽刺。陪审员们常常怀疑这些法律是否明智,经常拒绝对宣传或售卖避孕用品者提起诉讼或者定罪。

尽管这些康斯托克法规定个人销售和传播避孕资料违法,但富于进取的企业家常常能找到规避法律的方法。为了掩盖产品的真实用途,广告商想出了大量非常规的委婉说法,将产品描述为预防疾病和提升健康的方法。避孕套打出的广告是它们能够预防性病传染。宫内避孕器的销售是为了改善子宫下垂。用于避孕灌洗器的消毒剂的推广,是为了治疗烧伤、百日咳和孕妇晨吐。而买家都知道这些产品的真正用途。因此,尽管有人热情推动联邦和各州的康斯托克法的实施,但避孕用品常常成为漏网之鱼。

十九世纪末的女权主义者如何看待这一切?或许最让今天的我们震惊的是,他们对堕胎和避孕的立场不但复杂,而且游移不定。这个时代的女权主义批评者认为,女权主义者坚决主张堕胎和生育控制的权利。他们对于女权主义者在政治和社会平等问题上提出的更高要求置之不理,却又加强了女权主义者都是"激进分子"的说法,理由则是她们的要求在本质上属于"自然"秩序的堕落。

可是,生育权并不在当时大多数女性权利支持者提出的核心要求之中。他们更关注的是选举权和改革婚姻法。一些女性权利支持者甚至积极反对堕胎,比如,女性权利运动的早期领导人伊丽莎白·卡迪·斯坦顿,就曾出言谴责堕胎是"女性的堕落",她自1869年起担任全国女性选举权协会主席,并于1902年在任上去世。

一些女权主义者更进而反对甚至是合法的避孕之举,因为她们认为,男人的欲望不受限制,是女性承受压迫的重要原因。她们争取让女性掌握自己的命运,不是通过阻止意外怀孕,而是通过让女性有权对不想发生的性说"不"。在她们看来,避孕措施会让女性更难抵抗傲慢的男性。因此,避孕不但不是女性获得解放的根源之一,反而是导致她们处于从属地位的原因之一。

这样一来,在生育自由的问题上,这个时代的女性权利支持者存在严重的观点分歧。一些女权主义者出于道德、宗教或女权主义的原因,由衷地反对堕胎和(或)避孕。包括支持生育权利的许多人在内的其他人,则大多在为了树立女权运动的公信力、按优先顺序排列目标而制定战略决策时,试图回避这个问题。

玛格丽特·桑格与"生育控制运动"的诞生

联邦和州层面出台了各种康斯托克法,美国女性尤其是贫穷女性因此更难获得避孕资料。尽管厂家继续在销售产品,但它们无法再解释甚至是提及它们的用途。避孕资料的其他来源,也几乎彻底枯竭了。

1879年,玛格丽特·桑格出生于纽约州北部。1914年春,她在纽约市的公寓中,召集了一小群激进的朋友,开始出版"激进女权主义者的月报"——《女性的反抗》,讨论一系列与女性利益有关的问题,包括婚姻中的不平等待遇问题、劳动力市场中的女性问题,尤其是"女性必须控制自身的生育问题"。桑格是一位充满活力的褐发女子,拥有爱尔兰血统,天生具有无穷的魅力、强烈的决心和动人的口才。

桑格向联邦的《康斯托克法》发起了直接的挑战,她在第一期《女性的反抗》中宣布,她将"支持对妊娠的阻止措施",并将"在这份报纸的各个专栏中传授这类知识"。正是在此时,桑格及其团队首次创造了"生育控制"这个词。桑格在这个春天发起的这场运动,将发展成"美国历史上最具深远影响的社会改革运动之一"。

桑格的父亲是一位自由思想社会主义者和街头演说家,自她幼时就鼓励她独立思考,藐视权威。她的母亲是爱尔兰天主教徒,先后生了十一个孩子,在1899年死于肺结核,享年五十岁。桑格后来说,她母亲如此年轻就去世,是因为"她生了太多的孩子",为了照顾他们"过劳而死"。桑格接受了成为护士的训练,此后与威廉·桑格结婚。威廉·桑格是堂吉诃德式的艺术家,与妻子持有相同的进步观点。

1911年,这对夫妻搬到纽约市,加入社会党,并很快融入格林尼治村的激进文化中。玛格丽特·桑格在下东区的公寓区照顾产科病人,这段经历让她第一次知道,贫穷和意外怀孕结合在一起,会导致何等的悲惨和苦难。桑格后来写道,不顾一切逃避生育的孕妇,会喝下"加糖的松脂药水,在充满煮沸的咖啡或松脂水的房间中蒸浴,滚下楼梯,最后还会在子宫中塞入榆树枝或编织针、鞋钩"。这些贫苦的移民妇女恳求桑格,请她告诉她们富裕家庭女性用来保持小规模家庭的"那些方法"。

桑格照顾了几名败血症病人,她们所得的这种传染病,与使用未杀菌的堕胎工具有关。之后,桑格眼睁睁看着她们死去,于是决定了解更多的生育控制知识。她后来写道,这段经历的结果,是"我下定决心,女性应当具备避孕的知识。她们有权了解自己的身体。我将开始行动,我将公开提出强烈要求。我将告诉世界,在这些可怜的女性生命中发生了什么。人们会听到我的声音"。

桑格将避孕视为女性实现个人自由的一种方法。意外怀孕与永无止境的生儿育女,不但对女性健康很危险,而且有碍于女性作为个体发展自身技能,限制了她们成为有贡献的社会成员的可能。她强烈相信,如果女性可以获得只有自愿才会成为母亲的"基本自由",她们将有助于"重新改造"世界。

在一战之前,格林尼治村的政治文化充满活力,与身处其中的其他人一样,桑格也受到激进的无政府主义者艾玛·高曼的影响。高曼是在俄罗斯出生的犹太人,于1885年来到美国,很快成为最著名的言论自由和劳工权利的支持者。在十九世纪九十年代,满腔热情的高曼开始从事产科护理和助产,同时,与十年后的桑格一样,也努力照顾贫穷的移民女性,她们"都生活在持续不断地对怀孕的恐惧之中"。高曼写道,这些女性常常用不顾一切地方法终止妊娠,往往给自己"带来巨大伤害"。"这很悲惨",她写道,"却可以理解"。

经常去欧洲旅行的高曼,向格林尼治村的知识分子同伴们介绍了西格蒙德·弗洛伊德、英国性学家哈夫洛克·霭理士、英国社会主义者爱德华·卡彭特的著作。卡彭特的著作写的是女性和同性恋的性自由。霭理士的著作让桑格特别受到鼓舞。霭理士写道,"性位于生命的根基之处","在我们知道如何理解性之前,我们永远学不会"敬畏生命。

1911年,桑格开始为社会主义立场的日报《呼吁》撰写职场女性如何受到剥削的系列文章。1913年初,她的注意力转向性问题,先是撰写了旨在帮助母亲对孩子开展性教育的系列文章,之后又撰写了题为《每一位女孩都应该知道的事》的系列文章,更加大胆地讨论诸如性病和手淫之类的话题。桑格的最后一组文章,写的是"愚昧和缄默的后果",安东尼·康斯托克得悉内容后,下令加以禁止,因为文中使用了"梅毒""淋病"这样的"淫秽"词语。在下一期《呼吁》的往常留给桑格的版面中,用大大的印刷体大写字母印着:"每一位女孩都应该知道的事——无!奉邮政部之命。"康斯托克的做法引来了言论自由支持者的强烈抗议,他最终不得不作出让步。桑格的文章此后又刊登在《呼吁》上,后来还集结出版了。

因为有关生育控制的资料大范围被禁,桑格发现,自己几乎无从得知何种避孕措施在何种情形下有效。在"世界产业工人"领导人比格·比尔·海伍德的建议下,桑格于1913年夏天前往法国,在这里可以轻松获得这类资料。她回到纽约时,更加坚定地相信,"在激励劳动人民——尤其是女性——克服资本主义制度的不平等时,家庭规模的限度,必须发挥核心的作用"。

第二年,桑格开始发行《女性的反抗》,并在其中鼓励读者"所言所行,无须顾及习俗"。桑格针对生育控制问题撰写的第一篇文章,关注的是阶级差异。她所对比的,是上层阶级女性拥有"所有可以获得的避孕知识和工具",而下层阶级女性则"被遗弃在对此类信息一无所知的境地中"。她攻击"名字后面印着医学博士的嗜血男人",他们伪善地为富裕阶层女性秘密堕胎,而这却不是贫穷的工人阶级女性所能承担的。

桑格写道,"眼中带着一种见鬼去吧的神情,直面世界,拥有这样一种理想;所言所行,无须顾及习俗"。几天之后,纽约邮政局长通知桑格,本期《女性的反抗》无法通过美国邮政邮递,并将根据《康斯托克法》的规定,予以没收。

1914年秋,联邦官员指控桑格违反《康斯托克法》。桑格认为,自己的文章没有违反这部法律,因为,尽管讨论的是生育控制问题,但这些文章没有提供任何具体的避孕建议。在受审前夕,桑格逃离美国,前往英国,但在此之前,她分发了十万份《家庭规模限度》,这是一本十六页的小册子,详细介绍了她所收集的最有效、最容易获得的避孕方法。这些小册子在分发时附着一封信,请求人们将它们送给"可怜的劳工们,他们苦于大型家庭之累"。她写信给朋友厄普顿·辛克莱说,康斯托克现在有"可以真正控告我的"东西了。

桑格流亡的时候,安东尼·康斯托克促成了对她丈夫威廉的逮捕,理由是向便衣警员销售一册《家庭规模限度》。1915年,威廉被捕的情况公开后,激起了公众对生育控制的广泛讨论。刚刚创办的《新共和》杂志支持生育控制,主张"它将会带给贫苦家庭的解脱,简直不可胜数"。《纽约论坛报》评论道,"毕竟,生育控制——这桩人们尤其是女人们想得很多却不敢乃至只能暗中谈及之事——会被公开化"。即使在密西西比州的比洛克西,《每日先驱报》也抱怨称,"毫无疑问,威廉·桑格及其妻子桑格太太受到的追捕和指控,来自康斯托克"。

1915年3月,支持女性参政权的玛丽·韦尔·丹尼特、言论自由联盟副主席林肯·斯蒂芬斯等著名的自由主义者,参加了一场支持威廉·桑格的会议,之后一起创立了"全国生育控制联盟"。两个月后,纽约医学院人潮涌动,两千多人到此参加一场讨论生育控制的集会,多位医生呼吁改变政策。亚伯拉罕·雅可比预言,在未来,"人们会想,他们曾经多么愚蠢和无情。如今被视为犯罪的行为,将会被视为有益的举措"。这则预言让听众群情激奋。

康斯托克怒不可遏。他大发雷霆地回应道:"难道穷苦人学不会自我控制吗?难道每一个人,无论贫富,都学不会控制自己吗?……我们要的是家庭,还是妓院?"一位著名的反对生育控制的医生附和了他的观点,他认为,想要发生性行为却不想冒怀孕风险的妻子,并不比妓女好多少。女性参政权的一位主要反对者宣称,对怀孕的恐惧是"抵制道德沦丧的最后防线",不但不能让"贫苦阶层"获得避孕方法,"反而应当从小康家庭中拿走它们"。约翰·A.瑞恩是一位直言不讳的天主教神父,也是天主教大学的一位教授,他写信给全国生育控制联盟道,"贵联盟想要促进的举措",是"不道德、可耻和愚蠢的",因为它是"人类能力的倒行逆施"。

尽管如此,但人们的态度已明显开始发生改变。艾玛·高曼发起了全国范围的巡回演讲,演讲内容包括了生育控制问题。她所到之处有纽约、匹兹堡、克利夫兰、底特律、芝加哥、明尼阿波里斯、丹佛、波特兰和洛杉矶,并沿途分发桑格的《家庭规模限度》。来自芝加哥的无政府主义者本·莱特曼医生十分引人注目,1915年秋,他在《大地母亲》上发表题为《哦,勇敢的玛格丽特·桑格》的致敬文,文中写道,即使是"安东尼·康斯托克,虽然他得到了来自政府或地狱的所有权力的帮助,却未能阻止这场伟大的运动"。在高曼结束一场演讲时,警方以"散发非法出版物"为由,逮捕了她和莱特曼。法官撤销了指控,并解释道,"无知愚昧和谈性色变,是压在进步脖颈之间的巨石"。

此后不久,威廉·桑格在1915年出庭受审。法庭中挤满了著名的生育控制支持者,包括无政府主义者亚历山大·伯克曼、社交名人格特鲁德·明特恩·平肖、女权主义领导人伊丽莎白·格利·弗林。桑格承认自己违反了法律,但他主张,受到审判的应是这部"法律"本身。此案成为全国性的头条新闻,安东尼·康斯托克亲自出庭,为这次指控提供了夸夸其谈的证词。审理此案的法官是一位虔诚的天主教徒,他称威廉·桑格是"对社会的威胁",他的罪行违反的"不仅是国法,还有上帝的律法"。于是,他判处桑格入狱三十日。为了表示抗议,人们"大肆喧哗"。

十天后,数十年来美国最忧心忡忡的道德家安东尼·康斯托克死于肺炎。在去世之时,他已经成为许多美国人眼中令人讨厌的"过去时代的遗迹"和"笑料"。左翼杂志《大众》广受欢迎,为之撰稿的作家有马克斯·伊士曼、卡尔·桑德伯格、伯特兰·罗素和舍伍德·安德森等,它刊登了一幅政治漫画,描绘了"身材圆满的康斯托克站在审判席前,手里拽着一名年轻母亲,口中说道,'法官大人,这个女人生了个赤身裸体的孩子!'"。

1915年底,"公众对生育控制的沉默不语被打破了",在全国各个城市都建立了生育控制联盟。越来越多的公众支持修订这些康斯托克法,《家庭规模限度》继续广为传阅。几个月后,对玛格丽特·桑格提起并导致她流亡的各项指控均被撤销,因为,提出指控的检察官不希望她成为比目前情形犹有过之的"殉道者"。

1916年7月1日,与艾玛·高曼相恋多年的亚历山大·伯克曼预言了他眼中的生育控制斗争成果:"目标并非难以预见。……这部法律将被无视,并遇到越来越多的反抗,直到人们强行将之废除。今天的犯罪行为,明天将会得到接受和认可。"

《大众》,1915 年 9 月

"一定是上帝送你来我们之中的"

　　1916 年初,玛格丽特·桑格结束流亡回到美国,对她提出的指控已经撤销,她为了庆祝成功还巡游了全美国。之后,她下定决心,在布鲁克林的劳工阶层社区开办全国首家生育控制诊所。尽管她希望聘请一名医生经营这家诊所,但即使是心怀同情的医生们,也不愿意用如此直接的方式挑战现有体制。因此,桑格与身为注册护士的妹妹埃塞尔·伯恩签约,让她负责经营诊所。1916年10月16日,在布鲁克林的布朗斯维尔社区安博伊街46号,桑格、伯恩及其雇员开设了美国首家生育控制诊所。

经过在欧洲开展的研究,桑格得出结论,总的来说,避孕隔膜是女性最佳的避孕选择。然而,避孕隔膜很难买到,所以,她的诊所也会提供如何使用避孕套、阴道栓、子宫帽、栓剂和灌洗注射器的指导。女性支付十美分挂号费,就能得到如何使用上述每一件避孕器的指导,还能获得如何购买的信息。此举明显违反了纽约州的康斯托克法,根据这部州法,任何人销售或展示避孕措施、传授如何使用避孕措施的信息,都构成犯罪。

桑格及其雇员分发传单,宣布诊所开业,第一天就有一百多名女性上门。就诊的女性具有不同的国籍背景,包括俄罗斯籍、意大利籍、匈牙利籍和波兰籍。她们中的大多数人,都是工薪阶层母亲——女服务员、女清洁工和血汗工厂的女工。一名女性在三十六岁时已生育十五名子女;另一名女性生育十一名子女,活下来七人,并已经自行堕胎超过十二次。一名俄裔女子告诉桑格,"一定是上帝派你来我们之中的。我们太穷了,请不起医生来告诉我们你说的这些。如果警察要对付你,他们也必须对付我们"。

康斯托克在一年前已经去见他的上帝了,但他的幽灵仍徘徊不去。诊所开业四天后,来了一名便衣女警。桑格和雇员立刻认出了她的身份,却还是无所畏惧地接待她。几天后,警方来诊所逮捕桑格。她拒绝沉默离去,对便衣女警大吼道:"你不是女人!你是一条狗!"两周后,她获得保释,公然重开诊所,不过,她立刻再次被捕。政府继而命令房东赶走诊所,它就此永久关闭了。

政府决定,在审判桑格之前,先审判同样被捕的埃塞尔·伯恩。伯恩的律师提出,女性拥有控制自身生育行为的根本性权利,因此,禁止女性获得避孕信息的纽约州法违反宪法。他主张,这部法律侵犯的是女性的"践行良知与追求幸福的自由",因为它否定了女性无须担心怀孕而享受性快乐的权利。

法官嘲笑了律师的主张,并补充道,对怀孕的担心,是对通奸行为必不可少的威慑。伯恩罪名成立,被判送入纽约东河中央的布莱克威尔岛监狱服刑三十日。伯恩与姐姐一样勇敢,她立刻宣布,将在狱中为女性提供生育控制咨询服务,并进行绝食抗议。在服刑期间,她的绝食抗议和不断恶化的健康状况,引来了举国关注,监狱官员为了让她活下去,不得不强制进食。

一周后,对桑格的审判开始了,法庭内挤满了她的支持者。"挤作一堆的民众"与高雅贵妇共处一室的画面,令人难忘,这些旁听者既包括"裹着披巾、容颜憔悴的贫民窟母亲",也包括衣着光鲜的上流人士,后者成立了"百人委员会",这个由富裕女性组成的团体,积极维护玛格丽特·桑格和生育控制事业。

这些女性的参与,帮助重新构造了这场运动,使之从一场被认定为激进的社会主义者和无政府主义者发起的运动,转变为得到现代社会精英支持的运动。

然而,桑格还是与她的妹妹一样被定罪,被判入狱三十日。法官提出,如果她承诺遵守反避孕的法律,可宽大处理,但她拒绝了,倔强地声称:"以现状来看,我无法尊重这部法律。"桑格继而被送入皇后区监狱服刑。

评论者不免注意到,政府的反应正中桑格的下怀。报纸社论写道,就像肯塔基的莱克辛顿一样,"监禁与指控……让桑格夫人成为殉道者,这种愚蠢行径正在全国范围内开花结果。她所宣传的信仰非但没有得到压制,反而强烈地激起了对她有利的公众情绪"。

避孕:凡人的罪恶?

在十九世纪,在阻止女性控制生育上,天主教会并未发挥主导作用。不过,二十世纪初,情况发生了变化,在针对避孕展开的辩论中,教会开始采取更加积极的立场。

在欧洲,越来越多的证据表明,天主教徒正在限制家庭规模,在法国尤其如此。作为回应,天主教神职人员开始讨论生育控制问题。教会最先讨论的是最普遍的生育控制方式,即体外射精,神职人员将之斥为犯罪,上帝曾因此将俄南处死。神职人员继而对避孕展开更为广泛的攻击,他们预设的前提是,避孕"明显是与婚姻(生育)的主要目标开战,并将导致社会的灭绝"。

在美国,生育控制运动的实力不断壮大,引起了天主教领袖的关注。1916年,约翰·瑞恩神父发文谴责避孕是"凡人的罪恶"。三年后,美国天主教会的大主教和主教共同发表《主教信》,宣布生育是婚姻的义务,强烈谴责了经济和家庭幸福构成回避生育的正当理由的观点,并宣称此种"自私之举,是上帝眼中的'可憎之事'"。

神父们开始公开反对生育控制,对于避孕支持者所做的"违逆自然、彻底反对基督的宣传",多家天主教团体出言谴责。1917年3月,教宗本笃十五世直接回应了生育控制问题在美国引发的争论,数家天主教出版物严厉指责玛格丽特·桑格。但是,美国的天主教领袖大多隐忍未发,没有对生育控制运动发表协同一致的攻击,主要是因为,他们深感不安,不知该如何处理公共舆论中如此微妙的一个问题。

1920年,玛格丽特·桑格离开已被战争撕裂的德国,返回美国,在全美各地发表了足足五十余场关于生育控制问题的演讲。她写了一本新书,名为《女人和新种族》,书中写道:"现代具有最深远影响的社会变革,是女性对性奴役的反抗。"她补充道:"没有哪个女人能说自己是自由的,直到她能自觉选择是否成为母亲。"1921年初,她在美国最重要的女性权利组织

"全国妇女党"发表演讲,力图说服它将生育控制作为第十九修正案通过之后的基本工作目标。① 全国妇女党谢绝了这个提议,并解释说,它必须应对的当务之急是制定法律保证女性享有平等权。桑格无疑认为,全国妇女党忽视生育控制,是为了几棵树放弃了整个森林。

那一年的年末,桑格着手实施至今为止最为雄心勃勃的计划。她在纽约市雕梁画栋的广场饭店组织了"首届美国生育控制大会"。会期共三天,从1921年的11月11日到11月13日,聚集了为数众多的享有世界声誉的发言人,包括经济学家、优生学家、妇科医生、生物学家和社会科学家。三百多位受邀宾客参加了这场会议,其中一百多人来自美国公共卫生协会。在一场秘密会议中,与会者就诸多避孕措施各自的优点,展开了讨论和辩论。

会议的最后一个晚上,专门讨论生育控制的道德问题,纽约警方却突然袭击了会场。高喊着"反击!反击!"的支持者们,将桑格推上舞台。她回应道:"这场会议并没有被禁止。这是合法的会议。……依据《宪法》,我们有权召开它。……让他们用棍棒打我们吧,如果他们想要这么做的话。"警方将桑格拽下舞台带到警局,数百名抗议者紧随其后,高唱着《我的祖国》。

---

① 第十九修正案赋予女性选举权,于1920年得到批准。

第二天,媒体获知,天主教大主教帕特里克·J. 海耶斯向警方施压,要求取缔这场会议。两天后,海耶斯大主教发表声明称,他质疑生育控制运动的道德性,并宣布,"上帝与人类的律法,公共政策,人类的历史经验,都强烈谴责生育控制,那只是一小撮不负责任的个人鼓吹之事"。

桑格的回应,是质疑天主教教义的道德性。海耶斯大主教十分震怒,在对教区发表的主教信中,他强烈谴责生育控制,"孩子自天堂降临世间,是因为上帝希望如此。……上帝的永恒法令确立的自然法则,有人不但使之蒙羞,而且还加以歪曲、违反,愿灾难降到他们身上!"他将生育控制斥为"邪恶"和"不洁的憎恶之事"。桑格反驳道,她"不反对天主教会向教众宣扬教义",但它试图"将它的观点和道德法典强加于"并不认同其学说的人们,"有悖于这个民主国家的原则"。

历史学家彼得·恩格尔曼评论道,"此事标志着生育控制的对手换人了"。过去,政府是"主要敌人",但这一次,政府逐渐隐退到"幕后",桑格成功"扯掉了新敌人身上的帘幕"。桑格后来写道,"如今已是一场战役……要对付的是罗马天主教会统治集团的阴谋诡计"。

二十世纪的生育控制

尽管天主教会于此时提出强烈反对,但生育控制运动还是在二十世纪二十年代形成了气候。1923年,妇女参政和生育控制活动家安妮·波利特已经可以宣布说,"整个美国已经……在生育控制理念上达到平衡"。就在这一年,《生活》杂志发表了一首讽刺诗——《海洋的生育控制》,其中一段为:

> 多宝鱼在螃蟹家中说,
> 是比目鱼干的。
> 今天,
> 脑海里想到的最后一件事,
> 是生育控制。

在这关键的十年中,美国常常似乎会因道德问题陷入内战,美国人显然正在越来越适应性快乐的理念,对性满足的渴望正在逐渐塑造"许多美国人的日常行为"。突然之间,性事充盈于大众文化之中,至今我们"还会将这个时代与轻佻女郎的色情图片、舞厅和福特车后座联系在一起"。

"新女性"被视为勇敢和热衷调情之人,这在维多利亚时代根本无法想象。中产阶层和上流阶层的女性,尤其能够随时获得避孕用品,随意"规避政府禁令"。记者露丝·米勒德回忆道:"生育控制的方法,是茶余饭后谈论的话题","几乎每个小时都会有人违反"《康斯托克法》,"但不会提起任何指控"。自1895年至1925年,生育率下跌了30%,毫无疑问,部分要归因于生育控制措施的广泛使用。

作为回应,天主教会召集人手,加大了对生育控制的反对力度。1924年,纽约州生育控制大会在锡拉库扎召开前夕,当地天主教迫使市议会立法禁止公开讨论生育控制。(市长否决了这部法令。)奥尔巴尼市市长屈服于当地天主教的压力,禁止玛格丽特·桑格发表演讲。二十世纪二十年代中期,波士顿的天主教徒市长詹姆斯·迈克尔·科里禁止桑格在波士顿的公共会议厅发表演讲。

更重要的是,天主教会非常有效地阻止了撤销州和联邦的《康斯托克法》的立法活动(在处理避孕措施的范围内)。尽管大多数州和联邦的议员自己也采取了生育控制措施,但他们不愿公开挑战教会,教会过于自信地认为,使用避孕措施是"不自然、有害、下流、自私之举,贬低了婚姻的意义,有悖于基督教的信仰"。纽约的一位天主教徒议员,把试图将生育控制合法化的人称为"渎神者",应当"从地球上抹除他们"。

1930年12月31日,教宗庇护十一世签发《圣洁婚姻:论基督徒的婚姻》通谕,强烈谴责生育控制,理由则是"善行来到,邪恶就不会成功"。《圣洁婚姻》问世,天主教神职人员攻击生育控制的新时代启幕。在此种情形下,尽管桑格、玛丽·韦尔·丹尼特等妇女领袖不懈努力想要改变法律,但对大多数议员来说,避孕问题纯粹因为"太过政治冒险"以致无法处理。

"很多人改变了想法"

1929年,几乎在教宗签发通谕的同时,著名专栏作家沃尔特·李普曼在《道德序言》中写道,宗教已经失去对"家庭问题"的控制,因为,"强制人们相信性生活处于上帝授予的审判权范围之内的权力,已不复存在"。这种观点日渐普遍。另一位评论家在《生育控制评论》中评论道:"如果宗教没有帮助人类运用理性适应环境,反而使人类更难加强协作、形成健康积极的人生观,它就成了阻碍进步的主要力量之一,还会增加人们的苦难与不幸。"

即使在宗教团体内部,支持生育控制的声音也不绝于耳。新教牧师哈里·爱默生·福斯迪克写道:"现行法律完全不智。……医生认为某些人应当获得避孕信息,他们就应当获得提供这些信息的权力。"1930年,英国国教在兰柏会议上宣布支持避孕。第二年,美国基督教会联邦理事会的一个委员会支持生育控制,圣公会主教威尔逊·R. 斯蒂尔里将生育控制诊所称为"对许多疲惫不安的灵魂的天赐良机和赐福"。

尽管如此,生育控制的支持者还是未能改变法律。即使在并未立法禁止生育控制的二十八个州内,联邦《康斯托克法》的存在,也使医生在为病人开避孕处方甚至与之讨论避孕时十分谨慎。很明显,对桑格等人而言,即使做最乐观的估计,进步虽在持续却十分缓慢,除非《康斯托克法》得到修订。1929年,桑格创立生育控制联邦立法全国委员会,委员们多次在国会起草修订《康斯托克法》的草案,但是,他们的努力也多次付诸流水。比如,康涅狄格州众议员威廉·西特龙是一名犹太人,他拒绝支持这份立法案,并解释说,"如果我投票支持这份法案,天主教将对我提出严厉的指责"。众议员亨利·埃伦博根是宾夕法尼亚民主党人,他也拒绝支持这部法案,他写道:"罗马天主教忙着让所有他们的人写信,即使是支持它的众议员也会害怕。"

1934年,针对生育控制立法案,召开了一系列广为人知的听证会。以煽动人心和反犹而知名的电台牧师查尔斯·库格林,在众议院司法委员会参加作证。库格林紧盯着坐在几步开外的玛格丽特·桑格,提醒众议员们,"上帝的基本要求是'繁衍生息',而不是'控制和破坏'",并将没有生育的婚内性生活贬斥为"合法的卖淫"。

尽管桑格将库格林的表现称之为"恶心的半小时",记者们也记录了国会议员和观众发出的"轻蔑的笑声"和哼声,委员会还是没有批准这部法案。宪法自由全国联合会在国会中引领生育控制立法,黑兹尔·摩尔是它的主要说客,他最终因失望而大喊:"参议员都是懦夫。"

大萧条带来的经济困境,使生育率一落千丈。从1930年到1940年,只有58%的女性在最佳生育年龄生育了一名以上的孩子,与此前的几代人相比,可谓急剧下降。女性做到这一点,主要是通过使用广泛的生育控制。尽管存在法律障碍,但避孕行业生意兴隆。佛罗里达西部在1932年做了一次调查,发现有376家零售店销售避孕套,包括桌球房、雪茄店、冷饮店、擦鞋店和食品店。在美国的一些地方,女售货员挨家挨户叫卖宫内避孕器、子宫帽和避孕凝胶。1938年,生育控制产品的年销售量估计有2.5亿美元。

虽然国会拒绝修订法律,但法官们开始反思公共舆论发生的变化。比如,1930年,在两家避孕套生产商之间发生的商标纠纷中,有联邦上诉法院首次认定,生产避孕套是合法生意(因为避孕套可以合法地用于防止性病传播),因此,避孕套生产商有权获得商标保护。三年后,又有联邦上诉法院认定,避孕工具的跨州运输不得被认定为非法,除非政府能够证明它们存在用于非法(即避孕)目的的故意。

在1936年的一份开创性的判决意见中,联邦第二巡回上诉法院限缩解释效仿1873年《康斯托克法》制定的一部联邦法律,延续了这种趋势。此案始于数年之前,当时玛格丽特·桑格向日本医生订购了一袋"小山吸力"阴道栓,以测试这些产品的功效。这些阴道栓交付给了纽约的妇科医生汉娜·斯通。联邦《关税法》第305(a)条规定,进口"阻止避孕之用的任何物品"均属犯罪。海关关员没收了这批阴道栓,因为它们通常用于避孕。

在"美国诉一袋日本阴道栓案"中，上诉法院的判决意见由奥古斯塔·汉德法官撰写，他此前在淫秽问题上撰写了多篇非常重要的判决书。上诉法院在本案中认定，《关税法》并不禁止进口用于**合法**目的的避孕工具。例如，法院解释道，医生可以合法地向病人提供避孕套防止感染，或者提供子宫帽防止可能损害病人健康的怀孕。法院虽然认可《康斯托克法》起草者的道德动机，但在避孕措施用于法院视之为合法的医疗用途时，法院对这些道德动机不予考虑。这份判决是一次巨大的革命。

法律解释中的这场转变，明显反映了自1873年制定《康斯托克法》之后发生的民意变化。奥古斯塔的堂弟、二十世纪最杰出的法学家之一的勒尼德·汉德法官在"一袋案"的协同意见中评论道："在六十年中，许多人已经改变了对这些事情的看法。"二十世纪三十年代，全国范围的民意调查显示，高达70%的美国人支持传播生育控制资料；1937年，美国医学会终于醒过神来，明确表态支持生育控制方法的传播与教授。但是，各州与联邦层面，禁止销售、分销与广告生育控制**用途**产品的法律，仍未废除。

尽管公众和法院对避孕的态度发生了变化，但毫无疑问，堕胎仍是违法的。每个州都仍然规定堕胎属于犯罪，除了极少的案件中，医生可以证明，堕胎是拯救女性生命的必要之举。二十世纪上半叶，在所有已婚女性中，有10%–25%的人至少做过一次非法堕胎,同时,毫不令人惊讶的是,鉴于社会对未婚妈妈所持的主流态度,在所有的婚前妊娠中,几乎90%都是通过非法堕胎终止的。二十世纪五十年代,每年约有一百万女性非法堕胎,大概占到所有孕妇的20%。

对堕胎提起的刑事指控很少,定罪的更少,(定罪后)量刑通常很轻。在执行法律时,往往只针对事实上实施堕胎手术的人。尽管从技术角度而言,这些女性构成违法,但她们及其丈夫、情人几乎从未遭到指控。即便是实施堕胎手术者,也很少遭到指控,除非那名女性不幸死亡。在这段时期实施非法堕胎手术的人,包括:有执业许可的医生;受过一些医疗训练的人,比如护士、牙医、按摩师和理疗医生;助产士;人数甚广的理发师、妓女、售货员、电梯操作员和门卫;当然,还有这些女性自己,她们常常自行堕胎。实施非法堕胎的医生几乎总是说,她们之所以这样做是因为,鉴于他们所服务的女性所处的困境,这是"正确"的做法。尽管,法律的规定与之相反。最终,联邦最高法院将会对这个问题作出决定。

第十章
"天生的奇异怪胎"

尽管十九世纪末才出现"同性恋"的概念,用来指称一种独特类型的人,但在文明起源的最初,同性性行为就已存在。不过,在两千年中的大多数时间里,此种行为都被贬斥为不道德、罪恶和非法,参与者通常竭尽全力隐瞒他们的行为和欲望。因此,对于过去几个世纪中同性恋者的日常生活,我们所知极为有限。

但是,在最近数十年中,学者们逐渐成功拼凑出美国的同性恋历史。借助这些学术成就,我们在本章中得以探索美国自成立之初直至二战为止的同性恋历史,而在这一代人之前,根本不可能讲述这段历史。

别过脸不去看

独立战争之时,所有十三个殖民地都认为鸡奸是死罪。尽管对此种"违逆自然的犯罪"的准确定义是淫秽,但大多数法院遵循英国先例,将鸡奸罪限制在肛交和人兽交。这种犯罪被界定为无须考虑实施者是同性还是异性。口交和相互手淫都不构成鸡奸,即使行为者是两个同性之人。此外,十八世纪末时,惩治鸡奸的法律,与适用于肛交一样,往往仅在涉及儿童或者使用暴力时,才会付诸实施。两名成人之间自愿肛交确实违法,但实际上几乎从来没有成为提起刑事指控的理由。

各州议会在十九世纪废止了对鸡奸行为的死刑。检察官与法院继而限缩解释此种罪行,对成年人之间的自愿同性性行为的刑事定罪极为罕见。尽管人们肯定注意到了同性性行为,但他们会别过脸不去看。①

十九世纪中后期的大众文学表明,同性性关系的存在,是公认的大众文化组成部分。比如,西奥多·温思罗普所著的《约翰·布伦特》(1862年)巨无遗细地描述了理查德·韦德与约翰·布伦特之间的关系,包括韦德希望成为与布伦特"做爱的小女人"。韦德对同性性行为的渴望,显然没有令读者产生反感——这本书印行了二十八版。

贝阿德·泰勒的小说《约瑟夫及其友人:宾夕法尼亚故事》(1870年)赞扬男人之间的爱情"与女性的爱情一样温柔

---

① 十九世纪,美国有105件鸡奸刑事指控记录,约合每年一件,粗略分为三个类别:人兽交,成年男子与男孩之间的肛交,涉及未遂或既遂肛交的男对女或者男对男的性侵犯。

纯真"。沃尔特·惠特曼是"同性恋自我定义与同性恋者权利"运动的"标志性人物",他撰写自己的同性性事时坦诚得几乎令人震惊:"我分享着年轻男子们的午夜狂欢。"惠特曼的芦笛诗,赞颂"男人的亲昵与爱恋",首次发表在 1860 年的《草叶集》中。但是,普遍而言,尽管存在这些例子,同性性行为在十九世纪却并非可以经常讨论的话题,更谈不上是礼貌的话题。

不过,这个世纪缓步前行,美国变得更加城市化,在一些城市中出现了活跃的同性恋亚文化群体。比如,1896 年,在一篇题为《性与艺术》的文章中,作者写道,有一个"秘密团体",人称"纽约精灵",里面的男人"喜欢过演员生活",身着"女装","模仿女声"吟唱。不久以后,纽约州特别立法委员会开始研究纽约市已明显泛滥的男性卖淫。

当然,当时的同性性关系也不仅限于男性。比如,十九世纪中叶的女演员夏洛特·库什曼就公开保持与女性的多起认真、长期的关系。不过,女性如此彻底和公开地放弃异性恋,实属罕见。在女人没有独立性、被迫婚育的社会中,大多数女同性恋者并没有什么人生选择。她们虽然可能会寻求与其他女性的亲密"友谊",但通常不得不沉浸在妻子和母亲的身份中。即使这些"友谊"包含性成分,也几乎总是不为人知的,也不会受到法律的关注。迟至 1839 年,女性之间的性关系甚至仍没有获得通行的名称。一般认为,女人对性有兴趣,只是为了生育,为了满足丈夫,或者为了挣钱。对女性的性行为抱有的此种观点,使女性得以彼此吐露真情,如果男人这样做,恐怕会令人震惊不已。

十九世纪末,情况开始发生变化。美国的经济结构彻底改变,即使是女性,也开始寻找机会实现人格独立和社会流动。适合女性的工作越来越多,从前仰赖丈夫提供基本生活需求的女性,如今能够放弃婚姻,不用担心陷于贫困。许多独立的女性与其他女性长期相伴,她们也同样选择参加工作,而非选择传统的家庭身份。未婚女性之间形成的这些长期关系,人们称之为"波士顿婚姻"。这个说法源自亨利·詹姆斯出版于1885年的小说《波士顿人》,这是一出苦乐参半的悲喜剧,描写一段古怪的三角关系,三人彼此讨取着欢心。虽然我们不得而知,在这些关系之中有多少是事实上的性关系,但这样的怀疑声音当然会源源不绝。

"天生的奇异怪胎"

十九世纪行将结束,同性性行为遇到了更加严格的审查,发生同性性行为的人们,不仅被视为是自主选择同性性行为,还被认为是其心理身份与众不同。正是在这个时代,首次出现了"同性恋"的概念。

十九世纪末两份最重要的同性恋研究,当属德奥精神病学家理查德·冯·克拉夫特-埃宾的《性心理疾病》(1886年)和英国医生、心理学家哈夫洛克·埃利斯的《性心理研究:性反常》(1897年)。这两份研究表明,同性恋与精神病之间存在关联,并假定同性恋是先天性疾病。

克拉夫特-埃宾在1888年的论文《性本能的反常》中评论道,"对与自己同性之人的……性偏好,厌恶与异性的性亲密",饱受其苦的人是"天生的奇异怪胎"。在他看来,有这种性偏好的人患有性病征,"反映出的是更加综合性的精神或生理'退化',或退化到先前的进化状态"。

这些研究标志着一场影响深远的转变开始了,从认为同性性行为是单纯的道德/宗教观念,转变为一个医学/科学认识问题;与之相应的一个变化是,从注重某种行为的罪恶,转变为强调某种个人的天生构成。医学杂志上的文章首次开始辩论同性之间性吸引力的本质和动力。

人们讨论最多的问题是,同性恋是先天的还是后天的,是否可以治愈,是应当作为一种无可避免的身份予以接受,抑或应当积极抵制和禁止。医学界使用不同的术语来区分他们认为是异常性倾向之人。最常见的是"性倒错"和"性反常"。有同性性行为的人,可以归入其中一类。①

一些人追求同性性行为,纯粹是出于性欲,这样的人被视为"性变态者"。性变态的概念延伸到了同性性行为之外,涵

---

① 直到1973年,美国医学会一直未将同性恋从心理异常的正式清单中删除。

盖了广泛的"违逆自然的"性欲和性行为。1881年,美国心理学家E.C.斯皮茨卡将性变态描述为包含:(1)性欲缺失;(2)性欲过剩;(3)"生活中的非正常时间"产生性欲;(4)性欲"并非旨在种族的延续和繁衍"。尽管性变态的概念使用的是医学术语,但背后的逻辑显然是基于宗教和维多利亚时代对性礼仪的理解。此种理解范围有着严格的边界,超出这个边界的性欲、性关系和性行为都被推定为"性变态"。

与之相比,"性倒错"或者说"纯粹的"同性恋,是"总体精神状态为异性的人"。这样的人追寻同性性行为并非出于不可抑制的性欲感受,而是因为他们独特的个人倾向。这样的人被形容为"错误的倒置",因为他们被认为拥有异性的思想。

美国社会心理学家威廉·李·霍华德医生在1904年论证道,因为是大脑而非身体,才是决定一个人的性特征的"首要因素",也因为男性倒错者是事实上的女性(天生渴望男性),即便他们表面是男人(对他们而言,这样的性欲应该是被倒错了),男性"对自己——表面上——同性别"倒错的性欲,是"事实上的正常性感受"。根据这种观点,性倒错者不是男人,也不是女人,而是"中性"或者"第三性"。他们是"精神上的两性人"。

可是,这是怎么发生的?十九世纪末,一种普遍的看法是,人类胚胎既有男性器官,也有女性器官,但在发育过程中摆脱了其中的一种。一种同性恋理论则是,男同性恋者在母体内摆脱了女性器官,而此时他本来应该摆脱的是男性器官。因此,他是出于无心困于男性身体的女性。对女同性恋而言,情况刚好相反。

相信"性倒错"是先天性的专家,指出了他们视为孩提时代出现的"性倒错"早期警示信号。女性倒错者的青春期症状被认为包括:是一个粗心的孩子;喜欢男孩的游戏;主要与男孩玩耍;月经初潮来得很早。对男性倒错者而言,早期症状被视为包括:玩娃娃;有温和的女性性情;爱好艺术,理想化,富于想象;"理性思考能力相当弱"。

到了十九世纪和二十世纪之交时,这种新的同性恋观念开始生根发芽,尽管数十年来,"同性恋"和"异性恋"的概念并没有进入流行词汇。

女性尤为引起人们的兴趣。专家们试图理解世纪之交看似不断增多的女性同性恋,他们得出结论说,女性解放运动,与女性日益提升的经济独立相结合,解放了女性先天的同性恋倾向,尤其是致力于选举权运动的那些女性。詹姆斯·韦尔医生在1895年提出,"在推动(女性)权利平等事业中表现突出的每一位女性,不是表现出明显的男性化,就是最终表明她是性心理异常的受害者"。

女性性倒错者被视为尤其危险。哈夫洛克·埃利斯假设道,性倒错者无力改变她的生理构成。如果她的同性恋本能仅仅针对其他的女性性倒错者,"社会没有理由为此惊慌失措"。不过,因为"许多女性,虽然不是遗传性的性倒错,却拥有遗传性的易感染体质,面对其他女性的求爱很脆弱",同性性行为可以成为后天的特点。因此,在"不健康的环境"中,比如女子寄宿学校、大学、公寓或者政治团体,这些女性"会屈服于'先天性倒错者'的哄骗"。因此,埃利斯及其追随者"没有将女性倒错者描绘成基因突变和无助的受害者",而是描绘成性捕食者,会危及男人天生的身份和优势。

十九世纪的医生,与下一个世纪大多数时间里追随他们的那些医生一样,就同性恋是否可以治愈展开激烈的辩论。1884年,芝加哥著名司法精神病学教授詹姆斯·基尔南医生得出结论说,"根治这种疾病是不可能的"。不过,他相信,个人可以学会不屈从于它,为此,他建议冷水坐浴,这种理智训练能够增强病人的抵制意愿,并建议关入精神病院。爱德华·I.普赖姆-斯蒂文森医生使用笔名泽维尔·梅恩,在1908年出版《阴阳人:作为社会生活难题的同性恋之历史》,书中提出,同性恋"无法'治愈'","精神医生承诺'治好'的并非是一种疾病,这下自然铸成大错,他们应为此感到羞愧"。

几乎与此同时,哈夫洛克·埃利斯主张,先天性同性恋的最佳治疗方案,是彻底"禁欲",因为,这样才能阻止他们"伤害"其他社会成员。另外还有医生提议很多种同性恋的治疗方案,包括镇静剂、持续与异性交往、催眠、与妓女发生性关系、对抽象学科的艰苦研究、直肠按摩、用烙铁或化学品灼烧脖子和后腰、激素治疗、电刺激、精神分析治疗、绝育手术甚至剧烈

哈夫洛克·埃利斯

的自行车骑行。许多医生提倡阉割、阴蒂切除或卵巢切除,虽然有证据表明,这些措施实际上不能消除同性恋倾向。

一些医生赞成对同性恋者的绝育手术,以防止这种疾病传给下一代。持有此种观点的人通常不仅认为同性恋是一种遗传缺陷,而且认为它是身体组织退化的征兆——这种疾病将会一代比一代更加恶化。因此,绝育手术是正当的,是为了保护"文明的利益"。在此后数十年中,对同性恋者实施绝育手术越来越普遍。1938年,已有三十二个州制定了实施绝育手术的法律,人们援引这些法律来"修理"同性恋,防止他们以及诸如低能者、癫痫患者等其他有缺陷者将退化传给下一代。

在医学界和法学界，突然兴起了一场"性倒错"是否应当受到法律惩罚的辩论。一些医生区分"先天的"和"后天的"同性恋倾向，主张"天生的性倒错"是一种疾病，受害者无法阻止。他们提出，这样的个人不应认定为对患病负有法律责任或者道德责任。因此，对他们所处困境的恰当回应是治疗而不是法律制裁。

比如，哈夫洛克·埃利斯就坚决反对惩罚秘密、自愿的同性性行为的法律，他提出，"试图治愈性倒错者，比放任不管带来的危害更多"。与此类似，基尔南医生提出，同性恋对意志的损害如此严重，对于此种疾病引发的行为，科以法律制裁是不正当的。圣路易斯心理学家 C.H. 休斯医生于 1880 年创办《精神病学家与神经病学家》杂志，他在回应此种观点时提出，刑法"通过惩处罪犯保护社会"，不适用于先天的同性恋者，医学更为合适，因为它"仁慈地既保护社会，又保护因为有机组织在性和精神方面的退化而深受其害的受害者"。不过，休斯补充道，因为"后天的性邪恶"是可以预防的，对非先天的同性恋行为采取刑事制裁，是理所应当的。

西格蒙德·弗洛伊德的精神分析学理论问世后，击败了十九世纪末二十世纪初"性学家们"的诸多思考。弗洛伊德拒绝接受退化的第三性这种观点，反而提出，同性恋是发展受阻或者说"被抑制"的性发育的结果。他认为，人类生来就有无差别的性欲,而性取向则是此后才形成的。不过,他评论道,大多数人发展出了异性恋倾向,在此过程中经历同性恋阶段,于他们而言,并非罕见。

弗洛伊德用系统的理论说明,对少数个人而言,同性恋并非一个阶段,而是最终的性取向,他们在人生的早期阶段,必然经历了一些创伤,阻碍了他们发展出对异性的"正常"性感受。他不清楚是什么导致了这种受到抑制的发育,但是,在不同的时间里,他假设道,可能原因各不相同,或者是痴迷于自己的生殖器,或者是男人"困扰于性感母亲和软弱父亲的家庭系统",或者是女人有阴茎妒忌情结。

尽管人们或许会将负面含义与"发育受阻"联系在一起,但弗洛伊德提出,不应将道德耻辱或社会污名强加在同性恋身上。他很怀疑同性恋可以治愈,他甚至推测说,在生命的某些方面,同性恋一般能通过"特别高的智力发育"得到很好的调整和描述。他断然否定了同性恋是退化迹象的观点。1935年,弗洛伊德在给一名病人的同性恋儿子的信中写道,同性恋"没什么需要感到羞耻的,它不邪恶,也没有退化;它不能归类为疾病"。他补充道:"将同性恋作为犯罪加以指控,是巨大的不公,也是很残忍的做法。"

弗洛伊德的大多数继承人没有接受他这种慈悲的观点。他们多半持有发育受阻是一种缺陷的想法,这种缺陷通过治疗可以痊愈。比如,维也纳的威廉·斯特克医生在1930年认为,同性恋这种"疾病""不是先天性疾病,而是一种心理状态,通过正确施加治疗,是可以处理的"。

同性恋亚文化圈

主流宗教将同性恋贬斥为"令人发指的罪恶,法律将之打上严重犯罪的烙印,医疗行业也确诊了同性恋是病态",在这样的社会中,疑心自己有同性恋倾向的绝大多数人,自然会"深感自卑——觉得道德、尊严和健康都不如身边的人"。这些人竭尽全力抑制"肮脏的"欲望,对家人、朋友、邻居和同事隐藏他们隐秘的羞耻。毕竟,若此事曝光,只会带来耻辱、排斥、嘲讽、勒索和经济崩溃。为自己的同性恋倾向求诊的一名病人写道:"得知我与他人如此不同,令我十分痛苦。在工作之余,我几乎不和他人交往,也……没有放任我的性感受。"发现真相后可怕的畏惧心理,让大多数同性恋者的隐秘生活不为人知,甚至不知道彼此的存在。

* * *

二十世纪伊始,出现了更加为人所知的同性恋亚文化圈,特别是在一些发展迅速的城市中。这些巨大的城市中心毫无特色,却至少有一些同性恋者,有可能在这里多少吸引到一些同性,并在此基础上开始建构他们自己的身份认同。1910 年,诸如纽约、波士顿、华盛顿、芝加哥、圣路易斯、旧金山和费城之类的城市，都已拥有大量的同性恋团体。对于寻求同性陪伴之人，可以提供服务的场所有俱乐部、浴室、咖啡馆、饭店、酒吧和音乐厅。历史学家乔治·昌西评论道，"参与那个世界的"人们，开始形成"一种与众不同的文化，拥有自己的语言和习惯，自己的传统和民间史，自己的英雄"。

同性恋亚文化群的参加者，尚未开始使用"Gay"这个词，而是分出了好几种不同类型的同性恋活跃人士。"Fairy"指的是明显女子气的男同性恋，类似于英国的"Fop"。Fairy 的显著特征是他们自认的女性身份。人们很容易将 Fairy 与医学文献中的"第三性"或性倒错者联系在一起，所基于的理论为他们是困在男人身体中的女人。他们通常有女性化的行为举止，比如站立时双手置于髋部，手腕无力走路款摆，容易使用女性的声调或音色。很多人有女性化的外表，使用萨洛米公主、维奥莱特女士和万宝路夫人之类的名字。Fairy 经常拔掉眉毛，染白头发，身着色彩艳丽的服装，包括紧身裤、绣有鲜花的泳裤、俗艳的帽边羽毛装饰和鲜艳的红领带。

毫不令人惊讶，安东尼·康斯托克及其追随者对于此等人物的存在大感震惊。他猛烈抨击道："这些性倒错者不适合与其他人类生活在一起。"他引用纳撒尼尔·霍桑的《红字》中海斯特·普林式的比喻，补充道："他们应该在前额刻上'不洁'这个词，就像古代的麻风病人一样，他们走到哪里都应该高喊'不洁！

不洁！'。"他咆哮道，对他们的惩罚"应当是终身监禁"。

同性恋的另一种类型是"Queer"。Queer 渴望与其他男人发生性关系，不过，对于 Fairy 的女性性格特征，他们并没有共鸣。恰恰相反，他们的外表和举止通常与其他男人一样。他们认识到自己是同性恋，但主张他们的同性恋倾向"在性别人格面貌上并没有表现不正常之处"。许多 Queer 认为"Fairy"和"Faggot"是贬义词，将之专门留给公然用女性化表现自己的那些同性恋者。

Queer 瞧不起 Fairy 的娇气。他们责备招摇、艳丽得多的 Fairy 引起了对同性恋负面的公众认知，担心人们会将之与他们联系在一起。一位"Queer"在二十世纪初写道："我不反对被人知道是同性恋，但我讨厌露骨、刺眼、化妆的男孩，他们在公开场合的外表和举止引来了苛责。"他补充道，公众眼中的 Fairy 成了同性恋的代表，"我不抱怨正常人讨厌同性恋的那种感受"。

另一方面，Fairy 受到的关注度更高，为 Queer 提供了掩护，后者在更广大的社会中更容易被人当作异性恋。这很重要，因为，泄露同性恋身份的人，至少会"面临生计无着、丧失社会尊重的危险"。实际上，Queer 更能掩人耳目，因为，寻找同性恋的人只会想到 Fairy。

在同性恋亚文化群的范围之外，对异性恋而言，Queer 的性倾向通常并不明显，为了辨认彼此，却不至于提醒他们生活和工作于其间的异性恋们,他们不得不发展出种种复杂的社会礼仪和微妙提示。当然,Fairy 的日子甚至更不好过,因为,如果他们希望被当作异性恋,他们必须通过塑造更为男性化的伪装,彻底隐藏"真实的"人格面貌。

对这个时代的 Fairy 和 Queer 而言,最受欢迎的性伴侣是人们熟知的"Trade"。Trade 往往是充满男子气概的男人,比如海员和士兵,他们自认为性"正常者",或因为娱乐,或因为钱财,偶尔同意发生同性性接触。其中有些人甚至还是满怀敌意的厌恶同性恋之人。但是,只要 Trade 保持男性角色(通常就是作为进入者或者口交接受者),他们不会认为自己是同性恋。

二十世纪初由 Fairy、Queer 和 Trade 组成的这个亚文化群,数十年来被美国的集体记忆所抑制,如今却拥有详细的记录,在旧金山和纽约市尤其如此。曼哈顿下东区的鲍厄里街,作为工人阶层的红灯区而声名狼藉。数家商业机构成为同性恋的主要聚集地,许多地方雇请 Fairy,他们有时候身着女装歌舞,娱乐宾客。类似的商业机构在哈莱姆区和旧金山的巴巴里海岸区均生意兴隆。一些女同性恋者也进入了这个性的地下世界,她们身着男式晚礼服参加舞会,与其他外表更为女性化的女人共舞。这或许是后来所谓的"Butches"和"Femmes"的首次公开亮相。

这些酒吧、爵士乐俱乐部和餐厅并非专为同性恋设计,而是为吸引形形色色的人群。在一些俱乐部中,异性和同性伴侣利用密室发生秘密性关系。对于这些俱乐部的性质,各行各业的人们此时都已心知肚明。同性恋亚文化群的存在,的确已不再是一个秘密。普通人通过杂志和报纸得知 Fairy 和 Queer,看到他们在歌舞剧和滑稽戏中登台表演,在商店、餐厅和酒吧中都能遇到他们。

1918 年,一位纽约人宣布:"我们的街道和海滩挤满了……Fairies。"二十世纪初,到鲍厄里街"一探贫民窟",是中上流社会中颇受欢迎的节目,他们通常会游览几站热点娱乐场所,震惊不已的男男女女在此饮酒、跳舞、听音乐、"观看不道德的表演",而且,"只要出钱,就能接近下流阶层的女人和 Fairies"。

对于这个亚文化圈,纽约市警方即使不是提供保护,也基本上是不理不睬,他们通常很乐意在接受贿赂后听之任之。毫不令人惊讶的是,这也引发了一些社会人士的不满。安东尼·康斯托克的"除恶协会"是美国最强大的反同性恋组织,它特别积极地想要清除城市中的道德沦丧。"除恶协会"突击浴室和剧院,有时候会说服警方实施大规模逮捕。这些突击有时会非常暴力,对被捕者造成严重的生理伤害。第一次世界大战之前的数年中,在"除恶协会"和类似改革组织的鼓动下,城市的警察局加大了镇压同性恋的力度。

第一次世界大战、禁酒和二十世纪

美国参加第一次世界大战,为同性恋者的人生带来了重大影响。一战让许多年轻人远离了他们生长的小城镇,也远离了家庭的保护性照管,身处性别环境非常单一的军队环境。纽约市通常是前往欧洲战区的主要出发港口。纽约的同性恋亚文化圈已经发展成型,让数万名小城镇士兵初次接触了新奇的同性恋文化。对卫道士而言,此种形势呈现出了一种潜在的"令人震惊的危机"。

随着战事的推进,各家反邪恶协会甚至更加担心,战争本身或许会加剧"变态行为"。这也促使道德改革协会、警方、军方首次将同性恋作为重要的社会问题加以重视。康斯托克在任时,"除恶协会"精心安排警方突袭销售同性恋文学的书店和有同性恋表演的俱乐部。第一次世界大战爆发,康斯托克于1915年去世,继任者约翰·萨姆纳开始大肆追捕同性恋者。他的探员组织警察突袭同性恋者聚集的剧院、餐厅、俱乐部和浴室,导致约两百人被控行为"不端"而入狱。不久之后,其他反邪恶组织如法炮制,将有嫌疑的同性恋聚会场所置于严密监控之下。以不端行为罪名逮捕的同性恋者人数,从1916年的92人突然跃升至1920年的750人以上。

不端行为的罪名,是一个含义模糊的口袋罪,旨在授权警方强制推行公众场合应当行为得体的观念。它多半用于制止可能会让正直市民不安的行为。虽然,法律并没有宣布,同性恋者在自助餐厅或公园彼此交往、与同性之人共舞、穿上通常是异性所穿的服装,凡此种种均构成犯罪行为,但如今,却可以根据综合性的不端行为指控,将之一网打尽。

这项罪名可不是小事一桩。它们常常伴随着高额罚款,以及长达十日的教养院监禁。而且,逮捕本身甚至不需要定罪,仅仅因为向家人、朋友、雇主和房东曝光个人的同性恋倾向,就会带来毁灭性的法律之外的后果。更为雪上加霜的是,为了响应警方不断加大的打击力度,许多餐厅、酒吧和俱乐部虽然有同性恋客户群,但也开始拒绝接待可能给他们打上对同性恋友好标签的任何顾客或者行为。

许多年轻美国人因为第一次世界大战的惨状而发生改变,尤其是生活在城市中的年轻人。他们决定颠覆秩序。许多人开始相信,正是父辈的价值观,才让世界走入一场毫无意义、野蛮残忍的战争。他们认识到,人生短暂而脆弱,活着才有意义。这一代人坚定不移地挑战维多利亚时代保守的文化规范,这也反映了他们对淫秽和生育控制的态度,使他们开拓出非传统的艺术和文学,沉溺于短裙和短发等新时尚,并质疑性领域的公认观点。

战争结束后,纽约成为文化集散地,人们聚居的公寓、宿舍和酒店成为同性恋活动的中心。基督教青年会(简称 YMCA)

想在充满罪恶的城市中为纯洁的年轻人提供合乎正道的栖身之所,结果却成了同性恋社会的中心。男性情侣双宿双飞,单身男人将男伴带回房间,来到纽约的新人经常第一次就被介绍到同性恋亚文化圈。在同性恋群体中,Y成为著名的"性爱永不停歇"之地,"总是有一些人在等待着好事"。男同性恋者开玩笑说,基督教青年会的字母拼写Y-M-C-A代表的是"为何我如此放荡"?

二十世纪二十年代,一种离经叛道之举,成为代表这十年的标志,传遍美国。纽约、芝加哥、新奥尔良、巴尔的摩、旧金山等城市的同性恋群体,效仿主流文化中的出入社交界舞会和化妆舞会,举办盛大的异装舞会。这些舞会场面宏大,吸引了成百上千名观众参加。

爵士乐诗朗诵在当时还是全新的文学艺术形式,兰斯顿·休斯则是它的最早的革新者之一,他回忆起哈莱姆区著名的汉密尔顿俱乐部酒店舞会,这个城市的社交领袖们的流行做法,是在舞会中租下包厢,"居高临下俯视舞池中奇妙组合的人群,男人们身着飘逸的女式长裙,头戴插着羽毛的头饰,女人们身着男式晚礼服和套装"。众所周知的"Pansy狂热"席卷纽约城,Pansies("Fairies"的另一种说法)成为小说、百老汇戏剧、电影、报纸杂志封面故事的主题。在夜总会中,也会有最受欢迎的女性模仿秀Pansy表演。

二十世纪二十年代也是"女同性恋时尚"的时代,女性拥有双性恋经验被视为"时髦之举"。女人之间的亲密关系,如今"被认为是性关系(或许有些时候并非如此)"。女同性恋地下酒吧出现在纽约、布法罗、芝加哥、旧金山等城市。一位社会学家描述芝加哥的女同性恋聚会说,"一些(女子)穿上男人的晚礼服,向其他女子示爱,最后携手步入卧室"。

恩斯特·海明威(《太阳照常升起》和《永别了,武器》)和舍伍德·安德森(《穷白人》和《暗笑》)等作家公开探索女同性恋关系和女双性恋关系。在格林尼治村的一场聚会上,有过一番值得注意的对谈,揭示了真相。一位精神分析学家试图诊断埃德娜·圣·文森特·米莱的持续性头痛,他询问道,她是否曾经想过,"虽然你几乎没有意识到,但可能偶尔会对同性产生冲动?"。米莱在回答时"带着真正的艺术家招牌式的漠然,'哦,你指的是我是同性恋!我当然是,我也是异性恋,不过,这跟我的头痛有什么关系?'"。

这个转型的十年,虽有轻松的一面,但美国大多数同性恋者的处境却依然艰难。一些同性恋者选择单身,但是,大多数人,尤其是地位显赫之人,都找了异性配偶,迫切希望遮掩或至少隐藏他们的本性。[①] 1926年,约瑟夫·柯林斯医生出版了《医生眼中的爱与人生》,此书是在大众传媒上获得高度重视的第一批讨论性的畅销书之一。他在书中对同性恋的讨论,读

[①] 在某些情况下,两名女同性恋以其中一位冒充男人身份的方式,成功结婚并以已婚夫妇的名义公开生活。

者甚众。柯林斯预言道,"或许很难说服我们之后的一代人,当这个国家处于商业繁荣的顶峰时,说出同性恋这个词是错误的,承认同性恋的存在是荒淫的,讨论这个问题是色情的"。

"在这个国家,较之其他美德,我们更缺乏宽容",柯林斯为这个事实叹息不已,他评论道,唯有通过"理解","更加开明的观点"才能到来。他号召读者们能够理解,同性恋者并无过错,却"生活在持续不断的恐惧之中:恐惧秘密被人猜到,恐惧成为勒索者的猎物,恐惧落入法律的制裁"。"无怪乎",他补充道,他们中的一些人,"无法承受自身的禀赋,却又清楚认识到随之而来的冲突,于是亲手扼杀了自己的生命"。

1928年,广受赞颂的英国作家拉德克利夫·霍尔出版了《孤寂深渊》,这是"二十世纪最具深远影响的女同性恋小说"。此书的主人公,是出身地主之家的少女斯蒂芬·戈登。这本小说探讨的,是斯蒂芬以女同性恋的身份步入成年,以及她与一生挚爱玛丽之间的关系。在小说的结尾,"以决绝姿态自我牺牲"、心碎至极的斯蒂芬将玛丽让给了一个男人,让她过上"正常的"生活。

书中有一幕,霍尔描写的是斯蒂芬逛巴黎的同性恋酒吧:

> 斯蒂芬只要还活着,她就不会忘记她对那个名叫阿利柯的酒吧的第一印象——这是所有那些最可怜的人聚会的地方,这些人组成了那支可怜的大军,那些遍受打击、被他们的同胞踩在脚下而最终残存下来

的人，他们常常在这里逗留……他们遭到世人的鄙视，也必定自己鄙视自己，好像失去了一切得救的希望。他们坐在那儿，在桌子旁边紧紧挤靠在一起……斯蒂芬永远也忘不了他们那一双双眼睛，那些性倒错者令人烦恼、饱受折磨的眼睛。*

书的结尾，是女主人公的哀泣："上帝……保护我们吧。承认我们，啊，上帝，在全世界面前。也把我们生存的权利给我们！"

大萧条

大萧条引起的经济萎靡，导致了二十世纪二十年代文化开明和文化实验的整体社会倒退。属于各种同性恋者的时代，在二十世纪三十年代中期的阴暗氛围中渐趋终结。大萧条粉碎了美国人民的信心，对美国的核心理念和价值观而言，同性恋开始显得少了一份有趣，更多的则是威胁。在数年之中，大萧条之前充满活力的由不同形态同性恋者组成的亚文化群，被彻底摧毁，继而被清除出这个国家的意识，以至于之后的数代人——无论是否同性恋者——"几乎都没有意识到他们的存在"。

---

* 译文引自马儒林先生的中译本《孤寂深渊》，九州出版社 2000 年版。下同。——译者注

1933年，禁酒令废除，销售酒类再次成为合法行为，不过，此时仍然会受到大量新型政府规定的管制。各州的酒类管理局获得广泛的权力，管理着想要销售酒类的各类企业。它们的目标，是确保酒类回到公共领域不致引起禁酒令想要阻止的各种邪恶。换句话说，有必要确保获得售酒许可的餐厅、酒吧等企业用体面的方式售酒。如果获得许可者没有采取措施阻止扰乱治安行为，会被撤销许可。

如此一来，大多数的州酒类管理局就规定，出现任何"不受欢迎之人"，即构成直接收回售酒许可的充分理由。此处即包含同性恋者，哪怕他们遵纪守法也没有用。同性恋者只要出现，就会使酒馆或餐厅失去售酒许可。利益攸关之下，酒吧和餐厅的经营者越来越警惕顾客中的同性恋迹象。同性恋者不再受人欢迎。这使得许多同性恋团体更加隐秘，也在此后数十年中，催生了排外的同性恋酒吧，它们成了同性恋团体的活动中心。

从公众视野中模糊同性恋者存在的努力，很快从酒吧和夜总会延伸到了其他场所。一度看似非常迷人的Pansy俱乐部、男扮女装、女子异装舞会、公众场合的Fairies，不再被认为是正确和可接受的。卫道士攻击男扮女装表演是在颂扬性变态。在1935年至1937年，在全国各城市的舞台上，禁止上演男扮女装表演。曾经公然以同性恋角色和幽默为卖点的巡回歌舞表演，如今在全国各地的日常表演中甚至禁止使用"Fairy"和

"Pansy"等词语。

为了回应天主教领导下的正牌军团的抵制活动,好莱坞的审查法典在1934年做了修订,禁止任何电影提到"性倒错",从此以后,电影中但凡出现涉及同性恋者的台词,都要删除。与此类似,创立于二十世纪三十年代的天主教会全国正派文学协会,针对含有同性恋内容的作品,发起了一场大规模的打击。为了不被列入黑名单,报社编辑和图书出版商避开此类题材,因而导致几乎所有对同性恋者语带同情的文字都无法付印。

* * *

二十世纪二十年代的"女同性恋时尚"藏入深柜。在公众的心目中,女同性恋不再被认为是无害的。恰恰相反,她们开始被视为危险,经常被刻画成渴望捕食毫无戒备、易受伤害的妇女和女孩的吸血鬼。比如,在广受欢迎的小说《最迷人的朋友》中,希拉·多尼索普如此形容女同性恋:

> 畸形、扭曲的天生怪胎,滞留在黑暗污浊的水中,隐藏在……邪恶与自私的情欲之中,毫无怜悯地将受害者视为通往更多快乐的纯粹的垫脚石。她们的猎物已语无伦次、痛苦不堪,从前的自我已浸透了性欲,身心中只残存欲望,带来创伤和破坏,缓慢地削弱他们的健康和心智。

在二十世纪三十年代公开以女同性恋的身份生活,"可不是胆小者能做的选择"。十年前可能乐于"出柜"的女子,如今退回到了婚姻的保护之中。对亲友而言,"或许甚至对丈夫们而言,她们似乎也就是已婚的异性恋女子"。

同性恋者的形象也越来越邪恶。自二十世纪三十年代起,公众对性犯罪日益感到担心,改变了同性恋者的主要形象,不再是令人发笑的女里女气的 Fairy,而是有潜在危险的精神病人,会犯下最难以言表的罪行。一家全国性的杂志这样写道:"一旦某人表现出同性恋者的身份,他常常会抛弃所有的道德约束……一些男性性变态者……从'性倒错'堕落至其他形式的邪恶之中,比如毒瘾、盗窃、性虐待,甚至谋杀。"后来,"在公众观念中,娈童者、同性恋、性犯罪者、性精神病患者、性欲倒错者(与)性变态者……成了同义词"。同性恋不但被妖魔化为性变态,如今还被妖魔化为娈童者,"同性恋成为人民新的敌人",因鸡奸行为而实施的逮捕急剧上升。

同性恋者越发躲入柜子更深处,极少有异性恋者知道身边的同性恋者,这就让那些对同性恋的反面刻画越发肆无忌惮。历史学家乔治·昌西评论道,"政府在二十世纪三十年代建了一个柜子,强迫同性恋者隐藏其间"。

第十一章
出柜

在最早挺身捍卫同性恋者权利的人中,就有埃玛·戈尔德曼,他是一位满怀激情的无政府主义者,也是玛格丽特·桑格最坚定的支持者之一。戈尔德曼热切拥护性满足和自由恋爱,她于1915年宣布,对同性恋者的"社会排斥"太过"可怕"。她评论道,在"丝毫不在意"同性恋者困境的世界里,"性取向不同的人们"遭到这般羞辱和排挤,着实是"一场悲剧"。

令戈尔德曼沮丧的是,即使是她的无政府主义同志,也试图让她在这个问题上保持沉默,他们提出,大多数美国人已将无政府主义斥为"堕落",因此,为大多数美国人眼中的"各种性变态"辩护,会给他们的事业招来更多的反对意见,"太不明智"。戈尔德曼没有灰心丧气,却也找不到什么人支持这项事业,之后,在第一次世界大战期间,她因为直言不讳地反对征兵,在1919年被驱逐到了俄国。

五年后,一战老兵亨利·戈伯创立"芝加哥人权协会"——这是美国第一个维护同性恋者权利的团体。戈伯随即面临的问题是,最应该支持这个团体的人——同性恋者,却因害怕曝光不愿公开支持它。"芝加哥人权协会"仅仅出版了两期名为《友谊与自由》的杂志,政府就把它关了。这场突发事件发生在深夜,警方突袭了戈伯的家,执行逮捕的一名警察宣布,戈伯"因为污染上帝之国",将面临严厉刑罚。①

戈伯发现,同性恋者携手推动共同利益的潜在可能,被他们隐藏真实身份的能力削弱了。非裔美国人和女人的身份都不会弄错,与此相反,同性恋者可以而且已经遮蔽了真实的自我。这既是优势,也是负担。一方面,他们可以避免如果性取向为人所知将会面临的诸多公开的恨意和歧视;另一方面,如果他们继续躲在幕后,就无法有效地组织起来拥护自己的事业。

对大多数同性恋而言,"出柜"——承认同性之间的欲望和性行为——"是一种孤独、困难,有时会极其痛苦的经历"。同性恋者体验到的性冲动,带给他们的是强烈的"与家庭、社区和社会的格格不入之感"。二十世纪二十年代,在一些主要城市中,同性恋文化的某些方面曾短暂公开,但宗教对同性恋

---

① 由于警方并没有获得搜查令,所以,戈伯的律师成功地撤销了这起案件,不过,在邮政局工作的戈伯,因为"行为不合邮政人员身份"而被停职。即使在解散"芝加哥人权协会"之后,戈伯仍因支持同性恋者,无法找到新的工作,余生贫困交加。

"罪恶"欲望的谴责,却无所不在,雪上加霜的是,媒体和大众文学不断地讲述各种故事,将同性恋者刻画成性精神病患者、性欲倒错者和社会适应不良者,这些都塑造着同性恋者对真实自我的理解,也塑造着他人对他们的观感。社会强加给同性恋者的是"自我憎恨的沉重负担",让他们将自己的性欲解释为心理和道德上的失败。在此种情形下,大多数同性恋者在生活中甚至彼此隔绝。

善战

在整个二战期间,《军法典》禁止军人"鸡奸",即"与同性或异性发生违逆自然的交媾"。这项禁令与传统的鸡奸概念一样,并未直接针对同性恋者。更确切地说,它禁止特定的性行为,无论是同性恋还是异性恋。

在此前的战争中,准士兵们不会被问及性倾向,军方没有任何阻止同性恋者参军的举措。虽然,军方在第一次世界大战中清楚意识到军营中存在同性恋,却几乎从未因自愿鸡奸行为将军人送上军事法庭。鉴于美国对士兵和水手的迫切需要,即便是为人所知的同性恋者,只要他们低调隐秘,也被允许为国效力。

然而,在二战来临之际,义务兵役首次制定了一项政策,旨在阻止同性恋者参军。它最初的构想,并非专门针对同性恋者。更确切地说,它旨在避免一战期间曾经折磨美军士兵的一些心理问题,而当时并没有对准士兵们的情绪结构做任何预先筛查。为了避免再次出现一战中令士兵们饱受折磨的炮弹休克和严重情绪创伤等诸多情形,军方与一组精神病学家一起制定了新的心理学筛选程序,以淘汰心理上不适合服兵役者。

最初,这个程序没有特别关注个人的性实践或性倾向,但是,随着筛选程序的发展,总医官决定,同性恋本身就应当是不符合条件的特征。这就给负责执行筛查的人们制造了一个几乎不可能完成的任务。他们如何判断谁是同性恋者?军方把这项职责分派给了征兵局和军医们。在征兵体检中,数百万名男子被例行公事地问道,他们是否有过同性恋冲动或经验。这种做法毫无意义,因为男同性恋者决心为国效力,自然在任何情况下都不愿意被"出柜",只要在性倾向问题上简单撒个谎便可——对此,他们在平时生活中必然已掌握得炉火纯青。

除了直接询问个人的性倾向和性行为外,负责筛选的人还会重视"女性身体特征"、"服装和举止娘娘腔"或"直肠扩张(扩大)"之类的标记。毋庸多言,根本不存在筛查同性恋的决定性方法,在整个二战期间,因为性倾向不准参军的人不到四千。当然,无法准确得知在那些年中参军的同性恋者有多少人,但是,最准确的估计表明,二战期间,在军队中为国效力的同性恋者超过五十万人。

事实上,比起拒绝同性恋,军方更感兴趣的是征到士兵,同时,迫切想要保卫家园的同性恋者发现,并没有什么东西阻拦着他们。比如,1943年,罗伯特·弗莱舍想要当志愿兵,他很担心会遭到拒绝:"天哪……难道,我长着一些漂白的淡银灰色卷发,我走路的姿势,或许还有我的发音中女人气的 S——我觉得这一切都会出卖我,他都看不到吗?"征兵人员问弗莱舍唯一与性有关的问题是"你喜欢女孩吗?"他诚实回答说:"是的。"询问就此结束。

即使在服役期内,军方对于有同性恋嫌疑者采取的也是相对宽容的方法——只要他们保持性行为的秘密。可以辨认的男同性恋士兵,常常被送到"通常属于同性恋的工作职位",担任"书记员、军医、医护兵、牧师助手以及音乐滑稽剧中的女演员"。如此一来,美国仍将从他们在战时的效力中获益。全部由志愿者组成的陆军女子军团持有同样的观点,他们阻止公开的同性恋行为,却也警告不要"热衷于"对女同性恋行为的"政治迫害和无端猜测"。历史学家莉莲·费德曼评论道,"在战争岁月中形成了牢固的公众形象,即女子军团是'女同性恋的理想温床',实际上拥有相当充分的依据"。①

1943年,联邦资助的"国家研究委员会"与《步兵日报》联

---

① 又一次,艾森豪威尔将军要求陆军女子军团中士开除属下的女同性恋者。中士回答道:"遵命。如果将军愿意,我乐于做这次调查。……不过,如果我没有告诉您,我的名字将会列在这份名单的最上面,那就是不公平的。您应当会意识到,您将不得不更换所有的档案管理员、部门主管、大多数指挥员和车队。"对此,艾森豪威尔回答道:"忘掉这个命令。"

异装的士兵

合出版的《战士心理学》，冷静地评论道，如果同性恋士兵"仅仅是秘密地从同道者处获得性满足，他们的'性倒错'就有可能继续不引起他人的注意，他们可能甚至会成为优秀的士兵"。这也反映了军方在战争期间对同性恋士兵的沉默接受态度。

军方虽然没有积极地试图清除士兵之中的同性恋者，但如果士兵因为有损名声的行为被抓，它就会采取一种截然不同的立场。1941年，作战部长亨利·斯廷森下令，被发现有鸡奸行为者，一律移送军事法庭，如果认定有罪，判处五年苦役。因为警卫喜欢抓住机会毒打男同性恋犯人，军队禁闭室为此臭名昭著。一旦被关进禁闭室，同性恋者"发现自己像是进了无人区,即使是他的同性恋朋友们,为了自保也会避开他"。

然而,动用军事法庭被证明负担太过沉重、成本太过高昂,因此,1942 年,斯廷森批准将第八节退役理由*适用于"鸡奸者"。根据第八节退役又称"蓝色"退役(因文件用纸的颜色而得名),既不属于开除军籍,也不属于光荣退役,但它禁止前服役人员获得政府福利,包括医疗保障、大学学费、职业训练和开办新公司的贷款。更具毁灭性的是,根据第八节退役常常意味着老兵无法在平民生活中找到工作,也不能进入大专院校。当时的一位国会议员写道,老兵"如果遭到蓝色退役",几乎不可能再成为有所作为的公民。

* * *

1945 年,战争结束,大多数美国人都在疲于应对死亡、破坏和混乱。他们准备再次返回正常生活。不过,对于不同的人,"正常"意味着不同的内容。同性恋者在军队中经历的相对宽容,不再是"正常"的一部分了。同性恋者奋力争取美国的自由,却很快发现他们在战时获得的自由一去不返。美国力求恢复战前的秩序感,教会、政治家、媒体、学校和政府机构发动了一场战役,以重建核心家庭,让女性回到她们的传统地位之中,并宣扬一种更为保守的性道德。许多同性恋者不能或不

---

* 此处指的是《美国陆军条例》第八节的规定,内容为当军人的心智被认定为不适合继续服役时,应当退役。——译者注

愿遵守传统的家庭理念,同性恋者再次因性倒错而成为众矢之的,他们的存在威胁到了战后的美国家庭。

战争临近结束,对军方而言,同性恋士兵突然变得可有可无,政治迫害就开始了。涉嫌同性恋的士兵被召集到一起,就他们的性感受和性行为接受交叉盘问,并被要求说出性伴侣的名字。对他们而言,遭到身体虐待,受到公开羞辱,关进精神病院,都不罕见。战争结束时,驻扎国外的马文·利伯曼给朋友写信,说出了自己的性取向。他的长官知道了这封信,命令他待在被铁丝网围着的精神病房中,这种做法十分罕见。在他承认自己是同性恋之后,他被迫在整个中队面前快步走,他的指挥官咆哮道:"让你们看看纽约犹太同性恋是怎么操练的。"利伯曼回忆说,他"成了贱民,非常孤单,极为痛苦。每一个人都躲着我"。最后,利伯曼根据第八节退役,坐船回家。这也并非个案。

军方曾经很难识别女同性恋者,她们对性关系比男同性恋者谨慎小心得多。不过,一旦收到搜捕"精神病人"的要求,军方调查人员就会不知疲倦地搜查女兵的营房和私人物品,试图找到能够定罪的书信和照片。他们使用窃听器、测谎仪以及鼓励他人积极举报。他们记录下互赠礼物、共同出游、一起用餐的女性。他们在午夜叫醒涉嫌同性恋倾向的女性加以盘问。一名陆军妇女队员回忆说,对她的盘问结束后,她离开"基地,感觉真的糟透了"。退役后,雇主们得知她属于蓝色退役后,不断解雇她,使得她"丧失自我意识、自我形象和自信"。在很多年中,她"从未对人吐露心声"。

在东京,约有五百名女兵因被指控为同性恋或者具有同性恋倾向,收到了蓝色退役。一名陆军妇女队员回忆了一起悲惨的事件,军方"打电话给我们中的一个人——海伦。他们想让她去做证人,对她说,如果她不说出朋友们的名字,他们就告诉她父母她是同性恋。她回到六楼的房间跳了下来,自杀了。她才二十岁"。

在战争快要结束的那段时期,在全球各地的美军基地中,都会出现这种不公的事件。九千多名同性恋士兵和水手因为蓝色退役被逐出了陆军和海军。面对这种盘问,同性恋士兵求助无门。支持同性恋者权利的团体还不存在,即使公民自由团体也害怕卷入其中,即便士兵们"恳求他们施以援手"。

紫色恐慌

铁幕垂落,苏联引爆一枚原子弹,柏林封锁,带给美国的是震惊和恐惧。面对全新的"冷战",美国领导人妖魔化共产党员和前共产党员,许多政治投机分子助长了人们对狡诈、恶毒、危险的与美国为敌之人的恐惧,并赖以为生。出于对美国国内破坏活动的担心,以及对核毁灭的恐惧,美国走入历史上最压抑的时代之一,美国人在此期间彼此敌对。

1950年2月9日,女共和党人俱乐部在西弗吉尼亚的慧灵举办晚宴,籍籍无名的威斯康星州参议员约瑟夫·R. 麦卡锡在席间发表了一篇林肯诞辰演讲。在演讲时,麦卡锡拙劣地掏出一张纸,声称"我手上有一份205人的名单——这份名单是国务卿已经掌握的共产党人,然而,他们仍然在国务院工作并制定政策"。这份声明完全是伪造的,但它引发了一场肆虐十多年的大风暴。

三周后,国务院安全工作负责人约翰·E. 普里福伊到参议院一个调查政府雇员忠诚度的委员会作证。他被问及,在接受1947年以来可能存在的安全风险调查时,从国务院辞职的雇员人数是多少,他在回答中主动提到,那些雇员中有91人在"可疑类别"之中。在被追问时,他明确自己的意思是他们"是同性恋"。

麦卡锡立即跟进,告诉参议院的一个附属委员会说,国务院有一名"臭名远扬的同性恋"雇员,在因安全风险解职后,因为来自一名官员的压力,重新担任要职。从此时起,人们对国家安全越来越惊恐不安,很快发展成了政治迫害,不仅针对遭到怀疑的共产党人,而且针对遭到怀疑的同性恋者。

此后的数个月中,纽约州民主党众议员约翰·J. 鲁尼指责商务部"怠于清除同性恋者";国会共和党领袖、内布拉斯加共和党参议员肯尼斯·维利问其他参议员是否能"想到比性变态对美国更加危险的人?";共和党全国委员会主席盖伊·

乔治·盖布里森在写给本党支持者的信中警告说,"或许,与真正的共产党人一样危险的,是近年来渗透进我们政府的那些性变态"。

1950年5月20日,参议院拨款委员会的一个附属委员会一致要求参议院详尽调查"政府行政分支被控同性恋人员的情况"。三个月后,维利参议员在接受《纽约邮报》的采访中解释道,"你几乎无法将同性恋者从危险分子中区别出来"。有人问他,他是否"会满足于将同性恋者清除出'敏感岗位',而不涉及与军事安全无关的岗位",维利回答道,"那种人不应待在政府中的任何职位上"。

将"共产党人和同性恋者"并称,使美国公众将他们视为无法区分的威胁。这种做法非常自然,因为,在冷战的高峰期,美国人认为共产主义是无神论、不信奉基督教、不道德和堕落的。有国会议员在二十世纪五十年代声称:"俄国人是同性恋的强烈支持者。"小报记者亚瑟·盖伊·马修斯走得更远,他警告说:"共产党人为了从内部击败我们,正在把美国的年轻人改造成同性恋。"

1950年夏天,白宫助理戴维·戴维德警告说,政府中的同性恋产生了"相当严重的政治问题"。三位高级顾问警告杜鲁门总统说,"目前出现了政府中到处都是同性恋者的想象,与政府中有共产党人的呼声相比,确实让美国困扰得多"。

所谓的"紫色恐慌"(与"红色恐慌"相区别),此时已蔓延开来。共和党人愤怒地表示,国务院里到处都是共产党人和性变态,《纽约每日新闻》的一位评论家写道:"主导美国对外政策的",是"一个无所不能的、绝密的核心圈子,由教育程度、社会地位都很高的性倒错者组成",他们"很容易被外国同性恋者哄骗"。

1950年12月,参议院的一个委员会出具一份报告,正式宣布性倒错者构成对美国的危险,要求"开展严格、审慎的筛查,将他们从政府雇员中清除出去"。这份报告写道,"可以在大多数性倒错者身上发现情绪不稳的问题,还有道德品质的脆弱",报告指责联邦机构未能采取"足够的措施让这些人离开政府"。

为了回应此类担忧,政府各个机构开始使用测谎仪来判断雇员是否为同性恋者。美国邮政总局开始监视对同性恋有特殊兴趣的出版物的收件人;政府人员开始订阅同性恋笔友俱乐部,试图"逮住"可能是隐秘同性恋者的政府雇员。与此同时,联邦调查局开始编制全国范围的同性恋酒吧和其他同性恋聚集场所的清单,并从各地刑警处收集涉嫌同性恋的消息。1951年4月1日,J. 埃德加·胡佛宣布,联邦调查局确定了406名"公职人员中的性变态"。

胡佛对同性恋的执着,在多年前就已表露无遗,1937年,他在《纽约先驱论坛报》上发表了一篇广为流传的文章,题为《与性犯罪的战争》。胡佛也被怀疑是同性恋,但他在这篇文章中警告说,"公众通常认为性变态'无害',如今的这种漠不关心,应当变成一种多疑的严格审查"。他警告说,这种人虽然看似无害,却能"在明天成为令人憎恨的破坏者和杀人犯"。

在"紫色恐慌"的巅峰期,赫斯特集团的记者杰克·莱特和李·莫蒂默出版了畅销书《华盛顿机密》。书中有一章题为《Pansies 的花园》,两位作者捕捉到了美国首都的大众情绪,他们写道,"善良的人们摇着头,无法相信被揭示的真相是,90 多名心理扭曲的家伙已经被逐出了国务院"。他们报道说,已经发现"政府在册人员中至少有 6000 名已知的同性恋……而这只不过是总数的一小部分"。

对政府中同性恋的恐惧,激起了公众的想象力。自二十世纪二十年代以来,公众态度的转变极富戏剧性。根据报纸的一篇报道,约瑟夫·麦卡锡在 1950 年的邮件有 75% 谈论的是"性堕落",而不是共产党人的渗透,一些国会议员支持麦卡锡把注意力从共产党人"重新聚焦"到同性恋。麦卡锡时代的调查,"最终在反同性恋的政治迫害中,比反共产党的政治迫害消耗了更多资源(尽管大多数美国人将它们视为同一场运动)"。德怀特·艾森豪威尔总统甫一上任,就签发了一份行政令,宣布"性倒错"是严重的安全风险。

被恐怖主宰,正是同性恋公仆日常生活的写照。从 1950 年到 1955 年,每年因为性倾向被剥夺公职的人数急剧上升。因任何名义受雇于政府的同性恋者"电话铃一响"就担心,或许"这通电话所带来的,将是对他们的同性恋行为的指控,和对其性生活的折磨身心的讯问"。

这种讯问"公开点名"所带来的压力非比寻常,会增加人们的恐惧。的确,"看到别人的遭遇,他们知道,这也会发生在自己身上"。对于失去工作的人们而言,后果可能非常严重。比如,一名拥有硕士学位的政府雇员因性倾向遭到解雇后,在挖沟时身受重伤。在"紫色恐慌"期间,约有5000名同性恋者由于政府的政治迫害,失去了在联邦政府的工作——这还不包括更多因害怕公开的曝光和羞辱不敢申请政府工作的人。

在政府中对同性恋者的迫害,带来并反映了"迫害和净化"的全国性氛围。比如,1952年,《麦卡伦-沃尔特移民与国籍法》首次禁止被认为是同性恋的外国人进入或停留在美国。在全美国范围内,政府加快了将同性恋者逐出公众视野的努力。各州和各城市制定新法律,关闭了为"性倒错者"服务的酒吧等企业,媒体上也广泛报道了大量的搜查和当街逮捕。①

在华盛顿特区,警察局、联邦调查局、美国公园管理局、文官委员会采取积极措施,要让同性恋群体"满怀恐惧"。在费城,在公共场所逮捕同性恋者的次数攀升到了每年1200多起。

---

① "用同性恋者作为诱饵"的说法,在这些年中如此盛行,不但麦卡锡主义者会利用它,他们的对手也会如法炮制。不胫而走的指控是,约瑟夫·麦卡锡在一生中几乎都保持单身,他本人就是同性恋。部分是因为麦卡锡担心罗伊·科恩(他确实是同性恋)与其助手G.戴维·沙因存在同性恋关系,才引发了"陆军-麦卡锡听证会",并最终导致麦卡锡政治生命的终结。

在巴尔的摩,警察在一天之内逮捕了162名男同性恋者。在新奥尔良,警察在袭击一家女同性恋酒吧时,逮捕了64名女同性恋者。旧金山警察局长发动了一场雄心勃勃的战役,要"从街道和所有同性恋聚集地清除同性恋者"。

在迈阿密,当地政治家命令在海滩上清除同性恋者,迈阿密刑警队前队长是一位浸信会执事,他援引《利未记》第18:22篇和《哥林多前书》第6:9篇,宣布"爱同性恋者"的唯一方式是"送他入狱"。佛罗里达州议会的一个调查委员会开始在高校中搜捕同性恋者。结果,许多教授和老师因涉嫌同性恋丢掉了工作,数百名学生因涉嫌同性恋,不是被学校开除,就是退学。

反同性恋的狂热程度,如今引起了举国关注,同性恋者发现自己日益被孤立。历史学家巴里·亚当写道,麦卡锡时代的恐怖,"逼迫普通的同性恋者付出了巨大的牺牲,数千人失去工作、被捕入狱或者被关进精神病院"。一位女同性恋者回忆道,"你在工作中彻底避免与人接触。如果交朋友,你必须确保永远不带他们去家里。永远不告诉他们你的真实身份。我们都吓坏了"。

媒体用源源不断的耸人听闻、散播恐惧的文章和社论,帮助净化担任公职的同性恋者;媒体研究人员热心地调查用阉割、脑叶手术和电击等方式"治疗"同性恋。精神科医生宣扬的观点是,同性恋是一种疾病,必须根除;教会支持对同性恋者的迫害;好莱坞热衷于修改真实的历史,将实际上是同性恋者的历史人物(比如米开朗基罗、鲁道夫·瓦伦蒂诺、汉斯·克里斯蒂安·安徒生)篡改为异性恋者。在媒体中提到同性恋都必须加以严厉指责。1954年,《一杂志》(ONE)刊登了一篇描写女同性恋的短篇故事,洛杉矶邮政局长就把它从邮件中抽了出来。联邦地方法院认定这篇故事是淫秽作品,因为它对同性恋语带同情,对"大多数"美国人来说是"下流的"。

民权组织再次拒绝追随艾玛·高曼的领导,对同性恋者置之不理。1957年,美国公民自由联盟全国委员会通过一份政策声明宣布,"评估旨在镇压或消除同性恋的法律的社会效度,不属于(美国公民自由联盟)的范围"。尽管同性恋者传统上不愿意组织起来保护自己,对抗镇压,如今却很显然,"有些事情不得不做了"。

"异常邪恶的循环"

在二十世纪五十年代,发起一场同性恋解放运动的想法是无法想象的。社会中的主流观点是,同性恋者是病态、错乱、不忠的罪犯和罪人,这自然打消了大多数同性恋者公开披露性取向的念头。这也使组织同性恋的努力实际上不可能实现。此外,大多数同性恋者仍然认为自身的"苦难"是个人缺陷,而不是采取政治行动或法律行动的理由。组织起来倡导所谓的

"同性恋者权利",这种想法对于绝大多数同性恋者来说是无法想象的。

1951年,社会学家爱德华·赛格瑞恩用笔名唐纳德·韦伯斯特·克里出版了开创性的著作《美国的同性恋》,他在书中评论道,同性恋隐藏身份的能力,让他们陷入"异常邪恶的循环"。他解释道,公开承认同性恋身份,随之带来的是鄙夷、抛弃和耻辱。

> 如此沉重,所有人都在伪装自己;另一方面,唯有一位领导挺身承认(同性恋身份),才能冲破障碍。……在世界能够承认我们是平等享有完整权利的人之前,我们不太可能出现很多愿意成为烈士的人。……不过,在我们愿意公开且坦诚地说出真相为(自己)辩护之前……我们不太可能发现世界的态度会发生何种重大改变。

虽然存在这些障碍,一小群男同性恋者还是于1951年在洛杉矶创立了马特辛协会①。协会的核心使命是鼓舞"有社会责任感的同性恋者"来"承担领导责任",帮助"因为压迫而每

---

① 协会的一位创始人解释道,马特辛的名称取自 Société Mattachine(法语),这是文艺复兴时代由男人参加的秘密互助会,在各地乡村表演舞蹈和仪礼。他们在表演时绝不摘下面具,部分是因为,他们的表演常常是"对镇压的抗议"。马特辛协会的创始人之所以取这个名字,是因为"我们这些二十世纪五十年代的同性恋者,也是一群带着面具的人,默默无闻,籍籍无名,或许能提升士气,帮助我们自己和其他人,通过斗争,走向……改变"。

天都在受苦的我们这些人"。马特辛协会将同性恋者视为"受迫害的少数群体",与非裔美国人和犹太人类似,开辟了一片新天地。

马特辛协会主张,"同性恋者解放运动"必不可少的"第一要务",是挑战同性恋者已经认同的社会对他们所持的极端负面和敌对的想法,向他们灌输自尊和个人价值的感觉。所以,协会领导人试图在会员中发展一种"牢固的团体意识,不会受到同性恋者往往已经认同的"对他们自己的"负面态度的影响"。

马特辛协会承认同性恋者与异性恋者有所不同,却"设计了一种具有自身积极价值的同性恋文化的图景,并试图将耻于身为同性恋转变为自豪地属于对人类共同体贡献一己之力的少数群体"。不过,与此同时,协会领导人也明白,为了保护会员免受曝光的危险,仍有必要为协会发展"秘密的、细胞式的结构"。

起初,马特辛协会召开小规模会议的参加者们"极为害怕政府可能会拿到"写有他们姓名的"名单"。他们担心,随时会有"警察闯进来把所有人抓走"。早期会员中,有很多人迫不得已使用假身份。不过,不久以后,会员们开始放松自如。一位会员回忆道,这是"我们以前无从了解"的经历。他们此前的同性恋经验,仅仅局限于隐秘的性接触和情侣关系,如今却发现自己遇见了数十位同性恋者,而且还能公开讨论同性恋问题。对他们中的大多数人而言,这太不可思议了。

1953年中,马特辛协会在加利福尼亚已有大约一百个不断发展的讨论小组,不过,参加者的人数仍然少得可怜。就在这一年,几位会员创办了《一杂志》,旨在起到论坛的作用,同性恋者可以在上面发表对公众和对彼此的观点。

马特辛协会和《一杂志》均由男同性恋者主导。1955年,德尔·马丁和菲利斯·里昂发起成立"碧丽蒂斯的女儿"①,这是美国第一家女同性恋政治团体。后来,"碧丽蒂斯的女儿"的领导人发现了马特辛协会和《一杂志》,开始在他们所谓的"同性恋者权利"运动中携手合作。第二年,"碧丽蒂斯的女儿"出版了第一期《阶梯》,这份刊物致力于讨论女同性恋者权益问题。它的目标是鼓励女同性恋者"越来越多地参加……为支持同性恋者权利的少数群体而开展的斗争"。不过,这些杂志的发行量一直不大,几乎没有超过1000份。在二十世纪五十年代,不仅是出版此类杂志,甚至连订购阅读它们,都需要很大的勇气。②

---

① "碧丽蒂斯的女儿"这个名称取自《碧丽蒂斯之歌》,皮埃尔·路易所著的这本艳情诗集,于1894年在巴黎首次出版。

② 这些团体之间的联合,并非总是一帆风顺。男女同性恋者拥有截然不同的社会经验,他们并不一定持有相同的观点。比如,"碧丽蒂斯的女儿"的成员"发现男同性恋者存在滥交行为,警察也会因此找上门来,令人不堪其扰,似乎,在世人眼中,与男同性恋者发生关联,也成了女同性恋者的罪过"。此外,男权意识和自以为屈尊的态度,常常会激怒"碧丽蒂斯的女儿"的成员。马特辛协会会员常常把"碧丽蒂斯的女儿"当成"女士附属团体",曾经被一位"碧丽蒂斯的女儿"领导人非常简单地回应道:"去你的!"

1960年,马特辛协会成立已近十年,这些团体仍然只能勉强维持。尽管它们在全国很多城市都有分会,但马特辛协会和"碧丽蒂斯的女儿"的活跃成员,总共还不到四百人。对冒着风险参加的大多数同性恋者而言,身份曝光带来的危险实在太大。① 到了1960年代初,很明显,这些最初的解放运动,既未能动员广泛的同性恋支持者,也没能与异性恋社会就同性恋者权利展开严肃的对话。运动的领袖们发现自己陷入了挫败、分裂和恼怒之中。

阿尔弗雷德·金赛、伊夫林·胡克与法律院校

不过,与此同时,科学界与法律界却开始用全新的眼光看待同性恋问题。1948年,此前籍籍无名的印第安纳大学教授阿尔弗雷德·金赛出版了开创先河的著作《男性性行为》。金赛的许多发现都让人感到吃惊,但最让人震惊的发现,是男性性行为与同性恋有关。金赛根据对一万多名采访对象的访谈记录道,在成年男性之中,有50%的人曾经对同性有情欲反应,有37%的人在青少年期之后曾有过至少一次同性性经历,

---

① 牛顿·阿尔文就是一个典型的例子。他是杜鲁门·卡波特最早的情人之一,也是一位杰出的文学评论家和英语文学教授,在史密斯学院执教三十八年。1960年,他被人发现藏有同性恋材料,上面有半裸男性,于是性倾向曝光,被史密斯学院开除。

有10%的"年龄在16到55岁之间的人,有至少三年以上的不同程度的同性性行为",有4%的人终身都是同性恋者。这些数据完全出乎人们的意料。

包括金赛在内的几乎每一个人,此前都相信同性恋局限于极少数体质特殊和患病的个体范围内。金赛根据这些数据得出结论道,"很难再认为,同性之间的性心理反应是罕见的,也因此是不正常和不自然的"。同样令人惊讶的是,金赛得出结论说,"男性并不能截然区分为两个群体:同性恋者和异性恋者",而是性倾向会发生改变的不可分割的统一体。金赛确信,美国人"一旦仔细考虑他搜集的科学证据",就会抛弃对同性恋的"迷信"。

在二十世纪四十年代末的压抑时期,《男性性行为》产生了巨大的全国性影响。它在《纽约时报》畅销书榜上停留了二十六周,售出了二十五万多本,并很快有专业人士召开了两百多场专题研讨会。对同性恋者而言,此书的出版是"一个分水岭"。当时,来自芝加哥的一位男同性恋者评论道,"简直就是炸开了这个该死的国家"。此书问世后,人们开始"看着街上最规矩的人",想知道"你是同性恋吗?"。

金赛的方法论遭遇了尖锐的攻击(不过大多毫无说服力)。他的发现遭到神职人员以及保守派记者和政治家的诋毁,他们担心,如果这些数据是准确的,在世人的眼中,美国将会蒙上污名。一位保守派精神病医生警告说,如果金赛的数据

"基本成立,那么,'同性恋宣泄'就会是主要的全国性疾病"。协和神学院院长称,金赛的数据是"接近最堕落的罗马时代的美国道德堕落"的证据。

1953年,金赛继续出版了《女性性行为》。他发现,28%的女性曾经体验过其他女性身上的性吸引力,13%的成年女性曾经历过达到高潮的同性性行为经验(男性的对照数据是37%)。女性可以与其他女性达到高潮(所以无须阴茎的帮助),这则新闻本身就让大多数美国人大吃一惊。《女性性行为》引起的反对情绪比之前那本书还要大。

在题为《金赛报告中的性与宗教》的文章中,神学家莱茵霍尔德·尼布尔批评金赛的著作是典型的"道德无政府主义"。在题为《圣经与金赛博士》的文章中,保守派福音传教士比利·格雷厄姆警告说:"对于美国早已堕落的道德,此书会造成何种程度的损害,已经无法估量。"民主党的纽约州众议员路易斯·赫勒指控金赛"对我们的母亲、妻子、女儿造成的本世纪最大的侮辱"。J. 埃德加·胡佛对金赛的性学研究所发起了一次调查和骚扰活动,这种回应方式不免让人想起安东尼·康斯托克。1954年,众议员共和党人在国会上对支持金赛研究的私人基金会发起了调查。各种压力接踵而至,洛克菲勒基金会无奈宣布,不再资助金赛的研究。

* * *

金赛对同性恋的研究,着重于积累和分析定量数据。伊夫林·胡克的工作本质上更加注重定性。胡克在加州大学洛杉矶分校学习心理学的几位学生,向她坦承他们是同性恋者,与学生们的交流激发了她的研究兴趣。一位学生建议说,更加深入地了解"我们这样的人",是她的责任。胡克接受了这个挑战,于1953年从国家心理健康研究所获得一笔拨款,她的研究旨在确定,同性恋是否如一般所认为的那样,属于一种心理病态。

在两年时间里,她主持了一系列详细的心理学测试,在接受测试的人中,一半人一直是同性恋,另一半一直是异性恋。然后,她向由独立专家组成的盲选评审团提交结果,由专家们为每一个人的心理调适度和社会调适度评分,从优秀到失调不等。这些评分出版于1957年,它表明,在社会适应不良或精神病理学与同性恋之间,并不存在关联。尽管许多临床心理学家相信,他们能够从测验结果中分辨出同性恋者,却并没能实现。

与金赛揭露的真相一样,胡克的研究成果令大多数美国人大吃一惊。金赛和胡克这样的科学家所做的研究,严重困扰并激怒了鄙视和害怕同性恋者的人们,不过也让其他人开始质疑对同性恋的传统观点。

美国法学会颇孚人望,它由美国最杰出的律师、法官和法学教授组成,专注于法律的学术研究,并制定大量的"示范"法典,足以反映最优秀的当代法学思想。1957年,英国的沃尔芬登委员会报告呼吁不再将自愿鸡奸行为作为犯罪处理。在这份报告的基础上，美国法学会经过四年的努力，于1961年出版了影响深远的《模范刑法典》。这本新的《模范刑法典》呼吁删除对自愿鸡奸行为的所有刑事禁止规定。由于所有的州都仍然禁止自愿鸡奸行为，所以美国法学会的提议引发了极大争议。

在《模范刑法典》的书面报告中，起草者的理由如下：

> 政府试图控制的行为，是除了行为人的道德外不会产生实质意义的行为，我们认为这是不适当的。此类情形最好留给宗教、教育等社会影响调整。暂且不论可能提出的法律明确要求遵守特定宗教或道德原则的合宪性问题，必须承认这样一个事实，我们生存在多样化的共同体中，对于不同的道德错误的严重程度，不同的个人和团体所持的观点相差甚远。

谴责美国法学会立场、拥护以法律禁止自愿鸡奸行为必要性的人们认为，各州单纯以不道德为由禁止不道德的行为，是完全适当的。作为类比，他们指出，法律也禁止人吃人。

宾夕法尼亚大学法学教授路易斯·B. 施瓦茨是1961年《模范刑法典》的主要起草者之一，他对这些争议作出了回应。施瓦茨承认，人吃人的例子提出了一个有趣的问题，不过，他断言，美国法学会的结论是，"成年人同伴之间自愿秘密发生的非典型性性行为，对社会世俗利益"不会造成"损害"，尤其是鉴于,"对每一个人提供的保护,都使他们有权要求政府不得介入并未伤害他人的私人事务"。

这场辩论还在如火如荼地展开,伊利诺伊州却在1961年成为美国首个将自愿同性鸡奸行为去罪化的州。除了《模范刑法典》起草者提出的理由之外,伊利诺伊州的去罪化支持者还对"芝加哥警方肆无忌惮地骚扰同性恋者"深表关切。

在美国法学会的讨论和伊利诺伊州的审议意见中,同性恋者——受到这些辩论最直接影响的人们——都没有在这个过程中以某种方式出现。一位同性恋作者(使用化名)评论道:"很不幸,同性恋者在法律面前的地位,使他无法有效地作出抵抗。"

1964年,纽约州议会讨论是否学习伊利诺伊州、采用美国法学会的主张、废止惩治鸡奸的州法时,也明显如此。这份提案功败垂成,愤怒的罗马天主教主教团——领导它的是纽约红衣主教弗朗西斯·斯佩尔曼,他本人也被怀疑是一位同性恋者——发动了一场反对这份提案的全面游说战争。其他各州无一废止惩治自愿鸡奸行为的法律,直到1969年,康涅狄格州才采纳了《模范刑法典》的方案。

尽管如此,在二十世纪六十年代,法律的方向逐渐发生了变化。紧随着金赛与胡克的研究,美国法学会的《模范刑法典》激起了对这个问题的严肃探讨。不过,就实际情况而言,在二十世纪六十年代,民权运动轰轰烈烈,越南和女性解放运动争论不休，而同性恋者权利问题基本上湮没无闻。

出柜

富兰克林·卡米尼是美国陆军制图局的一位天文学家，因为同性恋者身份，于1957年被开除公职。卡米尼是一位瘦弱的男人，却嗓音浑厚、语速奇快，他对这次开除提起了诉讼，但在最初的两级法院的审理程序中，他都败诉了，之后，他向最高法院提交了复审申请。1961年，最高法院驳回了他的上诉，他敦促马特辛协会在华盛顿特区和纽约市的分会采取更加积极的措施，呼吁人们接受同性恋者是社会中"完全平等的主体"，拥有"公民的基本的权利和平等"，让"我们的人格尊严"、我们"追求幸福的权利"和我们"爱想爱之人的权利"获得认可。

他用非裔美国人和犹太人的类似要求，来类比同性恋者对平等权利的要求，并否定同性恋者应当变得像异性恋者一样的想法。他写道，"我没有看到全国有色人种协会"研究过"漂白黑人的可能性"，同时，"我也没有看到圣约之子会……对犹太教信徒改信基督教以解决反犹问题的可能性……产生过什么兴趣"。他解释道，我们"感兴趣的"，是"获得我们各自的少数群体权利，作为黑人，作为犹太人，作为同性恋者"。

卡米尼公开宣布，"我站上法庭，不仅是想说同性恋者……并非是不道德的，而且，成年人的自愿同性性行为，在正面和真实的意义上,是道德的,是对的、善的和值得的,对参与者是如此,对他们所生活的社会也是如此"。之前,从未有人公开表达过这样的话语。

卡米尼在其他方面都被形容为"最传统的男人",却在同性恋者权利运动中成为一场新战役的先锋。他认为,"关于同性恋的所有问题,……都因偏见和歧视而生",他敦促同性恋者及其团体不要再"对其他同性恋者谈论同性恋问题",而是要采取一种与黑人民权运动相同的直接行动战略。卡米尼主张,同性恋者在表达观点时不要"胆怯",这"绝对必要"。他呼吁大家行动起来,并宣布说,同性恋者必须"急于改变……传统地位,也就是……完全消极、沉默的"少数群体,大权在握的人们给予他们的只有"偏见"。1965年4月17日,卡米尼率领一小队同性恋者来到白宫前,所带的标语上写着"一千五百万美国同性恋者抗议在联邦政府所受的待遇"和"同性恋者也是美国公民"。卡米尼甚至成功地让不情不愿的美国公民自由联盟转而支持同性恋者的权利。

其他的积极分子很快聚集到卡米尼的麾下。1967年,洛杉矶警方针对同性恋酒吧的一次行动,引发了数百名同性恋者在日落大道的集会。同一年,丽塔·梅·布朗和罗伯特·A.马丁在纽约大学和哥伦比亚大学创立了"支持同性恋者权利学生协会"。丽塔·布朗后来成为著名的作家和女权主义者;罗伯特·马丁是公开身份的同性恋学生,只是"考虑到他已受到精神治疗,也不会企图勾引其他学生",才被哥伦比亚大学接受。

次年,哥伦比亚大学的学生在一场同性恋精神病学研讨会上示威抗议,要求是时候"停止谈论我们,而是开始与我们一起谈论了"。此后不久,同性恋者权利支持者北美会议作出决议,"同性恋作为一种正当的生活方式,绝对不比异性恋低人一等",同时,会议还以卡米尼所说的"同性恋是善的"作为信条,在十年之前,这种立场根本无法想象。

二十世纪六十年代末,"性革命"和民权运动达到巅峰,在全国范围内成立了五十余家同性恋者权利支持团体,与此相比,前十年中较为试验性的那些团体不免相形见绌。这些团体越来越激进,尤其是在针对警方骚扰发起的抗议之中。1969年,住在旧金山的"学生争取民主运动"的同性恋领导人卡尔·威特曼写下洋洋洒洒五千言的《同性恋者宣言》,他在其中宣布:

> 我们假装一切都好,因为我们无力看清如何改变——我们很害怕。在过去的一年中,同性恋者获得解放的思想和能量觉醒了。它如何开始,我们不得而知;或许我们受到了黑人及其自由运动的鼓舞。……
> 我们的首要工作是解放自己;这就意味着要清空头脑中的垃圾,那是被强行灌输进来的。……同性恋人民的解放,为我们自己定义了我们如何生活,与谁

一起生活。……如果获得解放,我们就能公开性向。必须结束柜子里的生活。走出柜子。……我们已经上演了一出冗长的表演,所以我们是完美的演员。如今,我们可以开始成为自己,这将会是一出好戏!

这是第一次有人在这个意义上使用"出柜"这个词,这个充满力量的社会和政治术语就此诞生了。对于同性恋解放论者而言,"出柜"的做法,并非纯粹的自我认同之举,而是"激进、公开的行动,将会影响到个人生活的每一个方面"。

尽管二十世纪六十年代的同性恋者权利宣言具有更强烈的斗争性,但同性恋活跃分子却多半仍是在自说自话。部分问题在于,绝大多数同性恋者仍然躲在柜中。他们担心,出柜会带来极大羞辱和悲惨后果,这种担心将大多数同性恋者留在了阴影之中。诚然,此时所有同性恋者权利团体的总人数全部加起来,仍然不过五千人,"其中只有数百人可以说已经'出柜'了,公开认同自己是同性恋者"。所以,尽管同性恋者权利运动在个别地方获得了胜利,但在更大的社会中,它在风格、志向和方向上的转变,仍然"在很大程度上不为人知"。

撞上石墙

1969年6月28日,这一天是星期六,当天凌晨1时左右,纽约警方突然搜查了石墙酒吧。这家脏兮兮的同性恋酒吧是黑手党开的,坐落于格林尼治村的克里斯多夫街。这是纽约市唯一允许跳舞的男同性恋酒吧。酒吧内漆成黑色,黑色的光线跟随着节奏射向四周。如果发现警察,酒吧就会打开正常的白色灯光,提醒每一个人停止跳舞和抚摸。

警方对同性恋酒吧的搜查十分频繁。此前的三周内,纽约的其余五家酒吧都遭到了搜查,但在这天晚上的石墙酒吧中,女装男同性恋者、酒吧侍童和女同性恋者们,无论是身在酒吧内还是站在外面的围观人群中,都挺身抵制这次平常的警方骚扰。一位历史学家这样描述现场:"警方要逮捕酒吧中戴着假发的男人,现场一片混乱。"

警察进入酒吧,开始将同性恋者和异装者拉到停在外面等候的警车之中,酒吧的客人和旁观者开始顶撞警察,投掷硬币和酒瓶。一名警察殴打了一名走得很慢的 Queen,她用手提包还击,于是警察使用了警棍。她哭喊着让不断壮大的人群"做点什么"。警车开走后,人群变得更加骚动,留在现场的八名警察,在酒吧中设置障碍保护自己。人群涌向酒吧,向窗户内投掷石块,点燃篝火,把停车计时器当冲车用,试图破门而入。西尔维娅·里韦拉是被家人赶出门的同性恋者,在袭击发生时,她就在酒吧里面,她回忆了自己当时的想法:"这些年来你们没把我们当人看?哼,现在轮到我们了!……这是我人生中的高光时刻之一。"

防暴队抵达现场救出躲在障碍之后的警察,然后组成方阵

石墙酒吧,1969 年 6 月 28 日

肃清街道。作为回应,对面的同性恋者一字排开,表演着高踢腿,嘲弄地唱道:"我们是石墙女孩,我们头戴卷发,我们没穿内衣,我们露着阴毛。"防暴队"发疯了",开始用警棍抽打"他们能够追到的每一个同性恋者"。

第二天晚上,数千名同性恋者从各地赶来,聚集在克里斯多夫街,再次与警方发生对峙。《纽约马特辛通讯》报道称:"警方非常害怕,愤怒的抗议者们汇成巨大的人潮,在好几个街区中追逐警察,高喊着'抓住他们!干他们!'"此时,警方从一群"Fags"那里受到了实实在在的羞辱。

石墙酒吧事件发生时,正是同性恋者身份开始浮出水面以及同性恋者权利运动一路高歌之时,因此,它在历史上占据了象征性的地位,此次暴动后不久,诗人艾伦·金斯堡评论道:"你要知道,在场的人们有多美……他们已经扔掉了十年前所有同性恋者所具有的受伤形象。"

1969年6月29日,石墙酒吧事件的第二天,马特辛行动委员会分发传单,呼吁团结一致展开抵制。次月,女同性恋狂热人士玛莎·谢莉组织了一场有五百多名同性恋活跃分子参加的集会,地点就在华盛顿广场公园,距离石墙酒吧只有三个街区。谢莉等人"使用'同性恋者力量'这样一种新的激进语调,将人群煽动起来"。一个月后,她和其他同性恋活跃人士组建了"同性恋者自由阵线",随之而起的,是数十家类似的基金组织,此时都在全国各大城市中纷纷涌现出来。谢莉解释道:"我们不想按照以前的方式获得美国的承认。我们希望美国发生改变。"这是同性恋者权利运动中出现的一种新语调,它"充满愤怒、具有对抗性、极不安定"。

在之后的数个月中,同性恋解放阵线到《乡村之声》杂志示威抗议,因为它拒绝印刷"Gay"这个词①;他们也到《时代》杂志和《旧金山观察报》抗议,因为它们刊登了对同性恋者的侮辱性封面;他们还到西部航空公司和三角洲航空公司抗议,因为它们存在就业歧视问题。"同性恋解放阵线"成员闯入在

---

① 在1987年之前,《纽约时报》都拒绝使用"Gay"这个单词,它坚持使用的是"Homosexual"。

旧金山、洛杉矶和芝加哥召开的医学界会议,抗议"纠正"同性恋主题的会议,斥之为"野蛮未开化",并要求给予同等的发言时间。

1970年6月28日,为了纪念石墙酒吧事件一周年,五千余人从格林尼治村走到中央公园,同时,在芝加哥和洛杉矶还有更多人用同样的方式来纪念这个时刻。这是美国首个同性恋自豪日游行。弗兰克·卡米尼在见证了中央公园的游行后写道,令他"肃然起敬的是,自信的人群汹涌而来,走向自由的彼岸乐土"。

这是社会整体动荡不安的时刻,在此期间,之前受压迫的群体越来越多地对传统的社会、宗教和文化规范发起挑战,同性恋者权利运动方兴未艾,开始与其他少数群体事业产生关联。1970年,同性恋者权利支持者北美会议决定,既支持女性解放,也支持黑人平等运动。休伊·牛顿是"黑豹党"领袖,1966年,他与博比·西尔共同创立黑豹党,抵制警方针对非裔美国人的暴力行为。他投桃报李,称同性恋者可能是"社会中受到最深压迫的人"。

同性恋者权利运动与女权运动之间的关系十分复杂。1970年,"全国妇女组织"纽约分部时任通讯编辑丽塔·梅·布朗试图引起人们对女权运动中的女同性恋问题的关注。贝蒂·弗里丹毕业于史密斯学院,于1963年出版了《女性的奥秘》,如今已是"全国妇女组织"的会长。她对此的回应却是谴责"同性恋的威胁"会危及女权运动的公信力,并担心公众将女权运动与女同性恋联系在一起,这会对她们的事业造成损害。布朗与其他疑似女同性恋者都被清除出了"全国妇女组织"。一年后,"全国妇女组织"经过内部审议,"承认女权运动应对女同性恋者所受压迫给予合理关注"。1973年,全国妇女组织专门为"性与女同性恋者"设立了"全国工作组"。

石墙酒吧事件之后的十年,见证了同性恋者权利事业的不断推进。石墙酒吧事件发生不过数月,伊夫林·胡克主持的"国家心理健康研究会同性恋特别小组"呼吁,在全国范围内重新考虑对同性恋者的就业歧视。此后不久,美国社会学协会通过决议,反对基于同性恋原因的歧视。1972年,一位女同性恋者在离婚诉讼中获得对孩子的监护权,这在美国历史上尚属首次。《心理障碍诊断与统计手册》是心理健康专业人士的主要诊断和参考工具书,1973年,美国精神病学会的理事会投票决议将同性恋从该书中删除,这实属令人震惊的巨大转变。《纽约时报》刊登头条新闻指出了重点所在,"医生们认定同性恋并非变态"。

1975年,联邦政府放弃公务员制度中存在已久的同性恋者就业禁令,马萨诸塞州的选民们选举伊莱恩·诺布尔为本州的众议员,使她成为美国历史上首位当选公职的公开同性恋身份的候选人。此后不久,吉米·卡特总统第一次邀请同性恋活跃人士在白宫会面。

二十世纪七十年代末,已有二十九个城市立法禁止基于性取向的就业歧视,二十二个州废除了禁止自愿鸡奸行为的法律,80%以上的美国人所生活居住的州,已经彻底或实质上将自愿同性鸡奸行为非罪化。

抵制

围绕石墙酒吧的神话,人们始终有种印象是,同性恋者的处境在朝夕之间得到了改善,然而,尽管二十世纪七十年代取得了长足进步,诸多失望、歧视与压迫却仍接踵而至。比如,纽约州民主党众议员贝拉·阿布朱格和埃德·科赫于1974年在国会提出一项法案,想要修订1964年《民权法案》,禁止基于性取向的就业歧视,却止步于国会的委员会。不过,除此以外,同性恋者权利运动还是引发了强烈的抵制。

最富戏剧性的例子,出现在佛罗里达州戴德县就一份条例草案展开的辩论中,1977年1月18日,戴德县委员会以五票对三票通过了一部条例,规定在就业、住房供给和公职问题上歧视性取向是违法的。当地的宗教团体要求立即撤销此条例。在呼吁撤销条例的团体中,最显眼者是"救救我们的孩子",这是一家新成立的基督教团体,创立者名为安妮塔·布莱恩特,她是全国知名的艺人、前美国小姐选美比赛冠军。

布莱恩特是一位重生的浸信会教徒,她认为,反歧视的法

安妮塔·布莱恩特

规不但违背上帝在《圣经》中的诫命,而且侵犯了她的"孩子们享有的在健康正派的社区中成长的权利"。在 2 月初召开的一次新闻发布会上,布莱恩特身边挤满了代表迈阿密所有重要教堂的神职人员,她宣布,她手中握有证据,能证明同性恋者"试图让我们的孩子成为同性恋"。

布莱恩特发起的这场运动得到了"全国福音派协会"的支持,而这家协会的会员人数超过三百万。协会通过"PTL 俱乐部"、"700俱乐部"和"古昔福音宣讲时间"等电视节目,募集了巨大的资金。为了支持撤销迈阿密的法规,杰里·福尔韦尔牧师不懈地呼号奔走,同时,包括帕特·罗伯森、吉姆·巴克和塔米·巴克在内的基督教右派的其他领袖,也力挺布莱恩特的这场运动。迈阿密的大主教写信呼吁当地会众投票支持废止法规,1977年6月7日,举行了一场引人注目的特别公投,戴德县的选民以压倒性的202319票对83319票,废止了这项法规。

戴德县取得的胜利,催生了一场新生的、以宗教为基础的反同性恋运动。布莱恩特发誓要"与全国范围内的此类法律战斗到底,它们试图将之合法化的生活方式……不仅堕落,而且危及家庭神圣、危及孩子们"、"危及我们在上帝庇佑下的整个国家"。这场运动的基调十分丑陋,比如在整个地区的车辆保险杠上贴上诸如"为基督杀死同性恋"之类的留言。在两年之中,全国各城市制定的保护同性恋者免受歧视的法律,都遭到了废止。

废止此类法律的这场运动,指控此类法律助长了"猥亵儿童"、"雇佣同性恋"和"男孩卖淫"。杰里·福尔韦尔教士在一封广为流传的信中重复了这些指控:"请记住,同性恋不能繁衍人类!他们在吸收新人!他们中的许多人在追求你我的孩子。"另一家保守基督教团体发出一份筹款信,重拾第二次大觉醒中福音派的说法,采取一种凶猛得多的宗教方针,号召拥有信仰的美国人团结一致，阻止"好斗成性的同性恋者"向政府施加"用撒旦的议题取代上帝的议题"的压力。历史学家迈克尔·布朗斯基评论道："布莱恩特及其支持者丝毫不加掩饰，他们将这场战斗视为拯救美国基督徒灵魂的宗教战争。"戴德县举行公投之后不久，佛罗里达成为美国首个立法明确禁止同性恋伴侣收养儿童的州。

二十世纪六七十年代社会和文化变革，引发了巨大的宗教抵制，安妮塔·布莱恩特现象只不过是其中之一。正如第二次大觉醒部分是对启蒙运动和独立战争中的世俗主义的回应，面对反主流文化、避孕药、要求人工流产权、女权运动、性解放、越发露骨的色情文学和泛滥的同性恋，传统道德观和宗教价值观已岌岌可危，此种恐惧导致了道德多数派的登场。用法学家威廉·埃斯克里奇的话来说，基督教正统派在二十世纪后期的爆发，"复活了安东尼·康斯托克的政治道德化"。

正统派基督徒在政治上团结一致，为了捍卫美国，对抗他们视为癌变的性罪恶，自十九世纪中叶以来，这还是头一遭。性革命对美国宗教产生了深远影响。大多数主流新教徒和犹太教徒想方设法调整宗教信仰，以适应变革后的性道德。他们支持计划生育，接受堕胎的现实，谨慎欢迎同性恋者成为会众。另一方面，面对"享乐主义"的潮流，大多数白人福音派信徒、主流天主教徒和非裔美国人浸信会教徒团结了起来，抛开多年纷争，成立了一个新的政治联盟，捍卫"传统的家庭价值观"。

尤其是新教正统派,用一种彻底改变美国政治的方式,卷入了这场政治争论。

占了总人口几乎四分之一的白人福音派信徒,强烈反对平等权利修正案、性表达、生育自由和同性恋。杰里·福尔韦尔、蒂姆·拉艾等牧师,将同性恋斥为"神所憎恨之人"。1972年,菲利斯·施拉夫利创办了"老鹰论坛",捍卫"传统家庭价值观"。他主张,平等权利修正案会推动同性恋,并使同性恋婚姻合法化。南方浸信会宣布同性恋是"上帝眼中的憎恶之事"。这是一场针对同性恋者权利要求的宗教反攻,而且他们全力以赴、毫不留情。

围绕同性恋者权利展开的斗争愈演愈烈,同性恋者在二十世纪六七十年代开始首次要求在美国的公共生活中发声,获得性免疫缺陷综合征(艾滋病)来势汹汹地袭击了男同性恋群体。这种疾病很快在公众心目中与同性恋联系在了一起。在有些人看来,这是上帝对同性恋鸡奸行为降下的惩罚。杰里·福尔韦尔咆哮道:"艾滋病不只是上帝对同性恋降下惩罚,它也是上帝对容忍同性恋的社会降下的惩罚。"保守派时事评论家帕特里克·布坎南是罗纳德·里根的高级顾问,他宣布说:"艾滋病是自然对违反自然法则的报复。"全国各社区纷纷制定在保险、住房和工作场所排斥艾滋病患者的新法律。

在1980年的总统竞选中,共和党候选人罗纳德·里根向天主教徒和道德多数派大献殷勤。为了获得他们的支持,他反对任何将"政府的时间和财力"用于"仅仅对同性恋者有危险"的疾病的想法。里根主政的白宫,没有向医疗研究投入资金,也没有针对艾滋病发起公共卫生运动,而是抛弃了这个问题,任由这场悲剧"滋生泛滥"。在此后十年中,艾滋病被轻蔑地称为"同性恋癌症",它严重破坏了同性恋群体,超过二十五万同性恋者因之丧命,成千上万人深恐自己成为下一个受害者。

第四编

法官们:性表达与宪法

第十二章

淫秽与第一修正案——"堕落和腐化的"影响

二十世纪五十年代,对于宪法与调整诸如淫秽、避孕、堕胎和同性恋等问题的法律之间可能存在的关联,联邦最高法院几乎未置一词。在此之前,人们一般都会假定,政府禁止大多数人认为不道德的行为,是合法的(也是合宪的)。然而,社会态度开始发生变化,最高法院,尤其是此时的沃伦法院,开始更审慎地考察此种规制的合宪问题,这样的假定也受到了质疑。

安东尼·康斯托克的遗产仍在继续产生议题,这也首次引发了此种司法审查标准的设立。简而言之,禁止生产、销售、分销、展示或持有淫秽物品的法律,是否可以与第一修正案并行不悖?最高法院努力想要解决这个问题,首次直面处理性与宪法之间关系的挑战。①

---

① 此前处理与性有关的问题的判决,重点处理的是强制绝育的问题。见 *Skinner v. Oklahoma*, 316 U.S. 535 (1942),以及 *Buck v. Bell*, 274 U.S. 200 (1927)。

在人类历史上的大多数时候，无论是古希腊时代、古罗马时代、中世纪、文艺复兴时代、启蒙运动时代，还是美洲殖民地时代，社会并未认真考虑对性表达的传播加以干涉，无论它如何下流、色情或者淫秽。然而，在第二次大觉醒期间，形势发生了变化，在维多利亚时代和安东尼·康斯托克在任时，这种变化更为剧烈。到了十九世纪末，美国的反淫秽法律要求查禁几乎**所有**性导向的表达。的确，美国所有法院此时都禁止销售、分销、持有不得体表达的作品，美国法院认为，即使只有孤立的段落对最容易受到影响的社会成员具有"堕落腐化的"倾向，作品就可以被视为"淫秽"。

正如我们所见，二十世纪初期和中叶，有一些美国法官开始质疑这种处理方法，他们提出，作为一种法律解释问题，判断作品是否"淫秽"，应当"作为整体"加以评估，所根据的应是它对普通人的影响，而非最容易受到影响的个体。但是，美国纽约除恶协会、正派风气军团、全国正派文学组织等团体狂热地试图取缔他们认为不道德的图书、杂志、喜剧和电影，而且往往都能如愿。

取缔淫秽物品的理由十分明显。性表达材料审查员认为，让个人接触"不道德"性行为的描写和图片，既会伤害此人，也会对社会的"道德标准"带来危险的腐蚀作用。但随之而来的问题是：这种关切是否足以证明，既然第一修正案已经规定了政府"不得制定法律：……剥夺人民言论自由或出版自由"，那么,以前述理由压制言论自由,是否属于正当之举? 这个合宪性问题发轫于二十世纪五十年代末,最终成为焦点问题。

新的贞洁运动

第二次世界大战导致了色情图书市场的欣欣向荣,也引起了美国文化的结构性变化。法国的裸女杂志,远比当时在美国能读到的任何东西都要露骨得多,让远赴欧洲的士兵们大开眼界,纷纷装满背包带回国内。1953 年,休·赫夫纳率先出版《花花公子》时,最初的投资不过一万美元。1956 年,《花花公子》总收入为 350 万美元,而它不过是这一波新的不雅出版物中的一例而已。

平装图书销量激增,也产生了巨大影响,而这个市场在二十世纪三十年代末之前尚不存在。如今,已能在报摊、杂货店和各地药房买到售价低廉且往往非常色情的平装图书。比如,1956 年,格雷斯·麦泰莉出版轰动一时的小说《冷暖人间》,生动描述了三位女子的性生活,她们生活在小小的、充满流言蜚语的新英格兰小城中,此书引人入胜地探索了诸如性欲、乱伦、通奸和堕胎等此时依然遭到查禁的主题——它在第一个月就卖出了 350 万本,在《纽约时报》畅销书排行榜上待了令人目瞪口呆的五十九周。简而言之,空中弥漫着性的气息。

全国各地的公民团体和宗教团体组织起来,极力想要清除含有性内容的材料,这些材料冒犯了他们的敏感神经。他们呼吁,应制定新的、更加强硬的法律,惩治"淫秽"出版物,应更加严格地执行既有法律,在向含有性主题的电影颁发许可时采取更多的限制措施,强烈抵制拒绝遵守他们要求的出版商、制片人、电影发行公司和书商。

二十世纪五十年代中叶,正值麦卡锡时代的巅峰,众议院任命特别委员会调查"色情材料",以判断既有法律是否足以阻止包含"不道德、冒犯性等不良内容"的出版浪潮,同时,参议院的一个委员会得出结论说,性导向材料正在削弱美国价值观和腐蚀美国年轻人。在这场新的贞洁运动中,天主教会起到了核心作用,它敦促人们用措辞严厉的抗议信淹没出版商。有很多经典作品,因为提及性事,都成了攻击目标,包括欧斯金·考德威尔的《上帝的小块土地》、诺曼·梅勒的《裸者与死者》、弗拉基米尔·纳博科夫的《洛丽塔》,甚至还有詹姆斯·米切纳获得普利策奖的小说《南太平洋传奇》,虽然,无论是根据历史标准还是当代标准,这些书中的内容都太过平淡无奇。

其他媒体也受到了波及。约瑟夫·布林是正派风气军团在美国电影制片人和发行人协会董事会的代表,他用铁腕主持着协会的审查办公室。天主教会在协会展开积极游说,想让它拒绝批准即便是在艺术上备受推崇的电影作品,如奥托·普雷明格的《蓝色月亮》,因为它用了"处女"、"引诱"和"怀孕"等词语;又如维托里奥·德·西卡的《偷自行车的人》,因为它展示了一个小男孩在拉尿——背对着镜头。

1956年,埃尔维斯·普雷斯利*登上《埃德·萨利文秀》,摄影师得到的指示是只能拍摄腰部以上,因为埃尔维斯的骨盆扭动被认为对电视观众太具有性暗示。即使是漫画书,也难逃审查者的法眼,义愤填膺的道德家们要求对漫画书产业开展严厉的国会调查,并获得了成功。这就导致了1954年漫画法典管理局的成立,漫画书世界摇身一变,从前卫、恐怖、暴力、性感的艺术变成了仅限于刊载儿童卡通的出版物。

尽管如此,"淫秽"在法律上的意义,仍然缺乏得到广泛接受的理解。尽管各州议会试图通过加入他们对"下流"、"恶心"、"猥亵"、"污秽"、"不适当"、"不道德"、"淫荡"、"不纯洁"、"纵欲"和"粗俗"等词的定义,想要澄清法定的禁止情形,但新增加的这些词却又很难说得清楚。在需要决定某件作品是否淫秽时,这些法律的实质内容却依然成谜。

"鼓励言论,而非强迫沉默"

在1957年之前,联邦最高法院一直故意回避对第一修正案是否保护淫秽表达作出决定。它的不情不愿,是合乎情理的。除非它准备认定,与大多数其他言论一样,淫秽受到第一

---

* 埃尔维斯·普雷斯利(1935—1977),美国著名歌手、演员,中文绰号为"猫王"。——译者注

修正案的保护,否则它将不得不承担这项艰难的任务,即试图厘清就宪法宗旨而言是什么使得一部作品是"淫秽的"。罗伯特·杰克逊大法官曾在纽伦堡审判中担任首席美国检察官,他回国后不久,就在1948年极有先见之明地警告说,这样一个任务带来的风险是,会让最高法院变成美国的"淫秽案件最高法院"。

有一个核心问题,甚至比"淫秽"的宪法**定义**更为基础,那就是法律禁止销售、展示、持有所谓"淫秽"之物,是否符合宪法。既然第一修正案明确规定政府"不得制定法律:……剥夺人民言论自由或出版自由",那么,禁止"淫秽"图书、小册子、杂志和电影的法律,又怎么可能是合宪的?难道"不得制定法律"指的是"**没有法律**"?

1919年,温德尔·霍姆斯大法官在撰写"申克诉合众国案"判决意见时,已然面临这个难题。此案处理的是对一战期间批评战争和征兵之人提起的指控。霍姆斯提出了著名的"在挤满人的剧院里造谣大喊失火"的假设,以证明将第一修正案绝对化是何等荒谬。他坚称,常识决定了"不得制定法律"在逻辑上并非意味着"**没有法律**"。

从此时起,最高法院承认,尽管政府依据宪法不得"侵犯""言论自由",但为了弄清楚第一修正案的含义,必须由最高法院来界定政府不得侵犯的此种"言论自由"。换句话说,此处的自由是无法自我定义的。二十世纪初的主流观点认为,政府依据宪法可以禁止的言论,是无论何时"这些言论的自然和可能的倾向和效果"都会带来损害后果。根据这项标准,政府无疑可以查禁淫秽表达,因为,正如道德家反对者长期以来所主张的,接触此类材料,至少有可能腐蚀道德标准,诱惑原本思想健全的人在性问题上发生可耻的、不适当的行为。

然而,时移世易,对第一修正案所持的这种"不良倾向"的理解已经臭名昭著了,法官们逐渐明白,它无法为言论自由提供实质意义的保护。根据此种观点,在限制被视为"危及"公共福利的言论时,最高法院最终采纳的是"清晰和现实的危险"标准。奥利弗·温德尔·霍姆斯和路易斯·布兰代斯大法官首次完整地提出了这项标准,据此,即便是煽动性的、有争议的、不道德的和冒犯性的表达,也被推定为受到第一修正案的保护,除非它"引发迫在眉睫的危险,直接妨碍这部法律的合法、紧迫的立法目的",为了防止重大危害,必须"立即加以控制"。

1927年,布兰代斯大法官在一份杰出的判决中解释道,这必须成为根据第一修正案压制言论的审查标准,因为,在一个自由社会中,除非在真正紧急的情况下,某种言论提倡某些思想、观点或道德时,某人如果反对这种言论,他的适当反应"不是被迫沉默",而是说出相反的言论来说服同胞他的观点才是"正确"的。二十世纪四十年代,最高法院对第一修正案的理解已成为既定原则。如此一来,对于将淫秽表达认定为非法的那些法律的合宪性问题,自然就提出了严重的挑战。

二十世纪五十年代,即便是被视为鼓励不道德性行为的表达,最高法院也已对之适用清晰和现实的危险标准。比如,1959年,在"金斯利国际影业公司诉纽约州立大学董事会案"中,纽约州的一部法律禁止放映将"不道德性关系"的各种行为刻画为"可取、可接受或适当的"电影,纽约州是美国最为宽容的州之一,但它根据该法律禁止放映影片《查泰莱夫人的情人》,因为它描绘通奸的方式,会被认为此种行为在某些情形下是可以在道德上被接受的。最高法院作出全体一致意见,认定其违宪。

纽约州提出,这部州法是正当的,因为《查泰莱夫人的情人》细致刻画的行为,既不道德,也与"公民的法律"相悖。波特·斯图尔特大法官由艾森豪威尔所任命,通常对政府谦恭有加,例外之处则是言论自由问题①,在他执笔的判决意见中,最高法院回应道,此种理由"攻击的是宪法所保护的自由的核心",因为,第一修正案"对于支持通奸有时是正当的意见,也要加以保护"。斯图尔特根据清晰和现实的危险标准,得出结论说,这部纽约州法律显然是违宪的。

尽管这是一个开创性的判决,不过,"金斯利影业案"中讼争的法律,并未直接针对"淫秽"。恰恰相反,此案直接针对的

---

① 斯图尔特大法官尤其担心言论与媒体的自由,这通常被解释为他在学生时代担任《耶鲁每日新闻》和《耶鲁法律评论》主席的后果。

言论，无论其是否构成淫秽，却是在从正面描绘不道德性行为。如果《查泰莱夫人的情人》被认定为"淫秽"，"金斯利影业案"的结果，是否会有所不同？

在此前的判决中，最高法院曾经顺带提及，"淫秽"言论或许不享有与其他言论同等的宪法保护，因此，审查对淫秽表达的限制时，无须适用清晰和现实的危险标准。但是，最高法院从未直接处理这个问题，也就从未解释原因何在。在某个时刻，最高法院将不得不解决这些问题。

"爸爸懂得最多"

塞缪尔·罗斯绝非常人。1893年，他出生于东欧的喀尔巴阡山脉，在孩提时代便移民美国，在纽约州下东区的公寓中长大。他很快发现了自己身上的写作、编辑和出版天分。在年轻时，他创办了名为《抒情诗》的诗刊，不仅刊登自己的作品，也刊登当时还籍籍无名的作者写的诗，比如阿奇博尔德·麦柯勒斯和D. H. 劳伦斯。他在格林尼治村开的书店，成了著名的诗歌书店。在二十岁出头时，罗斯去了一趟英国，在伦敦的色情书摊中拣到一本德国性指南，深感兴趣。回到纽约后，他翻译、宣传和销售这本小册子，不过，他很快接到邮政审查员的命令，要求他停止通过邮件邮寄此书。

数年之后，罗斯于1927年开始广为宣传即将出版的《香味花园》,这本色情图书是十五世纪的阿拉伯经典。有人收到罗斯的广告,感觉受到了冒犯,向约翰·萨姆纳举报。萨姆纳是安东尼·康斯托克在纽约除恶协会的忠实继任者,他立即推动对罗斯的逮捕。罗斯因通过邮件寄送淫秽广告被处罚金五千美元、两年缓期徒刑,并"被严厉警告停止出版阿拉伯作品"。次年,萨姆纳再次盯上罗斯,以在图书拍卖会上持有数份淫秽照片和图书为由,下令逮捕了他。这一次,法官判决罗斯在韦尔弗尔岛*的教养所服刑三个月。

获释后,无惧无畏的罗斯未经授权出版了 D. H. 劳伦斯的《查泰莱夫人的情人》,并称之为"当代情爱经典中的最佳作品"。此时,罗斯在百老汇包厢中忙着指导越来越长的情色书刊清单的撰写和出版,比如《穿皮草的维纳斯》、《塞莉斯泰因:女仆日记》和《鲁道夫·瓦伦蒂诺的私密之旅》。在此后的数十年中,罗斯继续生产和经营不雅出版物,也因为出版淫秽物品多次入狱。

二十世纪五十年代初,尽管邮政当局的骚扰依然不见松懈,但罗斯及其由十五人组成的团队,邮寄了大量游走在法律边缘的图书、杂志和广告。他销售的图书,都起了《她的蜡烛熊熊燃烧》、《纽约的美丽罪人》之类的标题,还有未经删节的《查泰莱夫人的情人》,这场小小的盗版事业,让 D. H. 劳伦斯

---

* 位于纽约市东河之中,原名布莱克韦尔岛,1921 年改名韦尔弗尔岛,1973 年为纪念富兰克林·罗斯福总统改名为罗斯福岛。——译者注

第十二章 淫秽与第一修正案——"堕落和腐化的"影响

塞缪尔·罗斯

的遗孀愤怒不已。

1955年,罗斯已六十岁出头,因为二十六次邮寄据称淫秽的图片、杂志和图书,再次遭到指控。他因违反联邦《康斯托克法》受审,辩护律师提交了心理学证词,以证明性露骨的文学作品不会造成伤害,甚至还是健康的,但是,陪审团在听取了长达九天的证言后,认定罗斯因四次邮寄行为而罪名成立——他销售的图书主要有:奥伯利·比亚兹莱的《维纳斯与坦豪泽的故事》,用一种色情却轻松的笔调描写性与性爱;若干期他自己创办的《好时光》杂志,刊登了一些将阴毛剃成各种形状的"裸体"照片;还有《狂野激情》和《深夜荡妇》等性描写非常露骨的其他几本图书。法院判决罗斯入狱服刑五年,并科处五千美元罚金。罗斯提起上诉,主张《康斯托克法》违反了第一修正案。

联邦上诉法院的法官们维持了对罗斯的定罪,他们得出结论说,因为罗斯的罪名是销售"淫秽物品",本案不存在严重地违反第一修正案的问题。上诉法院因此驳回了罗斯对《康斯托克法》合宪问题的攻击。然而,在一份值得注意的协同意见中,美国最有影响力的法哲学家、同代人中最杰出的法官之一——杰罗姆·弗兰克法官,对惩治淫秽物品符合第一修正案的观点提出了质疑。

弗兰克法官警告说,仅仅因为作品可能会刺激读者的性念头,立法机关将之认定为"有害",政府就对这些作品加以审查,这种做法是对言论自由的严重威胁,因为,这是一条"捷径",由此出发,"政府就能控制成年人在政治和宗教方面的阅读内容"。弗兰克警告说,诚然,"政府对成年公民思想的家长式监护",使他们"太过容易对政府官员采取通常所谓'爸爸懂得最多'的态度",他认为,这种态度与自由社会最基本的假定是不相容的。

此外,弗兰克明确表示,第一修正案的制定者并不赞同"维多利亚时代"的性态度,而这据说正是联邦反淫秽法律的立法理由。他解释道,恰恰相反,十九世纪中叶那种"谈性色变"的道德准则,信奉的教条是性知识必将带来不端性行为,无疑"绝非第一修正案的制定者们的道德准则"。弗兰克宣称,宪法解释的核心问题,是法院必须根据制宪先贤的观点解释和适用第一修正案,而不是"根据后来的'维多利亚时代的'准则"。

尽管最后弗兰克法官勉强投票维持对塞缪尔·罗斯的定罪,因为最高法院曾经偶尔提到《康斯托克法》是"合法的","下级法院"不宜作出相反认定。因此,弗兰克将球踢给了最高法院,想看看它会如何处理。

"一种伟大而神秘的动力"

1957年,塞缪尔·罗斯终于上诉到了联邦最高法院。在"罗斯诉合众国案"中,最高法院将直接处理淫秽物品与第一修正案的问题,这在美国历史上尚属首次。首席大法官厄尔·沃伦将撰写判决意见的艰巨任务指派给了威廉·J. 布伦南大法官,此时距离他进入最高法院任职不过数月。或许有人会认为,作为加利福尼亚前州长和1948年共和党副总统候选人,沃伦会抓住机会,亲自撰写最高法院在淫秽问题上的第一份判决,但是,此公以伟大的自由主义者著称,他发现,整个淫秽问题"都非常令人反感"。的确,按照布伦南的说法,"沃伦是严重的谈性色变者"。在淫秽物品案件中,他"不会读那些书,也不会看那些电影"。在个人层面,沃伦非常反感此类物品,希望避开这个问题。

布伦南来自新泽西州,是一位爱尔兰天主教徒、民主党人。让他来撰写判决,是一个非常有趣的选择。十年前,布伦南还在新泽西州最高法院担任大法官时,他发表的一次演说引起了艾森豪威尔总统的首席法律顾问、司法部长小赫伯特·布劳内尔的注意,在布劳内尔看来,这场演说带有明显的保守倾向。因为这个原因,也因为艾森豪威尔希望在1956年总统大选临近时任命一位天主教大法官,他才提名了布伦南进入最高法院。讽刺的是,布伦南最后却成为沃伦法院的自由派领袖、最高法院有史以来最具进步主义倾向的大法官之一,全国自由联盟反对这次提名确认,因为他们担心他会受到自身宗教信仰的不当影响。当尘埃落定时,投票反对布伦南的提名确认的参议员只有一人——约瑟夫·麦卡锡(威斯康星州共和党人),他准确地预见到了布伦南的自由派倾向。

这是一份划时代的判决,塑造了自此以后的反淫秽法律。最高法院以违反联邦《康斯托克法》为由,维持了塞缪尔·罗斯的有罪判决。布伦南大法官对这个问题洞若观火:"决定性的问题在于,淫秽是否属于受到保护的言论自由和新闻自由领域之内的表达。"

为了解决这个问题,布伦南开始追根溯源,他写道,在批准宪法的大多数州之中,对表达自由的保护实际上并没有对自由言论提供绝对的保护。比如,除了一个州以外,其他各州都准许对诽谤罪提起指控。更准确地说,布伦南认为,"当时即已形成的充分证据足以表明,淫秽不在宪法对言论自由和新闻自由的保护范围之内"。

布伦南当然是对的,有几种言论无法得到第一修正案的充分保护。这也正是霍姆斯大法官在三十八年前用著名的"谎报火灾虚拟案"所提出的观点。不过,布伦南的观点,是"当时即已形成的充分证据足以表明,淫秽不在宪法对言论自由和新闻自由的保护范围之内",这完全是错误的。他引以为据的所有法律和判决,或者是对宗教的嘲弄(完全是另一个问题),或者发生在第二次大觉醒期间(在第一修正案通过之后)。实际上,并无可靠证据证明,对第一修正案的"原始理解"将淫秽问题断然排除在其保护范围之外。

不过,布伦南没有完全依赖历史。他转而论述第一修正案的核心目的,并宣布说,"但凡具有哪怕是最微不足道的社会价值的所有思想——异端的思想,引起争论的思想,甚至是主流舆论所憎恨的思想——都能得到"第一修正案的"充分保护"。但是,布伦南认为,淫秽却不在保护范围之内,因为,就它的定义而言,"没有维护社会价值"。他解释道,所有四十八个州都制定了禁止淫秽物品的法律,在十九世纪,国会制定了二十部不同的法律禁止淫秽物品的进口和州际贸易,皆是作出此种判断的明证。

布伦南论证道,简而言之,惩治淫秽物品,"从未被视为涉及任何宪法问题",因为,此种言论"不属于任何思想阐释的必要组成部分","作为通往真理的其中一步,它的社会价值微不足道,可能出自其上的任何益处,明显无法超越秩序和道德等社会利益"。因此,布伦南得出结论说:"淫秽物品,不在宪法对言论自由或新闻自由的保护范围之内。"

这是最高法院的分析中的关键步骤。淫秽物品不受第一修正案的保护,因为,它"没有维护社会价值"。不过,为什么与其他任何形式的言论相比,性表达的"社会价值"就要少一些?与暴力、性别歧视、种族主义、社会主义或说教相比较,为什么它在本质上具有更低的"社会价值"?在"罗斯案"中,最高法院避开了这个问题,无疑是因为,如果这种观点认为第一修正案保护此种"不道德"和"冒犯性"性表达,大多数大法官对此是绝不会接受的,甚至想都不会去想。安东尼·康斯托克虽已去世四十载,却依然占了上风。

不过,讨论并未就此结束,布伦南转而讨论令人困扰不已的问题:什么是淫秽?他先是强调,并非所有与性有关的表达都是"淫秽"。他解释道,与之相反,"性,是人生中的一种伟大而神秘的动力,无疑也是一个引人入胜的话题,古往今来都是如此;它是吸引人类兴趣和公共关注的重大问题之一"。所以,"性与淫秽并非同义词",在艺术、文学和科学作品中纯粹描写性,不会自动就使这种言论脱离第一修正案的保护范围中。

不过,使一些性描写变成淫秽内容的又是什么呢?布伦南论证道,淫秽是用一种"刺激淫欲"的方式处理性的材料。他在一个脚注中解释道,此处的意思是,如果讨论性的言论具有"激发色欲的倾向"和产生"淫荡的渴望",它就是淫秽的。按照通常的说法,采用刺激性欲的方式讨论性的材料,说的是让读者或观众性兴奋的材料。

对"淫秽"的这则定义,立刻带来了两个更深层次的问题。首先,谁是适合决定材料是否唤起淫欲的人选?其次,如果在一部作品中只有一个段落唤起淫欲,是否整部作品因此就会被认为是淫秽的?

在讨论第一个问题时,布伦南否定了希克林标准。这是英国认定淫秽的传统标准,大多数美国法院曾在早期予以采用,它允许通过哪怕是孤立的摘录或图片对最容易受到影响的人造成的影响,来对材料作出判断。布伦南得出结论说,希克林标准无法为言论自由提供充分保护,他转而支持多座下级法院近期已在判决中采用的方法:"对一般人而言,采用当代的社区标准,材料的主题是否"刺激淫欲。

在讨论第二个问题时,布伦南接受了"罗斯案"初审法官的方法,初审法官指示陪审团说,图书、图片和电影必须"作为整体"进行判断,而不是根据"分割或割裂的部分"或场景。

最终,布伦南讨论的是意义模糊的问题。意义模糊问题分为两个部分。首先,对无法合理确定自身行为是否违法的人们处以刑事惩罚,是不公平的。其次,如果规制言论的一部法律意义模糊,会让其表达原本是在宪法保护范围之内的人们,因为担心其表达或许以后会被视为非法而止步不前。这种"寒蝉效应"长期以来都被认为是第一修正案关注的核心问题。

当然,意义模糊问题多年以来一直困扰着反淫秽法,布伦南承认,《康斯托克法》禁止邮寄"淫秽、下流、猥亵、肮脏的"出版物,远远谈不上意义清晰。然而,他还是得出结论说,根据"判断淫秽物品的合理标准",这些词语"对被禁止的行为给予了充分的警告"。布伦南维持了对塞缪尔·罗斯的有罪判决,后来,他对此追悔莫及。

雨果·布莱克和威廉·道格拉斯大法官提出了异议意见。布莱克与道格拉斯多年以来已经确立了言论自由的强力支持者形象,在麦卡锡时代的政府滥权之时尤为如此。布莱克大法官对"罗斯案"发表异议意见,展现了淫秽议题的远景,并获得了道格拉斯的加入。

雨果·布莱克曾是亚拉巴马州民主党参议员,与三K党有过不光彩的联系,1937年,他获得富兰克林·罗斯福的任命,进入最高法院。在担任大法官时,布莱克在宪法解释方法上始终信奉严格的文本主义。对于第一修正案,布莱克认为,"国会不得制定法律……侵犯言论自由"这段话,指的就是字

威廉·J. 布伦南大法官

面上的意思。他主张语言是"绝对的"。他认为,这是制宪先贤的判断,"法院既没有权利、也没有权力作出不同的"评价。①

所以,布莱克在"罗斯案"中发表异议意见,他承认"非常理解公民团体与教会团体保护和捍卫现有社区道德标准的行动(有时甚至会支持)",甚至也"理解将维多利亚时代标准强加于社区的安东尼·康斯托克等人的动机",但是,他还是得出结论说,"当仅涉及言论的时候",根据第一修正案,政府不

---

① 反对意见认为,即使采取文本主义解释方法,即使我们接受政府不能依据宪法制定"侵犯言论自由"的法律,仍有必要界定不可能受到"侵犯"的"言论自由"。

得"成为这些运动的赞助者"。

简而言之,此时的布莱克和道格拉斯,与联邦上诉法院的弗兰克法官一样,旗帜鲜明地反对淫秽问题在宪法意义上与众不同的观点。在他们看来,在第一修正案问题上,对淫秽表达特殊处理的真正原因,是它冒犯了多数人的道德标准,他们认为这个原因从根本上有悖于宪法。[①]

1957年6月24日,最高法院宣布了"罗斯案"判决意见,新闻界与法学界的反应却是负面的。各家报纸尖锐地评论道,最高法院维持政府禁止淫秽表达的权利,这在美国历史上尚属首次。著名法学家路易斯·亨金在《哥伦比亚法律评论上》发表了对"罗斯案"判决意见的批评文章,措辞尖锐,影响很大。亨金主张,淫秽不属于"有价值的"表达形式的观点,深深根植于"圣洁的志向",与"惩治亵渎圣物和亵渎上帝的法律"直接相关。正如亨金所指出的那样,"实际上,淫秽并非犯罪。淫秽是罪恶"。所以,他认为,禁止淫秽物品的法律,是"我们的宗教传承的……遗迹",是违反宪法的。

"罗斯案"虽已定谳,但反淫秽法律的实质内容依然晦暗不明。布伦南大法官后来承认,大法官们在淫秽的定义上"陷入了绝望的分裂",将立法者、检察官、下级法院法官、警察、陪审员、出版商和电影发行商留在了混乱之中。"罗斯案"判决

---

① 约翰·马歇尔·哈伦大法官也提出了异议意见。

七年后,最高法院在"雅各贝利斯诉俄亥俄州"一案中,推翻了对一名影院经理的淫秽罪名。他放映的是在国际上广受赞誉的法国影片《情人》,这部由路易斯·马勒执导的电影,讲述的是深感厌倦的中年妻子与一名年轻男子的婚外情事。虽然有六位大法官投票推翻定罪,但他们却为这个结果提出了五种不同的解释。波特·斯图尔特大法官愤怒地发表了著名的宣告:"何种材料,我可以将之理解为应包含在(淫秽概念)中,今天,我不应试图对此作出更进一步的界定。或许,我永远无法成功地作出明智的界定。不过,当我看到它时,我就知道了,而本案中的这部电影不在其列。"

再次到来的《欢场女子回忆录》

在"罗斯案"之后的十年中,美国对待性与性表达的态度开始发生巨大变化。二十世纪五十年代秉持的维多利亚时代的谈性色变,日渐让路给已曙光乍现的二十世纪六十年代性革命。随着避孕药的问世、女权运动的兴盛以及海伦·格利·布朗的《性欲单身女孩》和戴维·鲁本医生的《你想知道的关于性的一切(但你不敢问)》等图书的出版,性自由和对性的直言不讳,开始重塑美国文化。

1965年,从幸存者视角讲述犹太人大屠杀的电影《典当商》备受赞誉,尽管有几幕场景表现的是赤裸的女子乳房,它还是获得了"电影制作和发行协会"的许可。三年后,已经过时的《海斯法典》终于被更加开明的产业评级制度所取代。1969年,赤裸的人体出现在电影《冷酷媒体》中,它讲述的是一位电视新闻记者的故事,他发现自己卷入了1968年民主党全国代表大会的暴力冲突之中。

同一年,X级的《午夜牛郎》获得了奥斯卡最佳影片,本片由达斯汀·霍夫曼与乔恩·沃伊特主演,裸体和饱含冲击性的性内容都是片中的重头戏。更加露骨的瑞典进口影片《我好奇(黄色)》——里面有裸体和性交的清晰场景,包括有一幕是年轻女孩在亲吻情人疲软的阴茎——在全国各大城市中场场爆满。在百老汇大获成功的剧目,比如《毛发》和《切!》中,都有演员裸体出演,在《毛发》中有一首歌名为《鸡奸》,居然是在欢快地赞颂"手淫可以很快乐"。甚至连《新闻周刊》和《时代》这样的主流杂志,也第一次刊登了正面裸体照片。

1966年,出于澄清反淫秽法律的希望,最高法院对三起案件作出了判决:"《回忆录》诉马萨诸塞州案"、"米什金诉纽约州案"和"金兹伯格诉合众国案"。回忆录案涉及约翰·克利夫兰那本臭名昭著的小说《欢场女子回忆录》(又名《芬妮·希尔》),此书于1748年在伦敦首次出版,描写了女同性恋、群交、手淫、鞭打、恋物癖和性虐待的场景,在几个世纪里,克利夫

第十二章 淫秽与第一修正案——"堕落和腐化的"影响 / 371

兰的这本书一再被禁。① 它在马萨诸塞州遭禁,是可以预见的。最高法院以六票对三票作出判决,认定《欢场女子回忆录》不构成淫秽,令人震惊不已,这也反映了此时的价值观已然发生改变。

布伦南大法官再次执笔这份重要判决,不过,这次加入他的意见的,只有首席大法官沃伦以及亚伯·福塔斯大法官。福塔斯大法官最近刚由林登·约翰逊总统任命进入最高法院。布伦南开篇即坚称,认定淫秽材料时"必须综合考虑三个因素":"材料的主题就整体而言"必须是唤起淫欲;材料对性的描写必须是对当代社区标准构成"明显的冒犯";材料必须"没有维护社会价值"。

在审理过程中,一些英国教授作证说,《欢场女子回忆录》具有文学价值,它展现了人物塑造技巧和喜剧天赋,并含有"道德寓意,也就是怀有爱情的性,远远胜过妓院中的性"。但是,马萨诸塞州最高上诉法院还是认定克利夫兰的书是淫秽的。法院解释说,尽管此书具有"最微小的文学价值",但书中有详细的性描写,因而不具备足以使之获得宪法保护的充分的"社会重要性"。

布伦南大法官断然否定了对于第一修正案的此种理解。他解释道,即便作品唤起淫欲且因性描写而具有明显的冒犯

---

① 参见第3章。

性,它也仍然受到第一修正案的保护,除非它"没有维护社会价值"。所以,即使本书如同马萨诸塞州法院所认定那般,"只有最微小的文学价值",即足以受到宪法的保护。布伦南得出结论道,约翰·克利夫兰的《欢场女子回忆录》在第一修正案的意义上不是淫秽的。

虽然最高法院在"《回忆录》案"中认定,第一修正案保护曾被禁止和审查长达两个世纪之久的作品,它留给反淫秽法律的仍是一片混乱。大法官们意见分歧:雨果·布莱克与威廉·道格拉斯大法官重申他们的观点,认为性露骨表达受到第一修正案的充分保护;波特·斯图尔特大法官认为,唯有他所谓的"硬核"色情作品的东西才能被禁止;汤姆·克拉克与拜伦·怀特大法官发表了异议意见,他们认为,如果性露骨言论的主旨是唤起淫欲和用明显冒犯的方式描写性,即使具有社会价值,它也是淫秽的;约翰·马歇尔·哈伦异议的理由是,尽管联邦政府只能禁止"硬核"色情作品,各州仍享有更大的自由来限制性表达。

哈伦大法官目光如炬,他在"《回忆录》案"中发表的异议意见警告说,鉴于此种彻底混乱的情形,他看不到最高法院在未来如何能够"逃避这项任务","逐案"审查美国每一件淫秽案件的合宪性。在哈伦看来,这显然不是美好的愿景。

"淫秽书籍的大日子"

"《回忆录》案"使法律规则陷入混沌之中,而乱上加乱的是最高法院在 1966 年作出判决的"米什金案"和"金兹伯格案",它们与"《回忆录》案"是在同一天宣判的。在"米什金案"中,被告参与大量廉价"平装低俗小说"的生产和销售,违反纽约的反淫秽法律而被定罪。布伦南大法官再次代表最高法院宣布判决意见,他认为,"米什金案"中的五十本书所描绘的"性,花样百出",包括恋物癖、同性恋和性虐待。很多书的封面都画有"衣不蔽体的女子,正受着鞭打、殴打、拷打或虐待",标题则是《用皮带抽打的情妇》《捆绑于橡胶之中》《鞭打歌舞队女生》《都要来两遍》《男同性恋者的臀部》。

米什金主张,描写此类"不正常"性行为的书,不可能是淫秽的,因为它们不会唤起"普通人"的淫欲。面对这种相当机智的主张,最高法院调整了"罗斯案"中唤起淫欲的要求,使之包含仅唤起"非正常性群体"的淫欲的材料。

在第三起案件即"金兹伯格案"中,美国司法部长罗伯特·F. 肯尼迪对被告拉尔夫·金兹伯格提起指控,此人因邮寄数种性题材出版物和广告而违反联邦《康斯托克法》,在联邦法院被定罪。这些出版物包括金兹伯格自己出版的一期季刊《性爱》及其合集《家庭主妇选择性乱交手册》。

虽然，在"金兹伯格案"中讼争的这些作品只是温和的色情作品，但在布伦南大法官执笔的判决意见中，最高法院注意到，金兹伯格参与了满足客户淫欲的"肮脏的拉皮条生意"。比如，他曾向宾夕法尼亚州的布鲁博尔和英特考斯、新泽西州的米德尔塞克斯等地的邮件管理员求取邮寄特权，明显就是为了售卖"以诲淫旨趣为基调的"材料。最高法院认定，性题材材料的商业性利用，与决定"最终的淫秽问题"息息相关，因为这足以表明金兹伯格在利用这些材料唤起淫欲。[①]

最高法院宣布"《回忆录》案"、"米什金案"和"金兹伯格案"的判决意见之日，后来被称为"淫秽书籍的大日子"。此后不久，最高法院进一步加剧了反淫秽法律的复杂程度。萨姆·金斯伯格与妻子在长岛的贝尔莫尔经营"萨姆的文具和便餐店"。他们也销售杂志，包括一些"色情"杂志，刊登着部分裸露的女性图片，露出臀部和乳房。虽然，根据最高法院此前宣布的标准，这些杂志不属于"淫秽"，但金斯伯格还是遭到了指控，纽约州的法律禁止向不满十七岁的人销售被认定为"对未成年人淫秽"的材料，无论它对成年人而言是否构成淫秽。金斯伯格因违反该法律而被定罪。纽约州的这部法律将唤起未成年人淫欲的人类裸体图片定义为"对未成年人淫秽"，根据适用于未成年人的主流标准，具有明显的冒犯性，对未成年人

[①] 布莱克、道格拉斯、哈伦和斯图尔特大法官在各自发表的四份意见中提出了异议。

而言也完全不具备社会价值。

1968年,"金斯伯格诉纽约州案"宣判,在这份仍然由布伦南大法官执笔的判决意见中,最高法院维持了对金斯伯格的定罪。本案的核心问题,是纽约州是否可以为了保护未成年人以此种方式依据宪法拓宽淫秽的定义。虽然布伦南写道,证据未能证明接触此类材料会明显损害年轻人的道德成长,但他还是认定,因为淫秽不在第一修正案的保护范围之内,讼争的法律是合宪的,因为立法机关可以合理认定,接触此类材料或许对未成年人有害。①

每新出一份判决,每解决一个新的问题,"淫秽"的概念就变得越发混乱。

"私人想法"

接下来,情况变得更糟。警方怀疑罗伯特·伊莱·斯坦利参与非法赌博,搜查了他在佐治亚州亚特兰大的家,想要查获赌具。他们一无所获,反而在楼上卧室的一格抽屉中,发现了三卷八毫米色情电影。斯坦利因违反禁止故意持有淫秽材料的佐治亚州法律,而被逮捕、指控和定罪。

1969年,最高法院以全体一致意见通过了"斯坦利诉佐治

---

① 道格拉斯、布莱克和福塔斯大法官在本案中提出了异议。

亚州案"的判决,认定私下持有淫秽材料在宪法意义上不得认定为犯罪。瑟古德·马歇尔大法官曾担任"全国有色人种协进会"法律保护与教育基金的首席律师,十五年前在最高法院代理"布朗诉教育委员会案",由林登·约翰逊总统任命到最高法院,本案判决即出自他之手。

马歇尔认识到,自最高法院对"罗斯案"作出判决以来,淫秽就不在第一修正案的保护范围之内。马歇尔写道,但是,本案并不涉及向公众销售、分销或展示淫秽材料的问题,它所争议的权利"是除了非常有限的情形外,免于受到政府对个人隐私不必要的入侵"。马歇尔在评论时引用了路易斯·布兰代斯大法官的话:"宪法的制定者'赋予了人民不受政府干涉的权利——这是内容最全面的权利,也是文明人最重视的权利'。"

马歇尔宣布,如果第一修正案有意义的话,它"指的就是政府没有必要告诉一个坐在自己家里的人,他可以读什么书、看什么电影"。马歇尔补充道,我们的整个宪法遗产,就是用这种方式"反对政府有权控制人们思想的观点"。最高法院认定,既然如此,第一修正案禁止政府"不应将私人单纯持有淫秽材料视为犯罪"。

有人想要找到方法摆脱最高法院制造的困境,对他们而言,"斯坦利案"似乎值得期待。淫秽案件中的辩护律师们,立即试图延伸"斯坦利案"的逻辑。毕竟,如果存在一种在家里阅读或观看淫秽材料的宪法权利,那么,逻辑上就存在购买这些材料的权利；如果存在购买的权利，必然就有销售的权利；如果存在销售的权利，必然存在分销的权利；如果存在分销的权利，必然存在生产的权利。论证完毕。

"雷德拉普案"

不过，与此同时，最高法院在继续不幸地与淫秽的定义进行斗争。最终，最高法院放弃了。在"雷德拉普诉纽约州案"中，最高法院推翻了对被告的淫秽罪定罪。这三起案件源于销售有性露骨内容的平装图书和杂志，它们的标题是《欲池》《羞耻经纪人》《高高的高跟鞋》《卖弄风情》。在一份简短、不签名的判决中，最高法院疲倦地宣布，每一位大法官都有自己对淫秽的定义，在结束投票后，大法官的多数意见得出结论说，这些材料不属于猥亵。

最高法院无法确定可以统一多数大法官对淫秽的定义，这就开启了一个彻底混乱的时代。自"雷德拉普案"开始，最高法院首次采用了这样一种做法，即对销售、展示的材料，如果有至少五位大法官根据各自独立且不同的标准，认定是否构成淫秽材料，就用不署名判决推翻或维持定罪。在六年之中，大概有三十一起案件是用这种方法处理的。1970年，最高法院对"沃克诉俄亥俄州案"作出的判决意见全文，就是典型的例子："兹推翻俄亥俄州最高法院的判决。'雷德拉普案'。"

与"雷德拉普案"一样,最高法院放弃了接受一种清晰、稳定、可预见的隐晦定义的努力。1971年,约翰·马歇尔·哈伦大法官因脊髓癌去世,此前不久,他还向朋友抱怨说,"淫秽问题几乎无解"。布伦南大法官后来评论道,"雷德拉普案"采用的方法,解决的仅仅是本案双方当事人之间的几起案件,并只为下级法院、立法机关、出版商和警方提供了"最模糊的指引"。他补充道,如果有人想要追随我们的指引,"他就会经常陷入无望的困惑之中,这不足为奇"。

更糟糕的是,大法官们觉得,有必要审查美国每一起淫秽罪名成立的案件,以亲自决定讼争作品是否构成淫秽,这是他们肩负的责任。毕竟,此时尚不存在单一、清晰的标准,还有谁能决定这个问题呢?正如罗伯特·杰克逊大法官在二十五年前曾经警告的那样,最高法院把自己变成了"最高淫秽案件法院"。大法官们对此痛恨不已。

每一年,大法官们及其助理都不得不聚在一间会议室中,观看未决淫秽案件中的讼争电影。道格拉斯和布莱克大法官从来不参加,因为在他们看来,不存在淫秽这种东西。布莱克说了一句俏皮话:"如果我想去看(黄)片,我会自己付钱的。"哈伦大法官在最高法院的最后几年任期中,视力越来越差,他的助理或一位大法官同事不得不为他描述屏幕上的情节。不得不说,这让人很尴尬。不过,在不得不花上数个小时完成这项工作的不幸之中,也会有轻松的时刻。比如,法官助理常常模仿斯图尔特大法官对淫秽所下的定义,在黑暗的房间中粗声粗气地大喊道:"就是这个,就是这个,当我看到时,我就知道了。"

这种情形一直持续到了1973年伯格法院的登场。

"色情文学作者的大宪章"

不过,在此之前,国会担心性露骨材料的日益扩散,授权林登·约翰逊总统任命由委员会调查淫秽与色情文学,委员会由经过特别精挑细选出来的人士组成。他们要判断接触性露骨材料是否会导致"反社会行为",并推荐合适的方法处理此类材料越来越容易获得的问题。委员会中的十八名委员包括来自各个意识形态领域的心理学家、社会学家、宪法专家和宗教领袖。经过两年的广泛调查和研究,委员会于1970年9月30日提交了报告。

委员会发现,在最近数年中,电影、图书和杂志在展现性时明显更加露骨了。委员会此时所谓的"大众电影",在处理诸如"通奸、乱交、堕胎、性倒错、换偶、纵欲、同性恋等"问题时,已经毫不避讳;同时,它所谓的"黄色影片",仅在只向成年人开放的范围有限的剧院中供老客户观看,这类影片已经几乎不再需要什么想象空间。此时,也还有大量只面向成年人的杂志,刊登的主要内容是裸体照片,"重点就是展现生殖器",以及"为数众多的含蓄的性行为"。委员会发现，85%的成年男子和70%的成年女子看过此类性露骨材料，超过70%的未成年人在年满十八岁之前曾接触过此类图片。

关于接触性露骨材料对人们产生的影响，委员会也评估了对此所做的调查。它发现，大多数人报告说，他们接触到这些材料，带给他们的正面影响超过负面影响。而且，精神病医生、心理学家、社会工作者等专家所做的调查显示，根据他们的判断，接触性露骨材料，并不会对成年人和青少年产生负面影响。这严重背离了维多利亚时代、安东尼·康斯托克年代甚至二十世纪五十年代的主流判断。

根据这些发现，委员会得出结论说，没有充分证据证明，禁止"双方同意时向成年人传播性材料"，是正当措施。

不过，与此同时，委员会建议，应立法规定，未经未成年人父母允许，故意向未成年人提供或展示性露骨材料，以及故意公开展示性露骨材料，都构成犯罪。对于未成年人保护问题，委员会写道，尽管没有证据证明，孩子们接触此类材料会引起"行为不良、性变态或与性无关的变态行为、严重的情绪障碍"，也没有明确的证据证明，此种接触在至少某些情形下不会造成伤害。所以，委员会论证道，父母应当能够自行决定此类材料对孩子是否合适，也因此，"在孩子的性格形成期内"，立法机关协助父母对孩子获得此类材料加以控制，是明智的。

对于禁止公开展示淫秽材料问题，委员会写道，违背意愿的与性露骨材料的接触,会引起对许多美国人的"严重冒犯"。因为,此种违背意愿地对"个人感受"的入侵,通过成年人之间经过相互同意的交流,不需要借助外力的干涉即可避免。委员会得出结论说,政府限制在广告牌、陈列架、报刊摊、剧院和不经请求派送到人们家里的广告中公开展示性露骨材料,是合理的。

委员会的报告引发了一场轩然大波。有五位委员提出异议,其中之一是"正派文学公民"的领导人小查尔斯·H. 基廷,他称委员会的建议是"可怕的、无政府主义的",是在鼓吹"放荡哲学!"基廷宣布,"对相信上帝的人而言,上帝是生命的创造者和立法者,在他授予人类的尊严和命运上,在支配性行为的道德法典上,拥有绝对的至高地位——对相信这些'事情'的人而言,反对色情作品是应有之举"。

在另外两位提出异议的委员中,神父莫顿·A. 希尔是"媒体道德"团体的创始成员,温弗里·C. 林克是田纳西州委员会的"色情作品和淫秽文学问题青年指导附属委员会"的主席。他们将报告斥为"色情文学作者的大宪章",并称委员会的结论"缺乏根据""荒谬不经"。

委员会完成报告之时,理查德·尼克松已经接任林登·约翰逊,入主白宫。许许多多的美国人,尤其是理查德·尼克松称之为"沉默的大多数"、在1968年总统大选中发出呼吁的人们,将二十世纪六十年代的"性革命"视为猖獗的道德沦丧和社会退化。副总统斯皮罗·阿格纽日后因对他所谓的"事事否定的满腹牢骚的狂人"恶言相向、大肆攻击而闻名,他看了这份报告后,毫不令人意外地宣布:"既然理查德·尼克松是总统,大街就不会变成藏污纳垢的小巷。"

在竞选时,尼克松总统曾发表演讲呼吁回归公民道德和社会公德,对于他所谓的这份报告得出的"道德沦丧的结论",他此时也断然予以否定。尼克松称色情作品是"对我们的文明的玷污",并宣布,色情作品"在合众国的每一个州都应当被宣布为非法"。他承诺:"只要我还在白宫,整个国家从国民生活中控制和清除污垢的努力就不会松懈。"

"米勒案"与"巴黎成人影院案"

在1968年的总统大选中,理查德·尼克松对于他所谓的沃伦法院的"自由派激进主义"提出了尖锐批评,承诺从制度上改变最高法院。尼克松保证,会任命"遵循真正保守的审判路线"、将自己视为"人民公仆"的法官,而不是"超级立法者",后者的行事作风就像是他们能够不受拘束地将自己的意识形态观点强加"到美国人民头上"。

尼克松重新塑造最高法院的机会,比任何人的想象都要来得更早。因为年龄、健康和政治等各种原因,沃伦法院的四位大法官——厄尔·沃伦、雨果·布莱克、约翰·马歇尔·哈伦与阿贝·福塔斯——在尼克松当选后的最初两年就离职了,于是他很快就能够按照自己的意愿重建最高法院。尼克松任命了四位"保守派"大法官,他确信他们信奉的是司法克制哲学,会对宪法作出严格的解释。美国人此时既满怀热忱又惊慌不安地期待着一场宪法革命,它所涉及的议题范围非常广阔,包含了刑事审判、隐私、宗教自由、言论自由、选举权、平等保护和性表达等诸多领域。

的确,随着首席大法官沃伦·伯格以及哈里·布莱克门、路易斯·鲍威尔和威廉·伦奎斯特大法官的到来,1972年春天的最高法院,与作出"罗斯案"、"《回忆录》案"及"斯坦利案"判决时的最高法院截然不同。虽然沃伦法院在扩张第一修正案对性露骨表达的保护上犹豫不决、充满冲突、前后矛盾,但在1969年对"斯坦利案"作出判决时,至少它的方向似乎是清晰的。人们有充分理由相信,如果在1969年至1973年间最高法院的组成没有发生变化,在沃伦法院的大法官之中,有一个坚定的多数派,会欣然接受以"斯坦利案"判决精神为基础的淫秽案件处理方法。但是,时移世易,随着伯格、布莱克门、鲍威尔和伦奎斯特接替沃伦、布莱克、哈伦和福塔斯,一切都成了未知之数。

沃伦·伯格首次受到举国瞩目,是在1952年的共和党代表大会上,他成功地让明尼苏达州代表团选择支持德怀特·艾森豪威尔。满怀感激之情的艾森豪威尔任命伯格担任助理司法部长。此后,艾森豪威尔又在1956年将伯格任命到哥伦比亚特区联邦巡回上诉法院。在这个职务上,伯格常常与更为自由派倾向的同事们发生冲突,并开始发表演讲和撰写文章尖锐地——有时候是严厉地——批评沃伦法院。

在与总角之交哈利·布莱克门私下通信时,他谈及1967年的沃伦法院时语调轻慢,他说,"面对法律和宪法的深奥难题上的诸多愚行,如果我对此无所作为,我相信,以后我会恨不得杀了自己"。在谈到此时高居最高法院的大法官们时,伯格继续说道,"这些家伙不可能是对的"。在两年后写给布莱克门的另一封信中,伯格再次严厉批评沃伦法院,他补充道,尼克松"只有获得四次任命,才能清理那个地方"。不久以后,尼克松提名沃伦·伯格接替厄尔·沃伦,担任美国首席大法官。①

沃伦·伯格甚至比他的前任还要厌恶色情文学。他十分鄙视"淫书小贩",并下定决心"总得做点儿什么来禁掉它们"。在伯格看来,淫秽是"粗俗的","公民们有权受到保护远离淫秽"。他一度在私下里提出,淫秽"就像是街道上的脏东西,应当予以清除,倒进垃圾场"。新任首席大法官迫不及待地想让全新组建的伯格法院来审理淫秽问题。伯格觉得很幸运的是,沃伦法院的大法官们从来没能凑齐五票在淫秽定义上达成一

---

① 1968年6月,厄尔·沃伦担心尼克松会当选为总统,他与林登·约翰逊总统达成协议,沃伦辞去首席大法官职务,约翰逊任命阿贝·福塔斯大法官为其继任者。然而,参议院拒绝确认福塔斯担任首席大法官的提名,这项计划落空了。

致，因为那样就会解决这个法律问题。他们未能赞同一种单一的解决方法，把这个机会留给了伯格，他要重塑在法律中非常重要的这个领域，而在他看来，最高法院自1957年以来就在这个领域"踉跄不前"。他急切地期盼这项挑战。

1973年6月21日，最高法院对两起里程碑式的案件宣布了判决："米勒诉加利福尼亚案"和"巴黎成人影院诉斯莱顿案"。在"米勒案"中，被告人马文·米勒经营的是西海岸最大的性露骨材料邮购销售企业之一。导致他遭受指控的事件是，米勒向很多人邮寄了几本性露骨图书的广告小册子。这些小册子是为《性交》、《图说色情文学史》和《图说性放纵》之类标题的图书打广告，内容多为清晰描绘两人或者更多人之间的各种性行为，人体生殖器也常常有醒目的展现。米勒因违反加利福尼亚州反淫秽法律而被定罪。

"巴黎成人影院案"涉及佐治亚州亚特兰大的两家影院及其所有者和经理。引发这起指控的是影院上映的两部电影：《魔镜》和《终究水落石出》，影片中充斥着模拟的口交、舔阴、群交等场景，不再需要"发挥什么想象"。在影院入口有一个醒目的指示牌，明确表明影院放映的是"亚特兰大最好的成人故事片"，并警告说，观众"必须年满21，且能够加以证明"，才能入场观看，"如果看到裸体会冒犯您，请勿入内"。本案提出的问题是，在此种情形下，是否能以播放淫秽电影对影院老板和经理科以刑事处罚。

首席大法官沃伦·E. 伯格

大法官们秘密角力，想要达成新的结盟。情势很快明朗，首席大法官伯格与伦奎斯特、怀特大法官站在一边，布伦南、道格拉斯、斯图尔特和马歇尔大法官站在另一边。在一年多时间里，伯格与布伦南都在努力争取布莱克门和鲍威尔大法官。

路易斯·鲍威尔初到最高法院时，本来倾向于加入沃伦法院中仍然留任的大法官们，延续"斯坦利案"的逻辑，承认成年人购买、持有、阅读和观看淫秽材料是基于第一修正案所享有的权利。不过，鲍威尔是来自弗吉尼亚州的南方绅士，在多年职业生涯中操持的是公司法业务,还曾出任美国律师协会主席,他在一生中从未看过色情作品,或者任何有点近似的东西。他对此类内容的首次接触,是在大法官们观看电影《雌狐》时,这部有裸体镜头的软色情电影并没有对性交的直接描写。虽然根据淫秽标准,这部电影实在乏味可陈,但鲍威尔还是困窘不已。他告诉法官助理说,他"完全想不到这种电影都能被拍出来"。他"很震惊,也很厌恶","不希望有进一步的讨论"。

伯格的多年挚友哈里·布莱克门大法官来自明尼苏达,他犹豫不决的时间甚至比鲍威尔还要长久,不过,他最终还是软化了自己的态度。与伯格一样,他个人十分厌恶此种粗俗的娱乐,并在一份写给同事们的备忘录中写下了他的怀疑,"色情作品的商业开发者"是否享有宪法权利"强迫一个社区陷入堕落"。最终,四位由尼克松任命的大法官,再加上一贯以来都是沃伦法院在这个问题上最保守者之一的拜伦·怀特大法官,组成了新的多数派。

在"米勒案"和"巴黎成人影院案"中,最高法院均以五对四的票数认定,两案讼争的材料可以被禁止。首席大法官伯格得意洋洋地撰写了两案的判决,而道格拉斯、布伦南、斯图尔特和马歇尔大法官则提出了异议意见。

在"米勒案"中,最高法院把重点放在"淫秽"的定义上。伯格在开篇写道,自"罗斯案"以来,"最高法院一直未能形成多数意见,达成一致标准以决定何者构成"淫秽。伯格称之为一个"棘手的"问题,不过也下定决心要解决它。伯格放弃了所有此前想要定义淫秽的努力,提供了一个新的定义:为了认定特定作品是"淫秽的",法院必须得出结论说,根据当代社区的标准,普通人会认为,作品就整体而言会引起淫欲;作品用一种明显冒犯的方式描画或描述性行为;作品就整体而言缺乏"重要的文学、艺术、政治或科学价值"。

伯格所提标准的第三个方面是决定性的,因为淫秽的新定义明确放弃了"《回忆录》案"中的"没有维护社会价值"标准。从此以后,性露骨作品只要符合这个标准的前两个方面,就会被视为淫秽,除非它具有重要的社会价值。[1]

在异议意见中,道格拉斯大法官重申了他一贯反对的观点,即淫秽不在第一修正案的保护范围之内。他宣布,最高法院对仅仅因为是"冒犯性的"言论就允许加以惩罚,这简直"骇人听闻"。他怒道,这样一种方法,"切除了第一修正案的关键之处",因为,宪法"并未被塑造成"向我们中最敏感的那些人"分发镇静剂的工具"。

伯格抛弃淫秽标准中的"没有维护社会价值"要件,布伦南大法官提出了警告,斯图尔特和马歇尔大法官加入了他。他

---

[1] 伯格还认定,在根据当代社区标准决定作品是否淫秽时,初审法院应当适用本地标准,而不是全国标准。根据这种新的方法,图书或电影可能会在艾奥瓦市构成淫秽,在芝加哥却不构成淫秽。因为需要依赖本地标准,最高法院在审理"米勒案"时,要比将来它在决定任何特定作品是否淫秽时,要困难得多。

解释道，对于最高法院在"罗斯案"中得出的结论，即淫秽不受第一修正案的保护，这项要件不可或缺。所以，他批评道，新组成的伯格法院所修正的淫秽定义，完全不符合"第一修正案的基本假定"，并导致"对性导向言论的普遍压制"。

在"米勒案"中重新定义"淫秽"后，伯格接着论证"巴黎成人影院案"，此案提出的问题是，仅向已征得其同意的成人出售或展示淫秽材料，政府却对之加以审查，是否符合宪法。自"斯坦利案"以来，这个问题隐藏在更深的地方，通过1970年的报告所提出的建议，它浮出水面并成为核心问题。在"巴黎成人影院案"中，伯格法院认定，政府在禁止淫秽问题上的合法权益，并不仅限于保护儿童和未经同意的成年人。与此相反，为了保护"社会的正派风气"，即便是对经其同意的成年人，政府禁止淫秽材料也是符合宪法的。

布伦南大法官提出了异议意见，他解释道，根据经验，他得出的结论是，他于十六年前在"罗斯案"中最先提出的方法，如今应该予以摒弃。考虑到淫秽概念固有的含混不清所导致的严重问题，布伦南此时主张，不应准许政府限制此类言论，除非政府能够证明此种做法存在"重大利益"。

布伦南认为，政府在保护儿童和未经同意的成年人所具有的利益，足以满足这个标准，但是，对于经其同意的成年人阅读或观看此类材料的自由，政府在对之加以否定时的利益，却实在太过武断，不足以证明压制言论自由的正当性，即使这种言论是淫秽的。布伦南引用路易斯·布兰代斯得出结论说,如果政府担心,接触性露骨材料有时候可能导致成年人的反社会行为,那么,政府应当遵守常识,即"在自由的人民中,用于防止"反社会行为和犯罪的"常见威慑手段",并非压制言论自由,而是"教育以及惩罚违法行为"。

作为类比,布伦南引用了"罗伊诉韦德案",就在几个月之前,最高法院刚刚对此案作出了判决。有趣的是,最高法院在1973年对"罗伊案"作出判决时,加入判决意见的大法官,不但包括在"米勒案"和"巴黎成人影院案"中提出异议的四位大法官,而且还包括首席大法官伯格、布莱克门和鲍威尔大法官。根据记忆犹新的这个事实,布伦南写道,禁止仅针对经其同意的成年人的淫秽物品,就如同禁止堕胎一样,所依据的是无法证实的对"道德、性和宗教"的假设。他宣布,"这些假设的存在",并不能使实质上破坏了第一修正案所提供的保护的法律,较之否定"依据宪法保护孕妇隐私权"的法律,更能证明其合法性。

芝加哥大学法学教授哈里·卡尔文是美国此时最重要的第一修正案学者,在前述判决发布后,他失望地评论道,在二十世纪六十年代末,最高法院逐渐朝着根据第一修正案为淫秽物品提供更大保护的方向发展,但因为最高法院的"人事变动",这项进程突然停止了。卡尔文痛斥伯格法院缩紧了第一修正案对性表达的保护范围,却拓宽了"准许政府加以规制的范围"。悬而未决的问题是,理查德·尼克松入主白宫,伯格法院全新的人员构成如今已牢不可破,在此之后,美国是否会在性表达问题上进入一个新的维多利亚时代。

第十三章

淫秽的终点？

沃伦·伯格希望，他于1973年在"米勒案"和"巴黎成人影院案"中撰写的判决意见，将会阻止美国性露骨材料的这波浪潮。不过，尽管他拓宽了淫秽的概念，事实却未能如他所愿。二十世纪六七十年代的社会变革来势汹汹，文化价值处于转型之中，新技术层出不穷——包括家用录像机、DVD、有线电视和互联网——让规制性表达的法律简直不堪重负。性主题的材料如洪水出闸，超出了检察官的应对能力，对于曾经被视为"明显冒犯性"的性描写，社区标准很快变得越来越宽容，现实中对淫秽的定义，已缩减至原先视为淫秽范围的其中很小一部分。

在某种意义上，性表达的扩散，正是道德家们所担心会发生的影响——它对社区标准造成的"破坏"，已经到了曾经认为是令人震惊的描写、而今却已司空见惯的程度。能够满足"米勒案"新标准的性表达范围，已经缩小了，因此，在曾被认为太过露骨的色情作品中,唯有最色情的那些才能确保能将之定罪。但是,对于政府官员而言,将本就不足的检察资源用于应付日渐被视为本就是徒劳的对性表达市场的压制,实属不智。

来到二十一世纪初,或许有人很想知道,既然露骨的色情作品在互联网和社会中的其他地方已无所不在,我们是否已经来到了淫秽的终点。这一切是如何发生的?

米斯委员会

1980年,罗纳德·里根当选总统,美国在道德化政治领域进入一个全新的时代。道德观之所以得到极力重申,成为国家政治话语的主旋律,正是堕胎、妇女解放、平等权利宪法修正案提案、同性恋者权利运动兴起、色情作品日益扩散等诸多议题不断引发争议所导致的。后来为人们熟知的基督教右派,在二十世纪七十年代末基本上已经合并,但是,1980年的总统大选将它推向了举国瞩目的焦点。

1980年4月,由约二十万人组成的庞大人群聚集在首都,举行名为"华盛顿归耶稣"的庆祝会。在1980年总统大选中,罗纳德·里根大力争取福音派选民。在福音派牧师们召开的一次会议上,里根发表了一场著名的竞选演讲,他宣布:"我知道,你们不能支持我,但是……我希望你们知道,我支持**你**

们。"当选后，里根开创了学者戴维·多姆克和凯文·科所谓的美国政治中的"上帝战略"，这种说法十分贴切。

里根将注意力转向淫秽问题，也是势所必然。在"米勒案"和"巴黎成人影院案"之后的这些年中，性露骨材料很快变得越来越容易获得，里根的司法部长埃德温·米斯为此深感沮丧，而他也担任着里根与福音派社区的联络人。1985年，他宣布成立新的十一人委员会，提出"更有效的方法"控制"色情作品的蔓延"。从一开始，批评者就提出反对意见说，米斯委员会的成员，净是些已先入为主认为必须禁止色情作品之人。

1986年7月，米斯委员会发布报告，开篇即评论道，自1970年"淫秽与色情作品委员会"报告发布以来的多年之中，世界发生了非凡的技术革新，包括电缆、录像机、DVD和互联网的诞生，大幅改进了现代通信——也带来了危险。此外，米斯委员会带着几分沮丧之情写道，尽管伯格法院付出了努力，但在美国的大部分地区，几乎都没有对淫秽物品提起过指控，因为政府官员不再认为淫秽属于严重的犯罪。因此，美国如今"遍布性露骨材料"。

米斯委员会提出，性露骨表达对于个人和社会的损害，表现在若干个方面，从腐蚀社会的道德氛围、对孩子造成心理伤害到导致针对女性的暴力行为。米斯委员会尤为反对的观点是，反淫秽法律不应适用于征得其同意的成年人。不过，它呼吁说，考虑到执法的优先顺序，应当特别关注对"描绘性暴力"

的淫秽材料提起指控。

米斯委员会报告重申,应当否定经其同意的成年人有权获得性露骨材料的观点,这自然引起了争议。报告引用了几位社会科学家的观点,但包括他们在内,许多社会科学家对其中的因果关系分析方法提出了批评,包括:言论自由的支持者指责委员会太过忽视言论自由的价值;就连小威廉·F. 巴克利的保守派杂志《国家评论》也抱怨说,米斯委员会不过是"在自说自话"。讽刺的是,许多宗教书店拒绝销售这份报告,因为里面含有对色情图书和电影的详细摘要和描写。

反剥削和猥亵儿童局

1986年,司法部长埃德温·米斯采纳米斯委员会报告的一项核心建议,在司法部的刑事局成立新的"打击力量"——反剥削和猥亵儿童局。该局的组建,旨在表明联邦将要实施新的、更为有力的扫黄措施,经其同意的成年人也在其列。米斯宣布,淫秽"与暴力、堕落之间的联系越来越频繁",他交给这个新部门的职责,是对淫秽物品的供应商提起控告。在1986年至1992年,也就是在罗纳德·里根和乔治·H. W. 布什的总统任期内,反剥削和猥亵儿童局盯上了美国最大的色情作品生产商和经销商。

它的最大成就是抓捕鲁宾·斯特曼,此人被米斯委员会认为是美国最重要的色情作品供应商。1924年,斯特曼出生于克利夫兰的贫民区,在二战之后,他靠贩卖装在汽车后备厢中的漫画书起家。二十世纪五十年代末,他开了一家颇为成功的杂志发行公司,在八座城市中设有仓库。斯特曼采纳了一名雇员的建议,开始销售色情杂志。他是精明的商人,很快发现色情杂志带来的收益,是漫画的二十倍之多。到了二十世纪六十年代末,斯特曼成为美国最大的"下流"杂志经销商。

人们相信,斯特曼发明了让他获得巨大成功的设备:偷窥亭。在带有屏幕的小隔间中安装投币放映机,隔间的门可以从里面锁上,斯特曼为客户提供了秘密观看色情电影的机会。这项发明立刻大获成功,斯特曼在美国几乎每座城市的成人书店和性用品商店中都安装了偷窥亭。据估计,斯特曼的偷窥亭在二十世纪七十年代的总收入高达20亿美元。随着时间的推移,在偷窥亭中不断重复上映的时长六到八分钟的影片,从身着比基尼的女子,变成仅戴着乳贴的女子,再变成完全赤裸的女子,最后变成一览无遗地性行为。无须赘言,在偷窥亭中体贴地备有大量的纸巾。①

1974年,斯特曼是美国首位认识到色情产业的未来在于

---

① 偷窥亭至少可以追溯到十六世纪,但是,在斯特曼之前,它们需要真实的女性,这也就限制了它的发展。斯特曼的创新之举在于利用了时长较短的电影,这也就极大地拓展了Peep的表演能力,足以满足电缆、家庭音箱和互联网问世之前的需求。

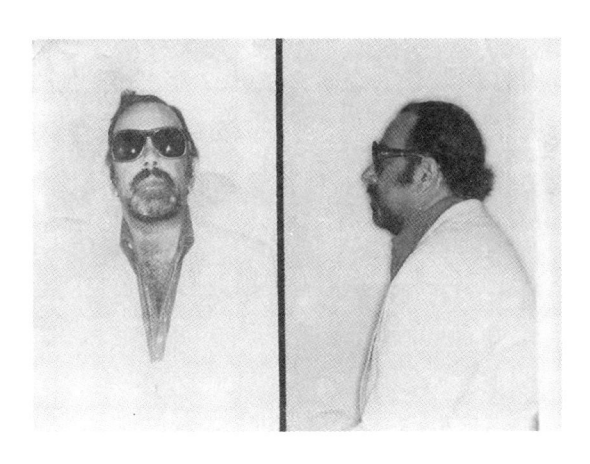

鲁宾·斯特曼

录像带的企业家之一，因为顾客可以收藏录像带并在家中观看。他将电影录制成录像带，开设录像带零售店，在全国范围内销售黄色录像带。成人题材作品的独立生产商如果希望获得广泛的销路，就必须与斯特曼打交道，独立的成人书店店主也只有依靠他，才能获得所有的最新产品。

联邦政府一再以淫秽罪名对斯特曼提起指控，但是，没有一次能将他成功定罪。他甚至一度无畏地以侵犯公民自由权为由，对联邦调查局局长 J. 埃德加·胡佛提起控告。在这些诉讼战中，斯特曼始终认为，人民应当享有阅读或观看任何内容的自由，他也应当享有销售这些内容的自由。

司法部一直未能以淫秽罪名将斯特曼定罪，便在二十世纪八十年代末改变策略,转而关注他的财务记录,而不是录像带。司法部利用的手段,让人想起它在1932年击垮芝加哥匪徒阿尔·卡彭的策略,1989年,经过一场交锋激烈的诉讼战,司法部终于成功地以逃税之名将斯特曼定罪。斯特曼被判十年刑期,并须缴纳二百万美元罚金。1997年,斯特曼死于狱中,时年七十三岁。讽刺的是,在斯特曼服刑期间,色情产业的竞争却更激烈了,并因此前所未有地欣欣向荣。这无疑并非政府想看到的结果。

反剥削和猥亵儿童局取得的另一项战果,是明尼苏达州成人书店和影院的所有者费理斯·亚历山大——用该局前局长帕特里克·楚门的话来说,此人"数十年来垄断了明尼苏达州的色情产业"——被捕。从二十世纪六十年代直至二十世纪九十年代初,明尼苏达州的扫黄斗士称亚历山大为"头号公敌——这个下流老男人销售的无良商品,腐蚀了从罗契斯特到明尼阿波利斯再到德卢斯的各个社区"。

亚历山大最终在1990年被捕,并被控犯有诈骗、骗税和在州际贸易中运输淫秽物品等多项罪名。经过长达四个月的庭审,陪审团根据"米勒案"确定的标准,认定四部影片和三本杂志是淫秽的。亚历山大被判处六年刑期,他所有的财产,包括十三家影院和书店,以及价值九百万美元的存货,都被联邦政府没收,这也引发了巨大的争议。

2003年,亚历山大去世,此后,明尼苏达州的一位记者在提及他时评论道,虽然"政府镇压他,他的事业毁于一旦",然而,"认定亚历山大淫秽罪名基础的色情物品……如今人们已司空见惯"。为亚历山大辩护的律师评论道:"今天,你走到这个国家的几乎任何地方,都能看到这种物品。"他写道,斯特曼和亚历山大所销售的色情物品,如今看来"古香古色"。

现实的变迁

互联网的诞生,对于性露骨表达内容的获取机会,对于社区标准的演变,对于执法的优先顺序,均产生了深远的影响。突然之间,有史以来第一次,人们有可能无须冒险走进成人影院、录像带商店和书店,只要在家里,就能即时获得色情材料,在大多数情形下,还不用掏钱。突然之间,只要轻点鼠标,就可以访问数百万家更加性露骨的网站。

而且,其中有很多网站的注册地址并不在美国领土之内,所以,随之而来的实际问题就是,它们也不在美国执法部门的管辖范围之内。即使政府能够关闭位于加利福尼亚或者佛罗里达的一家网站,人们搜索"极端的性",就可以立刻找到位于瑞典、丹麦、巴西、越南和日本的数千家色情网站。色情材料在互联网上如此唾手可得,与之相比,成人书店和影院实在太过枯燥乏味,将公诉资源优先投入于对它们的指控,意义何在?

理所当然,越来越多的人接触到了互联网上更为露骨的性材料,"明显冒犯当代社区标准"的含义,也发生了变化。更加令人困惑的是,在处理互联网的问题时,决定特定作品——可同时在任何地方获得——是否淫秽,应当遵循何种"社区标准",恰恰是无法确定的。应当是审理本案的社区的"社区标准"吗?又或者是将色情材料放到互联网上的社区?又或者是全国性社区?又或者是互联网用户所在的社区?纠结于这些问题的检察官们,面临的是极其艰难的处境。

因此,在比尔·克林顿于1993年就任总统时,打击淫秽的现实形势已经发生了彻底的改变。简而言之,提起犯罪指控的策略似乎日渐走入了一条死胡同。而且,与罗纳德·里根不同,比尔·克林顿几乎不是基督教徒权利的捍卫者。不过,因为克林顿本人据说就有多起风流韵事,性道德问题本就是他在政治上的弱点。因此,在1992年的总统大选中,淫秽问题浮出水面时,他承诺,"积极执行"联邦反淫秽法律,将是"克林顿/戈尔政府的优先事务"。然而,在他上任后,司法部在部长珍妮特·里诺的领导下,重新评估了工作的优先顺序,决定将工作精力从看似无益的控告成人淫秽问题移开,转而关注反儿童色情产品的执法工作。

儿童色情产品的关键点在于,它描绘了**实际参与性行为的真实儿童**。儿童色情产品问题进入公众意识,是在二十世纪七十年代末,此类色情材料的市场首次达到令人无法忽视的规模。在此之前,对此感兴趣的恋童癖者很难找到彼此,也很难匿名大规模传播儿童色情产品。然而，随着电子技术以及此后的互联网的问世，儿童色情市场在二十世纪七十年代末开始爆发。尤其是互联网，使人们随手一点就得以创造、获取和分享此种材料，同时，它也帮助创造了寻找儿童色情产品的在线社区。

在美国，专门针对儿童色情产品的法律直到1977年还付诸阙如，但在这一年，许多州首次立法规定，让未成年人参与性行为属于犯罪（传统上将之归为儿童性虐待而加以禁止），而且，生产、销售、展示、传播、持有显示参与实际性行为的真实儿童的性露骨材料（通常定义为"性交、变态性交、人兽交、手淫、性虐待或下流的生殖器展示"），也属于犯罪。到了1993年，联邦政府和几乎所有的州都已制定这样的法律。

过去，此类材料单纯被视为淫秽，但是，根据非常狭窄的淫秽定义，立法者得出结论说，为了保护儿童，制定专门针对儿童色情的法律势在必行，无论这些材料在法律上是否构成淫秽。即使是让儿童参与实际性行为的目的是创作性露骨图片或电影，也能单独以性虐待儿童为由对之提起控告。这些法律之所以被认为不可或缺，既是为了削弱生产和传播此类材料的经济激励，也是为了保护人们免于因得知此类图片会继续在社会上传播而受到心理伤害。

联邦政府首次针对儿童色情立法，是1977年的《保护儿童不受性剥削法》。1986年，米斯委员会宣布，生产和分享此类材料,会对儿童产生严重的伤害,它敦促联邦政府严格禁止儿童色情。国会对这项建议作出了回应,制定了新的法律,加重了对生产、销售和持有此类材料的刑罚。

在此种形势下,克林顿政府将精力从指控传统成人淫秽物品转移到打击儿童色情。因此,从1993年到2000年,克林顿政府对销售或传播成人淫秽物品发起的刑事指控,年均不过二十件,较之此前的六年大为减少。削减成人淫秽物品控告案件数量的决定,引来了一些宗教团体的尖锐批评。比如,致力于让"圣经原则进入各级公共政策"的团体"关爱美国妇女会",就谴责克林顿对"我们社区中危险的捕食者"放任不管,"浸信会通讯社"指责说,政府在优先顺序上的转变,反映了克林顿本人的"道德水准"。

另一方面,联邦政府对儿童色情的指控,在克林顿主政期间逐年增多,从1993年的79件稳步上升到2000年的563件。在这八年之中,克林顿政府发起的儿童色情指控总数为2326件,其中有1765件成功定罪。工作重点的转变颇为引人注目。

"推动正义的事业"

2001年,乔治·W. 布什在经历一场极富争议的大选之后就任总统,很多人期待着重现旧时的对成人淫秽案件提起的指控。毕竟,布什代表着对传统美国价值观的回归。司法部长约翰·阿什克罗夫特在宗教氛围浓厚的福音派家庭中长大,作为民选官员,他赢得了基督教联合会的完美评价。他信守承诺,在2001年骄傲地宣布:"司法部毫不含糊地致力于执行对淫秽案件提起控告的任务"。淫秽案件再次被宣布为"优先任务",阿什克罗夫特向国会承诺,对普通的性露骨材料展开一次新的取缔运动。

因此,到了2003年底,一位重生的总统及其更为虔诚的司法部长可以夸口说,他们发动了"联邦多年以来规模最大的淫秽案件指控",他们宣布开展一场全国范围内"针对在线色情产业的运动"。然而,这却多少是一种误导,因为,他们的重点并不在于此前几代人所认为的"淫秽",而是在于强调暴力、人兽交和排粪等更为极端的淫秽形式。浅显易见的事实是,鉴于性露骨材料在互联网上已无比泛滥,此时对淫秽案件提起控告的人们,必须着重处理被视为非常极端以致在二十一世纪也必须从法律上加以禁止的那些材料。那才是布什政府努力的目标。

比如,2003年4月,联邦调查局搜查了位于宾夕法尼亚西部的"极端联合公司"办公室。联邦检察官玛丽·贝丝·布坎南负责本案的起诉工作,她说,在"极端联合公司"发布于互联网的电影中,有"极其邪恶、冒犯性和可耻的材料"。她以《强行进入》为例,这是一部性露骨影片,"描述了几起强奸场面,女性被殴打、掴耳光、吐唾沫,用每一种可能的方式加以侮辱","最终被杀害"。对本案的起诉是布什政府反淫秽运动面临的第一次重大考验,它也代表着对此类案件将会提起控诉。①

不过,尽管司法部长阿什克罗夫特此前保证,布什政府将重新对成人淫秽发起攻击,但他所领导的司法部在2001年至2005年实际起诉的成人淫秽案件,连十件都不到——甚至少于克林顿政府——这些案件全部针对的是最极端的色情作品。布什政府对成人淫秽的态度不够积极,激怒了宗教右翼人士。反剥削和猥亵儿童局前局长帕特里克·特鲁曼此时已是"家庭研究协会"的高级法律顾问,这家团体致力于捍卫"来自基督教世界观的信仰、家庭和自由"。他在2005年指责布什政府只关注"最色情的材料",比如"人兽交和强奸电影"。有人解释说,政府需要集中资源主要处理儿童色情问题,作为回应,特鲁曼抱怨说,这无非就是"为对淫秽无所作为而找的借口"。

阿尔贝托·冈萨雷斯是移民工人的儿子,他原本是得克萨斯州最高法院大法官,于2005年2月接替约翰·阿什克罗夫特担任司法部长,他重申,司法部恪守承诺,会"积极指控淫秽物品的供应商"。不久后,保守派基督教团体提出要"取缔淫秽图书",在强大的压力下,冈萨雷斯大张旗鼓地宣布,在司法部中设立新的"起诉淫秽案件特别小组"。这个新的工作小组的目标,是向各州和各地检察官施压,要求他们将最具冒犯形

---

① 经过六年的诉讼,"极端联合公司案"的被告人最终在2009年认罪。被告人被判处一年零一天的刑期。

式的淫秽物品作为目标。不过,它的结果仍是起诉"暴力或堕落"的极端性材料案件的又一次短期增长,对于主流的、数十亿美元的色情产业,却没有提出任何指控,而在二十五年前,这些材料明显会被认定为构成淫秽。

国会的一些议员指责布什政府没有更加积极地追击色情作品,但是,大多数检察官对起诉色情材料供应商兴趣廖廖。当时为淫秽案件被告人辩护的一位律师评论道:"如果你与在第一线工作的检察官交谈,他们对付的是骗子、帮派活动、有组织犯罪和贩毒集团,没有人希望再把资源用在色情电影上。"他补充道:"受命做那项工作,不管是谁,都会成为同事的笑柄。"

2005年,众议员弗兰克·沃尔夫(弗吉尼亚共和党人)发起一次向保守派团体"媒体道德"的拨款,以设立 obscenitycrimes.org 网站,让公民举报他们认为"淫秽的"网站和材料。尽管这家网站生成了数万份建议和投诉,但冈萨雷斯的"起诉淫秽案件特别小组"没有跟进其中任何一条消息。反剥削和猥亵儿童局前局长帕特里克·特鲁曼抱怨道:"冈萨雷斯说得天花乱坠,却什么都没有做。"的确,从2005年直到布什政府任期结束,政府对成人淫秽提起的诉讼,年均不过五起。

保守派宗教团体认为布什政府太过虚伪,十分愤怒。"社区价值观公民会""旨在促进犹太教与基督教共有的道德观",它的会长菲尔·布瑞斯批评布什政府未能认真对待"正在侵

阿尔贝托·冈萨雷斯

蚀我们孩子的灵魂……正在摧毁家庭的癌变",来自"媒体道德"的罗伯特·彼得斯认为,布什政府未能执行反淫秽法律,已导致"淫秽泛滥","破坏了所有美国人在正派社会中生活的权利"。

布什政府实际起诉的成人淫秽案件,可以以对加里·拉格斯代尔和保罗·利特尔提起的指控为例。警官拉格斯代尔与妻子塔玛拉因在他们的互联网站上销售数份淫秽视频,于2003年在得克萨斯州一家联邦地方法院受审并被定罪。视频之一是标题为《野蛮强奸5》的时长一小时的日语影片,拉格斯代尔在招徕买家时称它描绘了"对一名年轻女子的真实强奸过程"。根据联邦上诉法院的记录:"在视频的前半段,这名女子似乎自愿与多达三名男性发生各种性行为。"视频的后半段细致描绘了这名女子"被绑住脚踝倒吊着,然后被各种器具鸡奸,似乎还被人用滚烫的蜡油虐待。她还被一名女性施虐者鞭打,随后又被人用棒球球棒鸡奸,球棒上缠满粗绳"。联邦上诉法院维持了陪审团的认定,即根据"米勒案"的标准,这部影片是淫秽的。加里·拉格斯代尔与塔玛拉·拉格斯代尔分别被判处入狱服刑三十三个月和三十个月。

保罗·利特尔因饰演马克斯·哈德科尔广为人知,他是一位色情影片演员、导演和制作人,1992年,他凭借《马克斯·哈德科尔的肛门历险记》系列电影一举成名。他的电影在色情产业获奖无数,典型的场景就是向女性撒尿、与女性拳交、将金属镜塞入阴道或肛门将之撑开到极致、强迫她们在自己身上呕吐、表现对女性造成的痛苦和羞辱。

2007年,利特尔因通过互联网和美国邮政传递淫秽物品,受到反剥削和猥亵儿童局的指控。佛罗里达州坦帕市的陪审团起初对这些电影按照"米勒案"标准是否构成淫秽意见分歧①,不过,陪审员们经过十四个小时的审议后,最终作出了有罪的裁决意见,利特尔被判入狱服刑四十六个月。2012年,利

---

① 三位陪审员所持的观点是,鉴于互联网上可以获取的其他影片,这些影片"真的不算什么大事"。

特尔获释,他宣布,希望"在世上做些善事",因此返身投入色情行业。

2008年7月,就在保罗·利特尔被定罪一个月后,一年前接替阿尔贝托·冈萨雷斯担任司法部长的迈克尔·穆凯西,在参议院司法委员会召开的一场听证会上出席作证。坚决抵制淫秽物品的奥林·哈奇参议员(犹他州共和党人)表达了他所谓的"很多人的担心,在执行反淫秽法律时,司法部的目标太过局限于某些淫秽物品。最极端的物品或许更容易定罪,但是,这种定罪对于整个淫秽产业没有什么影响"。哈奇批评这个策略存在"误导"。司法部长穆凯西回答道:"我们想要做的,是提起我们能够胜诉的案件。"

这场交流吐露了真相。布什政府的司法部至少似乎是在付出不懈的努力,对抗极端的成人淫秽问题,不过,因为它只关注一小部分最骇人物品的最极端的供应商,政府付出的努力,用哈奇的话来说,"没有产生什么影响"。政府追捕的影片,仅仅限于男人在女人口中撒尿、女人吃下自己的排泄物、女人与马性交、男人在女人脸上射精、参与暴力性虐待行为,这就会让99.99%的色情作品市场得以泛滥成灾。

但是,如果政府要在所提起的案件中取得胜诉,它别无选择,只能追捕最极端的资料。这个世界的起诉资源是有限的,在州和联邦的层面都是如此,只能设定优先顺序,诸如奥林·哈奇之类的许多人或许希望时光倒流,回到"美好的过去",

《查泰莱夫人的情人》、《花花公子》和《深喉》在彼时还被认为是淫秽的,但那个时代早已一去不返。技术不断更新,社会日新月异,文化价值观与时俱进,因此,法律也已发生变化。

在一个世纪之中,构成"淫秽"的材料发生了翻天覆地的变化,从温和的文献,到《欢场女子回忆录》和《尤利西斯》等经典小说,再到裸体杂志,再到有勃起的阴茎镜头的成人电影[1],再到清晰表现口交和肛交镜头的电影,再到二十一世纪初着重展示拳交、颜射和女子吃排泄物的色情电影。除了获得道德满足感和政治利益——因为惩罚了加里·拉格斯代尔或保罗·利特尔之流,他们所刻画的是大多数人深感厌恶和感觉冒犯的东西——但这种零星、昂贵且最终徒劳无功的指控,实际上并不会产生什么结果。

到了2009年,美国的法律制度实际上已经得出了与1970年"淫秽与色情作品委员会"相同的结论:经其同意的成年人对色情作品的私人消费,"不致于造成需要公共执法介入程度的伤害"。"媒体道德"是一家成立于1962年的团体,它的宗旨就是与色情作品展开斗争,它的主席罗伯特·彼得斯心不甘情不愿地承认:"战争结束了,我们输了。"

---

[1] 这是二十世纪六七十年代拜伦·怀特大法官对何为"明显的冒犯"所持的标准。

"战争结束了,我们输了"

巴拉克·奥巴马总统于 2009 年上任后,司法部决定不再对成人淫秽案件提起新的指控。司法部长埃里克·霍尔德将司法部的资源集中于应对儿童色情问题。毫不令人惊讶的是,这个决定引来了一些尖锐的批评。比如,共和党人控制的众议员拨款委员会警告说,此种做法威胁到了"家庭和儿童的福祉"。

一些参议员对此也颇为不满。四十四名参议员向霍尔德寄了一封由奥林·哈奇起草的信函,敦促司法部为了"与美国日益猖獗的淫秽问题展开斗争","积极执行联邦的反淫秽法律"。这封信引用了一份国会简报,内容是几位经过精心挑选的证人应哈奇之邀提供的证言,大意是接触淫秽材料可导致性骚扰、性暴力和对色情作品成瘾。这封信的结论,是宣称司法部有必要认识到这场"危机"的重要性,对"所有重要的成人淫秽物品生产商和经销商"发起广泛的调查和指控。

从私营企业中也传出了类似的反对声。传达"基督徒观点"的网站"世界网"指控说,奥巴马政府的不起诉政策,导致成人色情作品在美国"泛滥成灾"。帕特里克·特鲁曼已经成为美国最大的反色情作品团体"媒体道德"的主席和首席执行官,他称霍尔德是美国"主要的色情引导者",并敦促会员们

"淹没司法部的电话总机",他还要求更加严格地执行美国反淫秽法律。

为了回应众议院拨款委员会以及参议员们的信函,助理司法部长罗纳德·韦奇解释道,司法部将有限的资源集中于最严重的案件,尤其是"怂恿儿童剥削"的那些案件。就连最初创立"起诉淫秽案件特别小组"的前司法部长阿尔贝托·冈萨雷斯,也在维护奥巴马政府的政策。冈萨雷斯说,他"一直认为打击儿童色情远远优先于成人色情",所以,检察官在无法分身兼顾时,要为公诉案件排列优先顺序,将成人淫秽案件置于"次要地位",是合理的。

在基督教右派的请求下,在2012年的共和党代表大会上,共和党将一份声明纳入政纲,宣布"当前针对所有形式的色情作品和淫秽物品的法律,都需要得到严格的执行"。尽管共和党总统候选人米特·罗姆尼作出了口头承诺,但在2012年的总统大选中,这个问题并未引起关注。对于罗姆尼来说,推动这个领域的定罪将会是一个颇为尴尬的立场,因为,自1993年至2002年、自2009年至2011年,他曾在万豪酒店董事会任职,而在这些年中,向宾客销售按次计费的色情作品,已是这家酒店集团的日常业务。

成人淫秽物品基本不受约束,此种形势已经成为现实,而且无法改变。今天,只要轻点鼠标、搜索引擎就能立即找到几乎无可胜数的网站，提供清晰露骨的影片，包括手淫、肛交、女同性恋、口交、捆绑、性虐待等人们可以想象到的几乎任何事情，通常还是免费的。它是好事还是坏事，抑或是中性的，此时此刻都已失去意义。面对技术进步与社会习俗的变迁，法律几乎已经不知所措。

各州与各地方对淫秽案件提起的指控，在最近几年中也已十分稀少。在出现这样的案件时，它们针对的几乎也只是最极端的性表达内容。与联邦起诉案件不同，州和地方所提起的指控，主要针对地方的商店所有者，而不是互联网上的经销商。大多数指控，都在包括亚拉巴马、堪萨斯、路易斯安那、密苏里和得克萨斯在内的数个州内提起。在大多数案件中，检察官主要关注的是销售儿童色情作品或者向未成年人销售色情材料。

未来的挑战，不再是如何**禁止**这些成人淫秽物品，而是如何应对它们的存在。在互联网的全部用户中，约有 36% 的人每个月至少访问一次成人网站。当然，在访问成人网站的人之中，平均每名用户每个月访问 7.7 次，或者说每年差不多 100 次。每次访问的平均时长是 11.6 分钟。访问成人网站的人中，女性占到三分之一以上。

或许有些出人意料的是，在宗教上持最保守立场的那些州的居民，最有可能访问只面向成人的网站。居民在色情网站上耗时最多的州，是犹他州。此外，根据贝勒大学的说法，在承诺与色情作品进行斗争的所有福音派新教牧师中，有 40% 的人

"每周访问色情网站"。"守诺者"是一家"奉基督为中心的团体,致力于通过与耶稣基督的关系激励人们影响他们的世界",它的会员中有53%的人也"每周访问色情网站"。

在百老汇音乐剧《Q大道》中,木偶们快活地唱道:

互联网真的、真的很伟大……**为了色情!**

我有很快的连接速度,所以我不需要等待……**为了色情!**

不过,总会有一些新的网站……**为了色情!**

我通宵达旦地浏览……**为了色情!**

好像我在用光速上网冲浪……**为了色情!**

互联网是为了色情而存在!……

你认为互联网为什么而诞生?

色情!色情!色情!

色情与基督教右派的诞生

尽管阻止经其同意的成年人获得性露骨图书、杂志、电影和网站的"战争",实际上已在二十一世纪初"失败",但这场斗争对美国产生了意义深刻的重要后果。这场试图取缔性表达的失败运动,为美国政治的一场重要转折奠定了基础,塑造了至今为止的美国政治话语。这场"文化战争"始于色情,与第二次大觉醒具有显著的相似之处。

纽约的"除恶协会"由安东尼·康斯托克创立于1873年,

旨在维护公共道德。它在1951年就解散了，因为，在20世纪中叶，扫除色情作品不再被认为是一项迫切的社会问题。但是，随着新的、更多的极端性表达形式在二十世纪六十年代的出现，新的团体加入了进来。比如，由"对淫秽作品深感痛恨"的前海军飞行员查尔斯·H.基廷创立的"正派文学公民"在二十世纪六十年代名声大噪，重新塑造了反色情行动的话语。以"正派文学公民"等团体的工作为基础，恢复"道德"日益成为新右派舆论的中心主题。

1970年，约翰逊总统设立的"淫秽与色情作品委员会"提交报告，呼吁终结对向经其同意的成年人销售性露骨材料行为的法律制裁后，"新右派"借此大做文章。不但副总统斯皮罗·安格鲁猛烈抨击"这些激进自由派"漠不关心"儿童会经常接触到大量赤裸裸的色情作品"，而且，参议员罗伯特·多尔（堪萨斯州共和党人）还呼吁对这个委员会的委员展开调查，同时，理查德·尼克松总统"斩钉截铁地否定了"这份报告得出的"道德败坏的结论"。

美国走入二十世纪七十年代，"新右派"的领导人将色情作品以及更普遍的返回"传统"道德观的呼吁，提到了政治议程的最前面。然而，对色情作品的夸大其词，目标多半在于政治而非政策。尼克松的顾问约翰·迪恩当时就评论道，1970年的委员会报告为总统"在口头上站到这个问题的右边"提供了"绝佳机会"。简言之，色情问题为保守派政治家提供了培育和利用道德"愤怒"的机会。

二十世纪七十年代末,福音派激情的新时代横空出世,美国走入或谓的"第三次大觉醒"。二十世纪七十年代末,安妮塔·布莱恩特在迈阿密发起的废除同性恋者权利法令的运动,就是其中的一件大事。在蜂拥来到佛罗里达支持布莱恩特的宗教领袖中,就有杰里·福尔韦尔牧师,他于1979年创立了"道德多数派"。在二十世纪六十年代初,福尔韦尔是坚定的种族隔离主义者,在二十世纪七十年代,他作为电视布道者,因为"昔日福音时光"节目而闻名全国。道德多数派与重生运动存在明显的联系,它很快在美国各州建立了分部,出版了拥有三百万名读者的时事通讯,并在三百多家电台播放每日广播节目。在1980年出版的《倾听吧,美国!》一书中,福尔韦尔谴责色情文学的传播催生了全国性的"性放纵氛围"。

在1980年的总统大选中,罗纳德·里根积极结交基督教右派,并最终获得了他们的大力支持。然而,里根在任期间,对福音派的事业总体而言却只不过是口头敷衍。但是,里根知道如何保护他的基本盘,所以,他频繁地提到道德问题。比如,1983年,他在"全国福音派协会"发表演讲,历数色情作品的危害,表明美国"处于灵魂觉醒和道德更新之中"。然而,里根最终意识到,仅靠言辞,不足以让福音派感到满意,因此,1985年,他任命了米斯委员会,它的目标很清晰,就是在性与色情作品的问题上,支持保守的基督教观点。不出所料,米斯委员会报告得到了基督教右派的称赞。

尽管福音派社区扫除性表达的斗争,在二十一世纪初败下阵来,但是,他们输掉了色情作品战争,却帮助激励了一场浩大的宗教、道德和政治运动,这场运动持续至今,在我们围绕生育权、女性权利和同性恋者权利展开的辩论中,占据核心的地位。这才是福音派清扫美国淫秽运动的失利所留下的最持久的遗产。

第十四章
二十一世纪的性与言论

"淫秽"作为法律概念,在二十一世纪初已不见踪迹,涌现出来的是目标更为明确的议题,涉及对类型更为具体的性导向表达的规制。核心问题或许可以归纳如下:尽管,政府再也不能以宪法为依据,或者至少在现实层面上,禁止经其同意的成人阅读或观看大多数曾经被视为淫秽的材料,以防止在历史上与此类材料联系在一起的道德伤害或者其他伤害,但是,在何种程度上,为了增进其他**定义更为狭窄**的利益,政府仍然可以规制**定义更为狭窄**的性导向言论表达类型?

最高法院认定,在若干种情形下,政府仍然可以依据宪法规制某些类型的性表达,即使引发争议的言论不再被视为"淫秽"。比如,旨在防止儿童和未经其同意的成年人接触性表达的法律;规制直播性行为的法律;规制儿童色情的法律;在政府出资的学校、图书馆、剧院和艺术项目中将性表达排除在外的法律。在最高法院继续努力协调第一修正案和与之存在矛盾的道德问题、社会问题和宗教问题时,这些议题都提出了独特的挑战。

"为了烤猪肉烧掉房子"

1966年,最高法院对"金斯伯格诉纽约州案"作出判决,认定政府可以依据宪法防止儿童接触"对未成年人而言构成淫秽"的材料,即使对成年人而言它不构成淫秽。如果这项原则能够合理地发挥作用,就有可能将儿童与成人区分开来。比如,尽管各州依据宪法不得禁止电影院向成年人放映性露骨但不构成淫秽的电影,但如果电影对未成年人是淫秽的,可以依据宪法禁止电影院允许儿童进入。同样的原则也适用于书店。各州依据宪法不能禁止书店向成年人销售对未成年人而言构成淫秽的图书和杂志,但是,可以禁止书店向儿童销售此类材料。在电影院和书店的情境中,区分成年人与儿童,相对而言还是容易的。然而,当这种区分变得困难时,问题就随之而来了。

最高法院首次面对这种两难处境,是1957年的"巴特勒诉密歇根州案"。密歇根州法律禁止销售可能对青少年道德产生腐化影响的性露骨但不构成淫秽的图书,阿尔弗雷德·巴特勒因违反该法律而被定罪。最高法院作出全体一致意见,推翻了对巴特勒的定罪。用菲利克斯·法兰克福特的话来说,这是

"为了烤猪肉烧掉房子"的误导做法,因为,各州依据宪法不得"把成年人降低到……只能阅读儿童读物的程度"。

那么,是否在任何情形下,各州都不能为了保护儿童免于接触受到宪法保护的性表达,而限制成年人获得此类材料?1971年,最高法院在"科恩诉加利福尼亚州案"判决意见中对此有所考虑,但问题略有变化。

1968年,保罗·罗伯特·科恩在洛杉矶县法院的走廊上身穿印有"我操征兵"字样的夹克,因此被捕,并因违反加利福尼亚州禁止扰乱治安的法律而被定罪。科恩认为,即使有儿童在场,他这句话也受到第一修正案的保护。

在此案中,有一个令人难忘的尴尬时刻。在历史上,没有人在最高法院的言辞辩论中使用过"操"(Fuck)这个词。首席大法官伯格绝对不希望这种情况在他的任内发生改变,在言辞辩论开始之际,他对科恩的律师梅尔维尔·尼默说,"最高法院完全清楚"此案的事实,所以,你不必"详细陈述"。尼默明白,对于他的案件非常重要的一点是,绝不能承认这个词应当被视为是不可提及的,哪怕是含蓄地承认也不行。他回答道:"我当然会非常简短地陈述事实。这名年轻人所做的,只是穿着一件夹克,上面写着'我操征兵'的字样。"伯格顿时怒容满面。

最高法院认定,科恩在这种语境下使用"操"这个词,受到第一修正案的保护。约翰·马歇尔·哈伦大法官撰写了最高法院的判决意见，他解释道，这并非淫秽案件，因为，"如果有必要授予各州更广泛的权力以禁止淫秽表达，无论是其内容如何，此种淫秽表达在某种意义上必须是色情的"。没有人可以理直气壮地说，科恩的这句话会给观者带来性的刺激。

然而，加利福尼亚州主张，即使这则言论不是淫秽的，本州为了保护儿童和未征得其同意的成年人免于接触此种冒犯性言论，仍可加以规制。哈伦大法官承认，一些观众肯定会受到科恩言论的冒犯，一些父母可能会感到心烦意乱。但是，他评论道，"离开家庭的庇护"，我们经常会遇到"讨厌的言论"。因为，对"操"这个词的使用会产生表达效果，哈伦得出结论说，倘若没有更加"令人信服的理由"，加利福尼亚州将公开展示"操"这个词认定为犯罪行为，并非合宪之举。

这项原则是否存在限制？假设在夹克上"我操征兵"的文字上方，科恩再画上一幅图，一个裸体男人挺着勃起的阴茎"在操"本地的征兵委员会主席呢？假设他把这样的图贴在了公告牌上呢？

在1975年的"埃诺泽尼克诉杰克逊维尔市案"判决中，最高法院考虑的是佛罗里达州杰克逊维尔市制定的一部法令的合宪性问题，它规定，当露天汽车影院放映电影时，如果从公共街道或公共场所可以看见电影屏幕中出现的裸体，那就是违法的。杰克逊维尔市主张，这部法令是为了保护未成年人和未经其同意的成年人的感受，它是正当的。

在两年前的"米勒案"和"巴黎成人影院案"中,路易斯·鲍威尔大法官投出了关键的第五票,接受了首席大法官伯格对淫秽标准的保守重构。在由他执笔的判决书中,最高法院并未采纳两造的主张。鲍威尔援引"科恩案"认定,个人在公共街道中只享有有限的隐私利益,仅仅因为图像可能冒犯某些观众,就要对原本受到宪法保护的表达进行审查,这是说不通的。此外,他还论证道,保护儿童免于接触裸体图像,也不是这部法令的理由,因为,并非所有的裸体"对哪怕是未成年人来说,都能构成淫秽"。

因而,"科恩案"与"埃诺泽尼克案"清楚地表明,除了在可能出现的例外情形中,政府以保护成年人和儿童的感受为由,禁止人们在公众场所中展示不构成淫秽的性图片或语言,是不符合宪法规定的,至少,如果这些言论"对未成年人而言不构成淫秽"时是如此。最高法院从安东尼·康斯托克时代以来走过了漫长的道路,然而,在"埃诺泽尼克案"中,对于在露天汽车影院的屏幕上或者在公告牌中展示对未成年人而言**构成淫秽**的图片,市政府是否可以依据宪法加以禁止,最高法院并未作出决定。

"脏话"

三年后,最高法院面对的"联邦通信委员会诉太平洋基金会案",涉及无线电广播,可谓是发生了有趣变化的"科恩案"与"埃诺泽尼克案"。收音机于1920年问世时,并不存在谁可以使用哪些频率的规定,这就引发了一段时期的混乱,各家广播公司的节目常常彼此干扰。在广播电台所有者的催促下,国会于1927年制定了《无线电法》。这部法律创设了联邦无线电委员会,它被授权向无线电台颁发许可,以规制美国无线电频率的使用。波段在理论上属于政府财产,因此,政府可以规制它们的使用。这部法律授权联邦无线电委员会在颁发许可时提出条件,确保获得许可的电台在运营时应符合"公共便利、公共利益或公共需要"。为了实现这个目的,这部法律明确规定,禁止任何人在无线电通信中广播"不雅"内容。

数年后,国会在1934年制定了《通信法》,设立联邦通信委员会,将新出现的电视技术与无线电广播一并纳入它的规制范围。在此后的四十年中,联邦通信委员会努力想要界定"不雅"的含意,但是,因为广播公司都既不愿承担风险,也不想播放可能冒犯他人的任何内容,几乎没有出现什么问题。① 然而,在二十世纪六十年代末,随着社会的进步,性露骨语言和图片已随处可见,情况开始发生变化。

---

① 1931年,罗伯特·戈登·邓肯提到某个人时用了"该死"(Damned)这个词,还用一种不敬的口吻使用了"天哪"(By God)的说法,成为因违反1927年《无线电法》而被定罪的第一人。1937年,一则题为《亚当与夏娃》的广播滑稽短剧,由梅·韦斯特饰演夏娃,轻度有伤风化,联邦通信委员会因此对国家广播公司发出了严厉谴责。

"联邦通信委员会诉太平洋基金会案",涉及的是喜剧演员乔治·卡林声名狼藉的"脏话"录音。卡林是他那一代人中最伟大的喜剧演员之一,于1937年出生在曼哈顿。尽管他成长在天主教家庭,却断然拒绝信教。他在空军中待了很短的一段时间,因不当行为多次在军事法庭受审。此后,他于二十世纪五十年代末开始了职业喜剧生涯。1962年,卡林的偶像之一兰尼·布鲁斯在芝加哥的"角门"酒吧登台进行日常喜剧表演,因使用"*Schmuck*"(意第绪语中的阴茎)这个词而遭到淫秽指控并被捕,卡林当时就坐在观众席上。布鲁斯对卡林的喜剧产生了重大影响,尤其是作为坚定挑战礼仪边界的榜样。二十世纪六十年代,卡林因在深夜谈话节目中塑造了嬉皮又疯癫的气象预报员等一系列喜剧角色而名声大噪。2008年,卡林去世,之后被尊为"反主流文化喜剧演员的领导者",并被授予马克·吐温美国幽默奖。

卡林的独角戏"脏话"时长十二分钟,讨论了"你不可以在公共电视广播中说出来的词,你绝对永远不会说的词"。他继续列举那些词("屎,尿,操,屄,口交者,操你妈,乳房"),他称"它们会使你的脊柱变弯,让你的手长出毛发",还用各种俚语重复这些词。这段录音中夹杂着观众们不断发出的笑声。

1973年10月30日,太平洋基金会所有的一家纽约电台播放了这段独角戏。太平洋基金会有播放大胆广播节目的悠久历史。比如,1955年,它将备受争议的"垮掉的一代"诗人艾伦·金斯堡与劳伦斯·费林盖蒂请到了节目中，令联邦通信委员会大惊失色，后者抱怨称，他们的诗歌"太过粗俗"。1960年代初，太平洋基金会因涉嫌"从事颠覆活动"，受到众议院非美活动调查委员会的调查。

纽约电台播放"脏话"节目几周后，带着年幼儿子开车时听到节目的一名男子写信向联邦通信委员会投诉。很不凑巧，投诉者正是基于信仰要求实施审查的监督组织"媒体道德"的全国计划委员会成员之一。太平洋基金会在回应投诉时解释道，"脏话"是在讨论当代社会对语言所持态度的一档节目中插播的，在播出之前就建议过听众，这档节目包含"敏感词句，可能会被认为是对某些人的冒犯"。太平洋基金会称卡林是"重要的社会讽刺作家"，他所使用的"词语，是为了讽刺我们对这些词语的态度，这种态度虽然无害，却实在愚蠢"。这档节目并没有收到别的投诉。联邦通信委员会支持了这次投诉，规定在一天之中儿童有可能收听节目的时间段，广播电台不得用以当代社区标准而言明显带有冒犯的方式，播放描述性行为或性器官的语言。

根据"科恩诉加利福尼亚州案"的判决意见，人们或许会期待最高法院推翻联邦通信委员会的规定，但事实并非如此。约翰·保罗·史蒂文斯大法官撰写了"太平洋基金会案"的多数意见。史蒂文斯生长在伊利诺伊州海德公园的一个富裕家庭，后来进入芝加哥大学读书，曾在军中服役，并以史上最高平均成绩毕业于西北大学法学院。史蒂文斯曾在最高法院担任威利·拉特里奇大法官的助理,之后返回芝加哥成为广受尊敬的律师。他以温和的保守派而知名,1970年,由理查德·尼克松总统任命到芝加哥的联邦上诉法院,1975年,杰拉尔德·福特总统又将他送入联邦最高法院。史蒂文斯接替的是威廉·道格拉斯大法官,并因此导致了最高法院的向右倾斜。尽管在长达三十五年的大法官任期内,史蒂文斯对第一修正案的观点在不断发生变化,但在最高法院的最初数年中,他在言论自由议题上倾向于非常保守的观点。简而言之,他不是威廉·道格拉斯。

史蒂文斯对"太平洋基金会案"中的判决意见,反映了他早期对于言论自由所持的保守观点。在开篇之初,史蒂文斯就宣布,卡林使用的这些词"粗俗不堪"、"多有冒犯"和"令人震惊"。尽管史蒂文斯认定,最高法院在"科恩案"中认定禁止此种措词出现在公共话语中不符合宪法,但他主张,必须根据不同的表达媒介适用不同的规则。他认为,广播不同于夹克、图书、电影或报纸上所登载的一段文字。

他解释说,之所以如此,有三个原因。首先,无线电波归政府所有,与其他情形相比,政府享有更大的权力来控制自身财产中的言论。其次,通过无线电波传递的下流内容,面对的不仅仅是身在公众场所中的人,而且还有在自己家里的人,"不受干涉的权利,明显要比干扰者依据第一修正案所享有的权利更为重要"。第三,广播"很容易被儿童听到"。所以,史蒂文斯认定,父母有权在家中保护儿童的"健康",政府于此所享有的利益,足以证明限制无线电波中的不雅言论是正当的。

布伦南大法官的异议意见获得了瑟古德·马歇尔大法官的支持。异议意见不予认同的观点是,仅仅因为不构成淫秽的、受到宪法保护的言论可能进入到家庭之中,或者令儿童及其父母感到心烦,政府就有权加以审查。尽管布伦南承认,人们在家中的隐私利益"应得到有效保护",但他认为,"主动选择接受进入家中的广播资讯"之人所享有的隐私利益的重要性存在争议,史蒂文斯对此夸大其词,而希望通过无线电波传播与接收此种资讯者也享有第一修正案所赋予的权利,对于本案讼争的限制规定对此种权利所造成的影响的重要性,史蒂文斯却又加以忽视了。

"太平洋基金会案"判决之后的数年中,联邦通信委员会继续力图禁止广播和电视中的"不雅"言论。尽管联邦通讯委员会在"太平洋基金会案"中获得了胜利,但它在此后十年中却相当克制。它认为,应予禁止的"不雅内容",只不过是在早上六时到晚上十时之间重复使用卡林的"七个下流词",在这段时间里,听众之中很可能会有儿童。根据这个标准,联邦通信委员会在1978年至1987年没有再推动不雅内容执法行动。

然而,自1986年起,致力于维护基督教标准的、以信仰为基础的"媒体道德"组织,以及由卫理公会牧师唐纳德·维尔德蒙领导的、决心以圣经为依据促进诸如色情作品、同性恋和堕胎等相关立法中的正派道德的"全国正派联合会"(后来改名为"美国家庭协会"),联合其他的基督教右派团体和里根政府,向联邦通信委员会施压,要求扩大对"不雅内容"言论的禁止范围。

此时,联邦通信委员会中挤满了里根任命的人,它向基督教右派的要求作出了让步。1987年,联邦通信委员会宣布,它将执行更为积极的对"不雅内容"的界定,不再仅仅局限于重复使用卡林的七个下流词。尽管联邦通信委员会对何谓"不雅"表达有了新的理解,但是,在此后的十四年中,它继续保持克制。2001年,新当选总统乔治·W. 布什任命迈克尔·鲍威尔担任委员会主席,鲍威尔发起了一场积极的不雅内容执法行动。鲍威尔的继任者凯文·马丁接任此职直至布什总统任期结束,他宣布,清除早上6时到晚上10时之间广播和电视中的"不雅内容",是"他在联邦通信委员会的政策的主要内容"。

在小布什总统任期内,联邦通信委员会为了抓典型,试图惩治几桩受到广泛关注的事件中的广播公司,包括:U2乐队主唱博诺在获得金球奖时感慨道:"这真的、真的他妈的太妙了";雪儿在接受2002年公告牌音乐奖时声称:"每一年,人们都跟我说,我过气了,对吗?所以,去他妈的。"其他几起事件涉及的是一闪即逝的裸体。比如,美国广播公司的电视节目《纽约重案组》,有一集中有一幕可以看到一名成年女性角色的光屁股,时长约为七秒钟,还可以在一瞬间看到她的乳房侧面。

过去,联邦通信委员会采取的立场是,当涉"性"内容或图片只是以"一闪即逝"的方式出现,就不会认定为不雅。然而,2004年,委员会首次宣布,它将把不得体的文字和图片视为"不雅内容",即使它们的呈现时间非常短暂,哪怕只是随口提及。委员会依据这条新规定认定,博诺、雪儿和《纽约重案组》节目违反了"不雅内容"的禁令。委员会认为,为了"保护全国少年儿童的健康",这条规定的出台很有必要,在这几年之中,委员会对各家广播公司所处的罚款合计高达800万美元。

针对联邦通信委员会就禁止不雅表达出台的新规定,广播电视网提出的挑战基于两点各不相同的理由:采纳此规定的方式错误,而且违反第一修正案。在2009年的"联邦通信委员会诉福克斯电视台案"中,最高法院以五票对四票认定上述新规定是适当的,但并未提及宪法问题。

或许,斯卡利亚大法官为本案撰写的判决意见中最突出的特点,是他多次写的是F***和S***,而不是将本案所争议的这些词语清楚地拼写出来。与此相反,1971年,最高法院对"科恩案"作出判决时,哈伦大法官直截了当地写道,保罗·科恩使用了"Fuck"这个词;1978年,最高法院对"太平洋基金会案"作出判决时,史蒂文斯大法官全文引用了乔治·卡林的独角戏,包括"屎,尿,操,屄,口交者,操你妈,乳房"这些词。

另一方面,斯卡利亚大法官却坚持使用星号,以避免写出涉及本案核心争议的这些词语。至少可以说,这很离奇。法官不应任由自己的敏感扭曲案件事实。

三年后,此案重回最高法院,要求考虑其中涉及的宪法问题。最高法院作出全体一致意见认定,联邦通信委员会对不雅内容的新定义是违宪的,但是判决意见没有提及第一修正案。与此相反,最高法院认为,在对这些广播活动发生时的有效法律作出解释时,未曾提及"瞬间而过的咒骂语或者稍纵即逝的裸体"会被认为属于"不雅"。由于联邦通信委员会过于狂热地追溯适用这条新规定,未能充分告知它所禁止的内容,所以没有为被罚款者提供正当法律程序。

最高法院补充道,根据它对本案的处理办法,已无必要考虑是否应当推翻"太平洋基金会案",因为它的论证已"被技术进步所超越"。因此,"太平洋基金会案"及其对于电视和广播中不雅内容的处理办法,是否属于逝去年代的陈腐遗迹,最高法院将这个问题留待以后解决。但是,收看通过无线电波传输的电视节目、收听无线广播的人都知道,至少在这些媒体中,"太平洋基金会案"的核心原则完好无损。

把重担留在它所属之处

不过,这对于其他媒体有何意义?在何种程度上,为了防止未成年人接触"不雅"言论,政府可以依据宪法规制其他的通信方法——比如有线电视和互联网？1996年,国会立法要求,"主要致力于性内容节目"频道的有线电视运营商,应将节目播送限制在晚上10时到上午6时之间。政府引用"太平洋基金会案",主张这是为了防止未成年人看到"不雅"画面的措施,它符合宪法的规定。

2000年,在"合众国诉花花公子娱乐集团公司案"中,联邦最高法院以五票对四票认定,该法律违宪。安东尼·肯尼迪大法官撰写了判决意见。肯尼迪由里根所任命,人们期待他成为坚定的保守派,随着时间的流逝,在不雅内容、堕胎、同性恋和同性婚姻等高度分歧的议题上,他在最高法院判决的出台过程中发挥着决定性的作用——几乎总是会让基督教右派和任命他的那些人大失所望。

在"花花公子娱乐集团公司案"中,肯尼迪大法官引用最高法院早前对"科恩案"与"埃诺泽尼克案"的判决认定,在此种情形下,宪法所允许的"解决方案",并非指政府介入受到宪法保护的内容的传播,而是不希望性露骨画面进入家中的家长们可以利用拦截设备(包括各种过滤器),使此类节目或频道无法接收。肯尼迪得出结论说,此种方法**把重担留在它所属之处**——即希望为自己和孩子屏蔽此类内容的那些人身上,而经其同意的成年人则可以在他们希望的任何时候自由收看此类节目。最高法院将本案与"太平洋基金会案"作出了区分,并解释说，有线电视与无线电波的广播节目不同，因为政府不享有有线电视网络的所有权，也因为并不存在政府规制或许可电缆的长期传统。因此，在有线电缆的情形中，第一修正案必须得到充分的适用。

接下来是互联网。1996年，国会制定《通信风化法》，以保护未成年人免于接触互联网上的"不雅"内容。次年，"在里诺诉美国公民自由联盟案"中，最高法院作出全体一致意见认定，《通信风化法》违宪。尽管政府主张，本案应当受到"太平洋基金会案"的拘束，但在史蒂文斯大法官撰写的判决意见中——他也正是"太平洋基金会案"判决意见的作者，最高法院给出了两案的区别之处。"太平洋基金会案"的判决，基于两项主要原因：首先，与无线电波不同，而与有线电缆相同的是，政府并不拥有互联网，政府对互联网的规制也不存在长期的传统；其次，在"太平洋基金会案"中，联邦通信委员会允许不雅节目在儿童一般不会收听时播放，与此不同，互联网技术无法实现类似的安全港。

史蒂文斯解释道，为了让未成年人无法接触可能有害的言论，《通信风化法》使"成年人依据宪法享有权利彼此获取或发送的大量言论"不堪其重。然而，这份判决很狭窄，而且，是否可以允许制定更为具体的限制性规定，尤其是如果它并不仅限于"对未成年人而言是淫秽的"表达，最高法院仍然对这个问题未予解决。

为了回应"里诺案"的判决,国会几乎立即制定了《儿童在线保护法》,旨在解决最高法院指出的《通信风化法》存在的宪法缺陷。《儿童在线保护法》宣布,在互联网上故意传播"金斯伯格案"所定义的对未成年人而言构成淫秽的内容,都构成犯罪。① 不过,《儿童在线保护法》承认,如果在互联网上提供此类内容的人,善意地阻止未成年人获得这些内容,可以构成积极的抗辩。通过要求用户提供信用卡、借记卡、成人访问代码、成年人身份号码等合理措施,使人们设法证明他们已年满十八岁,即可完成此种抗辩。

实际上,国会试图通过《儿童在线保护法》做到以与处理电影院多少有些相同的方式处理互联网,也就是政府可以依据宪法禁止电影院允许未成年人观看对未成年人而言构成淫秽的电影,只要它没有妨碍成年人依照第一修正案享有的观看此种电影的权利。《儿童在线保护法》试图同样处理互联网。

但是,2004年,在"阿什克罗夫特诉美国公民自由联盟案"中,最高法院以五票对四票作出判决,认定《儿童在线保护法》违宪。安东尼·肯尼迪大法官再次撰写了判决意见。即使《儿童

---

① 《儿童在线保护法》对此所做的定义为包含以下内容的任何材料:"(A)普通人根据当代社区标准会认为,对未成年人而言,该材料在整体上旨在唤起或者迎合色欲;(B)用对于未成年人而言明显冒犯的方式,描画、描述或者呈现真实的或模拟的性行为,或者以下流的方式展示外生殖器或者成年女性的乳房;(C)整体而言,对未成年人不具有重大的文学价值、艺术价值、政治价值或科学价值。"47 U.S.C. § 231(e)(6).

在线保护法》限制的只是对儿童而言构成淫秽的内容,肯尼迪还是认为,该法律限制了成年人就第一修正案所享有的权利,构成违宪。他论证道,之所以如此,是因为父母们有更好的解决方法,那就是在电脑中安装过滤软件阻止不当内容,这种方法"不必鉴别他们的身份或提供信用卡信息",即可以保护成年人获取受到宪法保护的内容。肯尼迪尤其担心,创设可能永久存在的访问成人网站的记录,对于成年人行使第一修正案权利访问成人网站的意愿,年龄验证要求会产生重大的冷却效应。

从这层意义上来说,互联网与电影院截然不同,因为,即使成年人为了进入影院必须(用外貌或者展示身份材料)证明他们已年满十八岁,但他们决定这样做不会留下永久的记录。然而,考虑到互联网的现实,年龄验证要求可能会打消许多成年人观看受到宪法保护的内容的念头,肯尼迪得出结论道,这实在是太过高昂的代价,尤其是考虑到本就存在保护儿童的替代方案。①

这些判决明显表明,到了2004年,最高法院极不情愿用成年人依据第一修正案所享有的权利,来换取使未成年人免于接触不当的性内容,即使是"对未成年人而言构成淫秽"的内容也是如此。这无疑既反映了最高法院对政府规制性表达自由

---

① 布雷耶大法官提出了异议意见,理由是获取过滤软件不足以抵消年龄验证的法律要求,首席大法官伦奎斯特与奥康纳大法官加入了这份异议意见。斯卡利亚大法官也提出了异议。他主张,由于《儿童在线保护法》针对的是通过"故意强调刺激"内容的"肮脏的拉皮条生意",它并未提出"宪法问题"。542 U.S. at 676.

的努力越来越警惕,也体现了最高法院对接触此类内容的儿童遭受伤害程度的怀疑态度。就此而言,最高法院努力继续执行的是菲利克斯·法兰克福特大法官的基本洞见,即政府不得依据宪法"把成年人降低到……只能阅读儿童读物的程度"。如果说存在什么区别的话,随着时间的流逝,这句格言呈现出了更强大的生命力。

"人们不应随意暴露私处"

如何处理现场表演的性节目？如果人们在舞台上表演的,是依据宪法有权在电影银幕或互联网上表演的内容,是否受到第一修正案的保护？乍看之下,人们或许认为,只要现场表演只是让经其同意的成年人观看,答案必然是"是的"。毕竟,观众是在电脑上观看人们发生性行为的视频,还是在屏幕上观看人们发生性行为的电影,又或者是观看人们在舞台上发生性行为的现场表演,为什么会成为问题呢？有趣的是,问题没有那么简单。

最高法院的总体观点是认为,如果政府处罚个人的理由,是参与其他的不法行为,即使他们参与此种行为存在某种表达的原因,也仍然是符合宪法规定的。根据此种裁判观点,禁止超速驾驶的法律适用于为了拍摄电影中的超速场景而超速驾驶者,是符合宪法规定的;禁止窃听的法律适用于为了搜集材料撰写报道而窃听电话的记者,也是符合宪法规定的。此种裁判观点确立已久。它所基于的前提是,在这些情形下,政府并非**企图**限制言论。与此相反,这些情形中适用的法律所针对的,只不过是对言论具有**附带影响**的非表达行为。这些法律都被推定为符合宪法,即使它所适用的对象是表达行为。

现在,考虑一下禁止在公共场所裸体的法律。此种法律与禁止超速驾驶和禁止窃听的法律一样,针对的并非言论。他们只在保护人们不会因在公共场所看到人们的裸体而受到冒犯。因此,对禁止公共场所裸体的法律而言,在公共海滩上裸体晒日光浴、裸体逛街购物、在公共街道上裸体跳舞或在公园中裸体发言演讲,并无区别。禁止公共场所裸体的法律并不考虑人们是否在发表言论。所以,对于禁止在公共场所裸体的法律违反第一修正案的问题,"附带影响"规则实际上已经将之解决了——即使它只是以在公共街道裸体跳舞为由处罚行为人的附带影响。行为人之所以受到处罚,是因为在公共场所裸体,而不是因为跳舞。

不过,假设行为人想要裸体跳舞的地方并非公共街道,而是在私人所有的酒吧或者剧院中为经其同意的成年人提供娱乐。如果市政府立法禁止此种情形下的裸体舞蹈表演,明确针对的就是言论,也因此不属于附带影响规则的适用范围。这样的法律类似于明确禁止在电影中裸体跳舞的法律,因而是违宪的。

但是,假如政府并未立法禁止在私人所有的酒吧和剧院中裸体舞蹈表演,又会如何?不妨假设,政府主张,在酒吧或者剧院中的裸体舞蹈表演,违反了禁止在公共场所裸体的**一般性**法律。也就是说,政府认为,它立法禁止在公共场所裸体时,无须考虑裸体是发生在公共海滩、公共街道,还是发生在对公众开放的私人所有的酒吧或剧院。市政府强调说,它所关注的不是言论,而是在公开场所的裸体,禁止在剧院或酒吧中裸体表演的规定,与禁止在公共街道上裸体表演的规定,并无二致。这又会出现何种结果?

1991年,最高法院在"巴尔内斯诉格伦剧院公司案"中处理了这个问题。本案涉及的是印第安纳州公共场所风化法的合宪问题,它的适用对象是为宾客提供裸舞娱乐的基蒂·凯特雅座酒吧。印第安纳州的这部法律规定,在"公共场所""裸体"构成犯罪。州法院将该法律解释为要求在基蒂·凯特雅座酒吧之类的企业中的裸体舞者戴上乳贴、穿上丁字裤。无须赘言,对电影施加此种要求的法律,显然是违宪的。

公开表演的情色舞蹈,不但历史悠久而且花样百出。情色舞蹈作为一种表演艺术形式,可以追溯到古代。比如,古苏美尔就有女神依楠娜的神话,她在通往地狱的七道大门的每一座门口,都会脱去一件衣服。在古希腊,奥列特里德就是女性的舞者、杂技演员和音乐家,她们在男性观众面前以诱人的方式进行裸体表演。在古罗马,裸体舞蹈同样司空见惯,例如,在崇敬花之神芙洛拉的庆典中,它就起到了核心的作用。

然而,自七世纪始,基督教会开始禁止此种行为,到了中世纪,为公共娱乐进行的任何形式的裸体舞蹈,在欧洲几乎已消失殆尽。不过,在英国的王室复辟时期,脱衣舞再次流行起来。例如,阿芙拉·贝恩写于1677年的《流浪者》,就有一段是性感的——同时也是滑稽的——男性脱衣舞表演。在十八世纪的伦敦妓院中,脱衣舞成了一种常规的娱乐节目,"舞姿女郎"为了娱乐来宾,在桌子上裸体跳舞。到了十九世纪八十年代和十九世纪九十年代,诸如红磨坊和女神游乐厅之类的巴黎表演场的特色,就是衣着暴露的女性公开跳舞,十九世纪九十年代的著名表演的特色,就是有一名女子假装身上有只跳蚤,她慢慢脱掉衣服想抓到它,却一无所获。在二十世纪二十年代和二十世纪三十年代,著名的约瑟芬·贝克就在女神游乐厅的野蛮人之舞中赤裸上身跳舞。在这些场所上演的节目,以复杂精致的编舞著称,对来宾而言,它们的特色还包括炫目的金属片和羽毛。

在美国,在1893年举办的芝加哥世界博览会上,舞蹈家"小埃及"在大道乐园中表演的中东"肚皮舞"十分性感,随后立即流行开来。1896年,著名飞人杂耍艺人查米恩在杂技节目中上演了"脱光衣服"的表演。在二十世纪二十年代和二十世纪三十年代的流动嘉年华和滑稽剧院中,脱衣舞非常流行,吉普赛·玫瑰·李、火焰·斯塔尔、萨利·兰德等著名的脱衣舞者,都在佛罗伦兹·齐格菲尔德的讽刺剧和纽约第 42 街明斯基的臭名昭著的场馆中登台表演。在此期间,对于此种表演是否构成淫秽,表演者和制作方还在与警方争战不休。

脱衣舞在二十世纪六十年代迅速流行,尤其是以裸着上身跳舞的形式。旧金山秃鹰夜总会的卡罗尔·多达被誉为裸着上身跳舞的第一人。1969 年,这家夜总会开始"下空装",并因此兴起了美国脱衣舞的全裸潮流。1981 年,最高法院明确,裸体的舞蹈表演,与其他的舞蹈表演形式一样,属于受到第一修正案保护的表达。

不过,十年之后,最高法院在"巴尔内斯案"中,以五票对四票作出判决,认定对基蒂·凯特雅座酒吧中的裸体舞者适用印第安纳州反公共场所裸体法律,没有违反第一修正案。在多元意见中,首席大法官伦奎斯特重申,"本案中所表演的这种裸体舞蹈,属于"第一修正案意义上的"表达行为"。然而,他强调说,印第安纳州的法律没有禁止裸体舞蹈"本身",而是禁止一般性的公共场所裸体。伦奎斯特写道,禁止公共场所裸体的法律,"具有悠久的历史渊源",体现了"对在充满陌生人的公共场所中赤身裸体之人的道德非议",他得出结论说,该法律满足的是实质性的政府利益,"与抑制言论自由无关"。他论证道,这是因为,"印第安纳州想要处理的罪恶,不是色情舞蹈,而是公共场所裸体"。因此,该法律适用于基蒂·凯特雅座酒吧中的裸体舞者,是符合宪法规定的。

萨利·兰德

拜伦·怀特大法官提出异议意见，得到了瑟古德·马歇尔、哈里·布莱克门和约翰·保罗·史蒂文斯大法官的加入。怀特大法官通常在此种议题上十分保守——回忆一下，1973年，在"米勒案"和"巴黎成人影院案"中，最高法院对淫秽内容作出判决，他是沃伦法院留任大法官中唯一一位加入尼克松任命者意见的。不过，怀特在"巴尔内斯案"中论证道，尽管禁止公共场所裸体的法律，所满足的立法目的是保护儿童和未经其同意的成年人免于受到可能的冒犯，但此种目的或许不能证明对剧院和酒吧中裸体跳舞的禁令是正当的，在这些地方，"观众无一例外都是经其同意的成年人"。因此,他主张,"巴尔内斯案"不能令人信服地被归类为附带影响案件,因为,禁止公共场所裸体属于一般性法律的**理由**——为了保护儿童和未经同意的成年人免受可能的冒犯——与基蒂·凯特雅座酒吧中的裸体舞蹈完全无关。

怀特认为,对基蒂·凯特雅座酒吧中的舞者适用禁止公共场所裸体的法律,只能被解释为,州政府在禁止经其同意的成年人观看州政府认为是"有害的"言论时所享有的利益,是宪法所禁止的。提出异议的四位大法官认为,只要观众全都是经其同意的成年人,在第一修正案的意义上,禁止在电影中裸舞的法律,与禁止在酒吧中裸舞的法律并不存在区别。怀特得出结论说,印第安纳州的法律适用于基蒂·凯特雅座酒吧中的裸舞者,明显是违宪的。

安东宁·斯卡利亚大法官提交了一份独立意见,回应了怀特的观点。1986年,斯卡利亚由里根总统任命到最高法院,此时正是里根通过让最高法院进一步右转,努力迎合基督教右派的巅峰时期,尤其是在性表达和堕胎之类的议题上。斯卡利亚一家是住在新泽西州的移民,安东宁·斯卡利亚是家中独子,在罗马天主教的"浓厚宗教氛围"中被抚养成长。他以全班第一名的好成绩毕业于曼哈顿的泽维尔耶稣会士高中,人们觉得他既"才华横溢",又是"极端保守的天主教徒",用一名同学的话来说,他"可能来自教廷"。

之后，斯卡利亚以最优等成绩毕业于乔治城大学，又以第二等优异的成绩毕业于哈佛法学院。他在克利夫兰当了七年律师，然后到弗吉尼亚大学教授法律，1971年至1977年年间，又在尼克松总统和福特总统的行政分支任职。此后，斯卡利亚到芝加哥大学法学院担任教职，并在此成为宪法和行政法领域的严谨学者。1982年，斯卡利亚与罗伯特·博克、埃德温·米斯一道，帮助建立了保守派的"联邦主义者协会"，致力于"重新安排法律制度中的优先顺序，重视传统价值"。

就在这一年，里根总统将斯卡利亚任命到哥伦比亚特区联邦上诉法院，之后，在司法部长埃德温·米斯的力荐下，里根总统又在1986年将他送进了联邦最高法院。斯卡利亚是首位意大利裔大法官，对提名他的确认票数是98票对0票。斯卡利亚一进入最高法院，便在性表达、堕胎、同性恋和同性婚姻等通常会引发巨大争议的一系列议题上，成为捍卫"传统价值"最强有力——有时候也是最严厉——的支持者。

斯卡利亚在"巴尔内斯案"的协同意见，巧妙地昭示了此后他在性与宪法相关议题上的标志性方法。他在意见中断然否定了怀特的观点，即对公共场所裸体加以限制的唯一原因是保护儿童和未经同意的成年人免受冒犯。在斯卡利亚看来，印第安纳州禁止在公共场所裸体的法律之立法目的，不在于防止冒犯，而"在于实施传统的道德信仰，人们不应随意暴露私处"。

所以，在斯卡利亚看来，对基蒂·凯特雅座酒吧适用禁止公共场所裸体的法律，针对的不是表达，也不是保护人们免受冒犯。与此相反，它涉及的是**禁止不道德行为**——在公共场所对陌生人暴露自己。按照这种理解，斯卡利亚得出结论说，印第安纳州禁止在公共场所裸体的法律，仅对基蒂·凯特雅座酒吧中的表演产生附带影响，因此，将之适用于此类行为是合宪的。

* * *

我们如何理解这种争论？似乎很明显，只要无关乎存在争议的宪法权利，政府通常可以规制它认为不道德的行为。然而，对政府行为而言，这总是会成为尴尬的理由，因为，法律上的"道德"理由常常与宗教信仰密切相关。由于美国宪法承诺政教分离，政府专为执行宗教信仰而立法，是违宪之举。1961年，在涉及要求礼拜日歇业的法律的案件中，最高法院写道，如果法律的目的是"利用州政府的强制权力帮助宗教"，就违反了第一修正案中的"不得确立宗教条款"。除了特定的宗教戒律，在公共场所中，人们在其他经其同意的成年人面前裸体，是"不道德"的吗？如果是的话，为什么？使之"不道德"的又是什么？我们如何将道德从宗教中区分出来？

怀特与斯卡利亚在"巴尔内斯案"中的争论所提出的问题是，禁止经其同意的成年人裸体出现在其他经其同意的成年人面前，凭借的仅仅是道德上的理由，如此是否足以支撑对言论的"附带"限制。因为此种"道德"理由蕴含着明显的宗教色彩,这种争论不应被视为足以授权政府限制宪法上的权利。怀特大法官在"巴尔内斯案"中获得了胜利。毫不令人奇怪的是,在第二次大觉醒中居于核心地位的这个问题,重新出现在广泛的诸多宪法争议议题之中,不仅仅是政府对性表达的限制议题,还有避孕、堕胎、同性恋和同性婚姻等议题。

不过,在"巴尔内斯案"中,最高法院以五票对四票实际上解决了裸体舞蹈/现场性表演的问题,除非将来作出一系列判决重新考虑这个问题。根据"巴尔内斯案"的认定,只要政府禁止公共场所中所有的裸体和性活动,那么,禁止裸舞和现场性表演就是合宪的,即使观众完全由经其同意的成年人组成,也即使内容完全相同的电影受到第一修正案的保护。

不过,"巴尔内斯案"也留下了几个有趣和重要的问题没有解决。比如,如果州政府有权禁止基蒂·凯特雅座酒吧中的裸舞,它是否也能禁止"合法"戏剧作品中的裸体,即使对于戏剧主题而言裸体非常重要,也即使这部戏剧作品具有重大的艺术、文学和戏剧价值?依据"巴尔内斯案",答案应该是"不能"。但是,这个问题仍然悬而未决。

儿童色情问题

在二十世纪的最后三十年中,随着通信技术的发展,儿童色情内容的市场首次发展到引人注目的规模,儿童色情问题日益成为州和联邦执法活动关注的重点。二十一世纪初,曾经致力于追击淫秽内容供应商的几乎所有的公诉资源,都转投入到对儿童色情内容的追击之中。

1982年,在对"纽约州诉费伯案"作出的判决中,最高法院首度考虑了禁止儿童色情法律的合宪问题。1977年,纽约州制定一部法律,与当时其他十九个州的立法类似,规定故意生产、展示或销售含有十六岁以下儿童"性行为"内容的材料构成犯罪。该法将"性行为"定义为描绘儿童参与"性交、变态性交、人兽交、手淫、性虐待或生殖器的下流展示"。

保罗·艾拉·费伯是曼哈顿一家专门销售性导向产品书店的所有者,他向便衣警察销售了两部电影,于是受到了根据该法提起的指控。这些电影几乎完全是在展现年轻男孩的手淫。陪审团认定,这些电影不属于"米勒案"意义上的淫秽内容,但费伯违反纽约州的反儿童色情法律,所以有罪。纽约州上诉法院认定,对费伯的定罪违反第一修正案,因为这些电影不构成淫秽,因此有权受到宪法保护。最高法院以一致意见判决撤销上诉法院的判决,维持了费伯的罪名。

拜伦·怀特大法官撰写了最高法院对本案的判决。怀特在开篇时承认,"根据本院判例",纽约州上诉法院的判决"并不存在不合理之处"。然而,本案却有所不同,因为它涉及的作品不但性露骨,而且表现的是真实的儿童性行为。那么,本案的问题就是,政府是否可以依据宪法取缔此类作品,即使它们不是淫秽的。

值得注意的是,在1970年之前的美国历史上,"费伯案"中讼争的材料毫无疑问会被认定为是淫秽的。然而,到了1982年,淫秽标准不再适用于此类材料。最高法院面临的难题是,是否应当有某种新标准,可以以之为据禁止此类材料。

怀特大法官承认,禁止传播儿童色情的这些法律,或许会产生抑制某种有价值的表达的影响,但是,他还是得出结论说,必须允许政府取缔描绘真实的儿童参与此种行为的色情作品。怀特认为,之所以如此,至少存在四个相互关联的理由。首先,对于为了制作此类材料而犯下儿童性虐待之人,政府在取缔让他们这样做的诱因时所享有的利益,具有"无比的重要性"。其次,因为政府常常很难追查到生产儿童色情作品的人,政府有必要通过惩治销售、传播或持有此类材料的人,以"让这个市场干涸"。再次,因为此种材料不断公开流转,会导致对受害人不断的心理和其他伤害,政府在停止它的传播上享有强制性的利益。最后,即使此类画面是文学、科学或教育作品的必要组成部分,通过使用看起来像未成年人的成人演员,或者使用其他形式的"模仿",此类作品的生产者应当也是有可能做到的。

根据这些考量,怀特得出结论说,真实儿童参与真实性行为的画面,即使不构成淫秽,也可加以限制,因为,为了防止因生产儿童色情作品受到非法性虐待的儿童受到伤害,州政府享有压倒一切的利益。①

"费伯案"的判决意见提出了一个有趣的第一修正案难题。假设,有人为了拍摄电影偷了一架相机。当然,政府可以以盗窃为由处罚他。但是,为了取缔偷窃相机的诱因,政府是否也可以清除这部影片呢?或者,如果记者为了偷窃让她能够撰写报道的文件,而入室行窃,政府是否可以不但因入室行窃处罚她,还可以禁止这篇文章的出版?或者,如果有人拍摄了非法的斗狗,政府是否可以不仅处罚举办非法斗狗的人,还可以处罚传播或持有视频者?② 换句话说,"费伯案"阐述的,是可以全面适用的一般性原则,还是为了解决儿童色情问题的特别挑战而提出的一次性规则?

尽管各州和联邦政府付出了巨大努力来清除儿童色情作品,但司法部在2012年报告说,过去的十年之中,"儿童色情犯罪的严重程度和恶劣程度都急剧攀升,在很大程度上,这是由于迅速发展的技术进步的推动。技术进步使犯罪行为人有可能轻易地储存大量儿童性虐待图片,设立与其他怂恿、骗取儿童性剥削之人相互沟通和交流的在线安全港,利用复杂手段逃

---

① 在"阿什克罗夫特诉言论自由联盟案",535 U.S. 234(2002),最高法院认定,对于只是表现描绘未成年人参与性行为、但实际上并非利用真实的儿童生产的非淫秽的性露骨图案,政府依据宪法不得作为儿童色情加以禁止。

② 在"美国诉史蒂文斯案"中,联邦最高法院认定,儿童色情先例不应扩张适用于斗狗情形,见559 U.S. 460 (2010)。

避执法部门的侦查"。

为了解决这种挑战,联邦政府以生产或传播儿童色情作品为由提起指控的被告人数量,每年都在不断增长。在 2011 财政年度中,联邦检察官因此类犯罪起诉了 2929 名被告人,与 2006 年相比增长了 42%。司法部写道,对儿童色情的许多调查,"都是在全球范围内展开的"。诚然,美国成人性娱乐产业多半会避开儿童色情产品。因此,在美国可以获取的大多数儿童色情产品,不是外国(尤其是俄罗斯、东欧和亚洲)的生产商制作的,就是非专业人员制作的——未成年人自己制作的情形越来越多。

公共博物馆、图书馆、学校和艺术项目

尽管政府依据宪法不得禁止经其同意的成年人阅读、观看和向经其同意的其他成年人传播非淫秽的性露骨表达,但在何种程度上,政府必须**支持**此类材料的生产、展示和传播,或者,使之在公共学校、图书馆、影剧院和博物馆中可以获取?答案似乎是"绝不",但问题并没有这么简单。

比如,假设一座城市建设了一家公共艺术博物馆,不展出描绘裸体人像的图画或照片。或者,假设一座城市设立了一个艺术资助项目,拨款资助有前途的本地艺术家,但又规定,拨款不应发放给其作品描述参与性行为的裸体人像的艺术家。此

类政策是否违反第一修正案？

在这些假设情形中，市政府无疑会主张，因为市政府不承担设立艺术博物馆或拨款项目的宪法义务，所以它应当能自由决定对艺术和艺术家是否提供支持。然而，长期以来，最高法院一直认为，即使在政府无须对**任何**言论给予支持或允许的情形中，对于政府在赞同一些信息或言论发表者更甚于其他人时所享有的自由裁量权，第一修正案也作出了限制。

这本质上是一个**平等**问题。没有人享有宪法上的权利可以因为儿童养育成本减免应纳税额，但是，如果政府决定设立此种减免制度，依据宪法，它不能只提供给白人或基督教徒或把选票投给民主党的人。同样地，尽管市政府没有宪法义务为本地艺术家提供拨款，但依据宪法，它不得排斥其作品传递反堕胎信息或者批评市长的艺术家。

简而言之，第一修正案要求政府在设立和管理此类项目时公平待人。这项原则不仅适用于政府拨款，而且适用于政府主动作出选择时许可某种言论、而在宪法上并未明确要求允许此种言论的任何情形。比如，对于允许人们在公共汽车上分发小册子的问题，市政府并不负有第一修正案上的义务，但是，如果它决定允许这种表达方式，依据宪法，它就不能排斥支持共和党或反战的信息。

这项原则如何适用于非淫秽但属于性露骨的表达？请注意，在上述所有例子中，政府都根据言论发表者的**观点**作出了明确的区别对待。多年以来,最高法院一直认为,此种"基于观点"的限制,几乎总是为第一修正案所禁止的。① 此种限制被认为是对第一修正案价值体系的特别威胁,因为它们既会扭曲公众讨论,又会被政府用于激发对特定观点的敌意。因此,基于观点的限制政策,本就应该在政府的公共博物馆、图书馆、影剧院、拨款项目、公共汽车等情形中加以禁止。

不过,对于并非基于观点的内容限制,法院还是会比较宽容的。比如,假设一座城市开了一家公共图书馆,却作出决定说,因为资源有限,它将只收集历史题材或虚构类的图书。或者,假设一座城市设立的拨款项目,只支持其作品讨论种族问题的艺术家。或者,假设市政府经营的剧院上演一系列战争主题的喜剧。最高法院认定,此种限制是可允许的,即使它们所基于的是言论的内容,因为它们所依据的是资源有限的现实,也因为它们没有根据观点作出区别对待。

排斥性导向表达的政府项目又会如何?1982 年,最高法院对"教育委员会诉比科案"作出的判决,面对的就是学校图书馆情形下的这个问题。在一家政治保守团体的推荐下,长岛的一个地方教育委员会委员从学校图书馆中下架了九本书,因为它们被认为是"反美"、"反基督教"、"反犹太人"和"完全下流不堪"的。这份书单中包括库尔特·冯内古特的《第五号屠

---

① 这项原则的一个例外,就是"政府言论"学说,即当政府传递关于自身的特定消息时,依据宪法,它不得传递与之相反的信息。

宰场》、伯纳德·马拉默德的《修配工》、戴斯蒙·莫里斯的《裸猿》、比阿特丽斯·斯帕克斯的《去问爱丽丝》以及兰斯顿·休斯编辑的《黑人作家最佳短篇小说选》等作品。

在威廉·J. 布伦南大法官执笔的判决意见中,最高法院认定,教育委员会的委员们在"决定学校图书馆的藏书时享有重要的裁量权",但是,如果他们拒绝接受或者移除作品是为了排斥他们不赞同的特定观点,则为第一修正案所不容。

事实上性露骨的图书又如何？最高法院在"比科案"中解释道,如果教育委员会的委员们从图书馆中移除图书是因为这些书是"粗俗的",就不违反第一修正案,因为这样的一种动机"不会带来政府压制思想的危险"。换句话说,性露骨本身不属于一种观点。所以,只是因为图书的内容,从学校图书馆中移除图书,或者拒绝接受被视为在教育上"不适合"儿童的图书,比如《欢场女子回忆录》、《查泰莱夫人的情人》或《花花公子》等,并不违反第一修正案。

* * *

1965 年,正是"伟大社会"方案的鼎盛时期,国会和林登·贝恩斯·约翰逊总统设立了全国艺术基金会,"以鼓励美国人的创造力,提升美国文化,培养和保护美国的诸多艺术传统"。从一开始,国会就认识到了设立此种项目的风险,并承认说,"最优秀的艺术,通常都会引来争议,甚至会引发冲突"。因此,在设立全国艺术基金会时,国会作出了意义深远的承诺,要保护公共艺术基金免于政治、道德、宗教和意识形态审查的危险。二十五年后,一系列冲突爆发出来,考验着这份承诺的界限。

这一切始于1990年,艺术家安德烈斯·塞拉诺的摄影作品《尿浸基督》拍摄的画面,是背负木质十字架的塑料基督像浸泡在他本人的尿液中。塞拉诺是纽约的一位艺术家,多年以来一直在探索神圣符号的意义,并已通过东南当代艺术中心获得全国艺术基金会的拨款。《尿浸基督》引发了基督教右派的抗议风暴。纳税者缴纳的税款被用来资助此种"反基督教的偏执行为",基督教右派的积极分子对此愤怒不已,于是组成广泛的同盟,发起了一场针对全国艺术基金会的讨伐。作为回应,全国艺术基金会解释说,它完全支持艺术革新作品的创作——不论它们是否会"冒犯到一些人"。

大约就在《尿浸基督》引起争议的同时,华盛顿特区的科科伦美术馆使用来自全国艺术基金会拨付的资金,支持展出已在1989年死于艾滋病的艺术家罗伯特·马普尔索普的作品。马普尔索普是一位备受赞誉的摄影师,他的同性恋人物照拍摄的画面,是1970年代纽约的男同性恋性虐待文化,他也因此而知名。展出的摄影作品往往令人十分震惊,却也因为它们在技术和艺术上的不凡而非同寻常。在更为令人不安的照片之中,有一张作品是"这位艺术家的自拍,前景就是他的光屁股,他扭着脸正对着相机,表情既哀伤又调皮,一根长鞭稳稳地插在他的肛门之中"。

使用全国艺术基金会的资金支持马普尔索普的作品展,引发了另一场激烈的抗议。比如,参议员阿尔冯斯·达马托(纽约州共和党人)愤怒地说,这类作品不应"使用纳税者缴纳的税款"来支持,"美国家庭协会"的唐纳德·怀尔德门牧师敦促美国人联系自己的参议员,要求政府停止对此类"色情作品"给予的"反基督教"的支持。

参议员杰西·赫尔姆斯(北卡罗来纳州共和党人)是他那一代人中最强硬的保守派参议员,民权、淫秽、女权运动、同性恋者权利和堕胎,在他看来都是不道德的"自由派"议程,终其任期,他都在竭尽全力与之作战。面对马普尔索普引发的争议,赫尔姆斯宣布,对于此类"艺术"的联邦资助,是"对纳税人的侮辱",纳税人"有权不受自己所交税款的玷污、冒犯和嘲弄"。因此,他提议立法禁止使用全国艺术基金会"推动、传播或创作"描绘"同性恋……或参与性行为者"的"内容"。赫尔姆斯解释道:"我并非在建议国会'审查'艺术家。我提议的是,国会停止使用联邦资金支持明显是在毒害我们的文化的无耻'艺术'。"

国会任命独立的委员会,针对制定可能的"内容限制",以制约全国艺术基金会未来的资助决定,提出若干建议。委员会得出结论说,政府不得"用对国会视为'危险内容'者加以惩罚的方式",选择"资助——以及通常更为重要的是,不资助"哪

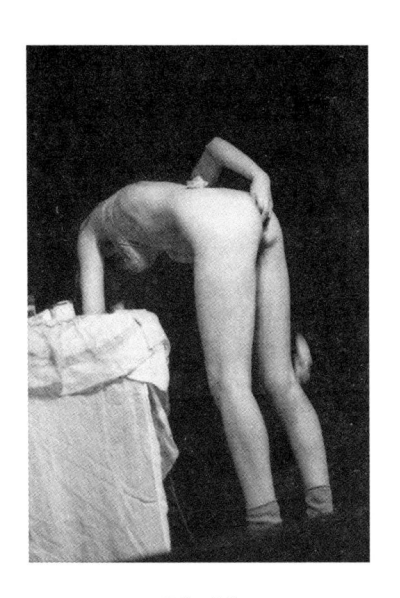

凯伦·芬利

些艺术家。委员会因此建议,"对于受到基金会资助的作品,不要作出对其内容加以具体限制的立法改变"。

面对这些建议,赫尔姆斯的议案功败垂成,但是,国会转而立法指示全国艺术基金会建立工作程序,以判断拨款申请的艺术价值,"应考虑通行的道德标准和对美国公众多元化的信仰和价值观"。

此后不久,乔治·H. W. 布什总统任命的全国艺术基金会主席约翰·弗龙迈耶,阻止了基金会顾问团推荐的对包括凯伦·芬利在内的四位行为艺术家作品的一系列拨款。芬利因在二十世纪八十年代末利用食物、裸体、音乐和登台演讲探讨乱伦、强奸、控制、女性的性化①、暴力和艾滋病等议题而著名。有评论家称芬利的行为表演"主要围绕对女性因为受压迫以及因愤怒和自我憎恨而导致的心理感受,并且探讨了性压抑、家庭暴力、同性恋等禁忌主题"。芬利的行为表演"是对抗性的、刺激性的,常常与粪便有关,不给中立留下任何余地"。另外三位也被全国艺术基金会拒绝资助的行为艺术家是约翰·弗莱克、霍利·休斯、蒂姆·米勒。芬利和他们的全部作品所探讨的主题都是性以及对同性恋的恐惧,他们质疑拒绝对他们拨款的做法,理由是这项决定所依据的"通行的道德标准"这条新规定违反了第一修正案。

* * *

1998年,在"全国艺术基金会诉芬利案"中,最高法院否定了新规定违宪的主张。撰写判决意见的桑德拉·戴·奥康纳大法官,不但是最高法院的第一位女性大法官,总体而言也是

---

① 性化是指在角色或事物上从事某些行为,借此使人意识到性。美国心理学会认为,当个体被视为性对象并根据其身体特征和性别进行评价时,性化便发生。根据美国媒体教育基金会(Media Education Foundation)的论述,媒体中对女性的性化以及女性在主流文化中表现出来的形象,都不利于年轻女孩的发展,因为她们正在以将自己视为性的存在的方式发展自己的人格。欧洲议会在2012年通过的一份议案对性化定义如下:性化包括将该人视为没有人性尊严和人格特质可言的性玩物等对人采工具性的做法,该人的价值依据其能产生的性吸引力来衡量。性化也包括将成年人的性行为强加给在情感上、心理上和身体上都仍处于孩童的发展阶段而尚未准备好的女孩子。

一位审慎、温和的大法官。艺术家们认为，对全国艺术基金会而言，即使是在拨款时考虑"通行的道德标准"，也属于不应允许的因观点区别对待的典型例子。然而，奥康纳大法官接受了全国艺术基金会的说法，即讼争的规定"只是劝告性的"，不会妨碍对可能被视为"不雅"的项目的拨款。奥康纳因此得出结论说，仅仅将"通行的道德标准"作为诸多考虑因素之一，并非就是授权或许可"不公正的因为观点区别对待"之类的结果。

奥康纳在"芬利案"中撰写的是一份非常狭窄的判决，留下了许多问题悬而未决。最明显的是，假设国会通过了杰西·赫尔姆斯提议的法案，禁止全国艺术基金会资助描绘"同性恋"的艺术家，此种限制是否类似于授权政府资助机构只支持探讨科学或历史的艺术作品，是一种可以容许的限制？将之理解为一种不应允许的基于观点的限制，是否更为适当？这个问题至今仍未解决。

我们创造了什么？

如此一来，它会将我们留在何种境地？二十世纪五十年代，图书、电影和杂志中对性的描写受到了严格的限制，与之相比，我们如今已淹没在各种各样的性露骨材料之中。即使对经其同意的成年人，经过修饰的照片中出现裸露部分身体的女性，也是不被允许的，我们就从这样的一个世界，走向了另外一个世界,经其同意的成年人能够在互联网上看到非常多的东西,也能看到他们可以想象到的每一样东西。从言论自由的立场来看,我们在性表达的范围上见证了一场革命。制宪先贤们在性问题上远比生活在安东尼·康斯托克支配之下的后代开明得多,而即使是他们,也将会为此大感震惊。

现存的限制非常具体且有限。第一,为了保护身处公共场合的未经其同意的成年人与儿童,存在一种极有说服力的推定。尽管"科恩案"与"埃诺泽尼克案"判决限制了政府在维护未经同意的成年人和儿童在公共场所接触性露骨表达时的权力,但当我们身处公共场所时,除了相对适度的性表达,我们仍然能够基本上摆脱不希望接触的内容。

第二,政府可以依据宪法禁止向儿童销售或展示对未成年人而言构成淫秽的材料,但前提是这样做没有严重妨碍成年人就第一修正案所享有的权利。

第三,无线广播和有线电视(哥伦比亚广播公司、全国广播公司、美国广播公司、公共广播公司与许多地方电视台)受到了联邦通信委员会的规定与"太平洋基金会案"的双重严格约束。尽管有线电视与互联网在获取性表达内容时事实上不存在限制,但对于不希望遇到性表达内容者而言,传统的广播媒体仍是一个相对安全的港口。未来的问题是,最高法院是否将会继续坚持"太平洋基金会案",或者它是否将会在某个时刻认定说,对待广播媒体时,不再有与所有其他通信方式不同的原则性的理由。

第四,政府依据宪法可以禁止制作、销售和持有儿童色情作品。然而,模拟类的儿童色情作品受到第一修正案的保护。

第五,政府本身通常有权拒绝资助在公立学校、图书馆、博物馆和艺术项目中的性露骨表达,只要它在有限资源的基础上,对想要促进何种言论作出明智、观点中立的判断。比如,当政府决定为公共图书馆采购哪些图书、公共影剧院上映什么电影或上演什么戏剧、在公共艺术资助项目中支持哪种类型的艺术时,这一点尤为明显。

尽管我们没有接受雨果·布莱克与威廉·道格拉斯大法官在"罗斯案"中提出的宪法观点,给予性表达与其他言论同样的第一修正案保护力度,但经其同意的成年人如今可以获取的许多性材料,已经比他们能够想象到得还要露骨得多。但是,言论自由所获得的这种胜利——以及随之而来的对康斯托克主义的拒斥——对美国而言就是好的吗?这是一个更加复杂的问题。一方面,美国宪法的一条根本准则是,就总体而言,言论自由是有积极意义的好事。作为首要原则,宪法拒绝接受政府有权为美国人民决定什么言论——什么思想、什么价值观、什么事实、什么观点、什么图像——是允许人民表达、考虑、听取或观看的。

然而,压制性表达的人们总是认为,性言论是不一样的。他们主张,第一修正案的制定者们绝不会想到——或者希望——宪法会保护时长三分钟的三个赤身裸体的人在进行口交和肛交的视频。批评者问道,此种言论如何能促进第一修正案的价值体系,它的实用性又如何帮助社会变得更加美好?

从积极的方面来说,许多美国人相信,我们如今拥有的是非常"健康、无拘无束、完全开放的"性表达自由,这是一件好事。与布莱克和道格拉斯大法官一样,他们主张,从来没有过正当的宪法上的理由,能将性表达视为比其他形式的表达具有更少的"价值"。他们提出,性表达只能得到比其他类型言论更少的宪法保护,这种观点从一开始就是错误的。

他们主张,对于为何不应给予性表达完全的宪法保护,安东尼·康斯托克、威廉·J. 布伦南、杰西·霍姆斯都没能提供原则性的理由。最后,他们会提出,那种观点的理由无非就是如下想法:性言论会让一些人感到恶心,它是"不道德的",它让人们产生"错误的"价值观、接受"不良"思想、参与"肮脏"和"罪恶"的行为。他们认为,禁止淫秽的理由,基本上根源于特定的宗教信仰。他们主张,用这类理由压制言论自由,恰恰是第一修正案想要阻止的。

不过,对性表达赋予更大自由的后果,又是什么?结果是好还是坏?当然,这个问题的一方面,是言论自由原则。在某种程度上,在个人自由方面,言论自由越多,自然越好。但是,言论自由并非仅仅是一项原则。它会产生各种后果,其中有一些后果,被人们推定为是积极的。

比如，性表达能够获得更大的空间，就能为人们提供熟悉和满足自身性需求和性欲望的能力，和更加丰富的非传统形式的优秀艺术作品，以及各种娱乐、消遣、教导和刺激；能让人们在性及其多种各不相同的可能性上懂得更多，激发起想象力，得到全新的、截然不同的、有所收获的体验；加深人们对各种形式性行为的健康和安全因素的理解；许多人将会发现的他人的性爱好、性需求、性欲望和性行为的令人惊奇的（可能也是令人震惊地）本质，这或许还会改变他们对同胞们的看法，这些都能让人们获得更好的理解；让人们能够提升自身的性"表现"，并以此为疲惫不堪的婚姻带来新的火花；如此种种，不一而足。在不同的程度上，对于不同的个体而言，这一切至少体现了更广泛的性表达自由所具有的一些潜在的个人利益和社会利益。

不过，这个问题的另一方面又如何？更广泛的性表达自由的**消极**后果是什么？两个由总统指定的调查淫秽问题的委员会清楚表明，就算并非不可能，但也很难确定性表达的准确成本。反对和震惊于当前的性表达自由的人们认为，总体而言，这种局面会对成人、儿童、家庭和社会造成伤害。他们认为，这些损害可远不止是性露骨是不道德的这样一种基本主张。

一些研究人员暗示，露骨性表达获得越来越大的空间，既有积极后果，也有消极后果。尽管调查结果是实验性的，也尽管接触性表达"不会以相同的方式影响所有人"，但据说有几种严重损害与当前的性表达空间是有所关联的。① 比如，有证据证明，持续接触性画面，可以导致一些用户出现强迫行为，至少一些临床研究人员和心理研究人员会将之类比为行为成瘾。一些证据表明，如同赌博一样，着迷于观看色情作品，会"对一个人处理工作或人际关系"产生"消极后果"。

其他研究人员主张，某几种性信息和性图像的扩散，用户信守的是"基于无礼、分离、乱交、通常还有虐待的关系"，他们以此塑造"对于女性性行为的文化预期"，"如果一名女性是用户的妻子或女朋友，或者这名女性就是用户自己，就会产生对她的特别伤害"。通过改变人们对何为"正常的"、"可接受的"、"普通的"性行为的理解，与性表达的接触将会改变他们的性期待。单纯就它所开辟的新天地的范围而言，可以说是非常积极的。但是，从它所创造的性期待都是些虐待、可耻、暴力或危险的性行为角度而言，却会导致功能障碍和有害后果。

还有证据表明，在持续接触性露骨材料与夫妻不和之间，也有所关联。调查显示，用大量的时间在互联网上观看性露骨材料的丈夫或妻子②，较之没有出现此类行为的人们，更容易发生婚外恋，更容易离婚。是接触性材料导致了不忠和离婚，

---

① 值得注意的是，对于即使是持续解除性露骨材料造成的实际后果，在科学界也并未达成一致。研究人员在这个问题上出现了分歧。
② 研究表明，女性如今已占到所有互联网性表达用户的30%，有31%的大学年龄女性和87%的大学年龄男性如今都在观看此类材料。

还是婚姻不谐导致人们转而观看互联网上的性露骨材料,这个问题尚未解决。但是,有证据表明,持续接触性图像与婚姻不谐,至少在某种程度上是有关的。

最后,还有所谓的儿童接触性表达对他们造成的伤害。毫无疑问,比起美国历史上的任何时候,未成年人在今天更容易接触到性露骨图像。[①] 比如,研究发现,45%的青少年声称有朋友会定期上网观看性露骨材料,多达70%的青少年偶然接触过此类材料。

然而,这种接触是否会对未成年人造成事实上的"伤害",这是另一个问题。一项研究表明,23%的未成年人在互联网上无意间接触过此类材料,并因此"极其"或"非常混乱"。一些未成年人无疑会与一些成年人一样,沉迷于观看此类材料,同时,另一些人无疑会根据他们在互联网上的所见,模仿他们的性期待和性行为。

比如,有报道称,今天的青少年女性更容易容忍"恋爱关系中的感情、生理和性虐待",因为她们看到越来越多的此类行为,既有正常的性行为,也有"色情文学中的色情"性行为。研究还表明,上网观看性图像的青少年与对口交、肛交的参与

---

① 不过,我们不应夸大这一点。在历史上,大多数儿童在成长过程中,所处的家庭不能为父母之间的性行为提供隐私空间,所处的农场中常常可以接触到马、牛、猪和鸡的交配活动。在那样的环境中,性可不像在今天的大多数家庭之中那样是无影无形的。

度存在关联,定期上网观看此类材料的青少年更容易把女性视为性客体。在最近数年中,大学校园里的性骚扰和性侵犯明显增加,或许正是由此而引发的。

我们如何看待这些担心呢？第一点同时可能也是最重要的一点是,言论自由总是要付出代价的。质疑挑起战争是否明智的言论,可能会导致士兵逃离,刺激煽动者炸掉军用列车,让国民情绪低落,为敌人壮了胆色。捍卫堕胎的道德性的言论,可能会鼓励女性参与他人所认为的不道德的"杀婴行为"。宗教将同性恋谴责为罪恶,会煽动针对同性恋者的偏见、歧视和暴力,会对发现自己是同性恋的未成年人造成巨大的精神伤害。新闻报道、电影和电视节目描绘真实或虚构的谋杀、强奸、爆炸、校园枪击、恐怖袭击、种族灭绝、地震、洪水、外星入侵,会让孩子们从心底感到恐惧。鼓吹女性应当在性方面"纯洁无知""女人就该待在家里",会强化限制女性自由和导致她们被当作脆弱、虚弱和下等的态度。如此种种,不一而足。

第一修正案的核心洞见,是不得依据宪法审查言论,或者纯粹因为言论会产生有害结果而加以禁止。除了特殊情形之外①,最高法院信奉的一般性规则是,政府不得因为言论中传递的信息可能导致损害,就以宪法为依据加以禁止,除非政府能够令人信服地证明,言论产生的是给国家造成巨大伤害的明

---

① 正如我们所见,此种情形之一,是一种特定类别的言论(比如淫秽)被视为只具有"低等的"第一修正案价值。

显且现实的危险。

路易斯·布兰代斯是最高法院有史以来最具洞察力和最雄辩的大法官之一，1927年，他在"惠特尼诉加利福尼亚州案"中提交了杰出的协同意见，他在其中解释道："赢得我国独立的人们相信，政府的终极目的是让人们自由地发展自己的才能。"他们"尊重自由，既将之视为目的也视为手段"，同时，他们"相信自由是幸福的真谛，勇气是自由的奥秘"。尽管他们"意识到了人类的所有社会制度都会带来危险"，但他们"深知，秩序无法"通过压制"来获得保障"，"安全的路径在于自由讨论"我们可能并不同意的那些思想和价值观。他评论道，"对错误学说的适当补救"，不是压制，而是"善良公正思想的传播"。

因此，布兰代斯论证道："仅仅是担心会产生严重伤害，并不能证明压制言论自由是正当的……人们恐惧女巫，于是烧死她们。言论自由的功能，就是将人们从非理性恐惧的奴役之中解放出来。"只要"还有时间通过讨论"我们所厌恶的言论的"虚假和荒谬"从而曝光它们，只要还有时间"通过教育过程来避免罪恶，补救之道就是广泛的言论，而不是强制的沉默"。布兰代斯认为，如果要捍卫自由，"只有在紧急情况下，压制言论自由才是正当的"。

这并非就意味着，对于我们所察觉到的性露骨表达的消极后果，我们就束手无策了。但是，正如布兰代斯所解释的那样，对可能有害的言论的主要救济之道，不是加以压制，而是告诉并教育人民，存在可能会产生危险的对立言论。批评者将性露骨言论看成类似于香烟、酒精和赌博之类的东西，就此而言，它能压垮人的意志，正确的反应是就其滥用的危险向人们发出警告，为屈服于诱惑的人们提供帮助。他们害怕性言论会扭曲人们的价值观，就此而言，正确的反应是教育人们什么是"正确的"价值观和期待。当然，谁也无法保证，付出努力就能获得成功。最终，对于人们认为应当遵循的"正确的"价值观，总有一些人会不予赞同。但在自由社会中，这却是我们的权利。

当这个问题涉及孩子时，就更加复杂了，因为它们不具备同样的能力来为自己作出负责任的是非判断。部分是因为这个原因，最高法院继续坚持的标准是，一些性露骨材料对未成年人而言是淫秽的，即使它们对成年人而言受到宪法上的保护。不过，就现实影响而言，就算并非不可能，也很难在今天的世界中保护儿童免于接触性露骨言论。

因此，基本的救济途径主要有赖于父母。利用安装在家庭电脑上的过滤软件，告诉孩子们有可能会碰到性露骨内容，在他们确实遇到此类材料后与他们交谈，在他们相信如何思考亲密关系与性才是"最好"方式的问题上指导他们，在承担家庭责任的最好方式的问题上教育他们，父母可以为孩子建立一个非常安全的环境。

事实上，这与我们在更为一般的情形下对父母所给予的信任并无二致。在几乎所有的方法之中,我们依靠父母教育孩子可能存在的危险。从十字路口到在水边玩耍、到交友、到单身走夜路、到正确进食、到抽烟饮酒和吸毒,在所有事情上,我们都依靠父母来保护他们的孩子不受伤害。今天,在保护孩子免受接触性露骨内容的伤害时,也同样如此。当然,并非所有的父母都能够很好地履行自己的职责,这项挑战在今天或许会比以往更大,因为父母双方常常都要工作。不过,该说的也说了,该做的也做了,我们不能为了防止孩子做某件事,就禁止成年人在个人生活领域中做这件事。现在,同样的原则也适用于性表达。

或许具有讽刺意味的是,我们今天之所以如此,不仅因为公民们投票让其中一些材料合法,也不仅因为法官们认定宪法保护其中的一些材料,还因为技术发展压垮了法律约束我们的自由的能力。未来的挑战是如何妥善处理技术发展问题。

第五编

法官们:生育自由与宪法

第十五章

宪法与避孕

二十世纪三十年代末，大多数美国人已经支持避孕合法化。但是，由于宗教势力的坚决反对，却不可能废止康斯托克时代禁止销售避孕用品的法律。在第二次世界大战期间及战后，更多年轻女子走入大学和职场，人们认为计划生育对于不断改变的家庭性质和女性生活而言越发不可或缺。尽管美国人常常能够找到各种各样的避孕方法，但十九世纪的法律却依然有效，因此，人们也常常难以获得更加可靠的避孕方法，对于穷人和未婚女性而言更是难上加难。①

在整个二十世纪五十年代和六十年代，公众越来越支持避

---

① 此时，最普遍的避孕方法是避孕套、子宫帽、杀精栓剂、阴道海绵栓、子宫内避孕器、性交中断、安全期避孕和堕胎。1951年，美国生物学家格雷戈里·古德温·平卡斯力劝制药厂商G. D. 瑟尔探索利用黄体酮激素开发口服避孕药的可能性。九年后，联邦食品和药物管理局批准了"这种药丸"的使用，只要医生开出处方以及根据州法律是合法的。

孕合法化，同时，大多数州，尤其是没有巨大的天主教人口的州，最后不是废止了康斯托克时代的禁令，就是至少进行了修订。在公众舆论中，人们对人口过剩的担心与日俱增，对避孕合法化产生了巨大的推动。人们担心，随着人口的急剧增长，将没有足够的资源维持美国和世界的生活标准。斯坦福大学生物学家保罗·欧利希的畅销书《人口炸弹》读者甚广，他警告说，失控的人口增长有可能导致"爆炸，它和原子弹爆炸一样，带来破坏和危险，也会对未来是进步还是灾祸、战争还是和平产生许多影响"。

生物学、经济学等领域的专家日益发出警告称，人口过剩会成为"战争、饥荒、资源枯竭、污染等许多世界性问题的诱因"。1957年，玛格丽特·桑格已有七十七岁高龄，却仍是生力军，也不再会因为发表观点入狱，她为了支持"国际计划生育联合会"，在华盛顿特区组织了一场人口控制研讨会，将对人口过剩的日益担心与使用避孕措施的权利直接联系在了一起。因此，控制家庭规模不再仅仅关系到个人利益，而且还是一种道德责任。

许多新教教派首次宣布了他们对避孕的支持。比如，在1956年的卫理公会传教大会上，与会人士全体一致认可了生育控制。1960年，联合基督教会的基督教社会行动理事会宣布，"负责任的计划生育在今天是一种明显的道德义务"，"公共立法与公共机构应当支持通过授权渠道经销可靠的资料和避孕器具"。

然而,天主教会却有与之截然不同的观点。1930年,教宗庇护十一世发布通谕,谴责将性与生育分离开来之人,并宣布说:"这种行为是在故意阻挠创造生命的自然力量,用这样一种方法利用婚姻,是对上帝律法和自然法则的犯罪行为,耽于其中之人,都会被打上犯下严重罪过的烙印。"

三十年之后,为了审慎考察避孕问题而任命的主教调查委员会承认,"对于许多希望获得负责、开放、合理的亲子关系的夫妻而言,对生育的调整很有必要",委员会同时建议,为了帮助"负责任的父母亲",避孕应当获得准许。但是,1968年,深深爱戴庇护十一世并赞同他在生育问题上的保守观点的教宗保罗六世驳回了这项建议,直截了当地重申,"在性交之前、之中或之后,专门为了阻止生育的任何行为","绝对不可接受"。教宗呼吁各国领袖反对"引入家庭却有悖于上帝的自然法则的"任何行为。①

在拥有大量天主教人口的州之中,议会拒绝修正十九世纪的法律,这也不足为奇。随着这些州的此种法律再也没有得到执行,似乎越来越有可能出现某种宪法挑战。

---

① 这种立场并未受到美国天主教徒的特别欢迎。在那个时代,美国天主教徒中的多数人支持使用避孕器具,教宗通谕发布的次日,约有六百名天主教神学家发表声明表达异议立场。他们认为:"已婚夫妻可以根据自己的良知,作出负责任的决定,为了维护和促进婚姻的价值与神圣,在某些情况下,人工避孕法是可以允许的,也确有必要。"

不过,这样一种挑战的宪法依据是什么?宪法保证的是言论自由、宗教自由、不受无理搜查和扣押的自由、不受残酷和非常刑罚的自由、受到法律平等保护的自由,但是,宪法中没有哪一条提到使用避孕器具的权利。那么,怎么会有这样一种权利?

这个问题并非没有先例。实际上,最高法院已经多次承认存在其他"未列明的"权利。这些权利尽管没有在宪法中加以明确规定,但都被认定为受到宪法的**隐含的**保护。对此种权利的识别,有几种可能的文本来源。比如,第九修正案规定:"本宪法列举之若干权利不得解释为人民保有之其他权利可被否定或轻忽。"这当然意味着未列明权利的存在。①

此外,第五修正案的正当程序条款与第十四修正案规定,"未经正当法律程序",不得剥夺任何人的"生命、自由或财产"。尽管,乍看之下,此种措词或许只是在保证"程序性"权利,但多年以来,最高法院一直认为,这些条款也保证了"实体性"权利。1923年,最高法院在"迈耶诉内布拉斯加州案"中解释说,正当程序条款所保证的"自由","指的不仅仅是免于人身监禁的自由,还包括以下权利……结婚、组建家庭并抚养孩子……都是自由之人追求幸福不可或缺的……长久以来受到

---

① 关于第九修正案的通过,参见第六章。

广泛承认的特别权利"。①

根据这条原则,假设一个州立法规定,生育两名以上孩子构成犯罪。因为宪法没有明确规定生育两名以上孩子的权利,那么,这样的法律符合宪法规定吗?或者,假设一个州立法规定,包括已婚夫妇在内,任何人每月性爱次数超过一次,都构成犯罪,因为宪法没有明确规定这样的权利,这样的法律符合宪法规定吗?或者,假设一个州立法禁止离婚人士再婚,因为宪法没有明确规定再婚的权利,这样的法律符合宪法规定吗?

是否有这样一些权利,它们因为非常明显和基础,即使制宪先贤们没有明确写入权利法案,也应受到宪法的保护?如果存在这种未列明权利,法官如何知道它们是什么?如果存在这种权利,为了防止意外怀孕而使用避孕器具的权利,是否就在其中?问题正在于此。

"格里斯沃尔德案"

康涅狄格州的康斯托克法制定于十九世纪末道德家运动的巅峰时期,它规定,"为阻止受孕"而使用"药物、医用物品或

---

① 在二十世纪的前二十五年中,最高法院适用实体性正当权利的规定来保护广泛的未列明权利。见 *Lochner v. New York*, 198 U.S. 45(1905)(契约自由权);*Meyer v. Nebraska*, 262 U.S. 390(1923)(学习外语的权利);*Pierce v. Society of Sisters*, 268 U.S. 510(1925)(送孩子上私立学校的权利)等判例。

器具",或者"为阻止受孕"而辅助、建议、帮助使用"药物、医用物品或器具",都构成犯罪。这部州法甚至禁止医生向已婚夫妇提供医疗所必需的避孕指导。

在1923年至1962年,二十九份法案提交到了康涅狄格州议会,试图废止或至少修正这部州法,却都功败垂成。每一次,法案都败于民主党多数派之手,他们大都是天主教徒。一位评论家评论道:康涅狄格州的反避孕法律"受到当地天主教会势力的保护,无法废止,它所伤害的,是在这个问题上不同意教会观点的那些人。因此,它属于特别利益立法,带有宗教意味的抱怨性质"。

1961年12月1日,"康涅狄格家庭计划同盟"的执行董事埃斯特尔·格里斯沃尔德与耶鲁大学医学院的医生、教授查尔斯·李·巴克斯顿对这部州法发起了直接的反抗,他们针锋相对地在纽黑文开设了一家避孕诊所,目的就是向已婚女性提供非法的避孕指导和避孕用品。格里斯沃尔德与巴克斯顿很快被捕、受审,并因违反这部州法而被定罪。他们认为,这部法律是违宪的。州法院拒绝接受这种观点,反而得出结论说,宪法并未规定经销或使用避孕用品的权利。

在"格里斯沃尔德诉康涅狄格州案"中,联邦最高法院作出了突破性的判决,认定这部州法违反了美国宪法。

最高法院在历史上曾经处理过相关议题。比如,在"巴克诉贝尔案"中,最高法院面对的是强制绝育的问题。卡丽·巴克是"一位有智力缺陷的白人女子",被送入了弗吉尼亚州癫痫及智力缺陷收留所。巴克的母亲也有智力缺陷,也住在这家机构中,并且还育有一名智力缺陷的私生子。根据弗吉尼亚州法律的规定,有"遗传性"精神状况的"有缺陷的"人,要做绝育手术,只有她们无法生育后代,才能在离开后"不致产生危害"。[1] 1924年,巴克已经十八岁,她接到命令要做绝育手术。

呈递到最高法院的问题,是此种强制绝育是否违反宪法。巴克主张,对她的强制绝育,"未经正当法律程序"剥夺了她的"自由"权利。在奥利弗·温德尔·霍姆斯大法官撰写的判决意见中,最高法院驳回了她的主张。州政府发现,巴克"有可能生育无法适应社会的后代,承受与她相同的折磨",可以对她"实施绝育而不损害她的身体健康","对她实施绝育,将会促进""她与全社会的福利",最高法院据此认定,此程序不存在宪法问题。

霍姆斯在驳回卡丽·巴克的异议时,将强制绝育类比为强制接种,最高法院已于二十年前在"雅各布森诉马萨诸塞州案"中确认了它的合宪性。霍姆斯论证道,如果州政府为了防止天花的传播,可以强制个人接种疫苗,那么,为了防止"智力缺陷"的传播,它也能强制对个人的绝育。霍姆斯得出结论

---

[1] 许多学者相信,巴克并没有"智力缺陷",但是,与当时许多女性一样,对她作出这样的认定,是因为她性关系混乱,在婚外生育了孩子。

说:"三代人的智力缺陷,足以说明问题。"①

最高法院接下来面对的是1942年判决的"斯金纳诉俄克拉何马州案"中的强制绝育问题。到了此时,有鉴于在纳粹德国中发生的事情,政府的强制绝育备受怀疑。"斯金纳案"涉及的是俄克拉何马州《惯犯绝育法》合宪与否的问题,它将犯有三次或三次以上"道德败坏"重罪之人,都定义为"惯犯"。这部法律想要从基因库中清除惯犯,此种做法其实是一种优生学措施。它规定,只要陪审团认定,如果对这类惯犯"实施绝育"能够"不损害"他的整体健康时,就可以对之"实施绝育"。它也明确,盗用款项和"政治性犯罪"等特定重罪不视为"道德败坏"犯罪。

杰克·T.斯金纳居住在美国最穷苦的风沙侵蚀区的其中一个州,他于1926年因偷鸡、1929年和1934年因持械抢劫先后被定罪。俄克拉何马州司法总长提起了将斯金纳绝育的程序。斯金纳认为,此种强制绝育侵犯了他根据宪法所享有的权利。最高法院以一致意见支持了他的观点。

威廉·O.道格拉斯撰写了最高法院的判决意见。道格拉斯是才华横溢却常常特立独行的法官、坚定的公民自由主义者,他在四十岁时,由富兰克林·罗斯福总统任命到最高法院,

---

① "巴克案"上诉到最高法院之前,大多数下级法院都认定此种法律违宪。后来,霍姆斯在"巴克案"中的判决意见,被认为是他在大法官任上最大的失败之一。

威廉·O.道格拉斯大法官

这使他成为美国历史上最年轻的大法官之一。在整个职业生涯中,道格拉斯都是捍卫个人自由的有力声音,他在淫秽议题上的立场就是典型的例子。

在"斯金纳案"的判决意见中,道格拉斯开篇就说,"本案触及的是人权问题中敏感而重要的领域",因为俄克拉何马州剥夺的某种权利,"于种族存续而言是非常基本的——那就是生育后代的权利"。道格拉斯论证道,这部州法违反了第十四修正案的平等保护条款,因为它对犯罪的分类是明显"道德败坏"或非明显"道德败坏",这毫无意义。道格拉斯评论道,三次偷鸡的人,就可以根据这部法律实施绝育,但盗用款项三次或接受政治贿赂三次,却不必绝育。尽管道格拉斯承认,各州在对不同犯罪科以不同量刑时,总体上享有宽泛的自主权,但他认为,本案之所以有所区别,是因为强制绝育侵犯了"一种公民基本权利"。他评论道,婚育"是种族存续的根本",如果州政府有权实施绝育,"对受到法律影响的个人将再无补救之道"。这些人承受的是"无法挽回"的伤害,"永远被剥夺了基本的自由"。

道格拉斯解释说,因为这部法律创设了人与人之间的不平等,影响了这种根本的自由,它所蕴含的这种区别,不得仅仅因为它们可能是"合理的",就予以维持。某些法律处理的犯罪与众不同,在根据平等保护条款对它们的合宪性进行审查时,这是通常的标准,尽管如此,道格拉斯却得出结论说,本案讼争的法律必须受到"严格审查",因为它所强加的特别处罚,触及的是基本权利。因此,最高法院在斯金纳中首次认定,根据宪法,对隐含的生育基本权的侵犯,是成问题的。

十九年后,定谳于1961年的"波诉厄尔曼案"可谓一起测试案件,数名原告在本案中挑战其合宪性的法律,正是最高法院后来在"格里斯伍德案"中所面对的同一部康涅狄格州法律。波林·波是一位已婚女子,还没有子女,她连续怀孕三次,每一个孩子在出世后却很快因为各种先天性畸形未能存活。

康涅狄格州一位颇富名望的医生建议波夫妇,婴儿存在畸形的原因是遗传所致,以后再怀孕很可能会出现同样的情形。医生建议他们采取避孕措施,但是,因为康涅狄格州的这部法律,他无法就何种避孕器具或避孕药提出建议或开出处方。波夫妇及其医生于是起诉康涅狄格州司法总长,对这部法律的合宪性提出质疑。

此案呈递到最高法院后,法院却决定不对本案作出判决。按照撰写主要判决意见的菲利克斯·法兰克福特的观点,因为,本案所牵涉到的人,实际上都没有因违反康涅狄格州的这部法律受到指控,也就不存在需要解决的争议。因此,最高法院撤销了本案,没有对原告的主张进行具体的审理。

"波案"之所以值得纪念,并非是因为最高法院对本案处理方式,而是探讨了这个议题的是非曲直的三位大法官全都得出结论说,这部康斯托克时代的法律不可能符合宪法。约翰·马歇尔·哈伦大法官是德怀特·艾森豪威尔总统任命的,他思想深邃、温和保守,在得出这个结论时,他一开篇即评论道,将已婚夫妇采取避孕措施认定为犯罪的法律,"侵犯了个人生活中最亲密关系之中的隐私,令人无法容忍、无法接受"。他论证道,宪法所保护的,不仅是在宪法中明确规定的那些权利,还包括所有"'根本性的、属于所有自由政府中的公民的'权利"。

哈伦继而认为,"在所有的人际关系中,这是最亲密的一种关系,人们就此享有的权利,在很大程度上"被这部康涅狄格州法剥夺了,因此,州政府不得仅仅以它所促进的是"公民道德"为由,为之作出辩护。与此相反,哈伦援引"斯金纳案",认为当法律严重侵入"'自由'最根本的层面"时,它必须被视为违宪,除非州政府能够证明它是促进州的重大利益所必须采取的措施。根据这项标准,哈伦得出结论说,这部康涅狄格州法显然是无效的。①

"婚内隐私"权利

这就是"格里斯沃尔德案"的背景。为了避免重蹈"波案"的覆辙,埃斯特尔·格里斯沃尔德公开设立家庭计划诊所,准备了避孕用品发放给已婚夫妇,并故意让自己受到逮捕、指控和定罪。因为最高法院如今面对的是真实的定罪,自然无法再回避这个宪法问题。大法官们用里程碑式的七票对二票,认定康涅狄格州反避孕法适用于已婚夫妇是违宪的。

道格拉斯大法官在二十多年前执笔"斯金纳案"的判决意见,他认为宪法"旨在把政府从人民的背上拉下来",并曾以之解释自己的司法哲学。最高法院对本案的判决意见,正是由他执笔撰写的。道格拉斯在开篇时承认,最高法院"不愿成为超级立法者,以决定法律是否明智、必要和适当"。但是,他认

---

① 威廉·道格拉斯与波特·斯图尔特大法官也提出了异议意见。

为,本案有所不同,因为,康涅狄格州的这部法律"直接处理的是夫妻之间的亲密关系"。

道格拉斯评论道,多年以来,最高法院常常对宪法中未列明的宪法权利提供保护,包括结社、父母为孩子择校、学习外语、阅读、思想自由等权利。道格拉斯论证道,那些判决表明,"《权利法案》中的具体规定有其外围区域,它们源自这些具体规定的辐射范围,并赋予其生命和实质内容"。他补充道,此外,在那些规定之中,有许多是为了保护最基本的"生活隐私"。他主张,对宪法的此种理解"在第九修正案的文义中显而易见"。

因此,道格拉斯得出结论说,康涅狄格州的这部法律侵入了婚姻关系中最隐私的亲密行为,侵犯了"比《权利法案》还要古老的隐私权利"。道格拉斯没有决定州政府是否可以依据宪法规制避孕药具的一般性的生产或销售,或者州政府是否可以禁止已婚人士使用避孕药具,而是认定禁止已婚夫妇使用避孕药具的法律不可能符合宪法性的婚内隐私权。

亚瑟·戈德堡大法官的协同意见强调了第九修正案的重要性,得到了首席大法官厄尔·沃伦与威廉·J. 布伦南的加入,并产生了巨大的影响。戈德堡解释道,人们"担心",在权利清单具体列举各项权利之后,将来或许会被解释为,除此以外的其他权利就不能受到宪法的保护,第九修正案解决的正是这个问题。因此,之所以制定第九修正案,就是为了说明,"按照制宪先贤的意思",具体列举的权利清单并不应该"被解释为穷尽了宪法向人民保证的基础性和根本性的权利"。

戈德堡补充道,为了实现第九修正案的目的,"在决定哪些权利具有根本性之时",法官们"必须看向'我们的人民的传统和(集体的)良心'"。他解释道,正确的研究方向,是所涉及的权利是否"具有这样一种特性,即它在没有违反存在于我们的日常习俗和政治制度的基础之中的那些'自由与正义的根本原则'时,就不能加以否定"。戈德堡根据这项标准得出结论说,"宪法的整个结构和目的,明显正是它的具体规定的基础,它足以证明,就婚内隐私、结婚和组建家庭所享有的权利,与"宪法中明确列举的"根本性权利具有同等的顺序和重要性"。

雨果·布莱克大法官提出异议意见,得到了波特·斯图尔特大法官的加入。在一系列宪法议题上,尤其是在处理言论自由的那些议题上,布莱克被认为是坚定的自由派。不过,他的自由主义倾向,源自他对宪法所持的坚定的文本解释方法之中。因此,康涅狄格州的这部法律具有"罪恶品质",足以使之违宪,令他无法赞同。布莱克指责最高法院"论及宪法上的'隐私权'时仿佛存在这样一条宪法规定……禁止制定可能侵犯个人'隐私'的法律",而"这样的宪法规定并不存在"。简而言之,在布莱克看来,宪法条文并未对这个问题作出明确规定,而这就是整件事的结局。

"格里斯沃尔德案"是一份大胆的判决。最高法院在此案中摈弃的传统观点,是州政府对性问题的道德判断必须优先于个人在婚姻隐私中的利益。公众对"格里斯沃尔德案"的回应非常正面。即使是天主教的领导层,也对之默不作声。美国最重要的天主教神学家约翰·考特尼·默里,向波士顿枢机主教理查德·库欣写了一封被广为传阅的备忘录,对教会在避孕问题上的立场提出了反对,自由派的天主教杂志《公共福利》甚至称赞"格里斯沃尔德案""早该到来"。此案判决后不久所做的一次盖洛普民意调查显示,超过80%的美国人与78%的天主教徒如今都支持提供更广泛的避孕措施。

与此同时,二十世纪六十年代的"性革命",助长了获取避孕措施是性自由"权利"的基本内容的观点;女权运动的勃兴,让获取避孕措施尤其成为女性权利的议题。如今,主张生育控制是基本权利的女性人数越来越多,她们积极进入公共话语之中,分享她们的故事,谴责她们眼中的性压迫,要求社会与法律作出相应的改变。

越来越多的公众支持避孕合法化,鼓励了几个州的立法者重新考虑他们的康斯托克时代的法律。比如,纽约、俄亥俄、明尼苏达和密苏里废除了禁止销售、经销避孕器具的法律。然而,推翻联邦层面的康斯托克法,却在国会再次功败垂成。直到1969年,共和党参议员乔治·H. W. 布什才提出要从1873年制定的法律中删除避孕和避孕资料内容的法案,此时距离他登上总统宝座,还有二十年之久。1971年1月8日,联邦层面的这份废除法案，最终由理查德·尼克松总统签署成为法律。

一些自由化法律提出的核心问题是，避孕的合法化，是否应当不仅面向已婚夫妇，而且也要面向**未婚**人士。反对将获取避孕措施延伸至未婚人士的人认为，这样的政策将会鼓励婚前性行为、婚外性行为和其他形式的不道德行为。从宪法角度而言，这也提出了一个有趣的两难困境。最高法院在"格里斯沃尔德案"中承认的宪法权利，基于的是婚姻关系的隐私。显然，此种权利不能延及未婚人士。最高法院将如何解决这个问题尚无法定论——这可能是一个非常复杂的问题。

是否"生养孩子"

1879 年，马萨诸塞州制定了它自己的康斯托克法，规定"为阻止怀孕"出售、分销或分发药物、药剂、仪器或设备，均构成犯罪。几十年来，支持避孕的人们试图说服马萨诸塞州议会废止或至少修订这部法律，但是，他们的努力往往徒劳无功。马萨诸塞州拥有大量的天主教人口，当选官员可不会与教会作对。

不过，在最高法院作出"格里斯沃尔德案"判决后，经过一番漫长的议会与政治斗争，马萨诸塞州最终废止了康斯托克时代的法律，制定了新的"改良版"法律，允许已婚人士获得避孕措施。然而，新法律仍然规定，包括执业医师或药剂师在内的任何人，"为阻止怀孕"，向**未婚**人士销售、开处方、分发、传播

"药物、药剂、仪器或文章等任何物品",都构成重罪,最高可判处五年有期徒刑。

新法律是经过艰苦奋斗才得到的妥协,马萨诸塞州的天主教领袖勉强予以接受,只是因为它禁止向未婚人士传播避孕措施。不过,对于相信未婚人士与已婚人士一样享有使用避孕措施的权利的人而言,这种妥协是不够的。

比尔·贝尔德是生育权斗争中的先锋人物。二十世纪六十年代,他因为发表避孕问题的演讲,在五个州中入狱八次。他对生育权的支持始于1963年,当时他还是一名医学院学生,亲眼目睹一名未婚的非裔美国人不幸死亡的血腥过程——作为九个孩子的母亲,她用挂衣架给自己堕胎,然后踉跄着跑到哈莱姆医院求助,却不幸身亡。他在发表关于生育自由的演讲时,通常都会向听众分发避孕药具的样品,并因此在马萨诸塞、纽约、新泽西、弗吉尼亚和威斯康星被捕。1967年,波士顿大学的学生请求贝尔德挑战马萨诸塞州的新法律,因为它规定未婚人士获得避孕药具构成犯罪。

贝尔德养育了三名孩子,因无力继续承担医学院的学费而退学。1967年4月6日,他在波士顿大学发表了长达一小时的关于避孕、堕胎和人口过剩问题的演讲。在演讲结束时,他向一名女学生赠送了一个避孕套和一袋避孕剂。受命参加这次集会的七名波士顿警察立即走上讲台逮捕了他。贝尔德被定罪，并被判在波士顿的查尔斯街监狱服刑三个月。他认为，马萨诸塞州的法律违宪。为了获得胜利，他坚持不懈，打了一场历时五年之久的诉讼战。

1972年，最高法院唯一的天主教徒大法官威廉·J. 布伦南撰写了"埃森施塔特诉贝尔德案"的判决意见，最高法院在此案中推翻了对贝尔德的定罪，并认定马萨诸塞州的反避孕法违宪。本案的核心问题是，州政府是否可以依据宪法在这个问题上区别对待已婚和未婚人士。

州政府努力为区别对待已婚和未婚人士进行辩护，主张尝试阻止未婚者发生婚前性行为具有合法的道德理由。布伦南回答道，这个目的不足以证明这部法律是正当的，因为马萨诸塞州规定，以"怀孕和生下不想要的孩子作为对通奸的惩罚"，"明显是不合理的"。

布伦南承认，最高法院在"格里斯沃尔德案"中强调的隐私权，关注的是"婚内关系"，但他引用"斯坦利诉佐治亚州案"①和"斯金纳诉俄克拉何马州案"宣布说："如果隐私权有什么意义，那它就是个人——无论是否已婚——在决定诸如是否生养孩子等影响个人的基本事务时，免受政府缺乏依据的入

---

① 最高法院在"斯坦利案"中认定，州政府不得依据宪法禁止私人在家中持有淫秽材料。最高法院写道，此种侵入，侵犯的是人们享有的"除了在非常有限的情形下，免于受到不希望的政府对个人隐私的侵入的……基本的……权利"。*Stanley v. Georgia*, 394 U.S. 557, 564 (1969). 参见第12章。

侵。"最高法院认定，此即在这些案件中讼争的核心权利。在此种根本权利上，马萨诸塞州法区别对待已婚和未婚人士，违反了平等保护条款。"埃森施塔特案"唯一的异议意见来自非常沮丧的沃伦·伯格。

* * *

在供应和使用避孕措施的问题上，州政府是否能够依据宪法区别对待已婚和未婚人士，尽管在这个问题上，"埃森施塔特案"被视为拘束范围狭窄的判决，但它实际上宣告了一种新的根本性权利的存在，"斯金纳案"与"格里斯沃尔德案"已经有此迹象，但"埃森施塔特案"首次赋予了它生命："个人有权……在决定诸如是否生养孩子等影响个人的基本事务时，免受政府缺乏依据的侵犯。""斯金纳案"处理的是生养孩子的权利；"格里斯沃尔德案"与"埃森施塔特案"处理的是不要孩子的权利。

"埃森施塔特案"判决意见中的这个句子特别生动，因为就在布伦南大法官撰写这份意见的时候，堕胎议题正蓄势待发。因此，这段话不但明确了"斯金纳案""格里斯沃尔德案""埃森施塔特案"所引出的学说，而且——非常有目的地——为最高法院日后对"罗伊诉韦德案"的判决意见奠定了基础。就在布伦南首次将"埃森施塔特案"判决意见交给其他大法官传阅的那天早上,"罗伊案"来到了最高法院。①

桑格的胜利

这些判决给我们留下了什么?与十九世纪九十年代、二十世纪二十年代或二十世纪四十年代的世界不同,那时候,根据州和联邦的法律,销售、分销避孕产品或为之打广告都还是犯罪。今天,购买、销售、分发、使用、讨论避孕产品和为之打广告,是一项宪法权利。这种权利根源于最高法院所界定的根本性自由,个人自主决定"是否生养孩子",免受政府不当干涉。这种权利不仅限于已婚夫妇,而且扩张到了未婚人士,甚至未成年人。

今天的核心问题,不再是秉持某些宗教信仰的信徒是否能获得政府权力的支持、阻止秉持不同信仰的人自主决定是否使用避孕用品,而是对于宗教团体或因其宗教信仰不赞同使用避孕用品的雇主,政府是否可以依据宪法强制他们为雇员提供避孕保险。我们确实取得了长足进步。玛格丽特·桑格会为此感到高兴的。

---

① "埃森施塔特案"作出判决四年后,最高法院在"凯里诉国际人口服务组织案"[431 U.S. 678(1977)]中重申并显著拓展了个人使用和获得避孕用品的宪法权利。有法律规定:"除了职业药剂师外的"任何人,"经销避孕用品"都构成犯罪;包括职业药剂师在内的任何人,"向不满16岁的未成年人销售或经销避孕用品都构成犯罪;包括职业药剂师在内的任何人为避孕用品打广告或进行展示"都构成犯罪。最高法院认定该法违宪。

第十六章
"罗伊案"

截至二十世纪六十年代初,堕胎在美国成为非法行为,已经长达几乎一个世纪之久了。尽管,对于避免造成女性健康的重大损害必需实施的堕胎手术,有几个州是允许的,但绝大多数州仅允许为了拯救女性生命而必需实施的堕胎。当时,每年约有八千名女性能够实施合法的堕胎手术,然而,每年约有一百万名女性求助于非法的堕胎手术。

简而言之,在二十世纪六十年代初,女性要终止意外怀孕,超过99%的人唯有被迫求助于可能非常危险的自助堕胎,或者去"穷街陋巷"实施一样危险的堕胎。堕胎的反对者认为,这个问题很简单:如果女性不想要孩子,她就不应该"做让自己怀孕的事情"。

美国法学会、萨力多胺恐慌和"穷街陋巷"堕胎的黑暗世界

自二十世纪五十年代起,一些医生开始为美国严格的反堕胎法律叫屈,这些法律阻止他们实现病人的医疗需求,实际上迫使妇女寻求非法的、无监管的、通常是不安全的堕胎。一些医生呼吁改变管制堕胎的法律,虽然他们对此种立场的支持,会为他们的职业地位带来风险。此时,关心堕胎议题的人们主要的关注点,是医生能够按照他们所秉持的职业责任心,自主地治疗病人,而不是女性在这个问题上拥有何种权利,毕竟,人们还没有将之视为"权利"。

部分是在医学界人士的推动下,1962 年,由美国最杰出的律师、法官和法学教授组成的独立团体——美国法学会认可了一份改革提案,并将之作为《模范刑法典》的组成部分。这份提案向各州发出呼吁,无论何时,只要两名或两名以上医生赞同"妊娠的继续存在严重损害母亲身心健康的巨大风险","婴儿出生时会有严重的生理或智力缺陷",或者"妊娠是由强奸、乱伦等罪大恶极的性行为导致的",此时实施的治疗性堕胎应予以合法化①。美国法学会的提议产生了很大影响。在数年之中,有十二个州修订法律,采纳了美国法学会的部分或全部

---

① 治疗性堕胎意指为了保护女性的生命与健康,堕胎被视为医学上的正当措施。

建议。

电视明星谢莉·芬克拜恩在广受欢迎的儿童节目《游戏屋》中扮演"谢莉女士",她在1962年的怀孕,引发了医学界对这个问题的重新关注,从而在一定程度上推动了这场改革。为了缓解晨吐,芬克拜恩服用了含有萨力多胺的药物,这是她丈夫从英国带回来的。之后,芬克拜恩读到一篇文章说,萨力多胺会导致严重的出生缺陷,包括先天缺失手腿、失聪、眼部和脸部的肌肉缺陷、腿骨和胫骨的严重变形,以及心脏、肠、子宫和胆囊畸形。

芬克拜恩在亚利桑那州的医生建议采取治疗性堕胎,并得到了医院委员会的批准。但是,在实施堕胎手术之前,芬克拜恩鼓励记者撰写报道,传播对不当服用萨力多胺的警告。记者发表的故事提到了芬克拜恩的名字,之后医院拒绝实施堕胎手术,因为亚利桑那州的法律只允许在拯救女性生命所必需时的治疗性堕胎。[1]

当芬克拜恩试图堕胎的消息公之于众时,她被解职了,她的丈夫也失去了高中教师的工作。他们的孩子被骚扰,蜂拥而至的邮件和电话都是匿名的死亡威胁,他们家周围挤满了媒体。在引发数周的公众争议之后,芬克拜恩最终在瑞典实施了合法的堕胎手术。做手术的医生告诉芬克拜恩夫妇说,因为萨

---

[1] 感谢鲁斯·巴德·金斯伯格大法官,她在阅读本章的草稿后,正确地指出了我应该将本句的最后一个词从"母亲"改为"女性"。

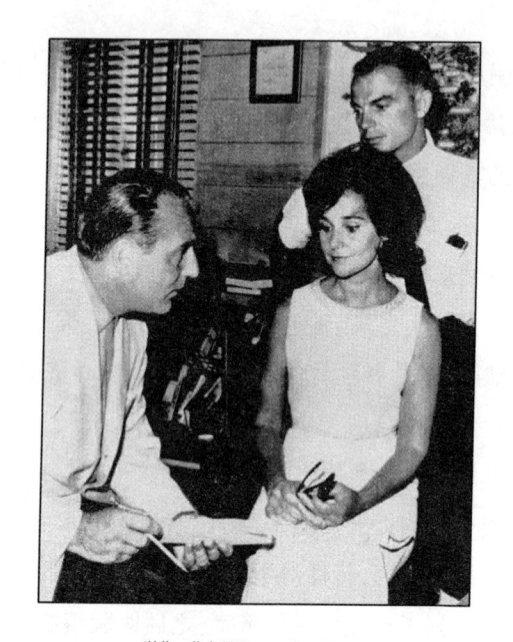

谢莉·芬克拜恩,1962 年 8 月 4 日

力多胺的缘故,胎儿已经变成了"异常的生物"。

这件事激起了对美国反堕胎法律的广泛讨论。盖洛普民意调查发现,52%的美国人认为,被视为儿童行为榜样的芬克拜恩做了正确的选择,32%的人认为她做了错事,16%的人没有意见。芬克拜恩的支持者呼吁彻底废除禁止堕胎的法律,而另一些人呼吁按照美国法学会的建议进行较为温和的改革。

除了萨力多胺引发的恐慌外,一种从德国传来的麻疹流行病,就是人们熟知的风疹,在 1962 年至 1965 年席卷美国。患上风疹的孕妇存在生下畸形儿的巨大风险,包括严重的心脏缺陷、失明、失聪、尿道下裂、小头畸形和智力迟钝。在这几年中,超过八万名孕妇感染了风疹,其中绝大多数女性因为她们所在州的严苛法律被拒绝实施堕胎。最终,约有一万五千名具有严重缺陷的婴儿因为母亲无法获得合法的堕胎而出生。①

每年约有一百万名女性求助于非法的堕胎手术,其中一些女性足够幸运——也足够有钱——能够找到愿意实施堕胎手术的医生。由合格的医生实施的非法堕胎手术,价格行情一般在一千到一千五百美元之间(约合今天的八千到一万二千美元)②。负担得起这笔非法堕胎手术费用的大多数女性,都是已婚、富裕、社会关系优越之人。不过,即使对她们而言,要找到这样的医生常常也是非常困难的。他们经常不得不询问朋友,他们是否"认识一些认识什么人的人",这样的一个问题也许会令人无地自容。为了避免受到这种羞辱,足以负担手术费用的一些女性,都像谢莉·芬克拜恩一样,离开美国去其他国家做合法的堕胎手术。

对于无法承受的意外怀孕,绝大多数女性发现自己面临左右为难的困境,要么离开美国,要么在美国境内向医生支付实

---

① 1969年,人们研发出阻止风疹蔓延的疫苗。
② 一些医生相信女性有权控制自己的身体和命运,他们实施非法的堕胎手术只收取名义上的费用。比如,在纽约,"S医生"在职业生涯中实施了三万多例非法的堕胎手术,平均收费只有五十到一百美元。

施非法堕胎的费用。她们转而求助于危险的自行堕胎,或者处于黑暗之中的、由未经训练和不可靠的"穷街陋巷"打胎者组成的往往十分险恶的地下世界。自行堕胎的女性通常依靠的方法,是从楼梯上滚下来,或者吞下令人恐惧的各种化学药品和毒素,从漂白剂、高锰酸钾、松节油到火药和威士忌,或者用它们冲洗或灌入身体。试图自行堕胎的女性,所使用的工具常常是编织针、钩针、剪刀和衣架等。在所有的非法堕胎之中,约有30%是由女性自行完成的。

想让"穷街陋巷"打胎者为之堕胎的女性,遭遇的也是同样的恐怖。为了找人实施非法堕胎,女性常常不得不依赖朋友或熟人的建议,或者电梯操作员、出租车司机、销售员之流提供的秘诀。因为非法堕胎的隐秘性质,寻找打胎者的过程常常充满危险且令人恐惧。想要在"穷街陋巷"中堕胎的女性有时候会被蒙上眼睛,坐车来到遥远的地方,被交给她们不认识的人,在整个过程中甚至看不到东西。这种堕胎手术实施的场所,不但有秘密的办公室和酒店房间,而且还有浴室、汽车后座以及真正的穷街陋巷。实施绝大多数此类堕胎手术的人,不是理疗师、助产士和按摩师等仅仅受过非常有限的医疗训练之人,就是包括电梯操作员、妓女、理发师和非熟练技术工在内的业余人士。

二十世纪六十年代,每年平均有两百多名女性死于失败的非法堕胎手术。黑人与西语裔女性的死亡率,比白人女性高出十二倍之多。除了死于非法堕胎手术过程中,还有数千名女性患上了严重疾病或受到了永久性的伤害。因为非法堕胎而带来的耻辱,许多女性患上了并发症,却不愿意就医诊治。在此种噩梦中备受煎熬的女性的故事,比比皆是。

有位女性回忆说,她的一位大学同学在做了非法堕胎手术之后,如何因为太过害怕而不敢告诉任何人。她把自己关在宿舍的浴室中,因失血过多悄然死去。在另一个例子中,二十八岁的杰拉尔丁·桑托罗与男友想要自行堕胎,却在康涅狄格州一家酒店的客房地板上失血过多死去。她的男友没有医疗经验,用的是一本教材和一些借来的工具。当情况恶化时,他逃离了现场,桑托罗孤独地死去。①

宗教与政治

此前对堕胎问题保持沉默的许多宗教团体,日益感觉被迫要解决这个问题。新教各派观点分歧,许多人支持对美国法学会的观点稍作修正,但有些人走得更远。比如,联合卫理公会承认"未出生的生命是神圣的",尽管如此,它也宣布,因为"我们应同样尊重母亲生命与福祉的神圣,对她们的毁灭性伤害,可能是由不可接受的怀孕而造成的",我们"支持从刑法典中

---

① 这名男友对过失杀人的罪名没有异议,入狱服刑一年。

删除堕胎,取而代之的是根据法律制定的关于标准医疗实践的其他程序"。

与此类似,美国浸信会大会于1968年得出结论说,堕胎应当是"负责任的个人所决定"的事务,应当在怀孕的头三个月结束之前的任何时候,"根据个人的要求"提供"可选择的医疗程序"。

三年后,更为保守的福音派南方浸信会大会对美国法学会的做法表示支持,并呼吁南方浸信会支持"在强奸、乱伦、有明显证据证明胎儿畸形、经过谨慎认定的证据证明很可能会损害母亲的感情、精神或生理健康等情形下"允许堕胎的法律。尽管一些福音派人士认为,堕胎是受到圣经谴责的,但大多数福音派人士秉持的是较为温和的态度。比如,全国福音派协会就明确支持"为了保护母亲的健康与生命必须实施的治疗性堕胎"。

另一方面,天主教会继续认为,堕胎是一直遭到明确禁止的,即使在拯救母亲生命所必须时也是如此。教宗保禄六世在1968年明确表示,"堕胎,即使是出于治疗性原因","也绝对不可接受"。

堕胎的政治问题,以一种出人意料的方式开始走向终结。因为天主教徒传统上认同民主党,也因为天主教徒更有可能反对堕胎,因此,二十世纪六十年代的共和党人比民主党人更"支持堕胎合法化"。一直到1972年,68%的共和党人和仅仅59%的民主党人认为,"实施堕胎手术的决定应当只交由女性及其医生来作出"。

然而,民主党在官方层面却比共和党更支持堕胎合法化。共和党领袖看到了吸引对此不满的天主教徒离开民主党的机会,开始走向更为反堕胎的立场。他们深知,如果能够胜利完成这项任务,或许就能在未来的美国政治中引发一场影响深远的变革。

在理查德·尼克松总统的政策中,这项战略显而易见。1970年,尼克松授权所有的军事医院实施治疗性堕胎。然而,一年后,尼克松更加清晰地感受到堕胎议题的可能政治后果,撤销了这项政策。共和党战略家凯文·菲利普斯于1969年出版的图书《新兴的共和党多数派》大受欢迎,尼克松受此影响,自此开始猛烈抨击民主党对堕胎的支持,同时,下定决心吸引天主教选民投入共和党阵营,欣然拥抱越来越坚定的反堕胎立场。

比如,1972年5月5日,尼克松公开批评洛克菲勒委员会在《人口增长与美国未来委员会报告》中建议的堕胎合法化。尼克松考虑到日益受到关注的人口过剩问题,才任命了由约翰·D.洛克菲勒三世担任主席的这个委员会,以解决世界人口增长带来的"对人类命运的重大挑战"。委员会提到了非法堕胎引起的巨大的死亡人数以及女性自由控制自身生育和命运的重要性,支持采取措施将堕胎"从密室引向医院和诊所"。委员会得出结论说:"堕胎与否的问题,应当让相关人员在咨询医生后,交由她的良知作出决定。"

尼克松坚决驳回了委员会的建议,宣布更为灵活的"堕胎政策将是对生命的贬低"。几天后,尼克松写信给特伦斯·库克枢机主教,以示对其反堕胎立场的大力支持,在将这封信公之于众时,他更是强调了这一点。尼克松宣布,范围更大的允许堕胎政策"不可能与我们的宗教传统和西方遗产相符"。他对捍卫"未出生生命的权利"之人深感赞同。

尼克松知道自己在做什么。数百万天主教徒准备就堕胎议题投出单一议题选票,1972年,他们首次投票给了共和党,在当年的总统大选中,帮助尼克松赢得了对支持堕胎合法的民主党候选人乔治·麦戈文的压倒性胜利。①

女权运动的声音日益高涨

二十世纪六十年代初期和中期,对改革反堕胎法律的推进,几乎全都聚焦于医生根据病人的最大利益作出医疗决定的

---

① 尼克松的策略卓有成效。在1952年至1968年间的五次总统大选中,民主党候选人每次获得平均65%的天主教徒选票。在1972年至1988年的五次总统大选中,民主党候选人每次仅获得平均48%的天主教选票。相比之下,在这几次大选中,投票给民主党的新教徒选票的百分比只有小幅下滑,从42%到39%。在1972至1988年间的每一次总统大选中,天主教徒投票模式发生的巨大变化,引起的转变是平均有三百多万天主教徒从民主党改投共和党阵营。天主教徒投票模式的这种转变,自那以后或多或少一直存在。自1972年起,民主党总统候选人再没有获得过多数的白人天主教徒选票。

权利。女性自身可能享有独立的、受到法律保护的权利,以控制自己的身体和命运,这样的观念还没有出现。女权团体也没有将堕胎问题作为重要议程,关注的反而是促进教育平等、就业机会平等之类的能够提高女性社会地位的政策。然而,二十世纪六十年代末,女权运动的声音日益高涨,第一次开始塑造堕胎问题上的公共话语。

二十世纪六十年代末,大学校园内学生团体所信奉的激进的行动主义,激励了这场转变。比如,1969年,芝加哥大学学生希瑟·布思创建的一个女性团体,是一家秘密的堕胎推荐服务组织,以"简"为代号,帮助女性在必要时能够获得非法的堕胎服务。女性可以拨打一个秘密的电话号码,说要找"简"。之后,一名顾问会指示她去指定的公寓,那里有一名医生或者受过训练的"简"的成员——通常也是大学生——谨慎地为她实施堕胎手术。在1969年至1973年间,"简"为芝加哥的一万一千多名女性提供了安全、价格公道的非法堕胎手术,她们中的大多数人与芝加哥大学并无关系。

与此类似,在加利福尼亚州,帕特里夏·马金尼斯创建了"人道堕胎社团",既支持堕胎的合法化,也帮助女性找到终结意外怀孕的安全途径。"人道堕胎社团"提供自助堕胎的秘密课程,并与几家墨西哥堕胎诊所设立了"地下铁路"网络,帮助一万两千多名女性穿越国境实现了安全堕胎。

贝蒂·弗里丹于1963年因畅销书《女性的奥秘》声名大

振,又于 1966 年出任美国妇女组织的创始主席。1969 年 2 月,在芝加哥召开了一场会议,被称为探讨反堕胎法律的首次全国性大会,弗里丹在会议中发表了一场振奋人心的演讲。她宣布:"在我们能够维护和要求对自己身体的控制之前,女人没有自由、没有平等……可言。"她宣称:"女性控制生殖过程的权利,必须确立为一项基本的、宝贵的人权,政府不得加以否定和侵犯。"她认为,对于"女性尊严"的充分实现,此种权利不可或缺。

会议结束时,与会人士创立了全国废除反堕胎法律协会,它的前提,是人们需要的并不是美国法学会式的改良,而是美国反堕胎法律的全面大修。它宣布"将致力于清除所有强迫女性违背意愿生育孩子的法律规定和实际做法"。1969 年 11 月,美国公共健康协会,以及由已在三年前即 1966 年去世的玛格丽特·桑格于 1922 年创立的家庭计划联合会,呼吁废除而不是改革美国的反堕胎法律,并宣布堕胎属于女性所享有的人身权利。

次年,美国妇女组织发出号召,在使女性获得选举权的第十九修正案通过五十周年之际,即 1970 年 8 月 26 日,开展"女性争取平等大罢工"。全国的女性都在游行、抗议和示威,支持批准平等权利修正案①,支持在教育、职场、政府医疗保险中

---

① "根据法律所享有的平等权利,联邦或州政府不得因为性别而加以否定或者删减。"

的性别平等,要求承认女性控制自己身体的生殖过程的权利属于不可剥夺的人权。在"女性争取平等大罢工"期间,"随需堕胎"这句话首次出现在了宣布在纽约市开展游行的一本小册子上。

此时开展的这场堕胎改革运动,首次为女性争取权利,而不是为医生争取权利。这些团体认为,否定女性控制自己生育命运的权利,侵犯了她自主决定是否"生养孩子"的基本权利。

从立法上推动堕胎合法化的斗争

这些最初的对改革的号召,产生了新的变革动力。到了1971年10月,50%的美国人相信,至少在怀孕的最初三个月中,堕胎应当交由女性及其医生决定。不到一年后,这个数字攀升到了64%。1970年,夏威夷、阿拉斯加、华盛顿和纽约等四个州不但将最初三个月和胎儿无法存活的堕胎合法化,而且还让这部法律回到了一个世纪之前的规定。

1970年3月11日,夏威夷准许医生对"无法存活的胎儿"实施堕胎手术,成为迈出这一步的第一个州。制定这部法律的斗争持续了几乎两年之久。法律草案的反对者主要来自天主教会及其相关团体。民意调查表明,支持与反对堕胎合法化的夏威夷公民的比例是55%比33%,法案最终在州议会两院中都以巨大优势获得通过。然而,身为天主教徒的州长约翰·

A. 伯恩斯拒绝签署该法案,他解释说,在"向造物主虔诚祷告"之后,他仍然无法鼓起勇气签字。不过,与此同时,他拒绝否决该法案,因此,根据夏威夷州的法律,它未经州长的签署就生效了。

此后不久,华盛顿州议会在公投提案中放入了怀孕十六周内堕胎合法化的选项。西雅图大主教托马斯·A. 康纳利里发起了一场旨在挫败该提案的激烈运动。提案的反对者竖起许多广告牌,上面画着四个月大的胎儿,以及"扼杀第20号提案,而不是扼杀我"的字样。1970年11月3日,经过一百多万人投票,华盛顿州通过了法案,超过56%的投票支持了这次改革。

当年年底,经过一番激烈的立法战役,阿拉斯加州议会将怀孕二十周内由医生实施的所有堕胎手术合法化。《纽约时报》宣布:"对于堕胎问题,公众的态度和做法急剧地转向自由化,这股浪潮正在席卷全国。"

纽约州的堕胎合法化之战尤为紧张。几乎一个世纪以来,纽约一直禁止堕胎,除非是为了拯救女性生命所必须。自1965年起,一再递交到州议会的多份法案,旨在让纽约州法律接近美国法学会的立场,但是,尽管这些法案拥有广泛的公众支持,但纽约州天主教协会每次都能成功拦截,它们从未在议会的委员会之中获得通过。

1969年2月,被称为"红袜子"的女权团体要求纽约州议会"聆听一些真正的女性……专家的意见"。在被赶出立法听证会后,"红袜子"的成员走上街头抗议,在华盛顿广场的一座教堂破天荒第一次"大胆说出"堕胎历史。这些女性公开谈及个人经历,并对所谓"留给堕胎的只有沉默和羞耻"的普遍规范提出质疑。

当年年底,纽约州女议员、共和党人康斯坦斯·库克提交了将怀孕二十四周内的堕胎合法化的提案。在提交法案时,库克评论道,非法堕胎是造成母亲死亡的主要原因,在所有女性中,有五分之一在一生中至少做过一次堕胎手术,死于非法堕胎的纽约市女性中,大多数人都在身后留下了孩子。

对库克提案的投票颇有戏剧性。在提案似乎就要因为一张票功败垂成之际,却突然获得了拯救,议员乔治·M. 迈克尔斯在最后一刻改变了想法。二战时在海军陆战队服役期间成为英雄人物的迈克尔斯站起身,向议长打招呼以引起他的注意,然后勇敢地改变了原先投出的反对票,他含泪解释道:"议长先生,我意识到,我是在终结自己的政治生命,但是,本着良心,我不能坐在这里允许我的投票成为击败这份法案的那一张票。"随着共和党人州长内尔松·洛克菲勒的落笔签署,这份法案成为法律。①

在罗马天主教全国生命权利委员会的领导下,纽约州的反堕胎势力很快重振旗鼓。它的目标很简单,就是要推翻这部新

---

① 迈克尔斯的预言是正确的。在 1970 年的下一次选举中,他竞选第六次任期,却由于在这份法案中的投票,没有得到民主党的提名。他再也没有赢得过选举。

法律,恢复旧法律。它采用的方式有两条清晰的路径——一是法律,二是政治。

在法律阵地上,福特汉姆大学法学教授、纽约天主教反堕胎运动的领袖罗伯特·拜恩立即发起诉讼,挑战新法律的合宪性。拜恩主张,从受孕那一刻起,"未出生的孩子"就属于宪法意义上的"人",纽约州的法律"未经正当法律程序"剥夺了"未出生孩子"的"生命",是违宪的。纽约州的最高司法机关即纽约州上诉法院驳回了拜恩的主张,认定胎儿不属于宪法意义上的"人"。

在政治阵地上,新法律的反对者动员了方方面面的力量。火上浇油的是,国会于1972年初批准了平等权利修正案,并提交各州批准。这就立即将堕胎问题与关于"宽容"社会、美国文化中性别角色的含义、传统家庭的未来等更大的议题联系在了一起。长期投身保守主义的积极分子、直言不讳的天主教徒菲利斯·施拉夫利立即将堕胎与平等权利修正案联系起来,将女性所主张的堕胎权偷换成女性退出母亲角色的概念。反对平等权利修正案和堕胎的人们,联手组建了"家庭优先"联盟,施拉夫利指控说,"女性解放论者"以母亲角色为代价推动"性自由",他们在鼓励"堕胎而不是家庭"。

1972年4月16日,是纽约大主教特伦斯·库克枢机主教指定的"生命权利礼拜日",当天有数千人参加了在纽约市举行的反堕胎集会。与此同时,纽约生命权利委员会积极邮寄反

特伦斯·库克枢机主教

堕胎的邮件,五十多家反堕胎团体打电话、写信、威胁要击败不愿投票废除新法律的议员。反堕胎势力集体声援单一议题,并威胁要对这个议题进行专门投票,给公职官员带来了极大的压力,使他们或者保持沉默,或者要冒丢失席位的风险。

在纽约州议会中展开的辩论非常情绪化。有一次,一位议员跳起身吼道:"我们遗忘了无法说话的受害者",同时摇晃着头顶的罐子,据说里面装着死婴。此类滑稽行为引来了媒体的强烈关注,再伴之以源源不断、意志坚定的游说,最终实现了它们的目标。废除新法律的法案,以两票的优势在纽约州议会获得了通过。

纽约的共和党州长内尔松·洛克菲勒曾经承诺,会否决恢复堕胎禁令的法律,他勇敢地履行了诺言。洛克菲勒提到了"热衷人身诽谤和政治压迫的极端分子"给议员们带来的巨大压力,他认为,人们"深深怀疑,投票废止这次改革,代表的是纽约州大多数人民的意志"。他得出结论说:"我不相信,一个团体将其道德观点强加在整个社会之上,会是正确的。……对本提案不予批准。"

起诉

在1967年至1970年,出现了一连串立法上的胜利,有三个州放松了在反堕胎法律上的限制,而且制定了某种美国法学会建议版本的法律,另外还有四个州至少将怀孕三个月内的堕胎合法化,此后,在立法上取得的进步突然停滞了。将堕胎与否交给女性及其医生决定,尽管公众在这个问题上的支持度不断增加——而且是明显的大多数意见,但在1970年至1973年,没有一个州议会制定改革性的法律。

有几层因素导致了此种突然的立法停滞。最初一轮的立法胜利,既出人意料,又刺激了堕胎的反对者,尤其是天主教领导层,他们的团结一心产生了非凡的效力。而且,反对堕胎者作为单一议题选民,他们发出的威胁是非常可信的,他们将这层意思清晰地传递给了当选官员。因此,许多议员开始明白,尽管多数公民支持堕胎合法化,但选举日周而复始,单一议题选民可以用选票将他们赶出办公室。

面对立法的停滞不前,堕胎合法化的支持者开始认真考虑上法院挑战反堕胎法律的合宪性。最初,这似乎是一场风险很大的赌博,因为,用《纽约时报》最高法院专栏作家琳达·格林豪斯的话来说,堕胎是宪法性权利的想法,看起来"太过虚幻"。但是,随着立法变革已在实际上受阻的局面,法院日渐成为最好的选择。

最高法院在1965年作出的"格里斯沃尔德诉康涅狄格州案"判决,是非常有用的出发点。[1] 在"格里斯沃尔德案"判决仅仅两年之后,纽约大学法学院的罗伊·卢卡斯在最后一年的学生生涯中,撰写了一篇课程研究论文,他在文中主张,女性自主决定是否生育孩子的权利,应当被理解为基本的宪法权利,受到"格里斯沃尔德案"所承认的隐私权的保护。尽管卢卡斯的教授认为这种论点难以令人信服,但其他人可不这么看。

哈里特·皮尔佩尔曾担任"家庭计划联合会"和"美国公民自由联盟"的总法律顾问,在最高法院代理过二十七起案

---

[1] 参见第15章。

件。她对向反堕胎法律发起直接的宪法挑战非常感兴趣,为了提出这个问题,她和卢卡斯开始策划测试案例。1970年初,在纽约州议会修正反堕胎法律之前,一群律师在一定程度上基于卢卡斯提出的理论,在联邦法院提起了四起相互独立的案件,对这部纽约州法律的合宪性发起挑战。

纽约州的代理律师主张,"格里斯沃尔德案"与此无关,因为,在处理堕胎问题时,州政府保护的是"潜在的人类生命"的利益。在联邦法院解决这个问题之前,纽约州议会修订了反堕胎法律,这些案子就此失去了实际意义。

与此同时,在康涅狄格州,州议会一再拒绝考虑改革十九世纪的反堕胎法律,此后,一群女权运动活跃分子组建了一个新的团体"起诉康涅狄格州的女人",以挑战这部法律的合宪性。她们的目标是汇集女性原告、女性专家和女律师,启动诉讼程序,让女性更能主动掌握自己的命运。她们宣布,"我们希望控制自己的身体","我们受够了被迫生育或者被迫不生育,**这是属于我们的决定**。"康涅狄格州议会的议员多为天主教徒,想让他们通过新法律,显然太过不切实际,于是她们转而诉诸法院。

1971年3月2日,在"埃伯利诉马克尔案"中,"起诉康涅狄格州的女人"代表858名女性原告,向联邦地方法院提起诉讼。六周后,由三名法官组成的联邦法院,以二票对一票作出判决,认定康涅狄格州法违宪。艾森豪威尔任命的爱德华·伦巴德法官认定,在这部法律中,"康涅狄格州不公正地侵犯了女性公民所享有的个人隐私和自由,违反了第九修正案和正当程序条款"。伦巴德法官尤为关注强迫非自愿的女性强行怀孕和成为母亲所造成的个人尊严、心理、社会、医学和经济后果。他解释道,这些后果可以从根本上改变女性的一生,就其程度而言,女性自主作出决定的利益胜过州政府保护潜在生命的利益。

挑战各州反堕胎法律的案件,自此刻开始星火燎原。在得克萨斯州,琳达·科菲和萨拉·韦丁顿刚从得克萨斯大学法学院毕业,二人合作提起了测试案件,挑战得克萨斯州反堕胎法律的合宪性。这部得克萨斯州法制定于1854年,将拯救女性生命的必须措施以外的堕胎,都认定为非法。她们选择作为原告的女子名为诺尔玛·麦科维,她未婚、怀有身孕,时年二十一岁。1970年3月3日,科菲与韦丁顿代表麦科维提起诉讼——为了保护她而采用了化名,现在要叫她"简·罗伊"——理由是得克萨斯州的这部法律侵犯了女性自主决定是否生育孩子的基本权利,因此是违宪的。

1970年6月17日,由三名法官组成的联邦地方法院以一致意见认定,女性自主决定"是否生育孩子"的"基本权利","受到第九修正案的保护",因此,得克萨斯州的反堕胎法律违反美国宪法。

1971年5月3日,最高法院宣布受理"罗伊诉韦德案"。

"罗伊案"

"罗伊诉韦德案"进入最高法院时,最高法院也处于不断变化之中。理查德·尼克松总统正在逐步重塑最高法院。两年前,尼克松用两名保守派被提名人——首席大法官沃伦·伯格与哈里·布莱克门大法官,取代了首席大法官厄尔·沃伦和阿贝·福塔斯大法官。1971年9月,最高法院正打算受理堕胎议题时,雨果·布莱克与约翰·马歇尔·哈伦大法官宣布,出于健康原因,他们也将辞职。

尼克松任命了两位更加保守的大法官路易斯·F. 鲍威尔和威廉·伦奎斯特接替他们的席位。因为确认程序要耗时数月之久,也因为在最高法院开庭审理"罗伊案"时鲍威尔和伦奎斯特还未宣誓就职,他们也就没有资格参与对本案的审议。

1971年12月13日,"罗伊案"开庭。为得克萨斯州法进行辩护的,是代表州政府的杰伊·弗洛伊德,他所做的开场陈词,是最高法院庭审历史上最不得体的评论之一。在对阵两位女律师之际,弗洛伊德的开场堪称无耻:"首席大法官阁下,尊敬的法庭。有一个古老的笑话,当一个男人对阵两位这般漂亮的女士时,总是由她们说了算的。"大法官们没有被逗乐。

三天后,七位听审的大法官开会讨论此案,并就初步意见投票。经过一番讨论,似乎至少有五票认定得克萨斯州法违宪。然而，每位大法官所持立场的具体理由并不确定。布莱克门与斯图尔特大法官表示，他们倾向于加入道格拉斯、布伦南、马歇尔大法官，推翻这部法律，但他们也有所保留。

布莱克门有三位女儿，所以他非常理解堕胎议题的重要意义。而且，他曾担任梅约诊所的法律顾问几乎长达十年之久，正是这段经历，对于希望自主采取他们认为符合病人最佳利益的措施的医生们，布莱克门总是深感同情。另一方面，布莱克门得到理查德·尼克松的提名，很大程度上是因为他多年以来司法谦抑的记录。他敏锐地注意到，如果判决推翻得克萨斯州法，将会在许多方面被视为司法能动主义的典型例子。这可不是他被任命的原因。他不确定应该如何着手。

波特·斯图尔特大法官坚定地相信，最高法院应当回避具有重大政治含义的议题。他在"格里斯沃尔德案"中提出了异议，对于存在宽泛的宪法隐私权的观点，他深感怀疑。但是，斯图尔特认为，禁止堕胎也令人深感不安。

在"格里斯沃尔德案"中也提出异议的怀特大法官，在会议上投票维持得克萨斯州法。首席大法官伯格未在会议上明确表明立场。让他的一些同事感到沮丧的是，他把撰写最高法院判决意见的任务指派给了布莱克门大法官[1]，这在一定程度

---

[1] 伯格指派布莱克门撰写多数意见的决定，让一些大法官忿忿不平，因为，根据最高法院的传统，首席大法官只有在他投票支持多数意见时，才拥有这项权力。因为伯格在会议上并未明确投票支持哪一方，道格拉斯大法官作为多数意见中最资深者，本应享有指派多数意见撰写者的特权。道格拉斯对伯格颇为不满，在他看来，伯格篡夺了他的权力。

上是因为,他信心满满地认为,可以指望这位多年老友和同事写出一份"适用范围狭窄、目标明确的"判决意见,"它毋庸多余的言行,即能卸下最高法院的重负"。

对于这项工作,布莱克门既感到高兴,又有些胆怯。他深知,在"罗伊案"中,无论怎么做都会树敌。他来最高法院任职不久,这项前景让他深感不安。不过,与此同时,布莱克门深信,他是唯一一位拥有处理与本案休戚相关的科学问题所必需的医疗背景的大法官。

布莱克门的初稿试图以含糊不清的理由处理本案。他在判决草稿中问道,所谓医生只能在拯救女性生命时,才能合法地实施堕胎,这是什么意思?这是否意味着,医生可以实施堕胎,"只能在若非如此病人肯定会死的时候?或者只能在她的死亡概率过半的时候?或者只要是她存在撑不过去的可能性就可以吗?……病人的死亡必须迫在眉睫吗?"。

实际上,布莱克门主张的是,医生在处理这些不确定性时,冒的是丧失医生职业和人身自由的风险,这部法律"提供的信息不足以"满足医生的正当程序要求。如果医生猜错了这部法律的意思,他就要入狱了。尽管布莱克门承认本案提出了更深层次的问题,但他在草稿中论证道,最高法院不需要触及那些更大的议题,因为本案讼争的特定法律由于意义模糊而产生了危险。

布莱克门的草案缺少最高法院更为自由派的大法官

们——道格拉斯、布伦南和马歇尔——所期待的内容。大法官们在开会时的广泛讨论中,在相互之间的意见交流中,都提到了一种更宽泛的方法,即援引"格里斯沃尔德案"和"埃森施塔特案"认定的原则,承认女性自主决定是否生育意外怀孕的孩子,是应当受到宪法保护的女性权益。布莱克门的草案没有提到这些内容。尽管布莱克门同意这种方法,但他还没有准备好接受这样一种权利。

由于最高法院的开庭期行将结束,就在尼克松总统于1972年春天开始发表一系列严厉的反堕胎演讲之后,布莱克门提议说,他需要更多时间撰写判决意见。其他大法官勉强答应了这个要求,同意将此案延期到秋天重新开庭。这不但给布莱克门带来了更多时间,而且还能让鲍威尔和伦奎斯特大法官参审此案。

1972年夏天,哈里·布莱克门大多数时间都在梅约诊所的图书馆浏览与堕胎的历史和实践有关的图书和论文。布莱克门的手写便签表明,《美国公共卫生杂志》上的一段评论说,"在最初三个月内实施合法堕胎的风险",比"继续怀孕"的风险要"小",这让他印象非常深刻;1972年6月的一次盖洛普民意调查显示,64%的美国人认为,"堕胎应当是只能由女性与她的医生作出决定的事情";他领悟到,将堕胎认定为刑事犯罪,"是相对晚近才有的现象,在英国普通法传统中并无根源"。

1972年10月11日,"罗伊案"重新开庭,此后,大法官们再次开会讨论此案，鲍威尔与伦奎斯特大法官也参与了这次会议。出乎其他大法官的意料，来自弗吉尼亚州的温文儒雅、轻声细语、小心谨慎的保守派鲍威尔大法官宣布，他支持承认堕胎是一种宪法性权利，同时，他鼓励布莱克门不要局限于模糊的说理。鲍威尔在里士满的律师事务所有一位雇员及其女朋友试图用衣架实施非法堕胎，女朋友却因失血过多而死，之后，鲍威尔首次对合法堕胎权明确表示了同情之意。在说服检察官不要对这名男子提起刑事控告时，鲍威尔也参与了其中。

尽管怀特与伦奎斯特大法官明确表示，他们不会支持推翻得克萨斯州法的判决，但在会议结束时，局势已很明朗，至少已有六票——也可能是七票（伯格仍未准备表态），会以未能尊重女性及其医生自主决定是否终止意外怀孕的根本性宪法权利为由，推翻得克萨斯州的这部法律，以及在更广泛的意义上，还有其他四十五个州中此时依然生效的各种反堕胎法律。

1973年1月22日，最高法院宣布了"罗伊诉韦德案"的判决。最高法院以七票对二票，认定得克萨斯州的反堕胎法律违宪。在判决意见中，布莱克门大法官开篇即承认"堕胎争议非常敏感，容易激起人们的情绪"，同时，"这个主题所激发的信念不但深切，而且似乎非常绝对"。他解释道，最高法院的任务，"是用宪法制度解决问题，不应感情用事"。布莱克门补充道，要将这个问题放到恰当的语境之中，必须理解几个世纪以来人们对堕胎所持态度的历史变迁。

谈及历史，布莱克门评论道，将堕胎认定为刑事犯罪，是相对晚近才有的现象。他解释道，禁止堕胎的法律并没有古老的起源，而是源于十九世纪末的立法。他评论道，在古代世界中，尤其在希腊和罗马，法律与宗教都没有禁止堕胎。而且，根据盎格鲁-萨克逊普通法，在出现胎动之前的堕胎并非犯罪。对普通法先例的回顾，让他得出的结论是，即便是在出现胎动后的堕胎，也很少被认为是普通法上的犯罪。

布莱克门进一步写道，只有在十九世纪后期，大多数州才禁止堕胎，除非是为了保护女性生命所必须。他得出结论说，因此，很明显，"在我国《宪法》通过之时，在十九世纪的大多数时间里，……与今天的大多数州相比，女性享有的终止妊娠的权利，基本上要宽泛得多"。

在回顾医学上对堕胎所持观点的历史之后，布莱克门发现了十九世纪末最常用于论证反堕胎的严苛刑法的三种理由：

首先，一些反堕胎支持者认为，这些法律可以用"维多利亚时代社会关注的防止非法性行为"来证明它们是正当的。布莱克门以明显不够充分为由否定了这个理由，他写道，今天的法律权威不会"认真"对待这种论点，将之视为禁止堕胎的正当理由。

其次，严格的堕胎法律的一些辩护者主张，此类法律之所以必要，是为了保护孕妇免受诱惑，不致陷入或许会使她们的生命"处于巨大危机之中"的危险手术。尽管布莱克门写道，在"研制发明抗菌消毒措施"之前，堕胎的确存在风险，但他强调说，当代医学技术无疑改变了这种情形，到了1973年，怀孕三个月内的堕胎，通常是非常安全的手术，这已经得到了公认。不过，与此同时，布莱克门写道，确保堕胎与其他医疗手术一样，能在合适的环境中实施，各州对此享有合法利益。因此，他得出结论说，如果有人提出要实施"晚期妊娠"堕胎，当女性面临的医疗风险可能较大时，各州仍然享有保护女性健康和安全的利益。

最后，布莱克门写道，反堕胎法律的一些辩护者主张，此种法律之所以必要，是为了保护未出生孩子的生命。布莱克门没有试图解决人类生命始于何时的问题，他承认，当"至少涉及**潜在的生命**"时，政府就拥有与之相关的合法利益。

布莱克门在列出各州规制堕胎时所享有的利益后，转而讨论另一方的宪法利益。尽管布莱克门写道，宪法没有明确列举隐私权，但他指出，在一系列可以追溯到十九世纪九十年代的判决中，最高法院已经多次承认，依据宪法存在"个人隐私权"。布莱克门以一长串判决作为例子，包括："斯金纳诉俄克拉何马州案"，最高法院承认不受强制绝育的基本权利；"斯坦利诉乔治亚州案"，最高法院承认在居家隐私中持有淫秽物品的基本权利；"格里斯沃尔德诉康涅狄格州案"，最高法院承认已婚夫妻使用避孕用品的基本权利；"洛文诉弗吉尼亚州案"，最高法院承认结婚的基本权利；"埃森施塔特诉贝尔德案"，最高法院承认个人自主决定"是否生育孩子"的基本权利。

哈里·A.布莱克门大法官

布莱克门认为,"此种隐私权",无论是基于第九修正案,还是基于正当程序条款,"都足够宽泛,足以容纳女性决定是否终止妊娠的权利"。布莱克门解释道,州政府拒绝赋予女性此种选择权时,对她造成的伤害显而易见:

> 可能出现孕早期的医学上可诊断的具体、直接的伤害。怀孕或者额外的后代可能给女性的未来生活带来不幸。可能立即出现随之而来的心理伤害。抚育孩子可能带来精神和生理健康负担。还有与意外

怀孕孩子相关的所有人士的痛苦,以及早已丧失抚养能力的家庭面临的心理和其他方面的难题。在本案中,也与其他案件一样还会涉及未婚母亲的艰难处境和后续污名。

另一方面,布莱克门明确表示,承认一种权利的存在,并不意味着此种权利是"绝对的"。相反,正如其他宪法权利一样,在许多情形下,面对强制性的政府利益,隐私权或许会受到规制,这也不会违反宪法。布莱克门特别提到了对堕胎的规制,他宣布,在至少某些情形中,政府"在保护健康、维护医疗标准、保护潜在生命时"的利益,或许会"具有充分的强制性",成为限制女性终止意外怀孕权利的正当理由。当然,接下来的问题是,政府在规制堕胎时声称存在的利益,如果确实存在,哪些利益符合这项标准?

得克萨斯州绝对禁止堕胎,除非是为拯救女性生命所必须,在为之辩护时,得克萨斯州认为,人的生命始于怀孕之时,它就保护未出生儿童的生命所享有的利益,具有足够的强制性,远远胜过女性享有的任何宪法权利。布莱克门拒绝接受此种论点。布莱克门写道,即使"在医学、哲学和神学等各个领域受过训练的人,也无法"就人的生命始于何时这个意义深远的宗教、道德和科学问题"达成一致",他论证道,得克萨斯州和最高法院都不能"推测这个问题的答案"。他得出结论道,在此种情形下,州政府仅仅是在主张"关于生命的一种理论",

它不能为了否定"孕妇的权利",就宣布它自己享有其所谓的"强制性"利益。

布莱克门接着讨论政府为了保护女性健康,在规制堕胎时享有的利益。尽管布莱克门承认,此种利益显然是正当的,但他认为,只有在怀孕满三个月时,它才成为"强制性"利益。他解释道,之所以如此是因为,在此之前,堕胎才是相对安全和简单的医疗手术——甚至比分娩还要安全。因此,在怀孕后的三个月内,必须由女性及其主治医生自主决定怀孕是否应当终止,无须政府介入。

然而,布莱克门也认为,在怀孕三个月后,女性可能的健康风险上升,为了保护女性健康,政府可以合理规制堕胎手术。比如,他写道,在孕期的这个时间点之后,对于得到授权实施堕胎手术者的资格、实施堕胎手术所使用的设备种类等事项,州政府可以作出合理规制。

布莱克门最后讨论的是政府在保护"潜在生命"时享有的利益。他得出结论说,此种利益在胎儿能独立存活时成为强制性利益。布莱克门解释道,这之所以合理是因为,在孕期的这个阶段,胎儿有能力"在母亲子宫之外"存活,政府因此可以在此时保护胎儿的生命,且不会侵犯女性不想怀孕的权利。然而,布莱克门强调,即使在孕期的这个时间点之后,如果堕胎是"保护"女性"生命或健康必须采取的措施",政府也不得依据宪法禁止女性堕胎。①

　　拜伦·怀特大法官提出异议，得到了威廉·伦奎斯特大法官的附和。怀特是肯尼迪任命的大法官，在淫秽、避孕和堕胎问题上往往非常保守。在简短的意见中，他宣布，他"在语言史和宪法史上，都找不到能够支持本院判决的内容"。在他看来，最高法院在"罗伊案"中"只是在赶时髦，为怀孕的母亲们宣布了一种新的宪法权利"。怀特认为，在像堕胎这样"敏感"的领域中，问题"应当留给人民，以及人民设计出来管理自身事务的政治程序"。

　　在单独提出的异议意见中，伦奎斯特承认，如果"得克萨斯州法限制的是母亲生命危在旦夕时的堕胎"，就是违宪的，因为它"缺乏使州政府目标有效的理性关系"。但是，他论证道，多数州"对堕胎作出限制至少已有一个世纪之久"，这个事实"有力地表明"，堕胎权"并非'源于传统和人民的良心，以至于要将之归于基本权利'"。他得出结论说，由此看来，最高法院认定宪法中存在这样一种权利，缺乏正当理由。

---

① 在"罗伊案"的初稿中，布莱克门将保护女性健康或生命所必需者以外的终止妊娠权，限制在怀孕的最初三个月内。鲍威尔和马歇尔大法官说服他关注胎儿的存活问题，将权利延伸到妊娠中期的三个月结束时。参见 Michael J. Graetz & Linda Greenhouse, The Burger Court and The Rise of the Judicial Right 144－45 (Simon & Schuster 2016)。

反响

今天,有许多美国人认为,"罗伊诉韦德案"是一份激进的、左倾的判决。这可不是当时人们的观点。1973年,绝大多数美国人支持女性有权终止意外怀孕。盖洛普民意调查显示,"超过三分之二的美国人认为,堕胎应当是只能由女性及其医生决定之事"。因此,在判决作出之时,大法官们"有充分的理由认为,他们采纳的是举国的共识"。此时,正如我们所见,下级法院已经在朝着明显预判到"罗伊案"判决意见的方向前进。引人注目的是,由理查德·尼克松任命到最高法院的四位大法官中,有三人加入了这份判决。考虑到尼克松下定决心要任命与沃伦法院的大法官们不一样的"保守派"大法官,他们将恪守司法谦抑立场,布莱克门、鲍威尔和伯格投出的票,很能说明问题。诚然,没有尼克松所任命的这三位大法官的支持,"罗伊案"会走向另一个结果。伯格、布莱克门和鲍威尔,在"罗伊案"中加入道格拉斯、布伦南、斯图尔特和马歇尔,充分说明了这份判决在当时的主流性质。

值得注意的是,为了进行比较,就在大法官们审议"罗伊案"的同时,他们也正在考虑1973年的淫秽内容案件——"米勒案"与"巴黎成人影院案",伯格、布莱克门和鲍威尔在这两起案件中与道格拉斯、布伦南、斯图尔特和马歇尔意见分歧,反而与怀特和伦奎斯特大法官站在一起,在第一修正案的性表达权利问题上接受了非常保守的观点。①

事实简单明了,就在"罗伊案"宣判之时,布莱克门、伯格和鲍威尔都没有将堕胎问题视为特别的**意识形态**问题。尽管所有大法官都明白,"罗伊案"处理的是一个高度情绪化和非常重要的问题,但没有人能想到,它会成为美国政治的爆发点,也没有想到它会继续塑造此后几十年的美国政治。

对于"罗伊案"的此种理解,符合当时的新闻报道和公众反应。因为林登·约翰逊就在最高法院宣布"罗伊案"判决的同一天去世,报纸、杂志和新闻节目都只把最高法院的判决作为头条新闻中的第二条。最重要的报道是前总统约翰逊去世。比如,《美国新闻与世界报道》将"罗伊案"称为"对巨大争议问题的历史性判决",却甚至没有在这一期周刊的标题版中提到它。四十年后,编辑们所做的评论非常正确:"这份判决影响之深远,彼时尚未呈现。"

在"罗伊案"判决之后的数日内,对此案的社论与评论通常都持赞成意见。甚至在州法被认定违宪的佐治亚州和得克萨斯州,报纸也持支持态度。《亚特兰大宪法报》称判决"现实且适当",《休斯敦纪事报》称它是"合理的",《圣安杰洛标准时间》对它的"明智和人道"称赞不已,《圣安东尼奥光明报》吹

---

① 参见第12章。

捧道,尽管这份判决"并不完美,……也已经尽人力之所能及地接近了"。考虑到美国人民对该判决的明显支持,此种回应并不令人惊讶。在当时所做的民意调查中,支持"罗伊案"判决的美国人比例以52%超过反对者的41%。

从客观的角度来看,将公众对"罗伊案"与其他更具争议的判决的反应进行对比,是很有裨益的。比如,1962年,在最高法院认定公立学校祈祷违宪后,79%的美国人不赞同这个判决。1967年,最高法院认定禁止跨种族婚姻的法律违宪,72%的美国人不予赞同。但是,只有41%的美国人不赞同"罗伊案"的判决。"罗伊案"在当时不会引起争议的一个判断标准是,1975年,杰拉尔德·福特总统提名约翰·保罗·史蒂文斯接任威廉·道格拉斯大法官时,没有一位参议员询问关于"罗伊案"的问题以及他对堕胎的观点。

即使福音派人士也没有谴责这份判决。1973年,大多数福音派人士"认为堕胎是天主教的问题"。而且,即使不支持堕胎的福音派人士,也没有对这份判决争吵不休。直到二十世纪七十年代末,福音派社区才最终改变态度,开始将重点集中到对"罗伊案"的否定之上,视之为重要的宗教、道德和政治议题,是新兴的文化战争的一部分。

在"罗伊案"宣判时,对之进行强烈谴责的团体,正是天主教徒。在他们之中,不赞同"罗伊案"判决的人数比例为56%,赞同的人数比例为40%。考虑到在"罗伊案"之前,天主教对堕胎的反对立场推动了诸多激烈的立法战役,这几乎不会令人感到惊讶。在"罗伊案"判决之后的数日内,来自天主教徒的数千份抗议电报和信件涌入最高法院。天主教学校的学生以班级为单位,在老师的指导下,有组织地写信谴责大法官们是"凶手"和"屠夫"。在数个星期内,每天都有2000封到3000封的这种信件寄到最高法院。

这些信件中大多数,都寄给了判决意见的作者布莱克门大法官,以及最高法院唯一的天主教徒布伦南大法官。用布伦南的话说:"这些信的措辞和语气极为愤怒。"①有些人甚至呼吁教会革除布伦南的教籍。许多写给布莱克门的信都祈求上帝降下怒火,骂他是"婴儿杀手"。布莱克门写道,他"此前从来没有受到过这样的谩骂和责备"。在此后数年中,当布莱克门和布伦南于公开场合现身时,反堕胎的示威者常常高举触目惊心的标语表示抗议。

纽约州的特伦斯·库克枢机主教对最高法院大加谴责,他问道:"因为联邦最高法院的多数意见在今天作出的令人震惊

---

① 布伦南大法官个人所秉持的宗教观,不得不向身为最高法院大法官肩负的职责作出让步。1987年,他在私下里透露说:"在我的私生活中,任何情形下,我都不会原谅堕胎。"但他补充道:"持有不同观点的人们是否有权堕胎,他们是否有权在堕胎时受到法律的保护,都不会影响我的态度。适用和解释宪法是我的工作。"个人宗教观独立于作为最高法院大法官的责任,这是他们的基本职责,布伦南对此非常敏感。他后来评论道:"我从来没有想过——从来没有,最轻微的念头都没有——我的信仰与我如何决定堕胎案会有一丝的关系。"

之举,将会有几百万名孩子……无法活到出生之日。"全国天主教主教大会主席、费城的约翰·约瑟夫·克罗尔枢机主教称"罗伊案"是"无法形容的悲剧",并宣布"在这两百年历史中,对于文明社会的稳定,很难想到有哪一份判决比它更具有灾难性的影响"。同时,全国天主教主教大会宣布,"罗伊案"判决腐蚀了"道德秩序"。

在"罗伊案"判决之后的数年中,天主教领导层对美国政治的干涉,上升到了前所未有的层面,主教们在堕胎议题上投入了更多的时间、精力和金钱。"罗伊案"判决后不久,天主教领袖创立了全国生命权利委员会,既招揽天主教徒,也招揽非天主教徒,并最终使之成为美国最大的反堕胎团体。

对"罗伊案"的第一项正式挑战,是天主教支持的为了推翻"罗伊案"提起的宪法修正案议案。1973年1月30日,离"罗伊案"宣判不过才八天,马里兰州的共和党众议员劳伦斯·霍根提出了诸多"人类生命"修正案议案版本中的第一个。霍根的修正案议案禁止联邦政府或州政府"未经正当程序剥夺从受孕之时起的人类生命"。

在此后数十年中,更多的此类提案提交到了国会。推翻"罗伊诉韦德案"的战役正式打响。

除了基于宗教理由反对"罗伊案"的那些人以外,也还有其他的批评者。有些人赞同怀特与伦奎斯特大法官的观点,宪法根本没有对一般性的隐私权和更具体的女性自主决定是否"生育孩子"的权利提供保护。简而言之,这些批评者不赞同最高法院给出的判断,即"罗伊案"中讼争的是一项宪法权利。

其他批评者主张,即使宪法保护隐私权,即使隐私权足够宽泛足以包含女性自主决定是否生育孩子的权利,州政府在保护人类生命或潜在的人类生命上所享有的利益,也具有充分的强制性,比此种宪法权利更为重要。

即使在赞同"罗伊案"的结论即得克萨斯州法违宪的人之中,也有人对布莱克门大法官撰写的判决意见提出批评。一种批评声音认为,布莱克门强调的是医生的地位和隐私权,而没有强调反堕胎法律对女性的歧视。根据这种观点,禁止堕胎的那些法律存在的问题,与其说它们损害了女性的隐私权,不如说它们增强了传统的性别角色的成见,将女性生儿育女的能力变成了个人、社会和经济上的严重劣势。①

赞同得克萨斯州法违宪的人们提出的另一种批评意见,是最高法院走得太远、太快。这些批评者认为,最高法院应当宣告得克萨斯州法无效,因为它只允许为了拯救女性生命时的堕胎,但是,对于其他所有可能的限制堕胎规定,应当将它们的合宪性问题留待将来解决。批评者们主张,"罗伊案"手伸得太

---

① 大法官们没有在"罗伊案"中采纳此种方法的一个原因是,就在大法官们为"罗伊案"判决意见做最后阶段工作的同时,他们也在苦思冥想如何处理对明显歧视女性的法律的宪法挑战问题,却没有得出结论。参见 Frontiero v. Richardson, 411 U.S. 677 (1973)。

长,激起了破坏性的抵制,这毫无必要。比如,鲁斯·巴德·金斯伯格大法官一直主张,"罗伊案""在它所要求的改变中"太过冒险,"走得太远","激起了生命权利运动的总动员",终结了已经开始的立法进程。

勇敢前进?

最高法院为何会避开此种更加适度的方法?为何它会突破足以对本案作出裁判的范围,用妊娠三月期、存活能力和医疗制度来解决此类议题?鉴于公共舆论明显支持女性终止意外怀孕的权利,为什么大法官们感到有必要走得这么远、这么快?如果州议会最终自己得出了同样的结果,大法官们难道不应该任由堕胎议题在政治程序中解决,用一种更为渐进的方式处理这个宪法问题,每出现一个问题、一个案件,再逐个加以解决?

有若干原因解释了为何最高法院采取了如此勇敢的做法。首先,或许也是最为明显的是,到了1973年,很显然,大多数州议会不顾公众舆论的情势,在近期内不大可能按照多数意见行事。只有四个州采取了类似于"罗伊案"判决的方法,而且还都不是发生在1970年以后;纽约州的法律差一点就被废除;到了1973年,在夏威夷、阿拉斯加、华盛顿和纽约等地制定的新法律,甚至已经遥不可及了。事实简单明了,到了1973年,这些坚定的、热烈的、单一议题的选票,所产生的力量已经实际上冻结了立法程序。当时的学者们评论道,哪怕在某些州之中,反对放宽堕胎法律的人数占据多数,他们"关注的也是单一议题,对道德信念热情洋溢"。因此,到了1973年,很明显,在州议会中要取得进展,在最好的情况下,也很有可能会十分缓慢、痛苦不堪、步履蹒跚。

其次,尽管在大多数情形下,耐心是一种美德,但是,当议会的止步不前否定了数百万美国人享有的一项基本宪法权利,导致每年有一百万名女性求助于危险的、可耻的、非法的"穷街陋巷"堕胎,耐心就不一定是美德了。大法官们似乎已经清楚地认识到,选择无所作为,耐心地任由州议会在这些议题上犹豫不决五年、十年或二十年之久,并非**负责任之举**。

最后,大法官们感觉有必要在"罗伊案"中采取果断行动,或许是因为他们意识到,许多州议会之所以受到控制,未能贯彻多数人在这个问题上的意愿,是因为宗教团体的压力。在1961年的"麦高恩诉马里兰州案"判决中,最高法院明确表示,第一修正案禁止制定具有显著宗教目的的法律。尽管第一修正案积极维护宗教团体努力说服他人接受他们的信仰以及在个人事务中按照信仰行事的权利,但它阻止宗教团体在州权力的帮助下**强迫**他人按照他们的信仰行事。大法官们显然理解宗教在堕胎的反对势力中所处的核心地位,这种担心很可能使他们比平时更不愿意尊重立法程序的"正常"工作。

无论如何,不管最高法院在"罗伊案"中果断作出判决的原因或者多重原因是什么,大法官们明显想要通过"罗伊案",在此时此地、一劳永逸地解决堕胎议题。

事实却并非如此简单。

第十七章
"罗伊案"及其后续

尽管在"罗伊案"判决之时,批评声音相对较少,但是,在此后的十年中,情况开始发生变化。随着时间的流逝,人们将"罗伊案"视为或许是引起最激烈两极分化的美国政治议题。对相信堕胎是不道德——或者更糟糕,是谋杀——的美国人而言,"罗伊案""终结"这场辩论的想法,完全不可接受。他们不会坐视美国屠杀数百万名无辜的儿童。必须开展抵抗。根据这种理解,一些评论家推测,我们在堕胎议题上看到的激烈的政治极化,是"罗伊案"无法避免的后果。

不过,其他评论家认为,引发这种抵制的并非"罗伊案"本身,而是共和党操盘手为了利用"罗伊案"获取党派政治利益,精心策划了这场运动。这些评论家指出,二十世纪七十年代末的政治战略家充分利用"罗伊案",将之作为精心构思的运动的一部分,以激励福音派并使之转向共和党。在他们看来,"罗伊案"在美国政治中的中心地位并非该案判决的必然结

果,而是一场战略性运动的结果,这场运动使"罗伊案"与色情作品、同性恋、女权等议题一道,成为引发分裂的、高度情绪化的政治符号。这就是人们后来熟知的"文化战争"。

无论原因或者多重原因如何,毫无疑问,在"罗伊案"判决之后的数十年中,对该判决的争议在美国政治中、在最高法院的提名和确认中、在美国宪法持续不断的演进中,都起到了关键的作用。

基督徒右派的兴起

新教原教旨主义者追随他们在第二次大觉醒期间的祖先的脚步,在整个二十世纪的美国政治中依然活跃。进化论的教学广为流传(1925年斯科普斯的"猴子审判"即其著例),天主教作为全国性政治力量的崛起(民主党于1928年提名天主教徒阿尔·史密斯竞选总统,就是典型的例子),性道德和性别角色在1920年代的迅速变化,都让福音派基督徒震惊不已,他们试图改造美国的各大机构,"让它们成为拥护新教和公共道德的一股力量"。然而,尽管他们拥有热情,但他们对美国政治毫无影响力,因为两支主要政党对他们的要求毫无兴趣。

然而,到了二十世纪中叶,新教原教旨主义者开始日益认同共和党,因为共和党最有可能接受"以新教为基础的政治秩序"。1960年,南方浸信会、北方福音派和独立原教旨主义者罕见地团结一致,试图阻止天主教徒——约翰·F.肯尼迪——当选为总统。不过,直到二十世纪六十年代末,新教原教旨主义者才开始影响共和党议事日程。他们所关注的,是与逐步发展的性别角色、性道德与生育道德展开一场方兴未艾的斗争,是在他们的运动中展现统一的战线以获取重要的政治影响力,此即所谓的"基督教右派",它与共和党结盟,齐心协力抵制他们所认为的"女权运动、堕胎、色情作品和同性恋者权利"对美国文化造成的越来越大的威胁。

平等权利修正案的反对者们渐渐凝聚成一股势力。二十世纪六十年代，福音派对他们眼中的美国家庭的崩溃忧心忡忡。离婚率成倍增长，未婚生育日益增多，年轻人如今公然罪恶地同居生活，媒体在电影、杂志和电视上越来越多地暗示，单身职业女性像玛丽·泰勒·摩尔秀中的玛丽·理查德一样，也能拥有令人满意的性生活。正如比利·格雷厄姆牧师警告的那样，美国正在面临"一场对婚姻的攻击，世人从未见过此种景象"。他抱怨道，如果这场攻击不停止，美国将就此"终结"。

对于他们眼中的美国家庭的消亡，福音派将之特别归咎于女权运动。女权主义者已经在二十世纪六十年代取得长足进展：1963年，贝蒂·弗里丹的《女性的奥秘》出版；1964年，《民权法案》第七章获得通过，首次禁止对女性的就业歧视；1966年，全国妇女组织成立。六年后，平等权利修正案在参众两院以压倒性多数获得通过，规定"联邦和各州不得基于性别否定或侵犯根据法律所享有的平等权利"。此时，共和党和民主党以同等的热情对平等权利修正案表示支持。支持者们期待着修正案能迅速得到使之生效所必需的三十八个州的批准。

事实却并非如此。平等权利修正案激起了社会保守派既出人意料又十分狂热的反应，包括很多社会保守派的女性，他们认为，平等权利修正案是对他们的"女性气质观念"和他们所认为的男女必须"畛域分明"的攻击。社会保守派女性不希望与男人"平等"。她们希望维持她们坚定相信的"上帝赋予的性别差异"。几乎就在平等权利修正案在国会获得批准之时,福音派谴责它是"对上帝的冒犯"。

菲利斯·施拉夫利是极度保守派律师、活动家、作家和演说家,并可谓是指控平等权利修正案的最有力的领导者。她创立了"阻止平等权利修正案"组织。施拉夫利称,平等权利修正案是泛滥女权主义的象征,"将对修正案的辩论,变成了对'女性解放'的全国性公民投票"。她对平等权利修正案的反对是超越政治的,是神圣的。施拉夫利笃信自己得到了上帝的支持,宣布她反对平等权利修正案的运动是"神圣的事业",她是诚心实意的。

同时,福音派在反平等权利修正案中的重要发言人贝弗莉·拉哈伊宣布,"真正被圣灵充满的女性,会希望完全服从于她的丈夫"。她创立了"关爱美国妇女",以"发扬面对女性和家庭的圣经价值观——首先通过祈祷,然后是教育,最终影响我们当选的领袖和社会"。她激励自己的追随者——"真正委身于耶稣基督"的人们——"对要毁灭我们的孩子、家庭和宗教自由的人开战"。

反平等权利修正案将为数甚众却一直意见分歧的天主教徒、摩门教徒、浸信会教徒和新教福音派团结在了一起。在短短数年中,在一场决心重建"家庭观念"的全国性运动中,反平等权利修正案运动让强烈反对同性恋、堕胎、淫秽和性行业的数百万公民成为它的信徒。堕胎议题特别能激怒这些团体,因为,他们不仅认为堕胎是道德错误,而且将之视为对传统的社会和家庭关系的直接威胁。这些支持者声称代表着真正的美国价值观,主张美国的职责是成为"基督教国度",他们在社会议题上的立场非常激烈,比美国历史上的所有社会和政治运动都更加坚定地认为,生命始于受孕之时。

1977年,在废止佛罗里达州戴德县禁止歧视同性恋者法令的运动获得成功之后①,共和党战略家理查德·维格里评论道,家庭问题是推动基督教右派兴起的引擎。他宣布,当为"传统的家庭观念"而战时,"保守派就能获胜"。这场运动用一种第二次大觉醒以来未曾见过的方式,将新教原教旨主义带回到了美国政治中。

在二十世纪七十年代之前,没有人会将共和党与反对堕胎联系在一起。在加利福尼亚州、卡罗拉多州和纽约州最初的为放宽堕胎法律而付出的努力中,共和党政治家有几次还起着带头作用。共和党的保守象征之一、该党1964年的总统候选人巴里·戈德华特就支持堕胎权;1967年,加利福尼亚州州长罗纳德·里根签署了放宽加州堕胎法律的法案。不过,由于反平等权利修正案运动激起了基督教右派的热情,也由于他们的关注点从平等权利修正案扩展到了性、生育、淫秽、同性恋和堕胎

---

① 参见第11章。

等议题,共和党的战略家们看到了整合重要票源的天赐良机。

潜在的政治利益非常巨大。二十世纪七十年代中叶,民意调查显示,超过三分之一的美国人自认为是"重生"者。福音派成为美国最大的宗教群体。基督教书店售出了数百万本詹姆斯·多布森、蒂姆·拉哈伊和贝弗莉·拉哈伊所著的图书;超过六十家全国性的宗教广播联合组织,以及更多的地方电视布道者,都在广播电视节目中不断播放福音派的信息。共和党与基督教右派的联系越来越紧密,受此影响,共和党越发将"生命权"作为政纲的核心原则。

福音派美南浸信会的杰里·福尔韦尔牧师是一位保守派政治评论家,1979年,他创立了"道德多数派"组织。他凭借文化战争的原动力,将诸多互不相干的基督教原教旨主义群体团结为统一的政治运动。福尔韦尔承袭比利·桑德义和艾梅·森普尔·麦克弗森的传统,创设"道德多数派",对抗他眼中的美国社会"自由化"趋势。福尔韦尔解释道,当他还沉浸在清教徒的千禧年愿景之中时,"罗伊案"却将他从沉睡中唤醒,让他知道,传教士不仅要在信众面前挺身而出反对罪恶,还要努力引发政治变革。福尔韦尔嘲笑制宪先贤们尊崇的政教分离原则,认为如果福音派齐心协力,他们就会拥有"掌握全国政府"的力量。

"道德多数派"募集了大量资金用于支持政治候选人,在越来越多的州,"道德多数派"的成员从共和党中坚分子手中

杰里·福尔韦尔牧师

抢走了州共和党组织的控制权。一位评论家写道,福尔韦尔"对宣传手段的利用着实高明,使他得以进入权力中心,这是基督教右派的其他活动家做梦都想不到的"。到了1980年夏天,共和党领袖们给予福尔韦尔的待遇,比美国历史上的任何宗教人物都要优渥,他俨然已是拥有强有力政治支持的领袖。

福音派如今意识到,一百多年来,他们第一次拥有了"改变全国政治的投票权和财力"。基督教电台播音员帕特·罗伯森指责"女权议程"是"社会主义的、反家庭的政治运动,鼓励女人们离开丈夫、杀死孩子、使用巫术、破坏资本主义、成为女同性恋",他扬言说,福音派社区如今拥有"足够的选票来掌控美国"。福音派领袖们越来越有自信,保守派基督徒如今能够迫使共和党接受他们在淫秽、堕胎、同性恋者权利和平等权利修正案等问题上的观点。在他们看来,现在他们已成为真正的"道德多数派"。

1980年,罗纳德·里根在竞选总统时谴责堕胎是不道德之举,并主张制定宪法修正案推翻"罗伊案"。堕胎议题首次让共和、民主两党产生严重对立,尽管里根出身于好莱坞,但他却正式与基督教右派结盟。1980年秋,他赶赴达拉斯,向参加宗教圆桌会议听取全国事务简报的一万五千名福音派领导人发表演讲。基督教右派将此事视为"长期联盟的开端"。正是在此时此地,基督教右派的领袖们决定,选举罗纳德·里根为总统,是让联邦政府控制堕胎权、把女人赶回她们原来的位置、击退同性恋者权利运动、"领导美国恢复道德"的关键。

作为这桩交易的一部分,1980年的共和党政纲承诺,在各级法院中任命反堕胎、在社会问题上保守的法官,由此开启了一段宪法的宗教观念在很大程度上决定着法官提名的历史时期。杰里·福尔韦尔将1980年共和党政纲称为"理想纲领","无疑正是信奉正统基督的浸信会属意的宪法"。

福音派领袖抛弃无党派偏见的虚辞,在美国历史上第一次开始齐心协力统一步骤选举指定的总统候选人。在1980年的选举中,神父和牧师们在全国范围内明确支持"反堕胎的"候选人,福音派的《基督教声音》杂志刊登了"道德报告卡",在堕胎和其他道德议题上对国会候选人打分。全国的政治家们突然意识到,他们对"罗伊案"的观点将会决定他们的政治前程。

杰里·福尔韦尔宣布,罗纳德·里根在1980年当选总统,是"我成年后的道德"事业中的头号大事,"关注家庭"的创始人詹姆斯·多布森宣布,福音派终于"回家了","白宫就是家"。

抵制"罗伊案"

对"罗伊案"的反对力量凝聚成形,并且变得更加重点突出、充满活力,还出现了数种针对"罗伊案"的对策。最明显的,是制定宪法修正案推翻"罗伊案"。距最高法院宣布"罗伊案"判决仅仅八天,国会议员中的天主教徒就开始提出后来人们熟知的"人类生命"修正案。[1] 这些修宪议案都以某种方式规定,宪法中的任何内容不应被理解为限制州和联邦政府规制或禁止堕胎。

这些议案试图重塑堕胎概念,否定它是女性的根本权利,将之视为对未出生儿童的谋杀。天主教会设立全国生命权委员会,请神父们招揽支持者、募集资金、推动修正宪法的群众运

---

[1] 参见第16章。

动。二十世纪七十年代中叶,五十种不同的生命权修正案提交到了国会,却无一获得通过。这些提案都没有获得推动立法程序所必须的票数。主张保护胎儿权利的力量虽感沮丧,却不屈不挠,转向政治程序,努力选举出更多的支持人类生命修正案的国会议员。

这个十年行将结束,随着道德多数派的创立,过去在堕胎议题上意见分歧的新教福音派,如今在要求制定人类生命修正案的问题上与天主教徒走到了一起。在1982年的中期选举中,为了获得天主教和福音派的选票,里根总统承诺,他将"不懈努力……直到人类生命修正案成为我们宪法的一部分"。

在1984年的大选中,基督教右派领袖扯掉所有无党派偏见的矫饰,为了在国会获得必要的多数,付出了史无前例的努力,全力以赴支持共和党。80%的福音派投票给了参加选举的共和党候选人。这代表美国政治版图上发生了一场深刻且具有历史意义的转变。仅仅在十年之前,大多数福音派支持的还是民主党。但是,尽管他们热情如火、全心投入、资源巨大、信念坚定,但即使天主教会与道德多数派联手,也未能凑够足够的票数,以获得在国会通过人类生命修正案所必须的三分之二多数票。

对"罗伊案"的第二种对策,萌生于愤怒和挫败,因而诉诸阻碍和暴力。一些反堕胎活动分子堵住诊所门口、骚扰试图进入诊所的女性、公布获得堕胎的女性的姓名,直接干扰堕胎诊所的营业活动。有些人却做得更过头。

1980年,约瑟夫·沙伊德勒创立"保护胎儿权利行动联盟",这个全国性的团体致力于对抗"为人堕胎者"及其支持者。行动联盟在堕胎诊所、支持堕胎权的团体以及实施合法堕胎手术和曾经实施合法堕胎手术者的家门口示威,沙伊德勒的支持者打爆堕胎诊所的电话线路,这样一来病人就无法预约,同时,他们还安排虚假预约,意图挤爆堕胎诊所的日程安排。

堕胎反对者采用的另一种策略,是设立虚假的堕胎诊所,并积极打广告,努力吸引试图行使终止意外怀孕权利的女性。于是,迎接这些毫无疑心的女性的,是极富刺激性的反堕胎信息,播放的是关于流产胎儿的阴森幻灯片,她们还会收到可怕的警告,内容是所谓堕胎的医疗后果。到了1988年,在美国有八百到两千家虚假堕胎诊所,它们每年成功地引诱——以及恐吓——了约五十万名女性。

合法的堕胎手术招致的愤怒,甚至引发了更为极端的对策。1978年,有人向克利夫兰的一家诊所投掷燃烧弹,数家反堕胎团体为此喝彩不已,他们的理由是,对杀害未出生儿童的屠夫来说,暴力是必要的、在道德上适当的对策。二十世纪八十年代中期,反堕胎的暴力活动飙升,这在一定程度上是因为,反堕胎在政治前线停滞不前,导致了反堕胎人士愈发强烈的挫败感。单单在1984年,就发生了161起针对堕胎诊所的暴力活动,还有21起针对医生和其他工作人员的死亡威胁见诸报端。

1986年，反堕胎活动家兰德尔·特里创立"拯救行动"，这个团体奉行的原则是，"如果你认为堕胎是谋杀，那就像它是谋杀一样采取行动"。堕胎诊所的医生和其他雇员日益受到威胁、骚扰和暴力。比如，1993年，生命权积极分子迈克尔·格里芬枪杀了四十七岁的医生戴维·甘恩，就是因为后者在佛罗里达州实施合法堕胎手术。主张保护胎儿权利的极端分子对格里芬的做法称赞有加，并宣布格里芬因杀死甘恩医生拯救了许多尚未出世的婴儿的生命。

在一定程度上，正是因为这种暴力活动造成的后果，愿意实施堕胎手术的医生和医院越来越少，使女性越来越难行使终止意外怀孕的权利。到了二十世纪九十年代中期，在医学院和实习医生项目中接受堕胎手术训练的医生人数急剧减少；美国百分之八十四的县、百分之九十五的乡村地区没有堕胎手术提供者；比起二十年前，提供堕胎手术的医院减少了六百家。

但是，尽管付出了这般努力，最高法院在"罗伊案"中承认的核心权利却完好无损，每年约有一百万名女性仍然成功获得安全、**合法**的堕胎。暴力活动无法扭转局面。

对"罗伊案"的第三种对策是立法。"罗伊案"没有禁止所有对堕胎的规制。尽管最高法院在"罗伊案"中认定，女性在怀孕三个月内作出的终止妊娠决定，州政府对之加以干涉与宪法不符，但它也认定，在孕期第二期的三个月中，如果女性可能存在的健康风险上升,州政府为了保护女性健康,可以合理规制堕胎手术。而且,在孕期第三期的三个月之初,胎儿可以独立存活后,最高法院认定,州政府禁止堕胎是符合宪法的,除非为了维护女性生命或健康必须进行手术。

尽管这种安排看似相当清晰,却还有很多问题有待解决。在"罗伊案"之后的数年中,联邦和各州政府制定了成千上百部法律,以检验这种安排的界限。其中一些法律体现的是善意的努力,它们行使的是最高法院留下的在孕期的第二个三月期和第三个三月期根据正当理由规制堕胎的权力。然而,其他法律却明显想要越过底线,想要看看最高法院会退回到什么程度。

毫不令人惊讶的是,各州所作限制的力度各不相同,而且主要取决于社区的政治和宗教构成。在主要是共和党人或者拥有大量天主教或福音派人口的州之中,限制堕胎的努力常常力度很大。在很多情况下,议会的态度实际上是"有种你认定它违宪!"。

因此,在"罗伊案"之后的数年中,各州和联邦政府针对女性可以终止意外怀孕的情形规定了大量的限制条件。典型的例子包括:要求孕期最初三个月的堕胎手术由执业医生实施的法律,禁止堕胎服务刊登广告的法律,要求女性在实施堕胎前等待数日的法律,禁止女性未事先征得胎儿父亲同意时堕胎的法律,禁止未成年人未事先征得父母同意时堕胎的法律,要求实施堕胎手术的设备具备流动手术救护中心全部设施的法律，禁止"部分生产式"堕胎、即使在保护女性生命与健康所必须时也不例外的法律。

此类法律着实让最高法院变得忙碌不堪。

对"罗伊案"的第四种对策，是关注最高法院的构成。简而言之，谁能对此类法律的合宪性问题一语定乾坤？"罗伊案"急剧增加了最高法院提名和确认程序中的风险。自从1980年共和党政纲承诺要任命尊重"无辜人类生命的神圣"的法官以来，在总统选择最高法院被提名人时，在参议员确认提名时通常十分激烈的斗争中，"你如何看待'罗伊案'"的问题都占据着核心地位。如果反堕胎运动没能凑够推翻"罗伊案"的宪法修正案所需要的票数，或许，通过改造最高法院，让"罗伊案"的适用范围变得狭窄，或者甚至推翻它，就能获得同样的结果。

完善"罗伊案"

在"罗伊案"判决之后的数年中，在捍卫女性终止意外怀孕权利的问题上，最高法院的立场总体上而言十分坚定。因此，在1973年至1990年作出的一系列判决中，虽然常常附有措辞尖锐的异议意见，但最高法院还是将如下法律宣告无效：要求女性在实施堕胎手术之前征得丈夫事先书面同意的法律；

要求孕期第二个三月期内的堕胎应在医院中实施手术的法律；要求医生在允许女性自愿堕胎之前告知可以获得儿童收养服务的法律；要求女性在签署同意表格之后，在实施堕胎手术之前等候二十四小时的法律；要求十八岁以下未婚女性在实施堕胎手术之前取得父母同意的法律；禁止堕胎广告的法律。

不过，最高法院在此期间也维持了一些对堕胎的规制。例如，最高法院维持了以下要求的合宪性：保存实施堕胎手术的病历档案；向有资质的病理学家提交流产胎儿的组织标本；想要实施堕胎手术的未成年人必须事先征得父母同意或者获得法院批准。在最高法院看来，这些属于合理的规制措施，没有严重侵犯"罗伊案"所承认的根本性权利。

更容易引起争议的是，最高法院在此期间还认定，禁止利用公共医疗补助资金支付贫困女性合法堕胎费用的法律是合宪的。比如，1977年，最高法院在"马赫诉罗伊案"中以六票对三票作出判决，驳回了康涅狄格州一部法律的宪法挑战，该法与另外三十三个州的法律一样，禁止利用州医疗补助资金支付贫困女性的堕胎费用，除非堕胎是为了保护女性生命或健康所必须的。

路易斯·鲍威尔大法官曾加入"罗伊案"判决，在由他执笔的判决意见中，最高法院解释道，尽管政府不得依据宪法禁止堕胎，但宪法也没有要求政府支付贫困者的医疗费用，无论是堕胎、足部手术、处方药还是其他的医疗问题。鲍威尔论证道,恰恰相反,正如政府没有宪法义务为穷人购买扩音器让他们可以行使言论自由一样,也正如政府没有宪法义务为穷人购买枪支让他们可以行使第二修正案权利一样,政府没有宪法义务支付贫苦女性的堕胎费用。

提出异议的大法官包括布伦南、马歇尔和布莱克门,他们提出的反对理由是,"马赫案"要解决的问题没有那么简单。他们主张,因为州政府允许医疗补助资金用于支付生育费用,却又不能支付堕胎费用,医疗补助项目就是在迫使贫困女性选择生育而非堕胎,这就是违宪的。最高法院拒绝了这种观点,宣布在"罗伊案"中并没有禁止政府作出"支持生育更甚于堕胎的价值判断"。

两年后,在"哈里斯诉麦克雷案"中,最高法院走得更远,维持了所谓海德修正案的合宪性。海德修正案制定于1976年,以其主要发起人伊利诺伊州共和党众议员亨利·海德的名字命名。海德猛烈抨击"罗伊案",声称"当本应是未出生孩子的天然保护人的孕妇,却成为他的致命敌人,于是,为了保护毫无还手之力的人类生命,插手干预此事,自然就是议会的职责所在"。与"马赫案"中讼争的康涅狄格州法律不同,海德修正案明确禁止利用联邦医疗补助资金支付贫困女性的堕胎费用,即使它属于保护女性健康所必需的医疗措施。①

---

① 海德修正案只允许在女性生命危急时或者女性是强奸或乱伦受害人时,使用医疗补助资金。

最高法院以严重分歧的五票对四票作出判决,认定即使女性的健康存在风险,她的"选择自由"并不能为之带来"宪法上的权利",即用政府资金行使堕胎权。最高法院解释道,海德修正案是合宪的,因为它促进的是"保护潜在生命的合法政府目标"。

在措辞激烈的异议意见中,自由派的雄狮、二十世纪伟大的公民权支持者瑟古德·马歇尔大法官对最高法院的论证提出了猛烈批评。马歇尔指出,女性因为贫困,无力支付医疗上必需的堕胎费用,此时将别无选择,只能"求助于穷街陋巷的屠夫,试图用粗糙且违宪的方法自助堕胎,或者因试图继续怀孕直至生下孩子,并为此承受严重的医疗后果",多数意见却冷漠地无视这个事实。马歇尔怒斥道,最高法院的判决"代表的是对我们的社会中最无力成员的残酷打击"。①

尽管,最高法院针对资助问题作出的这些判决,处理的是公认复杂的行使宪法权利时可否享受政府补助的议题,但"罗伊案"所提供的核心保护规定基本上完好无损。然而,最高法院的人事组成即将发生变化。

---

① 在后续案件中,最高法院拓展了"马赫案"与"哈里斯案"的原则,认定政府可以依据宪法禁止公立医院实施堕胎手术,甚至可以依据宪法禁止获得支持家庭计划项目公共资助的医生告知病人可以提供堕胎手术。参见 Webster v. Reproductive Health Services, 492 U.S. 490 (1989); Rust v. Sullivan, 500 U.S. 173 (1991)。

"我们最大的恐惧已成为现实"

一场历史性转变,显著改变了最高法院在"罗伊案"之后数年中的方向。1975年,杰拉尔德·福特总统任命约翰·保罗·史蒂文斯接替威廉·O.道格拉斯大法官。1981年,罗纳德·里根任命桑德拉·戴·奥康纳接替波特·斯图尔特大法官。1986年,里根总统擢升威廉·伦奎斯特接替首席大法官沃伦·伯格,之后又任命安东宁·斯卡利亚填补伦奎斯特大法官的席位。1988年,里根总统任命安东尼·肯尼迪接替路易斯·鲍威尔大法官。1990年,乔治·H. W. 布什任命戴维·苏特接替威廉·J. 布伦南大法官。1991年,乔治·H. W. 布什任命克拉伦斯·托马斯接替瑟古德·马歇尔大法官。如此一来,自1975年至1991年,数任共和党总统连续作出六次最高法院人事任命,改变了它的人事组成,在投票支持"罗伊案"多数意见的七位大法官中,更换了六人,只剩下"罗伊案"判决的作者哈里·布莱克门大法官还留在任上。

而且,"罗伊案"日益成为文化和政治的众矢之的,因此,在1980年之后的五次提名中,"罗伊案"的未来命运都成了核心主题。记者简·克劳福德评论道:"对宗教保守派而言,最高法院已经成为战场,堕胎则是其决定性的战役。"从罗纳德·里根就任总统那一刻起,骰子已经掷出。在1980年的总统大选中,他保证会任命尊重"无辜人类生命的"神圣的法官。他履行承诺的时刻很快就到来了。

1981年,里根考虑提名桑德拉·戴·奥康纳接替鲍威尔大法官,白宫顾问迈克·乌尔曼警告总统的法律顾问埃德·米斯说:"记得将生命权支持者选入最高法院提名人选名单,这很重要。"尽管基督教右派成员敦促里根提名菲利斯·施拉夫利,但他反而选择了不为人知的亚利桑那州最高法院大法官奥康纳。

奥康纳在亚利桑那州一家养牛场中长大。1952年,她从斯坦福大学法学院毕业,在班上的成绩名列前茅,却发现因为自己是女性,几乎不可能在律师事务所找到工作。她最终找到的工作,是在答应不领薪水和不要办公室后,到加利福尼亚州圣马特奥县担任副检察官。在之后的二十五年中,她先后出任亚利桑那州助理司法总长、亚利桑那州参议院的首位女性多数党领袖和亚利桑那州上诉法院法官。

因为奥康纳在堕胎问题上的观点并不清晰,也因为她拒绝公开声明会投票推翻"罗伊案",生命权团体强烈反对对她的提名。"道德多数派"领袖杰里·福尔韦尔称对她的提名是一场"灾难","全国生命权委员会"的负责人则斥之为"背叛之举"。不过,这些团体还没有获得日后所拥有的影响力,奥康纳对里根作出保证,她对堕胎问题"在个人层面持反对意见",里根很是满意。奥康纳以九十九票对零票通过了参议院的确认。

年复一年,基督教右派不断获得政治权力和影响力。1984年,里根总统在一次极具煽动性的演讲中宣布,因为"我们全国都采取随需堕胎政策……超过一千五百万名未出生的孩子因为堕胎合法化而被扼杀,是我国参加的战争中丧生的美国人人数的十倍之多。"第二年,司法部对"罗伊案"发动全面攻击,敦促最高法院推翻此案,因为它不具有任何"文本、学说和历史的基础"。尽管最高法院还没有准备接受这种立场,但这种主张却很有市场。

次年,里根提名安东宁·斯卡利亚进入最高法院。斯卡利亚是芝加哥大学前法学教授、联邦上诉法院法官,也是作为宪法解释方法之一的"原旨主义"的主要倡导者。此种方法的支持者主张,无法从宪法的"原意"中找到女性终止意外怀孕的权利的合理依据。里根政府对此表示赞同。对奥康纳的任命履行了任命女大法官的竞选承诺;对斯卡利亚的任命旨在促进"里根所追求的再造司法"。简而言之,这是里根"改变最高法院方向的良机"。

在提名斯卡利亚的一份备忘录中,白宫幕僚帕特里克·布坎南提到了"生命权运动中最高法院的关键之处",是组建一个团体,能够在将来的总统大选中,有助于"为共和党人提供决定性的竞选优势"。斯卡利亚是完美的,因为他是"热忱的反堕胎天主教徒,拥有街头斗士般的激情"。毫不令人惊讶的是,"罗伊案"是斯卡利亚提名听证会上的主要焦点。参议员爱德华·肯尼迪是坚定的公民自由主义者和女性选择权的忠实支持者,他直截了当地问斯卡利亚:"如果你得到确认,是否希望推翻'罗伊诉韦德案'?"斯卡利亚谨慎地回答道:"参议员,我认为由我来回答这个问题是不合适的",但他向肯尼迪保证说,"我不会带着一份待办事项清单进入最高法院"。参议院以九十八票对零票确认了斯卡利亚的提名。在成为最高法院大法官后,斯卡利亚在他参与审理的第一个堕胎案件中,便呼吁推翻"罗伊案"。

1987年,路易斯·鲍威尔大法官宣布有意退休,之后里根总统提名罗伯特·博克接任。博克是耶鲁大学著名法学教授,曾担任联邦首席检察官和联邦上诉法院法官。1973年,罗伯特·博克参与"星期六夜晚大屠杀",首次成为美国家喻户晓的人物,他遵照理查德·尼克松的指示,开除了水门事件特别检察官阿奇博尔德·考克斯,以及他在司法部的两位上级:司法部长埃利奥特·理查森和副部长威廉·拉克尔肖斯,此二人宁愿辞职也不愿开除考克斯。

博克是与斯卡利亚一样的原旨主义者。他对沃伦法院的批评措辞激烈,在许多议题上,他秉持的是许多批评者所认为的极端保守立场。或许最富煽动性的是,博克毫不含糊地宣布,宪法根本没有提及隐私权、使用避孕用品的权利和堕胎权。数年前,在参议院司法委员会前作证时,博克称"罗伊案"是

"违宪的判决"。

在华盛顿的女性选择权团体中,鲍威尔大法官的辞职敲响了警钟。他们生怕,随着又一位保守派大法官进入最高法院,"罗伊案"将危在旦夕。全国堕胎权行动联盟执行理事凯特·米切尔曼得知鲍威尔辞职后哀叹道:"我们最大的恐惧已成为现实。"

里根提名博克后不久,参议院爱德华·肯尼迪警告说:"罗伯特·博克的美国,是女性将被迫前往穷街陋巷堕胎的国土。"与安东宁·斯卡利亚和大多数被提名人不同,博克在提名听证中没有保持克制。他反而试图开展一场宪法理论研讨会,整个过程令人钦佩,但终告失败。这场辩论的焦点,使人们十分担心,如果博克得到确认,他将成为推翻"罗伊案"的关键第五票。在听证过程中,博克提出,"'罗伊诉韦德案'几乎没有法律论证",这让"罗伊案"的支持者深感担心。最终,博克的提名,获得五十八票反对票和四十二票赞成票,功败垂成。尤为雪上加霜的是,六位共和党参议员投票反对确认。诸多因素导致了罗伯特·博克的失败,但其中的核心仍是人们感觉他必然会投票推翻"罗伊案"。

在此后的三年中,里根总统和乔治·H. W. 布什总统任命了三位最高法院大法官。1991 年,随着安东尼·肯尼迪、戴维·苏特和克拉伦斯·托马斯的到任,"罗伊案"似乎已无可避免会被推翻。司法部的律师们在审核安东尼·肯尼迪时,他暗示"他坚定地反对'罗伊案'";乔治·H.W.布什提名戴维·苏特时,"女权多数派基金"主席埃莉诺·斯米尔宣布他对堕胎议题是"毁灭性的威胁";克拉伦斯·托马斯在确认听证会上声称,他"在'罗伊诉韦德案'判决之后的十八年中,从来没有时间与人讨论或辩论此案",但没有人相信他。

现在,最高法院端坐着共和党总统任命的八位大法官。而且,民主党总统任命的唯一一位大法官拜伦·怀特,却在"罗伊案"中提出了异议。如今已在最高法院任职二十多年的哈里·布莱克门,是在"罗伊案"中形成多数意见的七位大法官中的唯一在任者。"罗伊案"现在会被推翻吗?布莱克门大法官做了最坏的打算,他在私人文件中写道,最高法院"推翻""罗伊案",将会让数百万名"美国女性变成罪犯",将会"使我们退回穷街陋巷,为此丧生的女性将不可胜数"。

1992年,堕胎问题终于到了紧要关头。

"'计划生育联盟'诉凯西案":"我畏惧黑暗"

在最高法院对"计划生育联盟宾夕法尼亚州东南分部诉凯西案"作出判决之前出现的戏剧性事件,无论如何强调都不为过。1992年,包括犹他州和路易斯安那州在内,许多州激进地立法规定,只要不是拯救女性生命所必须的几乎所有堕胎,都属于非法。"凯西案"涉及宾夕法尼亚州一系列对堕胎的限制性规定,就在开庭前不久,五十多万人在首都示威游行,要求推翻"罗伊案"。再一次,共和党行政分支——此时已是在乔治·H. W. 布什总统的领导之下——敦促最高法院推翻"罗伊案"。

在代表联邦政府提交的"凯西案"诉讼文书中,后来成为弹劾比尔·克林顿总统急先锋的首席检察官肯尼斯·斯塔尔,清晰阐述了布什政府的立场:"'罗伊诉韦德案'是错误的判决,应予推翻。……对无辜人类生命的保护——无论是在子宫内还是子宫外——当然是州政府可以推动的最重大利益。在我们看来,州政府在保护整个孕期内的胎儿生命时所享有的利益……远远超过女性在堕胎上享有的权益。"

随着戴维·苏特与克拉伦斯·托马斯加入最高法院,人们普遍认为,新组建的最高法院随时都会推翻"罗伊案"。《纽约时报》记者琳达·格林豪斯评论道:"最高法院物是人非,'罗伊案'陷入空前险境。"

在最高法院于"凯西案"庭审后召开的会议上,奥康纳和苏特大法官似乎犹豫不决,而有五位大法官似乎已经准备改变历史进程。首席大法官伦奎斯特得到怀特、斯卡利亚、肯尼迪和托马斯大法官的支持,将撰写判决意见的任务留给了自己。用法律记者简·克劳福德的话来说,为了写这份判决意见,"他等待了十八年"。

但是,就在伦奎斯特向其他大法官传阅他所撰写的多数意见草稿两天后,安东尼·肯尼迪大法官传递了一张相当神秘的纸条给布莱克门大法官。肯尼迪在加利福尼亚州萨克拉门托的一个爱尔兰天主教家庭中长大,在哈佛大学获得法学学位,之后在加利福尼亚州当律师并教授法律,1975年,在时任加利福尼亚州州长罗纳德·里根的推荐下,杰拉尔德·福特总统提名他进入联邦上诉法院。十三年后,对肯尼迪的保守派资历和观点深具信心的里根任命他进入最高法院。

肯尼迪传递给布莱克门的纸条上写着:"我需要在您有几分钟空闲时马上见到您。我想告诉您关于计划生育联合会诉'凯西案'的一些进展,至少,我所说的部分内容是好消息。"对布莱克门而言,这确实是他的"好消息"。两位大法官在次日见面,肯尼迪通知布莱克门说,"他、奥康纳和苏特私底下已经碰头,并共同起草了一份意见,非但不是推翻'罗伊案',反而拯救了它"。从此以后,主张保护胎儿生命的保守派将肯尼迪视为"叛徒"。

在最高法院此后就性表达、性倾向和同性婚姻等议题作出判决中,肯尼迪常常会成为叛徒。肯尼迪是无法轻易在意识形态上进行分类的大法官,他曾对法官助理们夸口说,他试图在每一个案件中"作出正确判决",而不是任由死板的意识形态左右他的立场。当然,他是否取得了成功,是存在争议的。

在以五票对四票形成的判决意见中,布莱克门、史蒂文斯、奥康纳、肯尼迪和苏特形成了多数意见,而这五位大法官却全部是由共和党总统任命的。最高法院峰回路转般得出结论说:"'罗伊诉韦德案'的实质认定应当予以保留并再次得到重申。"最高法院认可"罗伊案"具有潜在的宪法上的理由,并解释说,即使多数意见中的一些大法官对"罗伊案"有所保留,但并没有充分理由推翻该案。简而言之,任何一种推翻先例的传统理由,都无法适用于"罗伊案"——先例被证明已时过境迁不再适用,先例的废止不会颠覆人们的既定预期,或者先例的逻辑依据已被之后的判例大大削弱。同时,即使某位大法官倾向于推翻"罗伊案",但他也可以依据重要的制度原因选择不予推翻。最高法院评论道,之所以如此,是因为与在堕胎问题上无休止的政治争论相比,这样的一份判决将无可避免会被视为"对政治压力的屈服",从而"破坏最高法院的合法性"。

尽管重申了"罗伊案"的"实质认定",但接下来,奥康纳、肯尼迪和苏特大法官却与布莱克门和史蒂文斯产生了分歧,放弃了"罗伊案"的三阶段框架。在三人共同撰写的这份不同寻常的判决意见中,奥康纳、肯尼迪和苏特认为,三阶段框架过于"僵化",对保护"罗伊案"承认的堕胎权的核心内容"毫无必要"。

在他们看来,"应当解决的"关键问题是"存活能力",因为存活能力标志着"在子宫外维持和养育生命的现实可能性的时间点"。这个时间点会不断随着医学进步发生变化,而在那一刻,州政府保护人类生命的利益,"胜过"女性在隐私和个人自由上所享有的利益。他们论证道,这才是公平的,因为"或

桑德拉·戴·奥康纳大法官

者可以这样说,未在胎儿可独立存活之前堕胎的女性,就是同意州政府代表正在成长的孩子介入其中"。

奥康纳、肯尼迪和苏特进一步得出结论说,尽管女性有权自主决定是否在胎儿能独立存活之前终止怀孕,但政府可以依据宪法加以规制,"以确保此种选择是经过深思熟虑且充分知情的"。比如,即使在怀孕的最初几个阶段,政府也可以制定规制措施,目的则是通知该名女性:还有"许多支持继续怀孕的重要理由值得考虑",除了堕胎还有别的选择,包括收养,以及在某些情形中,如果该名女性选择生下孩子可获得经济资助。

于是,"只有在州政府的规制对女性"决定终止胎儿能独立存活前的妊娠"造成过度负担时",才会违反宪法。政府采取的措施"旨在说服"孕妇"选择生下孩子而非堕胎",那就是合宪的,除非它们对她的"选择自由""构成过度负担"。

奥康纳、肯尼迪和苏特适用此种新型标准,在呼吁推翻"罗伊案"的四位异议大法官的加入下,维持了限制女性在胎儿能独立存活之前的堕胎权的几部法律的合宪性,这些法律提出的要求包括:除非存在医疗紧急情况,堕胎手术实施者必须在手术实施前的24小时内告知该名女性"堕胎存在的健康风险"和"可以获得州政府发行的描述胎儿的印刷材料,并提供作为堕胎以外的其他选择途径的……开展收养等服务的机构之类的资料"。最高法院在"凯西案"中维持了这些规定的效力,推翻了此前数个认定这些限制规定违宪的判决。[①]

尽管布莱克门大法官对最高法院维持这些限制规定的判决提出了异议,但他对奥康纳、肯尼迪和苏特称赞有加,因为这是"充满勇气和坚持宪法原则之举",也因为它对"宪法保护女性终止早期阶段妊娠权利"的重申。

首席大法官伦奎斯特得到怀特、斯卡利亚和托马斯大法官

[①] 最高法院在"凯西案"中推翻了亚克朗市诉亚克朗生育健康中心公司,462 U.S. 416(1983)和"索恩伯格诉美国妇产科医师学会案",476 U.S. 747(1986)判决的部分内容。

的支持,宣布"'罗伊案'判错了""应当推翻"。伦奎斯特被人抢走了撰写判决意见最终推翻"罗伊案"的大好机会,只能重申他在"罗伊案"中的异议意见。他提出,婚姻、生育和避孕等问题被承认为"根本性的"宪法权利,或许还说得过去,但堕胎与之不同,绝不应纳入隐私权范畴,因为它"涉及故意终结潜在生命",因为"在我国历史上"不存在"对堕胎不课以相对限制的根深蒂固的传统"。

在单独提交的意见中,怒不可遏的斯卡利亚大法官明确宣布,"女性对未出生的孩子堕胎的权力",绝非是"受到宪法保护的合法权利"。他解释道,之所以如此,"是因为存在两个基本事实:(1)宪法完全没有规定这样的内容;(2)美国社会存在长期的传统,允许在法律上对之加以禁止"。因此,斯卡利亚得出结论说,最高法院"应当避免进入这个领域,我们没有这样的权利"。

布莱克门虽然如释重负,但他在展望未来时,却看到了许多"令他心生畏惧"之事。他写道:"我畏惧黑暗,四位大法官焦急地等待着熄灭光亮所必需的那一张票。……我已经八十三岁了。我不能永远待在最高法院,当我卸任时,对我的继任者的确认程序,很可能会重点讨论我们今天面对的这个问题。我很遗憾,那或许正是在两个世界之间作出选择之处。"

"半生产式"堕胎

尽管"罗伊案"的核心内容获救了,但1992年的总统大选再次让本案陷入险境。正如哈里·布莱克门在"凯西案"中所写的那样,他在最高法院的日子不多了。如果乔治·H. W. 布什再次当选总统,他或许会让克拉伦斯·托马斯或安东宁·斯卡利亚这样的保守派接替布莱克门,谁知道那会带来何种后果?当比尔·克林顿击败布什当选后,支持"罗伊案"的阵营大感安心。

此后不久,二十年来一直反对"罗伊案"的拜伦·怀特大法官宣布退休。克林顿任命了鲁斯·巴德·金斯伯格,她是女性权利的坚定捍卫者——虽然也是布莱克门在"罗伊案"中的判决意见的批评者——这也就意味着,此时最高法院已有六位"罗伊案"的可能支持者。如此一来,布莱克门大法官在次年宣布退休时自然大感安心。克林顿总统任命曾在参议院司法委员会与参议员爱德华·肯尼迪紧密合作的哈佛大学前法学教授斯蒂芬·布雷耶作为布莱克门的接任者,维持"罗伊案"的六位大法官多数派均已就位。

在此后十年中,最高法院在大多数情况下都避免在堕胎问题上制造头条新闻。在此期间,最高法院在"罗伊案"和"凯西案"的意义上判决的最重要案件,就是处理所谓半生产式堕胎的问题。2000年,最高法院在"斯滕伯格诉卡哈特案"中审查了内布拉斯加州一部法律的合宪性问题。这部法律禁止半生产式堕胎,无论是在胎儿可独立存活之前还是之后,除非"是拯救母亲生命所必须"之时。它将半生产式堕胎定义为"实施堕胎手术者在将未出生的婴儿杀死之前",为了完成分娩,"将还活着的婴儿部分提取出阴道的一种堕胎手术"。当时,有三十一个州制定了类似的法律。

为了理解这个问题,有必要交代一些背景。最高法院在"斯滕伯格案"中解释了此种情形,在美国约有90%的堕胎手术发生在孕期的最初三个月中,也就是在孕龄的十二周之前。在此期间,最普遍的堕胎方法是负压吸引术,将真空管插入子宫吸出里面的物质。这种堕胎方法比分娩要安全得多,往往是在局部麻醉后在门诊中就完成了。

在约十五周之后的孕期中,负压吸引术不再有效,医生最常使用的是被称为标准扩张吸收术的手术,医生在手术中为了将子宫中的胎儿取出孕妇体外会将之肢解。然而,在少数后期堕胎手术中,据估计,每年大概不到百分之零点五,医生可能会采用名为完整扩张吸收术的手术方法,包括从子宫中将胎儿局部提取出来,然后,为了尽可能完整地从孕妇体内取出,要弄扁胎儿的头盖骨。这就是"半生产式堕胎"的含义。

采用完整扩张吸收术的医生往往会这样做,因为,在至少某些情形下,标准扩张吸收术会引起孕妇大量失血,增大刺穿子宫颈的风险,伤害女性未来生育孩子的能力。尽管在后期堕胎手术中,通常会优先采用标准扩张吸收术,但在医学界中,对这两种手术的相对优劣,存在重大分歧。

最高法院以严重分裂的五票对四票形成判决,认定禁止在拯救女性生命所必须之外的所有情形下使用完整扩张吸收术的法律是违宪的。布雷耶大法官撰写的多数意见,得到了史蒂文斯、奥康纳、苏特和金斯伯格大法官的加入。布雷耶评论道,尽管医学界在使用半生产式堕胎手术的必要性上存在分歧,但许多医学权威所持的观点是,至少对于一些中后期堕胎而言,这种手术方法比其他堕胎方式更为安全。

布雷耶论证道,既然如此,州政府也就未能证明,半生产式堕胎不属于维护女性健康所必需的措施。女性有权在胎儿可独立存活后的某些情形中,根据合理的医疗判断有必要利用此种手术终止妊娠,以保护其健康,因此,根据"凯西案",内布拉斯加州法对于女性在胎儿可独立存活前终止意外怀孕施加了"过度负担",侵犯了女性的此种权利。因此,该法律违宪。

首席大法官伦奎斯特与肯尼迪、斯卡利亚和托马斯大法官提出了异议。斯卡利亚大法官在措辞尖锐的意见中预言,"在本院历史上","有一天",这份判决"会被放置于它正确的地方",旁边则是他所谓最高法院最羞耻的两份判决——"小松诉美国案"(最高法院在该案中维持了二战期间羁押日本人的合宪性)和"德雷德·斯科特诉斯坦福案"(最高法院在该案中认定非裔美国人不能成为美国公民)。他宣布,"此种手段明显太过残忍,它消灭了我们半个身体已经出生的孩子,认为美国宪法……禁止州政府取缔它,此种观点太过荒诞不经"。

作为"凯西案"中关键第五票的肯尼迪大法官大发雷霆。正如一位评论家所言,肯尼迪如今感觉,因为"凯西案",他成了人们眼中的"受人摆布者"。在他看来,对于他所认为的可怕手术是否必要,医学界还存在分歧,因此,政府有权认定,禁止半生产式堕胎,推动了州在保护人类生命的神圣性时所需享有的重要利益,且没有实质上妨碍"女性的权利"。他得出结论说,在此种情形下,"凯西案"要求最高法院尊重他所认为的州的合理判断,即使一些医学权威并不赞同此种判断。最高法院对"斯滕伯格案"的判决,显然不在肯尼迪大法官在"凯西案"中投出决定性一票时的思考范围之内。①

"以斯卡利亚和托马斯为标准"

距离"斯滕伯格案"判决已有六个月,在经历一场竞争残酷的总统大选后,最高法院一锤定音,乔治·W. 布什总统宣誓就职。在2000年的大选中,布什承诺"以斯卡利亚和托马斯

---

① 托马斯大法官撰写了另一份异议意见,重申他们的观点,即"罗伊案""是绝对的错误",应当予以推翻,首席大法官伦奎斯特与斯卡利亚大法官加入了他的异议意见。

为标准"任命法官,这则誓言刺激和激励了他的反堕胎支持者们。然而,在他的第一届任期中,布什并没有机会向最高法院任命大法官。在2004年竞选连任时,布什需要激励保守派基本盘,尤其是福音派基督徒。因此,在与民主党提名人约翰·克里辩论时,他特意宣称,在他看来,"罗伊案"是"荒谬的"判决,需要被推翻。

2005年,布什得到了塑造最高法院方向的第一个机会。里根提名的奥康纳大法官,在保护堕胎权的"凯西案"中发挥了关键的作用,在"斯滕伯格案"中加入了多数意见,让反"罗伊案"力量大失所望,她于此时宣布有意退休。白宫提出的第一个名字,是司法部长阿尔贝托·冈萨雷斯,他是乔治·W.布什的长期盟友,也是得克萨斯州最高法院的前大法官。

尽管无论用什么标准看,冈萨雷斯都是坚定的保守派,但反堕胎的游说团体还是很担心,用菲利斯·施拉夫利的话来说,他的"书面记录"无法证明他在"罗伊案"上是可靠的一票。冈萨雷斯在得克萨斯州最高法院担任大法官时加入的判决,组成了他的"书面记录",其中显示他忠实地遵循着最高法院在堕胎问题上的先例。尽管这无法揭示冈萨雷斯对堕胎问题的个人观点,但反堕胎力量的强烈反应和巨大影响,让布什很快不再考虑冈萨雷斯。

在考虑了其他几位可能人选后,布什及其顾问选定约翰·罗伯茨接替奥康纳。罗伯茨曾于二十世纪八十年代担任威廉·伦奎斯特大法官的助理,之后在白宫工作了数年,2003年由布什任命到联邦上诉法院。罗伯茨的长期记录显示,他是坚定的保守派。主张保护胎儿权利的游说团体,曾经破坏对冈萨雷斯的提名,但罗伯茨获得了他们的支持。

然而,在罗伯茨获得接替奥康纳的提名确认之前,首席大法官伦奎斯特突然去世。布什立即提名罗伯茨接替伦奎斯特担任首席大法官,在确认听证会上,罗伯茨成功躲开了堕胎议题。尽管他承认"罗伊案""被确定为法院先例",但他提到,最高法院有时候会推翻本院先例。他小心谨慎,没有重蹈罗伯特·博克的覆辙,拒绝说明自己在堕胎问题上可能会如何投票。因为罗伯茨如今接替的是伦奎斯特而非奥康纳,对他的确认不会影响最高法院在堕胎议题上的平衡——即使结果表明他有意推翻"罗伊案"。因此,他以七十八对二十二的票数轻松通过了确认。

不过,这就给布什留下了寻找奥康纳继任者的工作。布什想要任命一位女性,他很快选定了白宫法律顾问哈里特·迈尔斯。对迈尔斯的提名结果成为一场"政治黑色喜剧"。尽管她几乎肯定会得到确认,但对她的提名"遭到了共和党内最保守群体的否决",此举令白宫深感震惊。迈尔斯是福音派基督徒,公开支持制定推翻"罗伊案"的宪法修正案,但是,反堕胎集团仍然对她心怀疑虑。为了打消此种顾虑,小布什最亲密的顾问、副幕僚长卡尔·罗夫召集主张保护胎儿权利的六十家团体开了一个会。会议的核心问题是:"你们是否相信她会投票推翻'罗伊诉韦德案'?"罗夫提供的答案是:"绝对会。"但是,主张保护胎儿权利者还是不相信。他们担心,迈尔斯没有任何司法记录,她或许最终会成为又一位与奥康纳、肯尼迪和苏特一样的"叛徒"。最终,迈尔斯被迫退出。

接下来,落在布什总统及其顾问头上的任务,就是提名"最高法院大法官的最保守人选,能够受到共和党反堕胎基本盘的欢迎"。数日后,他们找到了要找的人:塞缪尔·阿利托。与罗伯茨、斯卡利亚和托马斯一样,阿利托是虔诚的天主教徒。而且,阿利托与罗伯茨一样,属于加入过里根时代司法部的保守派年轻律师精英,并曾是其中的明星人物。在首席政府律师办公室和法律顾问办公室待了六年后,里根总统任命阿利托到他的家乡新泽西州出任联邦检察官。1990年,乔治·H. W. 布什总统又将他任命到联邦上诉法院。

在担任法官的第一年,阿利托投票维持的宾夕法尼亚州反堕胎法律,正是最高法院后来在"凯西案"中认定违宪的那部州法。在妻子行使堕胎的宪法权利之前,必须证明她已经通知丈夫自己有意堕胎,在阿利托看来,本就应当维护这样的规定。奥康纳、肯尼迪和苏特大法官在"凯西案"判决意见中推翻了阿利托的观点,他们对之所做的评价非常有名:"与对婚姻和受宪法保护的权利性质的当代理解相矛盾。女性在结婚时,并未丧失受到宪法保护的自由权。"

如今，在十三年之后，塞缪尔·阿利托"晋升到了奥康纳本人的席位之上——而且，主要还是因为，正是在那个案件当中，阿利托证明了自己是真诚的保守派"。与冈萨雷斯和迈尔斯不同，阿利托对"罗伊案"的观点毫无疑问。阿利托提到自己在二十世纪八十年代为政府首席律师办公室撰写诉讼文书敦促最高法院推翻"罗伊案"，他后来说，能够提出那个观点，他"特别自豪"，因为他"在个人层面上认为"，"宪法不保护堕胎权"。

"正义联盟"之类的主张堕胎合法的团体警告说，如果阿利托获得确认，他会以一种"危及我们最珍视的权利和自由"的方式，打破最高法院的平衡，同时，女权团体游行抗议对他的提名。不过，最终，阿利托以五十八票对四十二票获得了确认。包括时任参议员巴拉克·奥巴马在内的大多数民主党人都投票反对确认这次提名。尽管反对者人数甚众，足以通过阻挠议事程序阻止这次提名，但他们决定不启动这个程序。毕竟，即使罗伯茨和阿利托进入最高法院，仍有五位大法官——史蒂文斯、肯尼迪、苏特、金斯伯格和布雷耶——恪守"罗伊案"和"凯西案"。

再次审理"'半生产式'堕胎案"

两年后，在"冈萨雷斯诉卡哈特案"中，新组建的罗伯茨法院再次审理了部分生产式堕胎议题。最高法院对"斯滕伯格案"作出判决数年之后，乔治·W. 布什总统签署了2003年

《联邦禁止半生产式堕胎法》。① 与"斯滕伯格案"中认定无效的内布拉斯加州法一样,这部联邦法律没有规定在保护女性健康所必需时允许此种手术的例外情形。审理该法律合宪性问题的每一座联邦法院,都认定它是违宪的。然而,罗伯茨法院以五票对四票作出判决,维持了这部法律。事实上,阿利托大法官对奥康纳大法官的接任,在此案中开花结果了。

在代表多数意见撰写的判决书中,安东尼·肯尼迪大法官实际上是将他在"斯滕伯格案"中的异议意见变成了本案的多数意见。肯尼迪在开篇时评论道,尽管"我们找不到可靠资料来权衡此现象,但是,一些女性会对她们选择将曾经创造和孕育的婴儿生命堕胎而感到后悔,似乎不言而喻,随之而来的则是严重抑郁和丧失自尊"。② 他宣布,"当这名女性允许医生刺穿未出世孩子的头骨,吸出他们正在快速发育的脑子时",此种悲痛必然会更加"沉重"。"冈萨雷斯案"判决书中的这段话,如今已臭名昭著。

但是,肯尼迪承认,如果半生产式堕胎手术的使用,在医疗上是保护女性生命或健康所必须的,为了保护女性不至于作出此种假设的痛苦误判,政府就此所享有的利益,并不足以证明禁止半生产式堕胎是正当的。不过,他得出结论说,这次情况不同。尽管肯尼迪承认,在某些情形下,完整扩张吸收式堕胎

---

① 1997年,国会立法禁止部分生产式堕胎,但被比尔·克林顿总统否决。
② 值得注意的是,肯尼迪没有为这个假设标注任何权威来源。

手术对一些女性是否会更加安全,医学界对此尚有分歧,但他写道,国会在制定受到质疑的法律时,已经作出认定,半生产式堕胎"绝非医疗上所必须"。肯尼迪得出结论说,最高法院应当尊重立法上的认定,他认定,这部法律没有对女性终止意外怀孕的权利施加"过度负担"。①

鲁斯·巴德·金斯伯格大法官撰写了一份异议意见,她与史蒂文斯、苏特、布雷耶大法官在"冈萨雷斯案"中的愤怒之情,不亚于"斯滕伯格案"中的肯尼迪大法官。美国妇产科医师学会在许多案例中都认为一种医疗手术是"必要和适当的",多数意见却维持国会对这种手术的全面禁令,金斯伯格大法官对此提出了严厉批评。她评论道,自"罗伊案"以来,这是最高法院首次维持"未规定保护女性健康例外情形的禁令"。

而且,金斯伯格认为,多数意见所仰赖的国会认定,无法"经受检验"。她主张,审查这个问题的其他每一座法院,都得出结论说,国会武断主张"医学界已达成一致意见,被禁止的手术绝非必要措施",这与医学事实和科学事实完全不符。

令金斯伯格尤为不满的,是多数意见对女性以恩赐自居的态度。她写道,肯尼迪大法官所断言的堕胎女性丧失自尊,并没有获得任何实证支持,"女性情绪脆弱"的看法早已过时,而

---

① 肯尼迪留下的悬而未决的问题是,一名女子能够证明,因其所处情形中的特殊事实,她所面临的医疗风险的种类,只有完整扩张吸收式堕胎手术才能解决,在此种情形中适用《禁止部分生产式堕胎法》,是否违宪。

且深具侮辱性，不可能证明剥夺"女性自主选择权"是正当的，尤其是在这种限制是以她们自身的健康和安全为代价之时。

在异议意见中，金斯伯格大法官犀利地评论道，"斯滕伯格案"与"冈萨雷斯案"的关键区别在于，相较于仅仅数年以前，在"冈萨雷斯案"中最高法院的"人事组成发生了变化"。很明显，阿利托大法官取代奥康纳大法官，正是最高法院发生巨大转向的原因。在"凯西案"和"斯滕伯格案"中，最高法院明确表示，如果无法确定一种堕胎手术是否为医疗的必要措施，"天平应该向女性的健康倾斜"。在"冈萨雷斯案"中，组成新的多数意见的大法官们转而宣布，在此种情形下，天平必须向"希望禁止此种外科手术的人们"倾斜。

宗教信仰可能对司法判决产生何等影响，"冈萨雷斯案"判决在此提出了许多尴尬的问题。随着对罗伯茨和阿利托的任命，最高法院在历史上首次拥有了五位天主教大法官——他们全都投票支持联邦对半生产式堕胎的禁令。在某种意义上，可以轻易地用如下事实为之解释：这五位大法官通常都支持"保守的"司法哲学，这自然使他们对"罗伊案"深感怀疑。不过，"冈萨雷斯案"的令人震惊之处在于，因为不久前刚刚对"斯滕伯格案"作出的判决，以及下级法院全部一致认为讼争的联邦法律应认定为无效，这五位大法官才感觉有义务审理此案。通常而言，在此种情形下，就算最高法院的人事组成发生了变化，人们还是会期待最高法院遵循不久之前刚刚判决的先

例。"冈萨雷斯案"中形成多数意见的五位大法官无法做到这一点,自然会引发猜测,大法官们的宗教信仰或许会影响他们的司法行为。

《费城询问报》刊登了一幅漫画,画着形成多数意见的大法官们头上戴着主教的法冠。《华盛顿邮报》发表的报道,以如下问题开篇:"最高法院五位大法官投票维持对有争议堕胎手术的联邦禁令,他们碰巧也都是最高法院中的罗马天主教徒,这是否重要?"《纽约时报》发文评论道,就宗教对大法官们产生的影响而展开的辩论,如今已"从理论变成了现实"。①

---

① "冈萨雷斯案"判决后不久,我在《芝加哥论坛报》上发表了一篇产生类似效果的专栏文章。参见杰弗里·R. 斯通:《立足于信仰的大法官们》,载于 2007 年 4 月 30 日的《芝加哥论坛报》。这也在我的芝加哥大学法学院前同事斯卡利亚大法官和我之间造成了一丝困扰。参见琼·比斯丘皮克:《美国原旨:最高法院大法官安东宁·斯卡利亚的人生与宪法》(法勒,斯特劳斯和吉鲁出版社 2009 年出版)【译者注:本书的中译本题为《最高法院的"喜剧之王"》,译者为钟志军,由中国法制出版社出版于 2012 年】。令人开心的是,斯卡利亚大法官与我后来解决了我们之间的分歧。

今日之堕胎

在美国,每年约有六百七十万人次怀孕。其中大概有百分之五十即三百四十万次怀孕是出自意外。一半多的女性在一生中至少会有一次意外怀孕。在意外怀孕的女性中,至少有百分之四十会堕胎。百分之三十的女性至少有过一次堕胎。① 在美国,每年有一百万次堕胎手术。

已婚女性占到了堕胎人数的百分之五十五。她们所怀的身孕中,有百分之七以堕胎方式结束。② 在未婚女性所怀的身孕中,有百分之三十五以堕胎方式结束。因此,未婚女性以堕胎方式结束妊娠的可能性,是已婚女性的五倍之多。青少年女生几乎占今日美国堕胎人数的五分之一。

毫不令人惊讶的是,收入差距在这些数据中起了很大的作用。生活在贫困线以下的女性(定义为四口之家年收入两万四千美元左右)意外怀孕的可能性,是收入较高女性(四口之家年收入四万八千美元以上)的五倍。面对意外怀孕,收入较高的女性堕胎的可能性,是生活在贫困线以下的女性的三倍;生活在贫困线以下的女性生下意外怀孕孩子的可能性,是收入

---

① 在有过一次堕胎的女性中,百分之五十的人在一生中会有二次以上的堕胎。
② 关于以堕胎方式终结的妊娠百分比的所有数据,指的是并非以小产方式终结的妊娠。

较高女性的六倍。

换句话说,如果我们将一千名生活在贫困线以下的女性,与一千名收入较高女性进行比较,每年平均有一百二十二名贫困女性意外怀孕,相比之下,收入较高女性只有二十九人;五十二名贫困女性有过堕胎,收入较高女性是十七人;七十名贫困女性会生下意外怀孕孩子,收入较高女性是十二人。有百分之十五的女性生活在贫困线以下,而她们占了百分之四十的堕胎人数、生下了百分之五十的意外怀孕孩子。

在过去三十五年中,每年的堕胎率显著降低,从 1981 年的每一千名育龄女性中的百分之二十九,降到了 2016 年的每一千名育龄女性中的百分之十七。相应地,每年的堕胎次数也在下降,从 1990 年的高达一百六十万次,降到 2016 年的约一百万次。这种下降趋势主要是因为两个因素。首先,女性——包括已婚和未婚——越来越不愿意怀孕。从 1990 年到 2016 年,受孕率下降了百分之十一。其次,怀孕的女性越来越不愿意堕胎。1990 年,在怀孕的已婚女性中,有百分之八的人堕胎;2016 年,在怀孕的已婚女性中,有百分之五的人堕胎。1990 年,在怀孕的未婚女性中,有百分之四十七的人堕胎;2016 年,在怀孕的未婚女性中,有百分之三十一的人堕胎。

在青少年中,这种转变尤为明显。自 1990 年至 2016 年,青少年女生的受孕率下降了百分之四十四,从 1990 年的每一千名女生中有一百一十七人怀孕,下降到了 2016 年的每一千名女生中有六十五人怀孕。在此期间,青少年女生的年堕胎率下降了百分之六十,从1990年的每一千人中有四十人堕胎,下降到了2016年的每一千人中有十六人堕胎。这既是因为青少年女生的受孕率降低,也因为青少年女生受孕后的堕胎率降低。在怀孕的青少年女生中,在1990年有百分之三十五的人堕胎,相比之下,在2016年有百分之二十五的人堕胎。结果,较之于1990年,怀孕的青少年女生(几乎都是未婚)在2016年生下意外怀孕孩子的可能性要高出百分之二十九。

这些数据表明,至少有三个重要因素在发挥作用。首先,因为怀孕率下降,可以得出合理的推断,更好的性教育、更容易得到避孕用品、避孕用品更有效用,这三项因素的结合,既减少了意外怀孕的次数,也减少了堕胎的次数和比例。这几乎不会令人感到惊讶,因为,避孕失败与可能意外怀孕之间存在着密切的关联。

有百分之六十五的女性坚持使用并正确使用避孕用品,她们只占了百分之五的意外怀孕。百分之三十五的女性未坚持使用或者没有使用避孕用品,她们占了百分之九十五的意外怀孕。正确使用皮下埋植剂避孕法、子宫内避孕器、口服避孕药、激素贴剂和阴道环的人,在一年中发生意外怀孕的概率不到百分之一。正确使用男用避孕套的人,在一年中发生意外怀孕的概率为百分之二。没有使用避孕用品的人,在一年中发生意外怀孕的概率为百分之八十五。

对于想要减少堕胎次数的人而言，能够轻易获得有效的避孕用品，并为他们使用避孕用品提供指导是非常重要的。如果坚持使用并正确使用避孕用品，每年在美国的堕胎人数将会从一百万下降到七万五千左右。①

其次，在1992年至2016年，许多发生意外怀孕的女性越来越难以获得合法堕胎。之所以如此，在一定程度上是因为，最高法院在"凯西案"及之后的判决中，为更大范围地规制堕胎打开了大门，这就催生了大范围的新的限制规定，严重影响了女性行使终止意外怀孕的宪法权利的能力。不同的州制定的限制规定，在性质和范围上差异悬殊。在"凯西案"之后，对限制堕胎最积极的州，包括亚拉巴马州、亚利桑那州、阿肯色州、爱达荷州、印第安纳州、堪萨斯州、肯塔基州、密苏里州、内布拉斯加州、北卡罗来纳州、北达科他州、俄克拉何马州、得克萨斯州和犹他州。毫不令人惊讶，这些都是美国宗教氛围最浓厚的州。

以下是2016年之前一些限制规定的例子：

十一个州禁止将属于医疗上必须措施的堕胎纳入保险范围，即使私人医疗保险计划也不行，除非女性的生命危在旦夕或者怀孕是强奸或乱伦的后果。

---

① 如果所有人坚持使用并正确使用避孕用品，每年意外怀孕的总人数将会从三百四十万减少到二十五万左右。因为，百分之三十的意外怀孕都会以堕胎的方式结束，所以，这会将每年的堕胎人数从一百万减少到大约七万五千左右。

三十五个州要求女性在可能选择堕胎之前接受"咨询服务"。

二十八个州要求女性在接受"咨询服务"和实施手术之间等候一段时间,通常是二十四个小时。

十三个州实际上要求女性在堕胎之前要分两次前往诊所或医院。

二十二个州要求实施早期堕胎的设施应达到流动手术救护中心的要求。

十一个州要求实施早期堕胎的手术设施应位于离医院很近的地方。

十六个州对实施堕胎手术设施的手术室大小和走廊宽度等都制定了巨细靡遗的规定。

十三个州要求堕胎手术提供者与当地医院具有紧密的联系(很多医院不愿与实施堕胎手术的医生或诊所发生紧密联系)。

根据古特马赫研究所的说法,在2000年至2016年之间,制定为数众多且"毫无必要"的堕胎限制规定(即限制规定意在使堕胎更加困难,而不是真诚地保护女性健康或者能独立存活的胎儿生命)的州的数量,几乎翻番了,从十三个州变成了二十四个州。很大程度上是因为这些限制规定的出台,到了2016年,美国百分之八十九的县没有可以实施合法堕胎手术的诊所或医院。因此,居住在这些县里的女性,为了行使终止意外怀孕的宪法权利,常常不得不长途跋涉,往往所费不赀。毫不令人惊讶的是,这些限制规定对贫困女性产生了特别严重的影响。

堕胎率下降的第三种解释,或许就是人们越来越不接受堕胎。因为基督教右派发起的运动声称堕胎是谋杀行为,并对"杀害"自己"未出生孩子"的人们大加谴责和使之感到羞愧,经年累月,如果公众对堕胎的态度没有变得更加负面,那才是令人惊讶之事。堕胎历史研究专家卡罗尔·约菲评论道,尽管这些努力的影响难以估量,但反堕胎运动"对堕胎的污名化大获成功",它会影响堕胎率的下降趋势,这看上去很符合逻辑。

然而,实际上,相关证据是模糊不清的。根据某些衡量标准,公众对堕胎的态度保持明显的前后一致。1975 年,百分之二十二的美国人认为,任何情形下的堕胎都应当认定为非法,今天这样想的美国人为百分之十九。1989 年,百分之三十一的美国人希望最高法院推翻"罗伊案";今天抱有此种希望的美国人为百分之二十九。对于最高法院的"罗伊案"判决是否对美国有益的问题,百分之五十三的美国人说"是",只有百分之三十的美国人说"不"。对于"大多数或者所有情形下的"堕胎是否应当合法化的问题,百分之五十八的美国人说"是",只有三分之一的美国人认为反堕胎法律应当比现在更加严格。

总而言之,自"罗伊案"以来的多年之中,美国人对堕胎的接纳度,看来已经发生了巨大变化。因此,堕胎率的降低似乎主要是因为社会在其他方面发生的变化，比如更容易获得更好的避孕方法，以及一些州制定了严厉的限制规定，努力使人们更难获得堕胎，而不是公众对堕胎本身的观点发生了巨大的变化。①

贫困，是美国堕胎发生率中的核心因素。尽管十七个州将贫困女性的在医疗上必须实施的堕胎手术纳入保险范围，但是，在剩下的三十三个州、哥伦比亚特区中和联邦政府层面，仅在堕胎是拯救女性生命，或者怀孕是强奸或乱伦所导致之时，才准许获得此种资金。② 在所有其他情形下，在处理意外怀孕的后果时，都任由贫困女性自生自灭。

对许多贫困女性而言，筹集支付堕胎费用所必须的资金，这项挑战根本无法克服。尽管生活在贫困线以下的女性占了百分之四十二的堕胎（即使它们仅仅代表了百分之十五的人口），**希望**终止意外怀孕的贫困女性中，有四分之一无法筹集堕胎所必须的资金，也因此生下了计划外的——通常也是不希望生下的——孩子。对这些女性而言，对她们的家庭而言，后

---

① 不过，如前所述，证据是模糊不清的。比如，有民意调查表明，认为自己是主张保护胎儿权利的美国人的比率，从1996年的百分之三十七上升到了今天的百分之四十六。

② 将贫困女性在医疗上必需的堕胎纳入保险范围的十七个州，是阿拉斯加州、亚利桑那州、加利福尼亚州、康涅狄格州、夏威夷州、伊利诺伊州、马里兰州、马萨诸塞州、明尼苏达州、蒙大拿州、新泽西州、新墨西哥州、纽约州、俄勒冈州、佛蒙特州、华盛顿州和西弗吉尼亚州。

果往往非常严重。

在最近数十年中,收入较高女性的堕胎率严重下降,这足以证明,对贫困女性的两难处境而言,最为重要的举措是让她们更容易获得有效的避孕方法。如果,贫困女性对避孕用品的使用,能够达到与社会上的其他女性相同的方式和程度,每年本可以减少大约六十万次意外怀孕和三十万次堕胎。但是,许多宗教团体和其他道德本位团体却因为认为避孕不道德,或因为担心更容易获得避孕用品将导致更多的性乱,反对旨在促进对穷人的性教育和使用避孕用品的计划。这些信仰所付出的代价,就是本可避免的每年多达成千上万次的堕胎。

"过度负担"与堕胎的未来

在 2010 年的选举中,共和党人夺回了许多州议会的席位,这也就导致了反堕胎法律的急剧增加。2010 年至 2016 年,有一半以上的州制定的法律,都接近了、有时候是明显超越了宪法所允许的对于堕胎的限制所能达到的极限。仅仅在 2013 年,就有二十二个州通过了七十种不同的限制规定,包括禁止在怀孕二十周以后堕胎、严格限制诊所规模、提出实施堕胎的医生必须在附近的医院获准执业的新要求、禁止开设未毗邻医院的诊所、要求诊所应拥有流动手术救护中心的所有属性、要求考虑堕胎的女性观看胎儿的超声波检查、严格限制药物诱发的堕胎,以及对将堕胎纳入私人保险范围的附加禁令。

这些限制规定的支持者认为,它们旨在确保考虑堕胎的女性作出"充分知情的"决定,它们限制的是可能会对胎儿造成不必要痛苦的堕胎,它们保护女性不致接受不安全的设施和手术。反对这些限制规定的人主张,它们的家长式作风是违宪的,它们所基于的是缺乏科学基础的医学认定,它们的真正目的不是保护女性健康,而是使堕胎变得更加昂贵、更加困难、更不容易获得。

这些限制规定提出的一个关键问题是,因为"凯西案"和"冈萨雷斯案",此类限制规定是符合宪法的。这里存在两个核心问题:首先,这些法律是否对女性终止意外怀孕的宪法权利施加了"过度负担"?其次,对于这些所谓正当的限制规定,法院在评价它们的合理性和公信力时,必须给予立法机关何种程度的尊重?

在"凯西案"之后,最高法院秉持的原则表明,只有在合理服务于州的正当利益且没有对堕胎权施加"过度负担"时,这些法律才能通过宪法审查。根据"凯西案"的标准,在这些法律之中,大多都无法通过宪法审查。然而,在"冈萨雷斯案"之后,主导原则变得不太清晰了。因为最高法院在"冈萨雷斯案"中建议,法院应当对立法机关的判断给予某种程度的尊重,此种限制规定的违宪问题,就变得不那么确定了。

毫不令人惊讶的是,下级法院在这些议题上产生了分歧。

比如,得克萨斯州的一部法律规定,除非女性在离诊所不超过三十英里的医院获得实施堕胎手术的许可,医生不得实施堕胎,在"计划生育联合会诉阿尔伯特案"中,联邦第五巡回上诉法院维持了该法律的合宪性。法院认定,即使这些要求会让许多堕胎从业者失业,并因此导致一些女性为了去可以实施堕胎手术的设施不得不奔波一百五十英里之远,但它们并未对女性的堕胎权施加"过度负担",因为议会可以合理地认为,这项规定促进了对女性更优质的医疗服务,也因为为了获得堕胎"奔波更远的行程""并非过度负担"。

另一方面,在"计划生育联合会诉施梅尔案"中,联邦第七巡回上诉法院认定无效的威斯康星州法,与"阿尔伯特案"中维持的得克萨斯州法非常类似。理查德·波斯纳法官是过去半个世纪中最富影响力的法学家之一,在他撰写的判决意见中,法院得出结论说,州所声称的该法律的正当性是"站不住脚的"。法院论证道,之所以如此,是因为"堕胎引起的并发症既罕见又罕有危险性",也因为威斯康星州并未对同样在"医院之外实施的"其他——通常更为危险的——医疗手术规定作出类似的限制规定。法院得出结论说,讼争法律违反宪法,因为它实质上剥夺了在威斯康星州堕胎的可能性,"也未对女性健康赋予抵消性利益(或任何利益)"。

尽管大多数下级法院法官赞成波斯纳法官的分析,但还是存在明显分歧的观点。在某个时刻,为了解决这种不确定性,最高法院将不得不介入。

2016年6月27日,在"'完整女性健康'团体诉赫勒斯泰特案"中,最高法院作出了里程碑式的判决,接受了波斯纳法官的方法,澄清了过度负担标准的意义。此案讼争的是引起极大争议的得克萨斯州两项堕胎限制规定。"获得许可要求"规定,实施堕胎手术的医生,必须获得距实施堕胎手术的设施所在地三十英里范围内的医院的许可。"手术中心要求"规定,实施堕胎手术的设施必须满足该州的流动手术救护中心标准。

2013年6月,包含这些规定的法案首次提交得克萨斯州议会审议时,来自沃思堡市的州参议员温迪·戴维斯穿着粉红色跑鞋,勇敢地发起了一场引人注目的长达十一小时的阻挠议事行动,以反对她视之为违宪的这部法律。在阻挠议事过程中,戴维斯不能进食、喝水、如厕、坐下,甚至不能斜靠在桌子上。她的抗议激励了举国上下的支持者,并让数百万美国人坚持在线收看这起戏剧性事件的直播,直至时钟指向午夜,它标志着本届议会会期结束。当一切尘埃落定,戴维斯成功地阻击了这次立法,令得克萨斯州共和党人大感恼火。然而,在之后的议会会期中,这些限制规定还是得以通过,共和党州长里克·佩里得意洋洋地将之签署为法律,一位评论家评论道:"温迪·戴维斯赢得了战役,但里克·佩里赢得了战争。"

最高法院同意审理此案后,安东宁·斯卡利亚大法官于2016年2月13日因自然原因突然去世。最高法院对"罗伊诉韦德案"最严厉的批评者之一如今悄然而逝。只有八位大法官参加了对本案的审理,大多数评论家推断,可能会有两种结果,但它们出现的机会几乎差不多。考虑到大法官们过去在堕胎议题上的立场,似乎很明显,首席大法官罗伯茨与托马斯、阿利托大法官将会投票维持讼争的规定,而金斯伯格、布雷耶、索托马约尔和卡根将会投票推翻。

不可知的是安东尼·肯尼迪。他是会适用"过度负担"标准作为严格的审查标准,就像他与奥康纳和苏特大法官在"凯西案"中首次清晰阐明这项标准时一样,还是会以一种更加谦抑的方式适用这项标准,在没有把握时作出对州政府有利的认定,就像他在"冈萨雷斯案"中代表最高法院撰写判决意见时对这项标准重新作出解释时一样?

在以五票对三票作出的判决中,肯尼迪、金斯伯格、索托马约尔、卡根大法官加入史蒂芬·布雷耶大法官的多数意见,对于得克萨斯州的这些规定,以及引起合宪性怀疑的全国范围内由各州制定的诸多类似限制规定,最高法院都将之宣告为无效。首席大法官罗伯茨与托马斯、阿利托大法官提出了异议。

布雷耶大法官得出结论说,讼争的两种限制规定都在女性试图行使堕胎宪法权利的道路上设置了"实质障碍",而且都没有提供充分证据证明它所施加的负担属于正当的"医疗保障",因此,两种限制规定均构成对女性终止意外怀孕权利的"过度负担"。

为了得到这个结果,布雷耶引用了联邦地方法院法官在本案中的如下认定:(1)为了实现这两种要求,将导致州内大多数堕胎设施歇业,数量从四十家下降到只剩七家;(2)随着堕胎服务所人数锐减,大约一百三十万育龄女性的住处距离最近的堕胎服务所超过一百英里,七十五万名以上的育龄女性的住处距离最近的堕胎服务所超过二百英里;(3)有说法称,剩下的七家设施能够满足得克萨斯州每年想要堕胎的六万到七万二千名女性的需要,这"令人难以置信";(4)这些限制规定产生的影响,对贫困人口而言尤为严重,并使女性处于不利地位;(5)即使没有这些限制规定,堕胎也"极为安全",发生并发症的概率非常低;(6)比起许多其他普通医疗手术,包括分娩、结肠镜检查、输精管切除术和抽脂术,堕胎是一种安全得多的手术,得克萨斯州并没有对那些手术施加这种要求。

在审查这些数据后,布雷耶得出结论说,得克萨斯州未能提交可靠证据,以证明获得许可的要求以有意义的方式促进了"得克萨斯州在保护女性健康上的正当利益"。而且,他认定,讼争法律导致如此之多的堕胎设施歇业,"在女性作出选择的道路上"设置了"实质障碍"。在此类情形下,他认定,在女性行使宪法权利获得安全合法堕胎的能力上,要求她们获得这些许可,构成"过度负担"。

布雷耶还使用同样的分析方法认定,手术中心条款要求堕胎服务提供所拥有非常昂贵的医学设施和人数庞大的护理团队,违反了过度负担标准,尤其是考虑到得克萨斯州并未对其他风险更高的医疗手术提出类似的条件要求。

他得出结论说,事实简单明了,现有证据显然已经证明,"手术中心要求并非"保护女性健康的"必须之举",尽管州政府提出了与此相反的主张。得克萨斯州"面对的并非女性健康问题",而是在"迫使女性长途跋涉到超负荷运转"的设施中"堕胎",她们在此不太可能"获得"她们或许需要的"个体关注"。简而言之,流动手术救护中心要求如果会产生影响的话,"那就是对女性健康有害的影响,而不是对之提供支持"。①

得知最高法院对"赫勒斯泰特案"的判决,温迪·戴维斯因"如释重负、不甚欣慰和心怀感激"而泪流满面。她宣布,"形势十分严峻",她由衷赞美"五位大法官的睿智,他们团结一致,明白了这部法律"以及它的支持者们的"虚伪论点的虚假本质",支持者们还假惺惺地声称其目的是"保护女性健康"。

首席大法官罗伯茨与托马斯、阿利托大法官没有加入这场庆典。在单独提出的异议意见中,克拉伦斯·托马斯再次宣布:"我仍然从根本上反对本院的堕胎理论。"不过,除此以外,

---

① 在单独提交的协同意见中,鲁斯·巴德·金斯伯格补充道,"当州政府严重限制人们获得安全、合法手术的权利时,身处绝望情形中的女性或许会不得已求其次,求助于没有资质的江湖郎中,为自己的健康和安全带来巨大风险"。136 S. Ct. at 2321 (Ginsburg, J., concurring).

即使将"凯西案"作为合适的标准,托马斯批评道,在本案判决中,"多数意见也彻底改写了过度负担标准"。最根本的是,托马斯认为,"凯西案"没有让法院来"平衡"限制堕胎的法律中的"利益和负担",而是要求法院给予议会"广泛的裁量权,在医疗和科学存在不确定的领域制定法律"。在托马斯看来,最高法院的先例和常识都要求法院"将存在争议的医学问题留给议会处理"。托马斯引用斯卡利亚大法官的话,在异议意见的结尾断言说,随着本案判决的作出,"全国已经失去了某种重要的东西",因为,我们现在已经"逾越了'法律'确切而言可以得到进一步适用的程度"。

阿利托大法官也提交了异议意见,得到了罗伯茨和托马斯的加入。阿利托主要关注的是本案中的几个程序问题。他认为,考虑到这些问题,最高法院根本不应对本案进行实体审理。阿利托愤怒地认为,多数意见拒绝以程序上的理由处理本案,成为多数意见心甘情愿为了保护所谓的堕胎权而扭曲规则的又一则例子,就此而言,多数意见的做法"无法成立",它"会削弱公众对最高法院作为公正、中立裁决者的信心"。①

对于本案的是非曲直,阿利托质疑的对象,既包括联邦地方法院对本案事实的分析,又包括多数意见对本案事实的分

---

① 阿利托大法官提出的主要的程序问题,是他所谓的本案受到一事不再理原则的约束,不应审理。该原则的规定,案件在法庭审理之后,不得再次提起诉讼。布雷耶大法官在他撰写的判决意见中,论证道,该原则不适用于"赫勒斯泰特案"。

析。比如,他认为,关于手术中心和获得许可的要求,是否构成特定诊所歇业的原因;特定诊所的歇业是否真的让想要堕胎的女性十分不便,人数有多少;实施堕胎诊所数量减少后,剩下的诊所是否真的已不可能满足全州或者州内特定区域对堕胎的需求;这些问题目前都还不清楚。

作为回应,布雷耶大法官断然否定了这种论点,他认定,"当我们已经发现讼争法律在表面上即已违宪",本院无须进入如此"零碎"的方式。

几乎二十五年以来,"赫勒斯泰特案"是堕胎权所取得的最重大的胜利。而且,此案的判决意见显然是正确的。最高法院在"凯西案"中认定,"非属必要的健康规制,其目的或影响在于对试图堕胎的女性设置实质障碍",即构成对于行使堕胎权而言"过度"并因此违宪的负担。在"赫勒斯泰特案"中宣告无效的得克萨斯州法,不但得到最高法院多数意见的认可,而且得到下级法院审理该问题的绝大多数法官的认可,这正是此种规制是宪法所不允许的绝佳例证。

形成多数意见的大法官们在"赫勒斯泰特案"中适用的标准,完全符合它对实质上妨碍其他宪法权利行使的法律所适用的方法,不论是言论自由、新闻自由、宗教自由、持枪权、正当程序权,还是受到法律平等保护的权利。只要"罗伊案"还是这个国家的法律,最高法院在"赫勒斯泰特案"中就显然得出了合宪性问题的正确结果。如果有人因其对堕胎所持的观点,操纵宪法法理的一般规则,而将因此获罪的话,那并不是形成多数意见的大法官们,而是三位异议大法官。①

"赫勒斯泰特案"判决意见非常重要。反对堕胎的人们很快开始谴责最高法院的判决。得克萨斯州司法总长肯恩·帕克斯顿怒斥最高法院重创了他所谓的极为明智的一套规定,这些规定旨在"为得克萨斯州女性提高最低安全标准,并保证她们获得悉心照顾"。"美国生命联合会"的代理主席克拉克·福赛思谴责最高法院接受了"堕胎产业的论点,即应当允许它获利丰厚却对病人照顾不周",因此使"全国女性"身陷危难之中。威斯康星州议会议长罗宾·沃斯宣布:"今天,最高法院为了计划生育联合会的利润,置女性的健康与安全于不顾。"

毋庸讳言,限制堕胎权的共同努力,不会随着"赫勒斯泰特案"的判决就此终结。尽管本案的判决意见重振了"罗伊案",而且还明确表明,为了限制堕胎权而作出的极端、虚伪的努力,是无法通过宪法审查的,获得许可和手术中心的条款即其著例。"赫勒斯泰特案"将许多其他的限制规定留在了宪法的不确定地带中。比如,州是否可以依据宪法禁止医疗上必须

---

① 有趣的问题是,为何肯尼迪大法官会在"赫勒斯泰特案"中如此投票。无论如何,我自己的猜测是,"凯西案"实际上是肯尼迪本人对堕胎权所持观点的最好体现,他在"冈萨雷斯案"中转变观点,主要是因为,他将部分生产式堕胎视为特别残忍之事,在个人层面上非常厌恶。不过,在规制堕胎这个一般性问题上,肯尼迪在"赫勒斯泰特案"中以加入布雷耶大法官意见的方式明确表示,关于他对堕胎权的整体理解,"凯西案"才是最佳的体现。

的堕胎纳入个人医疗保险范围？州是否可以要求女性在选择堕胎以前接受咨询服务？州是否可以要求女性在接受咨询服务和做手术中间等待二十四小时，即使她是经过长途旅行才来到堕胎服务机构的？州是否可以限制药物堕胎？州是否可以限制实施堕胎的特定手术方式？换句话说，将来各州肯定会对堕胎继续制定各种限制措施，法院在评估它们的合宪性时，"过度负担"标准的实际意义是什么？

最高法院作出"赫勒斯泰特案"判决后，哥伦比亚法学院两性与性法律中心主任苏珊娜·戈德堡立即评论道："对于各州最新一轮用高度监管的方式关闭堕胎获得途径的努力，本案判决给予了致命的一击。"但是，它还是留下了许多疑难问题，有待将来解决。斗争无疑将会继续，并在很大程度上取决于最高法院将来的人事组成。

第六编

法官们:性取向与宪法

第十八章
"同性恋时刻"

二十世纪八十年代最初的若干年,见证了同性恋者的地位在美国社会发生的意义深远的变化。艾滋病在同性恋社区造成了恐慌和破坏,但是,也将同性恋带到了阳光下。数万名同性恋者凄惨地死去,人们不得不给予重视——尽管并非总是如此,但通常也心怀同情和担忧。同性恋者渐渐与家人、朋友和熟人开诚布公,这些对话通常会很尴尬,有时甚至极其痛苦,以前保持隐秘的同性恋生活如今开始为人所知,原先是出于无奈和绝望,之后却是出于坦诚和自豪。世界缓慢发生着变化。

记者安德鲁·科普坎德在《国家》杂志上写道,到了1993年,"同性恋时刻"已经到来了。他解释道:"同性恋时刻,充斥着媒体、冲击着政治、充盈在大众文化和精英文化之中。它是日常闲谈和公共话语的谈资。"宛如在梦中一般,同性恋者一觉醒来,"成为主角,不是在争论他们的权利要求","就是在确认他们的社会认同"。"同性恋的隐形状态"突然消失无踪了。

到了1993年,全国性的报纸会定期发表关于同性恋生活的文章,公开同性恋身份的作者创作的公开讨论同性恋题材的图书、戏剧和电影,广受世人好评。1993年,托尼·库什纳的戏剧《天使在美国》获得托尼奖,次年,乔纳森·德姆的同性恋题材电影《费城故事》,拿下了美国的最高票房。曾经获得四次美国网球公开赛冠军的玛蒂娜·纳芙拉蒂洛娃公开了女同性恋的身份,同时,为了支持平等权,在1993年的华盛顿同性恋大游行中,成千上万的人们从椭圆形公园出发,并且途经白宫。四年后,备受欢迎的美国广播公司电视节目《埃伦》中的明星埃伦·德杰尼勒斯,也公开了女同性恋的身份。此后不久,约有四千两百万名观众收看了德杰尼勒斯饰演的角色埃伦·摩根,她也坦承自己是一位女同性恋者。

基督教右派的反应非常激烈。宗教保守派愤怒地说,性倒错、道德败坏和堕落如今已席卷全美国。杰里·福尔韦尔牧师称埃伦·德杰尼勒斯为"埃伦·堕落之人","美国家庭协会"的创始人和主席唐纳德·维尔德曼痛斥道,同性恋是"令上帝痛心、令基督徒厌恶的罪恶"。他宣布,这是重要的生死之争,因为,一旦我们失败,"我们担心,上帝会对我国降下天谴"。

"世纪瘟疫"

1981年1月，一名三十一岁的同性恋男子冲进加州大学洛杉矶分校医疗中心的急诊室，他身患真菌感染，食道几乎都被堵住了。两周后，病人患上了卡氏肺孢子虫肺炎，这是一种肺部感染，此前几乎只在癌症患者和器官移植患者身上发现过。而这名病人既没有得癌症，也没有移植器官。这成了一个谜。

大约在同一时间，纽约大学的皮肤科医生阿尔文·弗里德曼-肯恩遇到了具有同样神秘症状的病人。他在检查患有何杰金氏病的同性恋者时，注意到他的腿上有很多枣红色斑点。弗里德曼-肯恩觉得它们看上去像是卡波济氏肉瘤，这是一种通常在老人身上发现的罕见皮肤癌。两周后，他检查了具有同样症状的另一名病患，此人也是同性恋者。弗里德曼-肯恩打电话给旧金山的同事，后者也报告了两起类似的病例。很快，四十多名同性恋者被诊断出了卡波济氏肉瘤。

当美国疾病控制中心得知这种神秘疾病的消息时，德高望重的滤过性病原体学者唐·弗朗西斯意识到，报告上来的可能是一种尚在形成过程中的危机。之后，他开始研究同性恋者患上的性传播肝炎，他怀疑，可能是另一种性传播病毒导致了这种疾病的发作。按照弗朗西斯的说法，在此类情形下，疾病控制中心通常会立即采取措施,解决新型疾病的传播问题。然而,这一次,"白宫告诉我们,'看看就好,能不做就不做'"。

形势很快就明朗了,里根政府"对困扰同性恋者的疾病毫无兴趣"。到了这一年年底,已有一百二十一人死于这种神秘疾病,它逐渐获得了"获得性免疫缺陷综合征"的名称,又名艾滋病。直到1983年,科学家才确定,有一种病毒导致了这种疾病,人们称之为艾滋病病毒或者人类免疫缺陷病毒。①

尽管我们现在知道,艾滋病与同性恋或同性性行为没有直接的关联,但它迅速以"同性恋瘟疫"之名为世人所知。这种联想产生了严重的后果。它使已经被污名化的同性恋性行为成为绝症的同义词。全国各城镇因担心被传染,慌乱地制定了一批新的针对同性恋者的就业、住房、保险和教育歧视法律,目的就是让同性恋者远离"正常人"。更糟糕的是,因为同性恋者已经被认为是怪物、反常者和局外人,政府和媒体都没有在艾滋病问题上为同性恋者和公众提供指导。

宗教保守派继续开展运动,在艾滋病的传染性上大做文章,试图破坏迅速壮大的"同性恋者权利"的呼吁。1983年7月4日,"道德多数派"在辛辛那提市举行集会,讨论主讲人杰里·福

---

① 里根政府对艾滋病的态度不足为奇。在上任之初,在"道德多数派"的授意下,里根提名一名费城神父担任美国人事管理局局长,这位神父宣布,"大多数美国人,尤其是我们之中对神虔敬之人,都将同性恋视为罪恶",里根的卫生局局长C.埃弗雷特·库普是福音派基督徒,他也曾谴责同性恋是一种罪恶。

尔韦尔所谓的"世纪瘟疫"。福尔韦尔宣称,艾滋病是"上帝降下的天谴"。"道德多数派"认为,政府不应对艾滋病研究投入任何公共资金,因为,找到疗法就会"让这些患病的同性恋者又重新出现性倒错行为,他们却不用承担任何责任"。

对基督教右派而言,艾滋病是天赐之物。保守派团体原先曾痛斥淫秽、堕胎和平等权利修正案的邪恶,它们如今利用艾滋病危机妖魔化同性恋者。正如福尔韦尔所说:"艾滋病不只是上帝对同性恋者的惩罚。它是上帝对宽容对待同性恋者的社会降下的惩罚。"

1984年,罗纳德·里根再次当选总统,这对同性恋群体而言绝非好事。1985年,里根的朋友、同为演员的洛克·哈德森死于艾滋病,在此之后,里根才终于公开承认艾滋病的传染性。但即使在此时,里根政府因担心惹恼基督教右派,仍拒绝为艾滋病研究投入任何重要资源。

"我们死去/他们袖手"

与此同时,死于艾滋病的人却越来越多。1987年,同性恋者权利活动家克里夫·琼斯创立了"艾滋病纪念拼布姓名工程"。拼布中的每一片布,都代表死于艾滋病的一个人。"姓名工程"首次把拼布带到华盛顿特区,铺在国家广场上,让美国的立法者们能够看到,此时,它已经有两千个方块了。很快,它的面积又会增大许多。

那一年,还发生了一件事。剧作家拉里·克雷默在纽约市的同性恋社区中心发表演讲,他告诉听众说,医生们已经研制了几种药,准备进行测试,但是,联邦药品管理局拒绝批准。此后不久,社区中心的成员们成立了"释放力量艾滋病人联合会",并很快在全国各地建立了分会。联合会的成员受够了被世人忽视。一位会员评论道:"我们(需要)吸引人们注意到我们和我们面临的问题。"联合会很快抓住机会做到了这一点。

伯勒斯·维尔科姆公司是获批生产治疗艾滋病的唯一药物的生产商,它宣布,供应一年的艾滋病防护药,需要病人花费一万美元。愤怒的联合会会员们穿上印有"沉默=死亡"字样的T恤,带上写着"每八分钟就有一名艾滋病人死亡"的标语,涌上华尔街抗议这家企业对人类苦难的冷漠。他们吊起联邦药品管理局局长的肖像,分发传单谴责伯勒斯·维尔科姆公司的无良定价,要求联邦药品管理局立即批准有可能治疗艾滋病的几种别的药物。之后,联合会会员及其支持者坐在了华尔街的中央,彻底阻断了交通。第二天,美国所有的重要报纸都刊登了抗议者被警察带走的照片。

里根政府对同性恋者所处的困境漠不关心,媒体也不愿意讨论这个问题,受此推动,"释放力量艾滋病人联合会"代表着同性恋者权利运动开始走进一个全新的、更加激进的时代。联合会在全国范围内发起引人注目的、通常是对抗性的游行,吸引了广泛的公众关注。如果媒体太过畏缩,不敢说出艾滋病和里根政府冥顽不灵的真相,"释放力量艾滋病人联合会"就自己站出来。

...

到了1987年末,已有两万多人死于艾滋病。面对越来越严重和明显的危机,政府在艾滋病上的投入终于开始增加。然而,进展却十分缓慢,死亡人数仍在攀升。"释放力量艾滋病人联合会"最有效的游行示威之一,是在1988年10月11日发起的"夺取联邦药品管理局的控制权"。一千多名"释放力量艾滋病人联合会"的游行示威者在马里兰州罗克韦尔市的联邦药品管理局总部大声抗议,反复喊着:"联邦药品管理局在哪儿?……现在就批准药物……我们死去/他们袖手。"约两百名游行示威者被捕,这场抗议活动再次获得举国瞩目。联邦药品管理局狼狈不堪,勉强同意加速研制和批准抗艾滋病药物。

罗纳德·里根离开白宫后,形势有所好转。1990年,在乔治·H. W. 布什总统任上,国家过敏症与传染病研究所的负责人安东尼·福奇医生才批准使用几种治疗艾滋病的新药。此后,医学研究人员逐渐取得长足进步。最终,在1996年,又研制出了一种新的更加有效的抗艾滋病药物——蛋白酶抑制剂。终于敢刊印"同性恋"这个词的《纽约时报》,在题为《瘟疫终结时》的文章中解释道,随着这些新药物的研制成功,"感染艾滋病的一纸诊断……不再意味着死亡,它仅仅意味着生病"。

"我们就无法成为我们应该成为的样子"

自1981年以来,超过二十五万名同性恋者死于艾滋病。尽管——或者部分是由于——这个可怕的统计数字,艾滋病危机加强了同性恋者权利运动的力量。一位评论家评论道,对艾滋病的诊断,可能成为最后的"出柜"。突然之间,对于成千上万同性恋者而言,已不再可能继续隐秘地生活。人们第一次知道,自己的儿子、兄弟、朋友、邻居、同事、教友、医生、老师、水管工……是同性恋。

真相浮出水面,数百万美国人越来越清楚,同性恋者不是"奇怪的天生怪物",而是与自己一模一样的人。同性恋者越是知道自己可以安全出门,他们就越会这样做。"同性恋者权利"的概念不再是一种恐怖的堕落者对平等待遇的要求,而是我们所认识、关心、甚至深爱之人对平等待遇的要求。它真的是一种"大觉醒"。①

不过,问题在于,同性恋者的同胞们是否愿意授予他们与深受其他公民喜爱的人同等的权利——最明显的,是在就业、

---

① 到了2013年,百分之七十五的美国人收到过朋友、亲戚、邻居或同事的亲口告知,说他们是同性恋者。

住房、公共设施、教育、兵役、儿童监护、收养和婚姻上不受歧视的权利。

到了1992年,出现了值得乐观的理由。在这一年的总统大选中,候选人比尔·克林顿宣布:"我们不能再让同性恋人民空耗心思、能力与思想,因为,只要我们拒绝接受潜在的美国人群体,我们就无法成为我们真正应该成为的样子。"而且,在当年的民主党全国大会上,有一千多名公开身份的同性恋者代表、候补代表和党内干部与会,民主党政纲首次呼吁立法保护同性恋者享有平等的权利。

共和党全国大会的立场却截然不同。帕特里克·布坎南是极端保守的政论家、政治家,曾出任尼克松、福特和里根总统的高级顾问,此后角逐1992年的共和党总统提名人选未果。他所发表的开幕词,定下了这场大会的基调。他嘲笑同性恋者权利运动的领导人,并宣布说:"在这个国家中,正在进行一场争夺美国精神的宗教战争。"按照布坎南的设想,在这场"战争"中,基督教道德家是一方,激进的女权主义者、堕胎者、自由思想者和同性恋者是另一方。

共和党大会对布坎南的幻想作出了回应,大会主题是必须保护"家庭价值观",此种措辞明显是对同性恋者的排斥。在参加大会的代表中,有百分之四十的人是福音派基督徒。代表们热情地挥舞着标语,上面写着"家庭权利永存,同性恋者权利绝无",共和党政纲明确反对同性恋者享有平等权利。菲利斯·施拉夫利和杰里·福尔韦尔洋洋得意道，这是"迄今为止最棒的共和党大会"。

11月，选票统计结束后，比尔·克林顿击败了乔治·H.W.布什，《纽约时报》宣布，同性恋者"欣喜若狂"。同性恋者权利活动家成立了过渡团队，将同性恋者的简历送进白宫，谋求政府职位。他们的希望至少在一开始得到了满足。比尔·克林顿是任命公开身份的同性恋官员进入行政班底的首位总统。长期被排除在美国政治之外的同性恋者，为他们终于在白宫找到了一位支持者而欢欣鼓舞。他们希望，在公然敌视同性恋的共和党连续执政十二年之后，他们能够和其他忠诚的美国人一样，享有平等对待的权利、优待和尊严，它所依据的是美国法律的核心原则。

"不再仅仅因为他人是同性恋者就加以歧视"

第十四修正案规定："任何州不得……拒绝对任何人……给予平等的法律保护，"不过，它并未禁止私人歧视或商业歧视。① 从历史上说，法律允许私人歧视和商业歧视，没有对此作出法律上的限制。如果他们不希望雇佣非裔美国人、爱尔兰裔、犹太人、天主教徒、女人或矮个子，他们可以随心所欲。此

---

① 宪法是否以及在何种程度上禁止政府基于性取向的歧视对待，在第19、20章讨论。

种私人歧视在传统上被认为与政府无关。

1945年,在各州之中,纽约州最先通过法律,禁止私人基于种族、信仰、肤色或祖籍国的就业歧视。在此后二十年中,许多城市和州制定了类似的法律,有时还将禁令从就业歧视扩张适用于住房歧视。1964年,国会制定了里程碑式的《民权法案》,禁止基于种族、肤色、宗教、祖籍国或性别的就业、教育和公共设施(比如餐厅和宾馆)歧视,四年后,在《公平住房法案》中,国会禁止基于种族、宗教或祖籍国的住房销售、租赁或贷款歧视。[①]

同性恋者权利运动的主要目标,曾经是将这些法律的保护范围扩展到基于性取向和性别认同的歧视。今天,二十二个州和许多城市都制定了禁止私营机构基于性取向的就业歧视的法律。

这些法律在获得通过时,常常发生激烈的斗争。1984年,当休斯敦市议会在审议一份同性恋者权利条例时,本市的宗教领袖们涌入市议会议事厅提出抗议,并高唱《前进吧,基督战士》。在市议会投票支持这份条例后,宗教领袖们要求将决定这个议题的机会留给选民们。当同性恋者权利法令提交公民普选后,受到基督教右派鼓动的休斯敦市民们,以反对票数几乎四倍于支持票数的结果,将之否决了。

次年夏天,由于路易斯·E. 盖利纽主教积极运作提出反

[①] 1974年,国会将此种禁令扩展适用于基于性别的住房歧视。

对,并指控"同性恋行为有悖于上帝的命令",罗得岛州普罗维登斯市议会勉强删除了本市民权条例中对性取向的一处规定。在芝加哥,约瑟夫·伯纳丁枢机主教认为,立法者应庄重承诺"保护……受到同性恋生活方式冒犯的人们的权利",他要求市议会否决拟议中的同性恋者权利条例,并获得了成功。在全国各州、各城市之中,人们都在付出类似的努力,挫败或废止禁止基于性倾向歧视对待的法律,并常常获得成功。

尽管存在反对意见,但如今已有二十二个州立法禁止基于性取向的就业歧视,在半个世纪之前,此种局面是难以想象的。不过,仍有二十八个州没有制定此类法律。因此,在大多数州之中,私人雇主因为性取向原因解雇或者拒绝雇佣员工,仍然是合法的。

在宗教信仰与州对同性恋者的歧视政策之间,存在直接的关联。在美国的十八个宗教氛围最浓厚的州之中,只有一个州(犹他州)立法禁止此种歧视,而美国最世俗化的十一个州都已经制定了这种法律。①

---

① 根据盖洛普公司的调查,十八个宗教氛围最浓厚的州是密西西比州、犹他州、亚拉巴马州、路易斯安那州、南卡罗来纳州、田纳西州、佐治亚州、阿肯色州、北卡罗来纳州、俄克拉何马州、肯塔基州、得克萨斯州、爱达荷州、内布拉斯加州、堪萨斯州、南达科他州、北达科他州和印第安纳州。十二个最世俗化的州是佛蒙特州、新罕布什尔州、缅因州、马萨诸塞州、俄勒冈州、内华达州、华盛顿州、康涅狄格州、夏威夷州、纽约州、加利福尼亚州和罗得岛州。约有一半宗教氛围中等的州已经制定法律禁止基于性取向的就业歧视。

令人惊讶的是，自2009年以来，只有一个州立法禁止基于性取向的就业歧视。实际上，我们已经达到了一个临界点，类似于我们在1964年就私人种族歧视问题所达到的临界点，在这个临界点上，在可见的将来，在州的层面上，或多或少是用一种不去承诺会发生太多变化的方式，才获得了平静。

在此种情形下，就像在1964年国会制定联邦《民权法案》时一样，尤其是如果绝大多数美国人得出结论说，基于性取向的就业歧视不应再是合法的，重点问题自然而然会转向有没有可能制定联邦层面的法律。事实上，现在就是这样的情形。

根据最近的民意调查，如今有百分之八十九的美国人相信，同性恋者应当享有平等的就业权利，同时，有百分之六十三的美国人支持联邦层面立法禁止基于性取向的就业歧视。因此，就像1964年《民权法案》**在全国范围内**禁止基于种族、宗教、性别和祖籍国的私营机构就业歧视一样，似乎应当制定同样的全国性立法，禁止基于性取向的就业歧视。

这场战斗还将持续二十多年。

1994年6月23日，《禁止就业歧视法案》首次在国会中提交讨论。它的核心目的是禁止私营机构基于性取向的就业歧视。平等权利与公民自由的热情捍卫者、参议员爱德华·M.肯尼迪（马萨诸塞州民主党人），首次在参议院提出了该法案。他解释说，法案所禁止的就业歧视，与1964年民权法案为其他群体提供的保护相似。

对各州和各地禁止对同性恋者就业歧视的法律议案,基督教右派提出激烈反对的理由,是此种法律将会授予"同性恋者特殊权利",因此,肯尼迪从一开始就认为,"该法案并没有授予特殊的权利——它是在纠正愚蠢的错误"。他宣布:"它所需要的,仅仅是对同性恋者的公正对待,应当在他们的工作中——与所有其他美国人一样——用他们的工作能力判断他们。"

保守派偶像巴里·戈德华特是1964年的共和党总统候选人,他在那次大选中立场极右,甚至接受了"约翰·伯奇社",但他对肯尼迪的法案表示支持,令共和党人大感震惊。在《华盛顿邮报》的社论中,戈德华特宣布:"是时候让美国认识到,对于'生命、自由和追求幸福'的权利,同性恋者并不例外。"戈德华特认为,人民应当"不再仅仅因为他人是同性恋者就加以歧视"。①

反对者提出的理由是,《禁止就业歧视法案》将会违反第一修正案规定的"宗教信仰自由",因为它提出的要求是,雇主信仰的宗教教导说同性恋是罪恶,他们却还是得雇佣同性恋者。他们进一步提出反对理由说,种族、性别和祖籍国受到

---

① 戈德华特有一位同性恋外孙,名为泰·罗斯。根据罗斯的说法,他从没有告诉戈德华特他的性取向,但是,他是同性恋从来都不是秘密。当他与伴侣一起看望戈德华特时,后者说:"你为所相信之事挺身而出,这很好。我太为你感到自豪了。"Frank Rich, The Right Stuff, New York Times (June 3, 1998).

《民权法案》的保护，不受到歧视是正当的，但与此不同，同性恋是一种选择，而不是天生的个人特征，因此，不应获得公民权保护。然而，最常见、也是最热忱的反对理由是，国会将《公民权法案》的保护扩展到同性恋者，将会错误地暗示说，同性恋是正常的、可接受的行为，因此会鼓励更多的堕落和不道德。

法案送至参众两院的各委员会后，再无下文。

两年后，肯尼迪参议员与参议院中的共和党人达成协议，允许《禁止就业歧视法案》提交投票表决。法案支持者认为，没有证据证明，性取向与工作表现之间存在任何方式的关联。他们援引的一项政府研究表明，针对同性恋者的就业歧视，每年要消耗的国民经济高达14亿美元。反对该法案的声音再次汹涌而至，说的也还是两年前的那些反对意见。

1996年9月10日，严重分裂的参议院以一票之差——五十票对四十九票否决了《禁止就业歧视法案》。宗教再一次扮演了核心角色。在来自二十个宗教氛围最浓厚的州的参议员中，只有十七人投票支持《禁止就业歧视法案》，而在所有其他参议员中，有百分之七十的人支持该法案。

九个月后，参议员詹姆斯·杰夫兹（佛蒙特州共和党人）提出了修订版本的《禁止就业歧视法案》。新版《禁止就业歧视法案》专门将宗教团体排除出了它的适用范围。比如，根据这项除外规定，天主教医院可以拒绝雇佣同性恋者为护士，摩门教儿童护理机构可以拒绝雇佣同性恋社工。随着这项除外规定的提出，支持者们希望该法案最终获得通过，却未能如愿。法案提交到了委员会，再次功败垂成。年复一年，循环往复。

十年之后，在 2007 年，国会议员们提出了禁止基于性别认同和性取向的歧视的第一版《禁止就业歧视法案》。法案又一次在委员会胎死腹中。众议员巴尼·弗兰克（马萨诸塞州民主党人）是美国首位公开同性恋身份的国会议员，他继而作出了推动该法案的第二次尝试，这一次删去了保护跨性别者的条款。宗教保守派再次挡住了这份法案。"美国家庭协会"的发言人埃德·维塔利亚诺宣布，"对同性恋者的歧视不存在真正的问题"，同性恋者的确是在寻求"基督徒……在意识形态上的投降"。基督教右派的其他人士警告说，如果《禁止就业歧视法案》出台，将标志着美国宗教自由的终结。

尽管存在此类反对意见，但民主党控制下的众议院还是以二百三十五票对一百八十四票通过了《禁止就业歧视法案》。但是，乔治·W. 布什总统威胁要否决该法案，它未能提交到参议院。

到了 2013 年，约有百分之八十的美国人，包括美国每一个州的绝大多数共和党人和大多数公民，都已经认识到，国会应当通过《禁止就业歧视法案》。这是基于两项获得广泛认同的信念：对同性恋者的歧视是不公平的，以及在就业环境中应当根据工作能力对个人作出判断。

在此背景下，参议院的一个委员会于 2013 年以压倒性的票数批准了《禁止就业歧视法案》。面对参议院共和党人以阻挠议事程序提出的威胁，产生了一次终结辩论投票，包括七名共和党人在内的六十一位参议员投票否决了阻挠议事程序。几天后，参议院以六十四票对三十二票通过了《禁止就业歧视法案》。十位共和党人背离了党的路线，支持了这部法律。

巴拉克·奥巴马总统承诺，国会一通过该法案，就将之签署为法律，但是，他却无法兑现承诺。就在参议院批准该法案几分钟之后，众议院议长约翰·博克纳（俄亥俄州共和党人）与众议院多数党领袖埃里克·坎托（弗吉尼亚州共和党人）明确表示，法案会在共和党控制的众议院胎死腹中。事实也确实如此。

因此，尽管《禁止就业歧视法案》获得了压倒性的公众支持，但它在共和党控制下的国会中依然毫无进展。强烈反对它的基督教右派，是非常强大的政治势力，他们继续让共和党的领导层陷入瘫痪，甚至凌驾于他们自己的支持者的愿望之上。时至今日，依然如此。①

---

① 比尔·克林顿总统和巴拉克·奥巴马总统签发行政令，在联邦政府文职人员和联邦政府承包商中禁止性取向与性别认同歧视。尽管基督教右派竭尽全力抨击和质疑这些行政令，但还是没能在国会中争取到足够的支持来推翻它们。

"为他们热爱的国家效力的权利"

在二战期间及在此之后,美国通过了禁止同性恋者参军的强硬政策。① 根据1982年的一份国防部声明,在武装部队中存在同性恋者,对军纪、军队秩序和士气都会产生"不利影响",因此,"会严重削弱完成军事任务的能力"。尽管这份声明没有提及支持该主张的证据,但军方领袖和政治家们均认为它的准确性是显而易见的。

十年后,在1992年的总统大选期间,"军队中的同性恋者"问题登上了舞台中心。到此时,美国人在此问题上分裂成了势均力敌的两方。1991年,总统候选人比尔·克林顿在哈佛大学发表演讲时宣布,如果当选,他将会取消同性恋者参军的禁令。在1992年的民主党全国代表大会上,民主党政纲明确接受了这项政策。② 共和党全国代表大会所持的正是相反的立场。克林顿当选后,同性恋者欢欣鼓舞地期待着,他们能与其他爱国人士一样,能够享有在军队中为国效力的权利。

不过,1992年,克林顿在当选后不久,还没来得及签署已列入计划的行政令——终结同性恋者参军的禁令,反对者就动

---

① 参见第11章。
② 1980年至1990年,约有一万七千名男女军人因为"同性恋问题"被迫离开军方。

员了一场报复行动。基督教右派组织人们狂热地给国会议员打电话和写信谴责这场改革。帕特·罗伯森指责允许同性恋者参军会赋予"邪恶以优先地位",杰里·福尔韦尔在"昔日福音时光"中争取人们的支持,"美国女性关怀协会"主席贝弗莉·拉哈伊在全国上千家电台中播出的无线广播节目中痛斥同性恋者。面对这样一种陷入巨大分裂的议题,为了避免在刚刚就任总统的最初数周之内就陷入冲突,克林顿想要找到折中之道。

经过深思熟虑,他宣布,这项禁令将在六个月内继续生效,在此期间,五角大楼将对这个问题进行研究。在反对终结禁令的人中,最具影响力的莫过于联席参谋长会议的首位非裔美国人主席科林·鲍威尔将军,以及实力强大的参议院军事委员会主席萨姆·纳恩(佐治亚州民主党人)。他们反对更改政策是因为,在他们看来,同性恋者的存在,会削弱军队秩序,损害军队中的隐私意识。

1993年7月19日,经过一番激动的、有时候甚至是痛苦的公开辩论,克林顿宣布,管理军队中同性恋者的政策将会更改——但只是稍作修改。他的建议是,军方将不再询问军人的性取向,但仍然可以开除参与同性恋性行为或者向他人披露性倾向的服役人员。这项政策就是人们熟知的"不问,不说"。

几乎没有人对这种解决办法感到满意。令同性恋者权利支持者震惊的是,同性恋服役人员为了能够为国效力,居然还要隐瞒性倾向；而基督教右派感到震惊的是，同性恋者如今只要隐藏"参与同性性行为的癖好"，就能合法地加入武装部队。

随着乔治·W. 布什于2001年入主白宫，同性恋者权利支持者忧心不已。虽然布什竞选时标榜自己是"富有同情心的保守派"，但在担任得克萨斯州州长时，他既维护得州的反鸡奸法律，也支持禁止同性配偶收养孩子的规定。并且，布什在早期任命的几名内阁成员，比如担任司法部长的参议员约翰·阿什克罗夫特（密苏里州共和党人），就强烈反对承认同性恋者权利。

因此，大多数评论家预计，布什会废除"不问，不说"的做法，恢复先前的政策。这似乎已无可避免，因为它是2000年共和党政纲的要求，也因为布什任命的新国务卿科林·鲍威尔强烈支持1993年的旧政策。但是，布什要处理其他的优先事务，单单把这件事忘了。

四年后，在二十五年前就已经确认同性恋者不属于精神疾病的美国心理学协会出具一份报告，得出结论说："经验证据没有表明，性倾向与军队作战能力存在关联。"同时，对军方领导人而言，日益明显的事实是，在伊拉克战争期间，国家开除同性恋服役人员的成本——既产生了财务上的成本，也导致了专门知识的损失（最引人注目的是开除了六十多名阿拉伯语和波斯语翻译人员）——严重削弱了美国在这场战争中的能力。

在此背景下，2007年，参谋长联席会议前主席约翰·沙里卡什维利与前国防部长威廉·科恩呼吁废除"不问,不说"政策。当年年底,一百多名退休将军签署声明,敦促政府撤销这项政策。然而,总统任期行将结束的布什却什么都没有做。

在2008年的总统大选中,候选人巴拉克·奥巴马呼吁废除禁止同性恋者公开身份服军役的所有法律。然而,在奥巴马当选的十九天之后,他的顾问宣布,新总统在就废除这项政策的计划问题向国会提交任何法律案之前,将会与军方领袖商议,在此期间将会搁置这个问题。

此时,甚至连科林·鲍威尔也承认,"我们国内对这个问题的态度发生了很大变化",对这项政策进行"重新审视"正当其时。人们的态度的确已经发生变化。尽管仍然有人在维护"不问,不说"政策,也尽管有人还坚持美国应当回到1993年之前的政策,但美国人民显然已经朝前走了。现在,百分之七十七的美国人认为,应当允许同性恋者公开身份参军,甚至大多数共和党人(百分之七十四)和保守派(百分之六十七)也表示赞同。

在2010年的国情咨文演讲中,奥巴马总统承诺:"今年,我将与国会和军方携手合作,最终废除这部拒绝承认美国同性恋者享有为他们热爱的国家效力的权利的法律。"此后不久,参谋长联席会议发布了一份报告,得出结论说,允许同性恋者和双性恋者在武装部队中公开身份服役,造成干扰的风险极低。2010年12月15日,废除"不问,不说"政策的法案在众议院以

"第一个吻",海军士官玛丽萨·加埃塔与西特拉莉克·斯内尔

二百五十票对一百七十五票获得通过,在参议院以六十五票对三十一票获得通过。2011年9月20日,"不问,不说"政策正式终止。①

在执行"不问,不说"政策的十七年中,军方开除了大约一万三千名同性恋服役人员。这对他们中的许多人带来的影响是毁灭性的。他们唯一的"罪行",就是渴望为国效力。

在"不问,不说"政策废除之后的一段时间里,在全国各地

---

① "不问,不说"政策的废除,并未撤销跨性别者参军的禁令,因为,他们被视为在医学上不适合服役。2015年,国防部长阿什顿·卡特宣布,这项政策是否延续,将会付诸审查。据估计,截至2016年,约有一万五千名跨性别者在美国军队中服役。

发生了一连串令人难忘而且常常是十分感人的事情。预备役军人杰里米·约翰逊成为因"不问,不说"政策被开除后公开身份再次从军的第一人。空军情报人员金杰·华莱士成为同性伴侣参加代表她擢升上校的"佩戴徽章"仪式的首位公开同性恋身份的现役人员。在海上度过八十天之后,海军士官玛丽萨·加埃塔赢得归港后传统的"第一个吻"的权利,与她分享这项权利的是之前秘而不宣的同性伴侣。就在"不问,不说"政策废除的那一刻,海军上尉盖理·C.罗斯与此前秘而不宣的已交往十一年半的同性伴侣结婚,他们成为美国历史上第一对公开结婚的同性军人配偶。

"去教堂"

在美国历史上的大部分时间里,男男结婚或女女结婚的想法,就算有人觉得要考虑一下这个问题,似乎也荒谬至极。的确,在二十世纪八十年代之前,没有人会费神对同性婚姻问题开展民意调查。婚姻是异性之间的结合,就是这么回事。而且,即使在同性婚姻问题终于浮出水面之后,同性恋群体在这个问题上发生了分裂。同性恋群体中的许多人把婚姻制度视为不公正的"男权制度",以"男人对女人的主宰"为基础。他们问道,为什么他们应该希望走进这样一种在道德上腐朽不堪的制度?

尽管传统观念中对婚姻的定义说的是异性结合，也尽管同性恋群体本身在这个问题上持有矛盾心态，到了2015年，却有百分之六十的美国人认识到，"同性伴侣之间的婚姻应当在法律上获得承认"——与二十年前相比发生了惊人的变化，当时只有很少的美国人持有这种观点。有几个因素导致了公众态度的这种彻底转变。

或许最为重要的是艾滋病造成的影响。艾滋病危机不仅仅促成了数百万同性恋者的出柜，而且改变了同性恋性关系的性质。艾滋病通过性传播的认识正在发生动摇。为了避免艾滋病的传播，同性恋者有必要改变此前的性习惯。"安全的性"的概念应运而生。同性恋者日益认识到，避免高风险的行为，他们仍可以拥有满意却安全得多的性生活。自我保护的需要，与不断增强的出柜能力一道，鼓励人们创造出更为稳定、更加忠诚的关系。

但是，因为艾滋病非常清楚地表明，无论这些关系可能会有多么忠诚，它们却不具有合法地位。忠诚的同性伴侣，却被政府和医学界认为他们彼此在法律上毫无关系。医院不承认他们在治疗和照料生病的、常常是濒死的伴侣时享有权利和法律地位，法律也不承认他们在处理健康保险、收入所得税、医疗卫生减免税、财产权、继承权和房地产遗产税免税等事务上的广泛权益，而这些都是已婚夫妇可以常规获得的。日益明显的是，忠诚的同性伴侣需要获得对他们之间关系的某种法律承认。

推动在法律上承认同性关系的这场运动,还有另一个事实,来自女同性恋群体内部。到了二十世纪八十年代,许多女同性恋者开始厌憎为了要孩子她们不得不嫁给男人的想法。1982年,一群正在考虑成为母亲的女同性恋者在华盛顿特区成立了"也许会有孩子"团体,探索女同性恋者配偶可以拥有孩子的办法。主要的可选途径包括收养、人工授精、与男性朋友发生性关系。由于这个问题逐渐公开化,全国很多城市都为考虑成为母亲的女同性恋伴侣召开了会议。

在此期间,拥有孩子的女同性恋伴侣面临着严重的法律挑战。如果生物学意义上的母亲去世,她的亲属质疑依然健在的另一方对孩子的监护权,法院会将非生物学意义上的母亲视为在法律上与孩子毫无关系,并因此将监护权授予生物学意义上的母亲的亲属。同样,如果女同性恋关系中的双方在其中一位生下共同抚养的孩子后分手,调整离婚中的监护权纠纷的普通规则就无法适用了。因为,非生物学意义上的母亲与孩子之间没有在法律上获得承认的关系,如果她的前伴侣不让她接触孩子,她几乎无法可施。当然,在出现税收、继承、财产权和医疗保健等问题时,与男同性恋伴侣一样,女同性恋伴侣也面临着严峻的挑战。

基于以上种种理由,还有单纯的尊严和平等的原因,变得日益明显的是,与忠诚的异性伴侣一样,忠诚的同性伴侣也应当获得婚姻的权利和保护。在1987年的华盛顿同性恋者权利大游行中,两千名同性伴侣以集体"婚礼"的方式,表达了他们对同性婚姻的支持。阿莱塔·芬西罗伊在这场仪式上与伴侣珍·梅伯里"结婚",她回忆说:"人们唱着《去教堂》,整个地铁隧道都回荡着歌声。有一些时刻,当我一想起来,就会起鸡皮疙瘩,这就是其中之一。"

但是,在此时,没有人认为,同性婚姻的合法化在可预见的未来会是一个现实的目标。

与此同时,后来出任"美国公民自由协会"全国法律副总监的旧金山同性恋者权利代理律师马特·科尔斯,与几位当地同性恋群体中的同行想到了多少不是那么雄心勃勃的想法:"同居伙伴关系"。他们的希望是,同居伙伴可以成为忠诚的同性伴侣获得至少某种程度保护的一种替代手段。① 1982年,旧金山监督委员会通过了一部法令,承认同居伙伴可以成为市政雇员,但天主教会说它"严重有害于婚姻与家庭",在教会的强大压力下,自由派市长戴安娜·范因斯坦否决了这项规定。

两年后,加利福尼亚州的伯克利市成为美国首个设立登记处同时允许同性和异性伴侣登记同居关系的城市。经过登记的伴侣有权从当地政府获得适度的福利。十年后,全国约有二

---

① 民事结合(Civil Union)尚未获得承认,它与同居伙伴之间的区别,是民事结合通常会赋予配偶与婚姻有关的所有权利,而同居伙伴则在所赋予的具体权利上更具选择性。

十五个城市和县为市政雇员提供同居关系福利。在私人部门中,一些公司在软件公司"莲花"的引领下,一些大学在芝加哥大学和斯坦福大学的引领下,也为雇员和学生中忠诚的同性伴侣提供它们为已婚夫妇提供的部分或全部的福利。但是,这样的例子依然相当稀少。

在全国许多城市中,为同性伴侣之间的同居关系计划而付出的立法努力,都遭到了强烈的抵制。比如,在得克萨斯州奥斯汀市的相对进步的群体中,选民们在1993年的一次全民公投中,仍然以二比一的投票比例推翻了向市政雇员提供同居关系福利的市议会决定。1996年,费城市长埃德·伦德尔签署行政令,将医保福利惠及市政雇员中的同居伙伴,天主教会宣称,伦德尔的做法将会导致"我们文明的堕落","费城黑人神父"主席批评说,伦德尔让这座城市陷入了成为"当代所多玛和蛾摩拉"的风险之中。

直到1999年,才有一个州——加利福尼亚州——最终立法为同性伴侣提供同居关系福利。加利福尼亚州的这部法律向同居伙伴提供了诸如住院探视权等很有限的一些权利。但是,这还远远谈不上与婚姻等量齐观。①

---

① 这一年晚些时候,佛蒙特州最高法院认定,根据州宪法,同性伴侣有权获得与已婚夫妻同等的合法权利。但是,这并非将婚姻扩张适用于同性伴侣,州议会批准的是他们属于"民事结合",使他们享有与婚姻一样的合法权利,但换了种名义。

传遍美国的爆炸性消息

1990年,夏威夷州的三对同性恋者配偶申请结婚证书,毫无意外地遭到了拒绝。他们于是在州法院提起诉讼,主张州政府拒不准许同性配偶结婚,违反了夏威夷州宪法。没有一家全国性的同性恋者权利团体支持这起诉讼。他们很确信,原告会败诉,这场诉讼及其败诉结果都会损害全国范围内的同性恋者权利事业。不出所料,州初审法院和州上诉法院都驳回了原告的主张。

但是,接下来,出乎所有人的意料,1993年,夏威夷州最高法院在"贝尔诉勒温案"中认定,将婚姻限制于异性之间的法律,属于夏威夷州宪法规定的禁止基于性别的歧视。① 法院因此认定,这种限制是违宪的,除非它是"实现重大的政府利益所必须的"。州最高法院将本案发回初审法院,以对这个问题进行研究。

夏威夷州最高法院对"贝尔诉勒温案"的判决,激起了强烈的抗议。夏威夷是美国最持自由派立场的州之一,也是首批立法禁止基于性倾向的就业歧视的州之一,尽管如此,同性婚

---

① 这个理论是说,由于男人可以合法地与女人结婚,却不能合法地与男人结婚,也由于女人可以合法地与男人结婚,而不能合法地与女人结婚,所以,这部法律构成基于性别的歧视。

姻却完全是另一回事。在这份判决作出的同时,百分之七十的夏威夷人反对同性婚姻,"对同性恋者友善"的州长也对判决大加谴责,天主教会高层表达了他们的愤怒,摩门教会向一场推翻这份判决的活动注资六十多万美元,一家名为"夏威夷停止助长同性恋"的团体怒斥法院"硬生生将同性恋婚姻塞入夏威夷人的肚子"。1998年,在人们可以根据夏威夷州最高法院的这份判决实际结婚之前,夏威夷修正了州宪法,将婚姻定义为只限于异性之间,因而否决了"贝尔诉勒温案"判决。

因为打开了哪怕只是同性婚姻可能性的大门,夏威夷州最高法院的判决就不再只是地方性轰动事件,而是成了全国性轰动事件。法院宣布判决后,美联社的一篇文章警告说,它会是"传遍美国的爆炸性消息"。美国最早的同性恋者公民权团体"兰布达法律"给道德保守派火上浇油,提出了一个广为宣传的建议,即同性伴侣应当立即怀着结婚的希望赶去夏威夷,因为,如果他们可以在那里结婚的话,他们的家乡州在法律上就有义务承认他们的婚姻。对此种策略的提议,引发了十分强烈的全国性反应。

《洛杉矶时报》警告说,在美国的文化战争中,"同性恋婚姻突然浮现出来,成为情绪爆发点。盖洛普民意调查显示,美国人以压倒性的百分之六十八比百分之二十七的比例,反对同性婚姻。犹他州迅速立法明确规定,在其他州缔结的同性婚姻,犹他州不予承认。

对共和党人而言,夏威夷州的判决是一份政治礼物,因为它既动员起了他们的宗教保守派基本力量,也让他们在这个问题上得以联合大多数中间选民。1996年春天,三十四个州议会的共和党议员提出了与犹他州立法类似的"捍卫婚姻"法案。在一年之中,二十二个州制定了此种法律。①

而且,非常重要的是,大多数这些法律都不是以制定新法律的形式通过的,而是对州宪法作出了修订。这是为了实现两个重要目标。首先,州最高法院不可能再认定本州将婚姻限制于异性配偶违反州宪法。其次,它捆住了将来几代人的手,因为,就算发生不太可能的情况,在将来的某个时刻,本州的大多数人会支持同性婚姻,但在完成麻烦得多的重新修订州宪法的任务之前,他们仍然无法将此种政策制定为法律。②

宗教在制定这些法律的过程中,发挥了核心作用,这在加利福尼亚州发生的诸多事件中,得到了充分的展现。夏威夷州法院对"贝尔诉勒温案"作出判决后,加州议会制定了《加利福尼亚州捍卫婚姻法案》,宣布在加州"只有异性之间的婚姻才

---

① 到了2009年,又有十一个州制定了此种法律。
② 通过州宪法修正案禁止同性婚姻的州是亚拉巴马州、阿拉斯加州、亚利桑那州、阿肯色州、加利福尼亚州、科罗拉多州、佛罗里达州、佐治亚州、爱达荷州、堪萨斯州、肯塔基州、路易斯安那州、密歇根州、密西西比州、密苏里州、蒙大拿州、内布拉斯加州、内华达州、北卡罗来纳州、北达科他州、俄亥俄州、俄克拉何马州、俄勒冈州、南卡罗来纳州、南达科他州、田纳西州、得克萨斯州、犹他州、弗吉尼亚州和威斯康星州。此外,印第安纳州、西弗吉尼亚州和怀俄明州制定了禁止同性婚姻的法律。

是有效的"。然而,2008年,加州最高法院认定,《加利福尼亚州捍卫婚姻法案》违反州宪法,加州的同性伴侣享有州宪法上的结婚权利。

六个月后,在经历了美国历史上最昂贵的公投运动之后,加利福尼亚州的选民通过了《八号提案》,修改了加州宪法,从而推翻了加州最高法院的判决。支持《八号提案》的人得到了宗教团体的大力支持和慷慨资助。加州天主教会议的主教们积极支持《八号提案》;罗马天主教的兄弟团体"哥伦布骑士会"为表支持,捐款一百二十多万美元;旧金山大主教为支持《八号提案》积极奔走;摩门教会为了让《八号提案》能够通过,捐款二十多万美元。其他宗教领袖和保守派团体也积极奔走,以说服加州选民通过《八号提案》,包括"美国家庭协会"、"关注家庭"以及美国最大的超级大教会之一——马鞍峰教会的牧师里克·沃伦。

《八号提案》在全民公投中以百分之五十二对百分之四十八的微弱优势获得批准。对选举的分析道出了真相。自认为福音派的人们以百分之八十一对百分之十九的比例支持《八号提案》,每周上教堂的人以百分之八十四对百分之十六的比例支持《八号提案》。另一方面,非基督徒以百分之八十五对百分之十五的比例反对《八号提案》,并非定期上教堂的选民以百分之八十三对百分之十七的比例反对《八号提案》。

因此,虽然《八号提案》的反对者与第二次大觉醒时期星期天歇业法律和亵渎神明法律的支持者一样,为禁止同性婚姻提出了一大堆非宗教的"理由",包括传统、道德、孩子的利益、家庭价值观等理由,但投票模式清楚表明,《八号提案》"实际上就是持有特定宗教信仰的人们利用法律的权威,将他们的信仰强加给其他同胞的一次成功之举"。

捍卫婚姻

宗教保守派反对同性恋者享有婚姻平等的运动,既在联邦政府内出现,也在各州中出现。1994年,共和党时隔四十年后重掌众议院。这项成就的核心是帕特·罗伯森的基督教联盟努力推动的福音派选票。基督教联盟如今已是美国最强大的游说团体之一,它在全国各个教堂中分发了三千多万份选民指南。1996年总统大选开始之前,诸如"家庭研究会"的盖理·鲍尔和"关注家庭"的詹姆斯·多布森等基督教右派领袖向各位共和党候选人明确表示,要想得到他们的支持,必须在堕胎和同性恋等问题上紧紧跟随他们。

反同性恋的说辞丑陋不堪。迪克·阿姆尼(得克萨斯州共和党人)是众议院的共和党党鞭,他公然将公开同性恋身份的民主党众议员巴尼·弗兰克称为"巴尼·基佬"。参议员鲍勃·多尔(堪萨斯州共和党人)是共和党总统候选人中的领先者,他向基督教右派大献殷勤,在七名共和党总统候选人中,包括多尔在内的六人签署了"婚姻保护决议",严厉谴责同性婚姻的道德问题。候选人帕特里克·布坎南大肆嘲笑"同性恋者权利的伪神",另一位候选人艾伦·凯斯批评说,同性恋者的议程正在"摧毁"美国的"统一",他后来与以女同性恋身份出柜的女儿脱离了父女关系。

1996年春,身为共和党人的众议院议长纽特·金里奇(佐治亚州共和党人)指示众议员鲍勃·巴尔(佐治亚州共和党人)起草一部法律,规定即使在同性婚姻被某个州承认为合法时,也要禁止联邦政府承认它的合法性。巴尔起草的法案名为《捍卫婚姻法案》,它不但允许各州否认在其他州确认为合法的同性婚姻的合法性,而且拒不承认根据州法结成有效的同性婚姻之人享有已婚夫妇可以获得的诸多联邦福利,包括夫妻共同纳税申报、社会保险存者福利、移民权利等。

5月,巴尔起草的法案提交到了众议院司法委员会,时任主席是众议员亨利·海德(伊利诺伊州共和党人),他在二十年前发起的海德修正案中,否定了贫困女性可以获得医疗补助资金支付合法堕胎的费用。① 数场听证会很快变成了"公开的恐惧同性恋会议"。法律学者戴尔·卡彭特评论道,众议员们"证实了"对同性恋者"所持的深切仇视","用启示录和偏执狂的措辞来形容同性婚姻产生的影响",反复将同性恋者形容为

---

① 参见第17章。

"病态、变态和危险的"。

众议员查尔斯·卡纳迪(佛罗里达州共和党人)宣布,只有异性婚姻"符合……我们犹太教与基督教所共有的道德传统";众议员戴维·芬德伯克(北卡罗来纳州共和党人)嘲笑同性恋是"天生错误和有害的";参议员杰西·赫尔姆斯(北卡罗来纳州共和党人)认为,《捍卫婚姻法案》很有必要,能保护美国远离试图"分裂美国的道德体系"的人;众议员鲍勃·巴尔(佐治亚州共和党人)警告说,"享乐主义的火焰……正在炙烤我们社会的基础"。

众议院以三百四十二票对六十七票的压倒性票数通过了《捍卫婚姻法案》,参议院又以确保否决无效的八十五票对十四票批准了它。支持法案的议员包括除了一位共和党人之外的全体共和党人,以及大多数的民主党人。

总统大选迫在眉睫,美国人民以百分之六十八对百分之二十七的比例反对同性婚姻,比尔·克林顿总统于1996年9月21日心不甘情不愿地签署了《捍卫婚姻法案》。他发布了一段尴尬却不失讽刺之情的声明警告说,这部新法律"尽管伴随着猛烈、有时候还会造成分裂的辞令,但它不应被理解为提供了……根据性倾向歧视他人的理由"。承诺成为同性恋群体支持者的总统,就这样签署了美国历史上最具侮辱性的恐惧同性恋的联邦法律之一。

因此,尽管通过政治程序为同性恋者争取平等权利的不懈努力偶尔也会获得成功,但在州和联邦层面上不断遇到的失败和挫折,也让情势变得越来越明显,在某个时刻,与堕胎议题一样,诉诸法院——诉诸美国宪法——或许势在必行。夏威夷州最高法院已经证明,想象一下宪法可能会为同性恋者提供保护,并非不可能之事。这或许不是制宪先贤们在起草宪法时可以预见到的,不过,它也并非必然是这个问题的终点。

第十九章
"保留尊严"的权利

假设有数名警察合法地搜查已婚夫妇家中的毒品。他们走进这户人家,却没有找到任何毒品,但他们看到这对夫妇在卧室中口交。这对夫妇因违反本州的反鸡奸法律而被指控和定罪,该法律禁止人们进行口交或肛交。这对夫妇主张,该法律违反了宪法,对他们适用该法律尤其如此。

第一件需要注意的事情,是宪法没有明确规定参与鸡奸行为的权利。所以,为什么这部法律可能是违宪的呢?一种可能的理由或许是,反鸡奸法律并未合理地促进正当的政府利益。一般来说,未能合理促进正当的政府利益的法律,会被认定为违反宪法。但是,数百年来,反鸡奸法律都是英美法律的组成部分。传统观点认为它们反映了道德标准。贯彻长期存在的道德戒律的法律,是否是在合理地服务于正当的政府利益?

另一个可能的理由或许是,宪法隐含了对婚内隐私的保护,同时,对政府而言,禁止已婚夫妇发生即使是此种性质的亲密性行为,也会牵涉虽未列明却是基本的婚内隐私权利。此种理由或许有一个强力有的先例即"格里斯沃尔德案",最高法院在此案中认定,将已婚夫妇使用避孕药具定罪的法律是违宪的。无论该法律是否合理,最高法院还是宣告它是无效的,因为,它侵害了夫妻关系中最隐私的亲密行为,侵犯了"比《人权宣言》还要古老的隐私权"。根据它侵害了婚内亲密行为的理论,这部反鸡奸法律对已婚夫妇的可能适用,同样构成违宪。

不过,现在要假设的是,在家中的这对伴侣没有结婚。即使这部反鸡奸法律依据宪法不得适用于已婚夫妇,对于没有婚姻关系的人是否同样如此?在"埃森施塔特案"中,最高法院将"格里斯沃尔德案"确立的原则从已婚人士扩张适用于未婚人士。最高法院解释说,"如果隐私权有什么意义,那就是个人——无论是已婚还是单身——有权不受政府无根据地侵犯对个人有根本性影响的事务,比如决定是否生养孩子"。①

不过,这也未必能为未婚伴侣提供帮助,因为口交与生养孩子可不是一回事。当然,有人或许会提出,口交实际上与根本性决定相关,因为口交是在发生性行为时避免怀孕风险的一种方式。但是,这似乎有一点牵强。个人是否享有一种决定自己的与生育问题完全无关的性亲密行为的权利?但是,即使存在这样一种权利,它是否可以扩张适用于同性恋者的鸡奸行

---

① 对"格里斯沃尔德案"和"埃森施塔特案"的讨论见第15章。

为？我们在漫长的历史中对此种行为大加谴责,同性恋者的鸡奸行为如今能够突然之间被视为一种宪法权利吗？

还有一个最后的转折。假设州政府禁止的只有同性恋者的鸡奸行为又会如何？即使在通常情况下发生鸡奸行为不属于宪法上的权利,此种法律是否会因为对同性恋者存在歧视,从而违反了平等保护条款？

鲍尔斯:"同性恋鸡奸行为是不道德的"

1982年8月,亚特兰大的一名警察来到迈克尔·哈德威克家中,执行因酗酒行为而开出的逮捕令。警察进入哈德威克家中,发现他与另一名男子发生过自愿的口交行为。佐治亚州法律将两人之间发生的口交或肛交都界定为鸡奸罪,无论同性或是异性,于是警察逮捕了他们。尽管地方检察官决定不提起刑事指控,但哈德威克却对佐治亚州司法总长迈克尔·鲍尔斯提起诉讼,试图让法院宣告本州的鸡奸法律违反美国宪法。①

在宪法通过之时,每一个州都规定鸡奸属于犯罪,但这些法律却极少得到执行。1961年,美国法学会建议不再将鸡奸

---

① 佐治亚州反鸡奸行为的法律规定,"实施或者接受涉及一方的性器官与另一方的嘴巴或肛门的性行为之人,构成鸡奸犯罪"。该法进一步规定,"对于犯有鸡奸罪行者,应判处一年以上、二十年以下徒刑"。Ga. Code Ann. 16-602 (1984).

定性为犯罪，到了二十世纪八十年代中期，大多数州已经采纳了这项建议。但是，包括佐治亚州在内的二十三个州仍然规定鸡奸属于犯罪，而这些法律也依然极少得到执行。在逮捕迈克尔·哈德威克之前的数十年中，佐治亚州从未适用过惩治鸡奸的法律。

1986年，联邦最高法院在"鲍尔斯诉哈德威克案"中产生严重分歧，在以五票对四票形成的判决中认定，适用于同性恋者鸡奸行为的佐治亚州法并不违宪。拜伦·怀特大法官撰写了法院意见，并获得了首席大法官伯格以及鲍威尔、伦奎斯特和奥康纳大法官的加入。

有观点认为，最高法院此前在"斯金纳案"、"格里斯沃尔德案"、"埃森施塔特案"和"罗伊案"①等案件中所作的判决，承认了宪法上的隐私权，它非常宽泛，可以包含参与同性恋鸡奸行为的权利。怀特大法官开篇即拒绝接受此种观点。与此相反，他论证到，上述案件解决的是"家庭、婚姻或生育"的根本性问题，它们与同性恋行为"无关"。

怀特接着讨论的问题是，在无法依赖上述先例时，宪法是否应当被理解为可以保护这样一种权利。他对这个问题的答案是否定的。他写道，对同性恋的排斥"历史悠久"，在美国建国之时就已存在。他论证道，在此种背景下，"声称存在一种参与此种

---

① 对"斯金纳案"、"格里斯沃尔德案"、"埃森施塔特案"的讨论，见第15章；对"罗伊案"的讨论，见第16章。

行为的权利,它'深深根植于美国的历史和传统'……再怎么说也是无稽之谈"。因此,怀特得出结论说,与前述判决所承认的隐含的基本权利不同,没有理由对所谓参与同性恋鸡奸行为的权利赋予其宪法地位。

最后,怀特讨论的问题是,即使讼争的并非根本性权利,由于这部法律并不符合正当的州利益,是否仍应将之认定为违宪,因为它所服务的不是正当的州利益。哈德威克认为,州对同性恋鸡奸行为的禁止,所基于的无非是"佐治亚州的大多数选民认为同性恋鸡奸行为不道德"的信仰。有观点认为,这部法律不具有充分的理由,怀特也拒绝接受此种观点。他评论道:"法律经常要以道德观念为基础,如果体现了基本的道德选择的所有法律,都被宣告无效……法院将会非常忙碌。"

在一份独立的协同意见中,即将去职的首席大法官伯格特意强调,根据美国宪法,"并不存在所谓参与同性恋鸡奸行为的根本性权利"。伯格终其一生都是长老会信徒,他显然对哈德威克的主张十分不安,他宣布,对同性恋行为的谴责"牢牢地根植于犹太教与基督教所共有的道德和伦理标准"。为了强调自己的观点,他援引了十八世纪英国法官、学者威廉·布莱克斯通爵士的观点,后者曾经将"违逆自然的邪恶犯罪"称为在基督徒之中"不宜提及名称的犯罪"。根据这段历史,伯格得出结论说,"认定应以某种方式将同性恋鸡奸行为作为根本性权利加以保护,是将千年以来的道德教诲抛诸脑后"。

拜伦·R. 怀特大法官

"犹太教与基督教共有的价值观……不足以成为充分的理由"

哈里·布莱克门大法官提交了一份措辞犀利的异议意见，获得了布伦南、马歇尔和史蒂文斯大法官的附和。布莱克门开篇即严厉谴责多数意见将这个问题说成仿佛此案讨论的无非只是"参与同性恋鸡奸行为"是否存在"根本性权利"。他提出，与此相反，"本案讨论的是'最广泛的权利以及文明人最重视的权利'，也就是'独处的权利'"。

布莱克门认为,佐治亚州的法律拒不承认个人享有根本性的"权利以自主决定是否参与特殊形式的秘密的、双方同意的性行为"。布莱克门补充道,1973年"巴黎成人影院案"的保守判决重新定义了淫秽法律,最高法院在该案中评论道,性亲密行为是"人类存在"的重要组成部分,在"人性的发展中"占据核心地位。

此外,布莱克门还论证道,在"与美国一样多样化的"国家之中,"或许存在许多种'正确的'方式"拥有亲密的关系,这些关系丰富多彩、意义深远,来自"个人有权自由选择这些热情的人际关系的形式和性质"。因此,布莱克门论证到,所有人所拥有的控制"亲密联系的性质"的利益,完全与个人在决定诸如婚姻、避孕、绝育和堕胎等事务时一样,具有根本性。

布莱克门接着讨论的是,多数意见提出的佐治亚州法之所以合宪,是因为鸡奸行为长期以来都被视为是不道德的。布莱克门援引他代表最高法院在十三年前的"罗伊案"中所写的意见,他回应道,特定道德判断或许会长期存在,仅凭这样一个事实,并不能影响宪法的含义。布莱克门引用奥利弗·温德尔·霍姆斯大法官的话宣布说,"一条法律规则,除了说它在亨利四世的时候就已制定之外,找不到更好的理由支持它,这着实令人厌恶"。

布莱克门接着讨论宗教议题,他承认,"传统的由犹太教与基督教共有的价值观"在历史上确实禁止同性恋性行为。

但是，布莱克门认为，这个事实不能证明佐治亚州法是正当的。他论证道，某些"宗教团体谴责"某种行为，"并不能就此允许政府将他们的判断强加给全体公民"。与此相反，法律的正当性依赖的是"政府是否能够为法律促进一些超越遵从宗教戒律的正当理由"。因此，布莱克门得出结论说，如果隐私权有什么意义，"它的意义就在于佐治亚州可以因公民在生活中最私密的方面所做的选择对他提起指控前，它必须做的不应只是主张他们所做的选择是'在基督徒之中不宜提及名称的犯罪'"。

在结尾处，布莱克门表达了他的希望，即在许多年以后，最高法院会重新考虑它的分析和结论，即"对于最深地根植于美国历史的诸多价值，剥夺个人在自主选择亲密关系如何行为的权利所带来的威胁，比起对非主流的毫不宽容所带来的威胁，要严重得多"。

"鲍尔斯案"令同性恋群体非常失望。判决宣布后，上千名同性恋者在最高法院大楼前示威抗议。迎接抗议者的是数百名警察，他们戴着黑色面具和乳胶手套，让自己"安全地"远离艾滋病，这也反映了当时人们的偏见和恐惧。在六个小时的抗议中，示威者齐声吟唱"法律之下人人平等"，而这句话正镌刻在最高法院的大楼之上；他们散发了数千份粉红色纸张叠成的三角形；他们冲着这座大理石大厦中的大法官们大喊"耻辱！耻辱！耻辱！"。在这一天结束时，共有六百名抗议者被捕,被捕人数超过了最高法院历史上的所有抗议活动。

基督教保守派将"鲍尔斯案"判决视为"对美国人生活中的道德价值观的伟大重申",而同性恋群体的领袖则将之比作最高法院历史上最受唾弃和名誉扫地的两份判决——"德雷德·斯科特诉斯坦福案"和"普莱西诉弗格森案",这两起案件分别认定,非裔美国人不属于美国公民,获得国家支持的种族隔离是合宪的。

同性恋群体的问题不是害怕受到指控,那是很罕见的,而是将同性性行为贬低为罪恶、可憎甚至是犯罪的法律制度对尊严、自由和平等带来的影响。而且,在"鲍尔斯案"判决之后的数年中,州和联邦法院经常援引此案维持各种各样的歧视同性恋者的法律。毕竟,如果同性恋者属于犯罪分子,那么,与其他犯罪分子一样,拒不承认他们拥有其他公民通常拥有的各种权利,也是合法的。

尽管"鲍尔斯案"给了同性恋群体沉重一击,但值得注意的是,早在1986年,联邦最高法院仅因一票之差,才未能认定同性恋者享有参与同性恋鸡奸行为的宪法权利。在二十年前,这是无法想象的。此时,布莱克门、布伦南、马歇尔和史蒂文斯大法官秉持的正是他们在"鲍尔斯案"中的立场,但里根政府仍然拒绝投入资源对付"同性恋瘟疫";美国各地也没有立法保护同性恋者在住房、就业、教育和收养等问题上免受歧视;同性恋者仍然被绝对禁止参军;同性恋者或许有一天会获准结婚的想法，不过是人们脑海中一闪即逝的念头而已；只有不到三分之一的美国人认为，同性恋鸡奸行为应当是合法的。联邦最高法院的上述四位大法官准备在此时认定禁止同性恋鸡奸行为的法律违宪，诚属非同寻常。

不过，本案的投票票数实际上还要更为接近。"鲍尔斯案"中关键的"摇摆票"大法官——即对在此案中如何投票表达了最大不确定性的大法官——路易斯·鲍威尔。鲍威尔是来自弗吉尼亚州的保守派南方绅士，在1972年获得了理查德·尼克松总统的任命，他在"罗伊案"中加入了自由派的多数意见，也在1973年的数起淫秽案件中加入了保守派的多数意见。尽管鲍威尔本人在处理与性相关的议题时很不自在，但他努力抛开自己的不适，以一种公正公平的方式来适用法律。

联邦最高法院开庭审理"鲍尔斯案"之前，鲍威尔大法官与助理卡特·钦尼斯有过一番对谈。在讨论了这个宪法问题后，鲍威尔评论道，据他所知，他从未遇到过同性恋者。鲍威尔不知道，与他谈话的对象正是同性恋者。鲍威尔对同性恋一无所知，对于同性恋者为什么不与女子约会和结婚大惑不解。钦尼斯没有说出自己是同性恋者，他回答说："鲍威尔大法官，男同性恋者无法勃起与女子完成性交。"鲍威尔困惑地问道："但是鸡奸不需要勃起吗？""需要"，钦尼斯解释道，不过"男同性恋者对男人勃起，而不是对女人"。

此后不久，在"鲍尔斯案"庭审结束后召开的联邦最高法院会议上,鲍威尔大法官投票支持布伦南、马歇尔、布莱克门和史蒂文斯,认定佐治亚州的法律违宪。鲍威尔解释道,不能"因为基于自然性冲动而与经其同意的伙伴发生的私密行为"惩罚哈德威克。然而,在之后的几个星期中,鲍威尔仍然犹豫不决。最终,更为保守的几位同事对他死缠烂打,说服他改变立场,因而决定了此案的结果。在此后数年中,鲍威尔公开表达了对自己在"鲍尔斯案"中的投票的遗憾之情。

"罗默案":"赤裸裸的伤害欲望"

自二十世纪八十年代中期开始,多座城市立法禁止基于性取向的歧视。此举引发了基督教右派的强烈抵制,他们也经常能够成功撤销这些法律。① 在科罗拉多州,丹佛、博尔德、阿斯彭等城市全都制定了此类法令。比如,丹佛的法令制定于1990年,禁止在就业、教育、住房和公共设施等方面基于性取向的歧视对待。

此后不久,科罗拉多州的保守派基督徒创建了"科罗拉多家庭价值观",目的是修订州宪法,推翻丹佛市的这部法令。这个组织很快在全国范围内获得帕特·罗伯逊、杰里·福尔韦尔、詹姆斯·多布森、菲利斯·施拉夫利等人以及许多基督教

---

① 参见第14章。

右派组织的支持。在"科罗拉多家庭价值观"收集了必要的签名后,人们熟知的《二号修正案》进入了全州范围的全民公决投票程序。

《二号修正案》禁止科罗拉多州的政府部门、政治机构、市政府、大学和学区制定和执行禁止歧视同性恋者和双性恋者的法律、法规和政策。《二号修正案》的支持者开展了积极的活动,坚称修正案之所以必要,是因为同性恋者是亵渎神圣、不道德的,会对社会产生危害,因此,州政府及其分支机构保护他们免受歧视是错误和不道德的。1992年11月3日,选票完成统计,《二号修正案》获得百分之五十三的选票,并因此成为科罗拉多州宪法的组成部分。

九天后,"兰布达法律"和"美国公民自由联盟"提起诉讼,主张《二号修正案》违反美国宪法。此案最终呈递到了联邦最高法院。1996年5月20日,联邦最高法院宣布了对"罗默诉伊文思案"的判决。

根据最高法院十年前的"鲍尔斯案"判决,"罗默案"似乎是一件很轻松的案子。毕竟,如果州政府可以依据宪法宣布某种行为属于犯罪,那它依据宪法拒绝禁止对参与此种行为之人的歧视,似乎完全顺理成章。比如,州政府不负有禁止个人歧视抢劫犯、强奸犯和窃贼的宪法职责。

然而,在最高法院处理"罗默案"时,它的组成已经发生了很大变化。在参与"鲍尔斯案"的九位大法官中,有六位如今都已离去(伯格、布伦南、怀特、马歇尔、布莱克门和鲍威尔)。任命六位新的大法官的总统,是罗纳德·里根(斯卡利亚和肯尼迪)、乔治·H.W.布什(托马斯和苏特)与比尔·克林顿(金斯伯格和布雷耶)。在"鲍尔斯案"十年之后,社会对于同性恋的观感已有显著进步,与昔日不同的最高法院如何处理这个问题,犹未可知。

大多数评论家认为,伦奎斯特、斯卡利亚和托马斯很可能会投票维持《二号修正案》,史蒂文斯(他在"鲍尔斯案"中属于异议方)、金斯伯格和布雷耶会投票推翻它。最不确定的投票是奥康纳、肯尼迪和苏特。四年前,正是这三位均由共和党总统任命的大法官,撰写了"'计划生育联盟'诉凯西案"的决定性意见,挽救了"罗伊诉韦德案"的核心内容,令基督教右派愤怒不已。①

此时的核心问题是:这三位温和保守派大法官会如何处理同性恋者权利问题?同性恋者权利支持者对他们三人都很警惕。奥康纳在"鲍尔斯案"中投票支持多数意见;肯尼迪在联邦上诉法院任上维持了多部歧视同性恋的法律的合宪性;苏特在新罕布什尔州最高法院任上维持了一部禁止同性恋者收养儿童的州法。

不过,在令人震惊的以六票对三票形成的判决中,联邦最

---

① 参见第17章。

高法院认定《二号修正案》违宪。安东尼·肯尼迪大法官宣布的判决意见,获得了史蒂文斯、奥康纳、苏特、金斯伯格和布雷耶大法官的加入。在肯尼迪看来,《二号修正案》的问题是将"特别的不利地位"仅仅强加于同性恋者。之所以如此是因为,根据《二号修正案》,科罗拉多州的每一种团体,包括非裔美国人、西班牙裔、爱尔兰裔、天主教徒、老年人、女性、退伍军人、残障人士、共和党人、未婚人士、被定罪者,都可以努力说服市议会、州内的大学、政府机构或州议会制定法律或法规保护他们免受歧视——同性恋者却是例外。因为《二号修正案》,只有同性恋者,为了能够获得免于歧视的法律保护,唯有修订州宪法。

肯尼迪牢记这个事实,援引了第十四修正案规定的平等保护条款,该条款规定,"各州……不得拒绝给予任何人……法律的平等保护"。肯尼迪解释道,根据该条款,如果一部法律区别对待某些人,如果它与某种正当的州利益具有合理关系,它通常要满足平等保护的要求。尽管几乎每一部法律都能通过这项非常谦抑的审查标准,但肯尼迪得出结论说,《二号修正案》无法通过。

为了达到这个结果,肯尼迪评论道,一部法律规定"一个公民团体比所有其他人更难获得政府的帮助",在美国历史上几乎"没有先例",因此,不可能避开的推论是,《二号修正案》强加给同性恋者的特别不利地位,并非萌生自促进正当州利益的任何理性努力,而是萌生自对同性恋者的"厌憎"。肯尼迪论证道,"除了对受其影响的人群的厌憎外",《二号修正案》似乎"别无解释",而最高法院此前已经确定:"赤裸裸地……欲望,要伤害政治上不受欢迎的团体,无法构成正当的政府利益。"在此种情形下,肯尼迪得出结论说,《二号修正案》违反美国宪法。

．．．

安东宁·斯卡利亚大法官所持的观点截然不同,并获得了首席大法官伦奎斯特和托马斯大法官的加入。他认为,《二号修正案》没有显示"'赤裸裸的……欲望要伤害'同性恋者",反而是"科罗拉多州人保护传统性道德观"的适度尝试。在斯卡利亚看来,根据任何合乎情理的宪法原则,这个目标都是完全可以获得准许的。而且,他评论道,最高法院所主张的不能将同性恋"挑出来给予不利对待",与"鲍尔斯案"完全相反。他论证道,之所以如此是因为,如果州政府可以依据宪法宣告同性恋行为是犯罪,那随之而来的必然是可以"制定仅对同性恋行为反感的其他法律"。

肯尼迪大法官主张,制定《二号修正案》的前提条件是不应准许的对同性恋者的"厌憎",斯卡利亚对此表示强烈反对。他主张,与此相反,一个州的公民"考量某种应予谴责的行为——比如,谋杀、多配偶制或者虐待动物",《二号修正案》是完全合适的,因此,州政府要对此种行为表现厌憎时,它也是完全合适的。他认为,科罗拉多州人"有权对同性恋行为怀有厌憎",这本身就足以证明《二号修正案》是正当的。

斯卡利亚愤怒地表示,最高法院的决定是"一种表演,这不是司法裁判,而是政治意愿"。在一年后的一场演说中,斯卡利亚大法官公然嘲笑最高法院在"罗默案"中的判决意见,讽刺地宣布说,他的兄弟们"根据的是——我无从知晓——《权利法案》中的同性恋条款"推翻了《二号修正案》。

在"罗默案"中究竟发生了什么?肯尼迪大法官和斯卡利亚大法官之间的关键分歧,在于厌憎问题。虽然,所有大法官原则上都同意,仅仅针对一个团体的厌憎,本身不足以成为政府行为在宪法上的正当理由,但是,"罗默案"表明,要辨别出厌憎,或者甚至只是知道这个词意味着什么,也绝非总是轻而易举之事。在某种意义上,核心问题在于,因为公民们在道德上不赞成一些人的行为而对之科处的不利条件,与因为公民们厌恶一些人而对之课处的不利条件,在宪法上是否存在区别?对于厌憎问题,正如淫秽案件中的波特·斯图尔特大法官一样,肯尼迪大法官似乎是在"罗默案"中建议说:"看到它时我就知道了。"在此后的判决中,这将成为越来越关键的一个问题。

对于同性恋者权利运动而言,"罗默案"是一场重要的胜利。"美国公民自由联盟"的"同性恋者权利项目"的马特·科尔斯宣布,它标志着同性恋者平等权的"斗争发生了巨变","兰布达法律"的苏珊娜·戈德堡称赞这份判决是"同性恋者权利迄今为止最重大的胜利"。

不过,与此同时,"罗默案"是一份适用范围非常狭窄的判决。虽然,它似乎反对将对同性恋的道德厌恶作为歧视同性恋者的充分理由,但本案提出的这个特别问题,正如肯尼迪大法官通篇所强调的那样,"没有先例"。科罗拉多是美国唯一一个制定《二号修正案》之类法律的州,因此,"罗默案"能够延伸到何种程度,尚不明朗。

"劳伦斯案":"全新的认识"

1998年9月17日,得克萨斯州休斯敦哈里斯县警察局接到骚乱报告,警员们接受指派出警,来到一座私人住宅。进入住宅后,据说他们看到一名白人和一名黑人,即约翰·格迪斯·劳伦斯和蒂龙·加纳,正在肛交。得克萨斯州法律规定,与"同性别者发生变态性交"构成犯罪,但这条法律极少得到执行,而劳伦斯和加纳却因之被捕、受到指控并被定罪。劳伦斯和加纳认为,这条法律是违宪的。得克萨斯州上诉法院援引"鲍尔斯诉哈德威克案",驳回了依据宪法提出的质疑。

2003年,"劳伦斯诉得克萨斯州案"呈递到联邦最高法院。在本案中为"美国公民自由联盟"撰写诉状的哈佛法学院宪法学家劳伦斯·却伯后来评论道,十七年来,"鲍尔斯案""如同密布在同性恋平等诉求上的雷雨云"。政治家、议员和法官纷纷援引"鲍尔斯案",以证明在驱逐出境听证、收养程序、军队的不光彩开除等众多情形下,对同性恋者的歧视是正当的。

不过,在"鲍尔斯案"与"劳伦斯案"之间的这些年中,已经发生了很大的变化。数座州法院认定,它们所在州的反鸡奸法律违反州宪法的规定,许多州议会废除了反鸡奸法律,这样一来,到了2003年,只有十三个州还保留着将成年人之间的自愿鸡奸行为规定为犯罪的法律。

同时,由于同性恋者越来越多地向朋友、家人、熟人和同事公开性取向,公共舆论也发生了变化。在"鲍尔斯案"作出判决时,只有百分之三十二的美国人认为同性恋应当是合法的。十七年后,有百分之六十的美国人持有这种观点。此外,如同"罗默案"所反映的那样,最高法院的人事组成发生了重大变化。在"劳伦斯案"上诉到最高法院的时候,参与过"鲍尔斯案"的大法官之中,仍然在位的只剩下三位——伦奎斯特、史蒂文斯和奥康纳。

当然,这也并不意味着"劳伦斯案"的结果会与"鲍尔斯案"有所不同,但可能性还是存在的。

在戏剧性的、某种程度上令人震惊的以六票对三票形成的判决中,联邦最高法院在"劳伦斯案"中推翻了"鲍尔斯诉哈德威克案",认定得克萨斯州的反鸡奸法律违反美国宪法。"凯西案"和"罗默案"中的关键人物安东尼·肯尼迪大法官再次撰写了判决意见。① 肯尼迪援引最高法院此前在"格里斯沃尔德案"、"埃森施塔特案"和"罗伊案"中的决定,得出结论说,劳伦斯与加纳享有参与本案所涉私密性行为的宪法权利。

肯尼迪摒弃最高法院在"鲍尔斯案"中的论证,指责它"未能理解讼争的自由权"在同性关系中的"范围"。肯尼迪解释说,禁止同性恋性行为触及的是"最私密的人类行为",它所侵犯的,是人们在建立私密的性关系和人际关系时,不放弃"作为自由之人的尊严的"权利。他宣布,因此,"受到宪法保护的自由权,允许同性恋者享有作出此种选择的权利。"

对于最高法院在"鲍尔斯案"认定的禁止同性性行为的法律史,肯尼迪提出了尖锐的批评。他极为详尽地追溯了历史,并提出,最高法院在"鲍尔斯案"中认定的禁止同性性行为有其"历史根源",既过分简单化,同时也是错误的。同时,肯尼迪写到,就现实而言,针对自愿参与亲密行为的成年人,禁止鸡奸行为的法律就算得到实施,也是很罕见的。他得出结论说,因此,在"鲍尔斯案"中,最高法院的假设是,法律制度长期以来都对同性恋性行为大加谴责,此种假设所倚仗的史实主张,实际上要比最高法院的判决意见和首席大法官伯格的协同意见中的说法要可疑得多。

---

① 肯尼迪的意见获得了史蒂文斯、苏特、金斯伯格和布雷耶大法官的加入。

不过，与此同时，肯尼迪承认，正如最高法院在"鲍尔斯案"中所做的评论那样："数个世纪以来，将同性恋性行为谴责为不道德之举的声音，产生了很大的影响。"他写道，在很大程度上，导致这种谴责的，是人们虔诚秉持的"宗教信仰"，对许多人来说，它们体现了"深刻和深奥的"对道德和人际关系的信念。首席大法官伯格在"鲍尔斯案"的协同意见中主张，对同性恋的谴责"牢牢地根植于犹太教与基督教所共有的道德和伦理标准"。但是，肯尼迪宣布，无论这些信仰如何虔诚和深刻，宪法都禁止多数人利用州政府的权力将多数人的宗教观点强加到整个社会之上。

此外，肯尼迪还解释道，长期以来对同性恋性行为的谴责即使属实，这段历史也不必然就能限制对宪法的探索，因为历史和传统只不过是此种分析的起点。他认为，在同性性行为之中，晚近的理解"至为中肯"，因为，"一种全新的认识认为，人们在与性有关的事务上如何处理私密生活并作出决定，自由权为之提供实质性的保护"。为了支持这种观点，肯尼迪指出的事实包括，许多州废除针对自愿鸡奸行为的法律，即使保留此种禁止性规定的州也没有执行这些规定，许多国家取消了惩治自愿鸡奸行为的法律。

肯尼迪认定得克萨斯州法违宪，但他也承认，制宪先贤没有明文规定成年人享有参与同性恋鸡奸行为的权利。因此，如果适用一种严格的原意主义的方法解释宪法，得克萨斯州法或许应予维持。但是,肯尼迪解释道,制宪先贤们故意留下一些开放式的宪法规定,恰恰是因为他们明白,后代子孙有时候或许会懂得,曾被认为是"必要和适当的"法律,也会在实际上只被用于压迫人民、否定他们最基本的自由。肯尼迪得出结论说,那正是"劳伦斯案"中的情形。

值得注意的是,最高法院在"劳伦斯案"中宣告得克萨斯州法律无效,所基于的理由是实质正当程序,而非平等保护。也就是说,最高法院认定,州政府依据宪法不得禁止成年人发生私密的自愿性行为,因为它不具备正当的利益。不过,因为得克萨斯州的这部法律仅仅禁止同性恋鸡奸行为,最高法院宣告它无效的可能理由或许是,即使州政府可以依据宪法禁止所有成年人之间的自愿鸡奸行为,它也不能依据宪法用此种方式歧视同性恋者。

桑德拉·戴·奥康纳大法官在"劳伦斯案"中提交的协同意见,采用的就是此种方法。奥康纳在"鲍尔斯案"中加入了判决意见,她认为没有必要重新考虑本案判决。相反,在她看来,"劳伦斯案"中讼争的得克萨斯州反鸡奸法律,禁止的仅仅是同性恋者的偏离常态的性行为,这有违平等保护条款,因为它"在法律的眼中造成了对同性恋者的不平等"。在此后的诸多案件中,实质正当程序和平等保护之间的交织作用,将继续吸引着大法官们。

最高法院与"同性恋议题"

安东宁·斯卡利亚大法官提交的异议意见,比他在"罗默案"中的意见还要愤怒,再次获得了首席大法官伦奎斯特和托马斯大法官的附和。斯卡利亚重点讨论了两个问题:州政府禁止同性恋鸡奸行为,是否合理地促进了正当利益?州政府禁止同性恋鸡奸行为,是否涉及一种参与此种行为的宪法权利?

对于第一个问题,斯卡利亚断然否定了最高法院的结论,即得克萨斯州法没有合理地促进正当的州利益。斯卡利亚认为,它显然旨在促进在他看来完全理性和正当的判断,即某些形式的性行为是不道德的。斯卡利亚轻蔑地写道,尽管最高法院在"鲍尔斯案"中认定这是一种正当的州利益,它"如今得出的是相反的结论"。斯卡利亚警告说,如此一来,最高法院"有效地裁决了所有道德法律化的终结"。

对于第二个问题,斯卡利亚强烈反对个人享有参与同性恋鸡奸行为的宪法权利的观点。他坚决主张,应予提供宪法保护的未列明权利,只能是"'深深根植于我国历史和传统的'"权利。他认为,最高法院在"鲍尔斯案"中认定,所谓的参与同性恋鸡奸行为的权利,显然无法满足这项标准。他宣布,"鲍尔

安东宁·斯卡利亚大法官

斯案"在这个问题上的结论,"是完全不容置疑的"。①

肯尼迪大法官主张,即使所谓参与同性恋鸡奸行为的权利没有"深深根植于"美国的历史,由于一种"全新认识"认为,应当将宪法理解为确保人们有权自主决定如何"在与性有关的

---

① 斯卡利亚大法官或许会认定,对"深深根植"原则的适用,比如,禁止被定过罪的人结婚、或禁止已婚夫妇为了生育以外的目的发生性行为、或禁止已婚夫妇生育两名以上孩子的法律,侵犯了结婚、婚内隐私和生育孩子等未列明权利,因为,此种权利既对美国的价值观具有根本意义,又"深深根植于"美国的历史,因为政府此前从未对这些权利作出限制。根据此种观点,只有对长期存在的传统的背离,才能被认定为侵犯了未列明权利。

事务上处理私密生活",它也应受到保护。斯卡利亚对此也大加嘲笑。他认为,此种全新认识并不存在,即使它存在,也不能就此成立一种根本性的权利。

在这个问题上,双方都能从先例中找到支持。当然有一些联邦最高法院的判决意见认为,根本性权利的概念仅适用于"深深根植"于美国传统的那些未列明权利,但是,也有其他的一些判决意见,比如"格里斯沃尔德案"、"埃森施塔特案"和"罗伊案",它们所接受的根本性权利概念,显然比斯卡利亚所表述的更为广泛。

在异议意见的结尾,斯卡利亚指责最高法院是在签署他口中嘲弄不已的所谓"同性恋议题",他在此指的是一场想要清除"传统上贴在同性恋行为上的道德指责"的左翼运动。斯卡利亚批评说,最高法院再一次"在这场文化战争中选边站"。因为,在他看来,得克萨斯州法"完全处于传统的民主行动的范围之内",它不应受阻于"臆造的全新'宪法权利'"。

在异议意见中,斯卡利亚大法官用可怕的口吻警告说,多数意见必将打开同性婚姻宪法权利的大门,他对"劳伦斯案"判决的愤怒显而易见。他咆哮道,诚然,"正如最高法院轻描淡写的说法,如果"在道德上不赞同同性恋鸡奸行为,不属于能够证明禁止此种行为是正确的一种"正当的州利益",那么,"还能有什么理由,可以拒绝承认同性恋伴侣在结婚上所享有的权益呢?"

在此后几个月中,斯卡利亚大法官发表了一系列公开演讲,挖苦嘲讽肯尼迪大法官在"劳伦斯案"中的意见。法律评论家戴利娅·利思威克在谈到这些演说时评论道,斯卡利亚在这个问题上肯定"感受到了横亘在宗教和政府之间的宪法之墙的围困和排斥",她补充道,这是"不让虔诚信徒"影响所有其他公民行为规范的一堵墙。

· · ·

尽管斯卡利亚大法官提出反对意见,但肯尼迪大法官在"劳伦斯案"中所担心的违反宪法的厌憎,与在"罗默案"中一样,是有充分理由的。比如,距离劳伦斯和加纳在休斯敦被捕仅仅十年之前,愤怒的天主教保守派就发动过一场倾尽全力的运动,要撤销休斯敦刚刚制定的禁止以性取向为由歧视对待的一部法令。一名支持撤销法令的人批评说,同性恋是"一种疾病,会摧毁个人与社会",另一名支持者宣布,因为"同性恋者不生育",他们必然会招募年轻人加入他们的"性变态""异教"。C.安德森·戴维斯牧师将同性恋者比作"吸毒成瘾者",一份广为流传的小册子虚假地指控说,"你被同性恋者杀死,是被异性恋者杀死的概率的十五倍以上","在所有性谋杀犯中,一半是同性恋者。"[①]

[①] 撤销法令的全民公决获得了通过。

与此类似,在"劳伦斯案"中向联邦最高法院提交的诉讼文书中,得克萨斯州反鸡奸法律的辩护方一再表示了"对同性恋的憎恶"。在这些文书中,有许多沉浸在"宗教虔诚"之中,将同性恋描述成"危险的、违逆自然的失调结果","一种具有传染性的污秽的东西",必须彻底消灭。有几份文书甚至主张,携带艾滋病毒的同性恋者"在故意感染异性恋人群"。

简而言之,在维护得克萨斯州反鸡奸法律的人所持的立场中,有充分理由可以看到不加掩饰的、彻头彻尾的厌憎。肯尼迪大法官没有撒谎。

当街起舞的时刻

肯尼迪大法官宣布最高法院对"劳伦斯案"判决的时刻来临了,他读了一份简短的声明,说明了法院的判决结果。他在最后宣布说:"'鲍尔斯案'判决在作出之时就是不正确的,今天它也是不正确的。它不应继续成为具有约束力的判例。'鲍尔斯诉哈德威克案'应当被推翻,现在它也被推翻了。"这是一个了不起的时刻。坐在法庭中的许多同性恋律师情不自禁地当众哭出声来。

全国的天主教保守派怒不可遏。这是对他们国家的道德的一种侮辱。全国各地的教堂都谈到了所多玛和蛾摩拉的景象。美国天主教主教会议谴责此案判决"令人发指"。"传统价值观联合会"的卢·谢尔登将"劳伦斯案"比作针对美国的"9·11"恐怖袭击,她警告说,"敌人就在家门口的台阶上"。帕特·罗伯逊谴责最高法院撕裂了"我国的道德体系",杰里·福尔韦尔预言说,"劳伦斯案"将通向人兽交,堪萨斯州的一名牧师愤怒地说,这是"美国文明的丧钟"。"家庭研究协会"、杰里·福尔韦尔、天主教主教会议和乔治·W. 布什总统很重视斯卡利亚大法官发出的警告,都呼吁制定宪法修正案,将婚姻界定为只能是异性之间的结合。

不过,对同性恋者群体而言,这是一个当街起舞的时刻。全国各城市都出现了欢乐的游行。在旧金山,因为性取向被军方开除的一群老兵自豪地向一面巨大的彩虹旗行军礼,在五年多的时间里,这面旗帜曾在八十英尺高的旗杆上迎风招展,却被一面美国国旗取而代之。

对同性恋群体而言,"劳伦斯案"不仅仅意味着罕有执行的反鸡奸法律再也不能合法实施。法学家戴尔·卡彭特雄辩地评论道,"劳伦斯案"意味着,"他们的权利再也不会被这个国家的最高司法机关当成玩笑之举而驳回","他们再也不会怀疑,镌刻在联邦最高法院大楼楣饰上的'法律之下人人平等'是否包含他们。宪法现在也成了他们的宪法"。

但是,什么才是"劳伦斯案"的真正意义?它是否如斯卡利亚大法官所批判的那样,接受了所谓的"同性恋议题"?在"劳伦斯案"之后,阻止同性恋者担任教师工作或者收养儿童的州法,现在是否是违宪的?"不问,不说"政策是否违宪?《婚姻保护法案》又如何?将婚姻限于异性之间的州法律又如何?"劳伦斯案"是否一如斯卡利亚大法官所主张的那样,会出现导致所有道德入法都属于违宪的危险,包括反对多配偶制、人兽交、恋尸癖、食人和乱伦的法律?

一些评论者对"劳伦斯案"作出了更宽泛的解读,认为它承认了一种激进的对宪法的公民自由意志主义者的方法,但其他人却以一种更为极简主义的方式解读此案,认为它只是狭窄地宣告针对同性恋鸡奸行为的法律无效,并将别的问题留待未来考虑。尽管肯尼迪大法官的意见缺乏明确的基本原理和范围,不过,对"劳伦斯案"的最佳理解,是它打开了在未来加以扩张的可能性的大门,但没有承诺最高法院会穿过这扇门。

在"劳伦斯案"之后的几年中,各地法院倾向于对本案持有一种狭窄的观点,继续维持拒不承认同性恋配偶收养儿童权利、区别对待监护权纠纷中的同性恋父母亲、拒不承认同性恋伴侣结婚权利的法律。

但大门依然开着。

第二十章
同性婚姻与宪法

在"劳伦斯诉得克萨斯州案"中,有许多事情让安东宁·斯卡利亚大法官感到愤怒,其中让他最恼火的,或许是他认为这暗示着最高法院接下来将认定同性伴侣享有结婚的宪法权利。肯尼迪大法官在判决意见中,甚至在委婉地质疑婚姻只能存在于异性之间的传统观点,斯卡利亚就对此提出了严厉批评。

斯卡利亚当然是对的,这种论点可以扩张适用于禁止同性婚姻的法律,"劳伦斯案"撒下了它的种子。当时,有评论家评论说:"自由、平等、尊严等主线合为一体,构成了肯尼迪论证的核心,很容易被解读为走向婚姻平等。"斯卡利亚认为,对这颗种子务必斩草除根。在他看来,如果各州选择允许同性恋者结婚,那不关法院的事。但是,与此相反,如果他们选择不允许同性恋者结婚,那也不关法院的事。他认为,不管怎样,宪法没有谈到这个问题。

婚礼上的伊迪斯·温莎与西娅·斯拜尔

在"劳伦斯案"之后,对于同性伴侣应当享有结婚的宪法权利,即使是对此想法心存同情的一些评论家也主张,最高法院不应急着解决这个问题。耶鲁大学法学家威廉·埃斯克里奇是同性婚姻的坚定支持者,他在2008年表示,最高法院应当放缓脚步,因为,在绝大多数州之中,强制承认同性婚姻的一份联邦最高法院判决,几乎肯定会引来强烈反弹,那"对同性恋者而言……是灾难性的"。[①]

[①] 有人认为,如果最高法院在堕胎议题上走得再慢一些,对"罗伊案"的许多反弹或许能够避免,在他们身上,此种观点最为常见。

埃斯克里奇的希望是,随着时间的流逝,人们对同性婚姻将越发能够接受,这种历时长久的社会转折更加容易,对同性恋者而言风险就能更小,对作为公共机构的最高法院而言不确定性更少。这恰恰是联邦最高法院在跨种族婚姻问题上所遵循的路线,它在"布朗诉教育委员会案"之后含糊其辞了十三年,才在1967年的"洛文诉弗吉尼亚州案"中最终认定反对跨种族婚姻的法律违宪。

但是,同性恋者权利的许多支持者基于至少两个理由反对此种策略。首先,到了2008年,大多数州已经制定州宪法修正案,将婚姻定义为仅限于异性之间。那些修正案的目的,既是阻止本州最高法院承认同性婚姻是一种州宪法权利,也使本州公民不可能通过普通立法程序将同性婚姻合法化。实际上,这些修正案意味着,如果将来大多数人试图将两名同性别的人缔结的婚姻合法化,他们唯有接受困难得多的重新修订州宪法的程序,才能实现目的,而这个程序通常要求获得本州绝对多数选民的支持。

其次,民主程序不能压倒宪法。如果对宪法的合理解释保证了同性伴侣享有结婚的权利,那么,故意迟疑不决很可能等同于宪法上的放弃权利之举。支持更为积极的司法方法的人们认为,面对压迫性的、违反宪法的法律,大法官们还在踌躇不决时,不应期待同性恋者还能够耐心地等待。

然而,正如尽管许多公民竭力反对,最高法院还是在"罗伊诉韦德案"中承认了女性享有堕胎的宪法权利,也正如当时尽管有四分之三的美国人反对,最高法院还是在"洛文诉弗吉尼亚州案"中认定跨种族伴侣享有结婚的宪法权利,最高法院在保护同性伴侣结婚的宪法权利时,也应如此,无须考虑各个阶层的美国人民是否欢迎此种权利。

当然,这仍然留下了问题,是否应当将宪法解释为其中保证了同性伴侣结婚的权利。"劳伦斯案"或许提出了这个问题,但是,尽管斯卡利亚大法官提出了警告,该案还是没有将之解决。

辩论的内容

1983年,后来创建"结婚自由"团体的埃文·沃尔夫森还是哈佛法学院的学生,他计划撰写一篇独立的研究论文,探讨宪法是否保证同性伴侣享有结婚权利的问题。哈佛的宪法学教授们否定了沃尔夫森提出的研究计划,认为它太过荒诞,没有人会指导这个题目。沃尔夫森最终说服了一位信托与不动产教授接受了这项工作。最后,沃尔夫森交出了一份篇幅很长的分析论文,主张不准许同性伴侣享有结婚自由权违反宪法。与此同时,它也是一次有趣的思想实验,尽管基本上没有意义。

数十年后,主张同性伴侣享有结婚的宪法权利的人们,提出了三种主要的理由来支持他们的立场。首先,根据"罗默案"和"劳伦斯案",他们认为,禁止同性伴侣结婚的法律是违宪的,因为它们没有合理地促进正当的州利益。他们主张,此种法律除了诋毁一个受人轻视的公民阶层外,别无目的,与"罗默案"和"劳伦斯案"中宣布无效的法律一样,它们也同时违反了宪法中的正当程序条款和平等保护条款。

持有对立观点的人们回应说,将婚姻限制在异性之间的法律显然具有正当的理由,包括道德、传统以及州在鼓励生育、促进家庭稳定和延续对婚姻制度的尊重等方面的利益。将婚姻限制在异性之间的法律,无论如何都是不合理或者建立在对同性恋者的厌憎上的,对于这样的观点,他们认为太过荒谬,无法苟同。与此相反,他们认为,这种法律体现的是长期存在的观念,它是对婚姻的合理界定,所基于的是对生育繁衍的关切,无论如何都与对同性恋者的厌憎无关。

其次,根据"斯金纳案"、"格里斯沃尔德案"、"埃森施塔特案"、"洛文案"和"罗伊案"等案件[①],对将婚姻限于异性伴侣之间的法律的合宪性提出质疑的人们认为,因为最高法院多年以来承认婚姻是未列明的基本权利,对于拒不承认个人享有结婚自由的法律,在审查时应适用的标准不是合理依据,而应当是更加严格的标准。他们论证说,即使此种法律是理性的,它们也不可能满足此种更加严格的司法标准。

---

① 这些案件参见第15章和第16章。

持有对立观点的人们回应说,即使结婚权利属于基本权利,它也仅适用于异性伴侣。他们主张,之所以如此,是因为必须是深深根植于"美国的历史、法律传统和法律实践者",才能被承认为基本的未列明权利。尽管他们同意,根据该标准①,异性伴侣的结婚权利属于基本权利,但他们认为,不存在类似的同性伴侣结婚的基本权利,因为这种做法难以称之为深深根植于"美国的历史"。

作为回应,主张同性伴侣享有结婚的基本权利的人们认为,正如明确规定的宪法权利——像是言论自由、法律的平等保护和不受无理搜查和羁押的自由权——的含义,必然会随着岁月变迁因应环境和社会的变化而发生改变,未列明基本权利的含义,随着岁月变迁也必然同样发生改变。他们指出,这恰恰阐释了最高法院在"斯金纳案"、"格里斯沃尔德案"、"埃森施塔特案"、"洛文案"、"罗伊案"和"劳伦斯案"等案件中所作的决定,这些案件全都涉及对于具有深远根源的基本权利在当代的理解,而不是狭隘的传统理解。

再次,对于将婚姻限于异性之间的法律的合宪性提出质疑的人们主张,因为此类法律按照性取向歧视对待,它们类似于按照种族、祖籍国和性别歧视对待的法律,因此,需要根据平等

---

① 比如,就连斯卡利亚大法官可能都会宣布将婚姻仅仅限于能够生育的人们之间的法律无效,因为,这样一部法律在关乎根本性的一种利益上,彻底背离了"美国的历史、法律传统和法律实践"。

保护条款进行更严格的审查。虽然，只要对人们的差别待遇与正当的州利益①合理相关，规定此种区别对待的大多数法律就是合宪的，但联邦最高法院长期以来一直认为，按照某种"可疑"标准制定歧视规定，是尤其成问题的，也因此违反了平等保护条款，除非它们满足要求更高的正当标准。

对非裔美国人的歧视是典型的对平等保护条款的违反，因此，最高法院在决定对某种特定群体的歧视是否应当被认为"可疑"时，通常会考虑四种因素：该群体是否经历过遭受不公平歧视的历史；该群体的典型特征是否本质上无法改变；该群体是否能够有效地保护自身免受多数主义的政治进程的歧视；此种歧视是否基于并不能真正表现该群体能力的刻板印象。对将婚姻限制于异性的法律的合宪性提出质疑的人们认为，对同性恋的歧视符合这些标准，因此，此种法律必须接受更严格的审查。

作为回应，维护歧视同性恋者法律合宪性的人们主张，同性恋是一种选择，同性恋者所谓的歧视历史，与"歧视"选择违反社会道德准则与法律约束的其他群体的历史并无区别，同性恋者拥有足够的政治力量，同性恋与许多法律考量相关，其中最为明显的是婚姻。因此，在他们看来，歧视同性恋者的法律，

---

① 比如，将驾驶许可限于年满十六岁者，将医疗执业限于获得医学学位者，向较富裕人士征收更高的收入税率，都符合平等保护条款，因为这些区别对待合理地服务于正当的州利益。

与歧视乱伦者、人兽交者或多配偶者的法律并无区别。他们认为,这种法律在宪法上与歧视非裔美国人、女性或日裔美国人的法律截然不同。

这些观点如此针锋相对,法院何去何从?

"与自己选择的人结婚的权利"

玛丽·博诺托自1990年起就与"同性恋的支持者与捍卫者"团体携手致力于婚姻平等事业,2001年,她代表七对同性伴侣向马萨诸塞州提起诉讼,质疑将婚姻仅仅限制在异性伴侣之间的州法的合宪性。数年后,美国第一位公开同性恋身份的国会议员巴尼·弗兰克将博诺托称为"我们团体的瑟古德·马歇尔",这句赞语完全恰如其分。尽管许多同性恋者权利积极分子对这场诉讼忧心忡忡,担心它走得太快,但博诺托已下定决心,因为州政府已经采取了一系列承认同性恋者享有平等地位的立法步骤,这正是绝佳的测试案件。

2003年,距离联邦最高法院公布"劳伦斯案"判决才五个月,马萨诸塞州最高法院就在古德里奇诉公共卫生部案中认定,州宪法规定了同性伴侣结婚的权利。首席大法官玛格丽特·马歇尔在"古德里奇案"中发表了里程碑式的意见,她将之比作禁止跨种族婚姻的法律,论证道:"结婚的权利如果不包括与自己选择的人结婚的权利,就没有意义",至少在此种

玛丽·博诺托

情形下，传统必须让位于对本案所争议的"不公正歧视"的当代理解。

马歇尔大法官本人就是一位有趣的人物。她出生于南非，在年轻时勇敢无畏地领导着一个致力于终结种族隔离、为所有南非人赢得司法公正的团体。为了逃避南非政府的政治迫害，她移民美国，在耶鲁法学院获得法律学位。1999年，共和党州长保罗·塞卢奇任命她为该州第一位女性首席大法官。马歇尔在南非的经历，让她深刻怀疑，政府以种族、性别、祖籍国和性取向等不可改变的特征为由，对人们进行分类的做法。

马歇尔发现，没有必要在"古德里奇案"中决定同性婚姻是否属于基本权利，也没有必要决定同性恋者是否属于可疑的阶层，她反而得出结论说，对同性婚姻的禁令甚至无法通过合理审查。政府提出,将婚姻限于异性伴侣,是为了确保孩子们会由"最理想的"家庭抚养,让同性伴侣也能结婚,将会"贬低或者摧毁婚姻制度"。她以难以令人信服为由,驳回了政府的主张。随着"古德里奇案"的定谳,马萨诸塞州成为美国首个允许同性婚姻的州。①

当天晚上,同性恋婚姻支持者在波士顿的旧南方议会厅举行了盛大集会,1773年,波士顿茶党就是在这幢历史悠久的贵格会礼拜建筑中计划起事的。参加了这场盛典的一个人后来回忆说,"整幢楼灯火通明,欢乐的气氛随处可见,欢呼声喧闹不已;一场新的自由运动正在获得力量"。

"古德里奇案"在天主教氛围浓厚的马萨诸塞州引来了强烈反对。大主教肖恩·帕特里克·奥马利对此份判决大加谴责,"马萨诸塞州天主教行动联盟"呼吁弹劾首席大法官马歇尔,"关注家庭"召集了四千多名神职人员抗议法院的决定,州长米特·罗姆尼将本案比作联邦最高法院在1857年"德雷德·斯科特诉桑福德案"中作出的名誉扫地的判决,州天主教会主教宣布,"古德里奇案"是"国家灾难",呼吁制定州宪法修正案推翻此案。在此后五年中,针对州宪法修正案提案,一场激烈的战斗席卷了全州。

与此同时,在国家层面,基督教右派使"古德里奇案"成为

---

① 马萨诸塞州是全世界第五个允许同性婚姻的地区(在它之前有安大略、不列颠哥伦比亚、比利时和荷兰)。

2004年各种选举的关键议题。福音派基督徒詹姆斯·多布森是"关注家庭"团体的创建者,他咆哮道,反对同性恋婚姻的战争将是"我们的诺曼底登陆日"。2004年的共和党党纲呼吁采纳联邦婚姻修正案提案,在全国范围内将婚姻限于异性之间。为谋求连任而竞选的乔治·W. 布什,再三表示支持该修正案,他宣布说,为了"维护婚姻的神圣",这份修正案是必要的。

南方浸信会大会的一名官员评论说,甚至包括"罗伊诉韦德案"在内,从未有哪项议题如此"激怒和刺激我们的票仓"。的确,在"古德里奇案"之前,只有三个州——阿拉斯加、内布拉斯加和内华达——为州宪法制定了修正案,禁止同性婚姻。在"古德里奇案"之后的五年中,其他州的最高法院都没有跟随"古德里安案"的步伐,而且,佐治亚、马里兰、新泽西、纽约和华盛顿的州最高法院都驳回了禁止同性婚姻的法律违反州宪法或联邦宪法的主张。

有鉴于对"古德里奇案"产生的这些激烈反映,许多评论家得出结论说,此案对同性恋者权利运动"弊大于利"。芝加哥大学政治学家杰拉尔德·罗森伯格得出结论说,"古德里奇案"在全国范围内引发的强烈反对,"对同性婚姻权利而言简直是灾难性的"。

"我们会赶你下台"

另一方面,短期影响和长远后果是不一样的。尽管"古德里奇案"在马萨诸塞州和全国范围内都引发了强有力的否定回答,但它也促使人们关注这个问题,促成了许多必要的辩论和探讨。当首席大法官玛格丽特·马歇尔在2003年公布充满争议的"古德里奇案"判决意见时,马萨诸塞州选民以百分之五十三比百分之三十五的比例反对同性婚姻。但是,经过五年的激烈且常常是严重分裂的辩论后,公共舆论发生了显著变化。2008年,修正州宪法的运动以失败告终,截至此时,百分之六十的马萨诸塞州选民支持同性婚姻,只有百分之三十的选民反对。

在那五年中,一万两千多对同性伴侣在马萨诸塞州结婚,邻居、朋友、亲戚和同事日渐接受同性伴侣事实上可以结婚的想法。马萨诸塞州共和党参议员斯科特·布朗曾在2004年凭借激进的反同性恋政纲谋求竞选,到了2010年,他冷静地评论说,同性恋婚姻如今已是"既定法律","人民已经往前走了"。马萨诸塞州的经验证明,熟悉引来的不是蔑视,而是接受。

与此同时,在2008年和2009年,康涅狄格、加利福尼亚和艾奥瓦的州最高法院追随马歇尔首席大法官的步伐,认定他们所在州的宪法也保证同性伴侣享有结婚的权利。2009年,佛蒙特州成为美国第一个制定法律承认同性婚姻的州。此后不久,新罕布什尔、缅因和纽约三州也随之效法。

因此,尽管宗教界仍然强烈反对,但全国范围内的公共舆论如今已转而支持同性婚姻。2009年开展的一系列民意调查表明,多达百分之四十九的美国人支持同性婚姻,较诸数年之前已有大幅增长。即使一些保守派人士,也开始在共和党人是否应当继续反对同性婚姻上含糊其辞。比如,保守派政治评论家格伦·贝克宣布,"同性婚姻没有伤害任何人",前副总统迪克·切尼因为女儿是同性恋,公开宣布支持同性婚姻。

然而,对同性婚姻的阻力仍然汹涌而至。比如,在加利福尼亚,州最高法院作出判决认定,州宪法保证同性伴侣享有结婚的权利,引发了围绕州宪法修正案提案的一场宏伟战争。①宗教团体团结一致,成功地开展积极活动使《八号提案》获得通过,修正了州宪法,规定"只有异性之间的婚姻,才是在加利福尼亚州有效或者获得承认的"。这场投票几乎完全按照宗教信仰划界对立,可以恰如其分地将《八号提案》称为"秉持特定宗教信仰的人们利用法律的权威将他们的信仰强加给其他公民的成功之举"。

在缅因州,州长签署法案授予同性伴侣以结婚权利的次日,包括天主教波特兰大主教区和来自"缅因州家庭政策委员

---

① 参见第18章。

会"的福音派在内的联盟,发动了一场强有力的运动,要求修正州宪法推翻新法律。这场运动获得了天主教会和摩门教会的重金支持,大获成功,2009年末,缅因州的选民们以百分之五十三对百分之四十七的选票比例批准了这部宪法修正案。

第二年,州最高法院中投票承认同性婚姻属于州宪法权利的三位大法官任期届满,艾奥瓦的选民们没有再次选举他们。在职大法官未能获得留任,在艾奥瓦几乎没有先例,但这场运动获得了"全国婚姻团体"、"美国家庭协会"以及来自全州保守派教会牧师联盟的支持,三位大法官都被扫地出门。这对全国范围内以选举方式产生的州法院法官发出了有力的讯息。"美国家庭协会"的执行理事警告说:"对于强行施加我们认为毫无道德观念的议程之人,我们会赶(你)下台。"

通往联邦最高法院之路,道阻且长

因此,尽管同性婚姻运动获得了几次里程碑式的胜利,但到了2010年,它却步履维艰。《婚姻保护法案》仍然是全国性的法律,有三十几个州制定宪法修正案宣布同性婚姻非法。同性婚姻支持者想要突破各州政治障碍的途径之一,是上诉到联邦最高法院。然而,同性婚姻支持者要走这条路可并不轻松。

自从最高法院在2003年作出"劳伦斯案"判决以来,乔治·W. 布什总统任命了约翰·罗伯茨和塞缪尔·阿利托接替威廉·伦奎斯特和桑德拉·戴·奥康纳。因为奥康纳在"罗默案"与"劳伦斯案"中都投票支持多数意见,也因为通常都认为罗伯茨和阿利托在这些问题上会支持斯卡利亚和托马斯,因此,如果通过某起案件挑战禁止同性婚姻的法律的合宪性,结果还是未知数。尽管肯尼迪大法官被视为这些议题上的关键"摇摆"票,他也撰写了"罗默案"和"劳伦斯案"的判决意见,但他执笔的这些意见适用范围非常狭窄,他是否愿意更进一步,也还是未知数。很可能,在直接提出同性婚姻议题的某起案件中,肯尼迪大法官会转身加入罗伯茨、斯卡利亚、托马斯和阿利托阵营。

在这样的一起案件中受挫,会创造明确的先例,同性伴侣不享有结婚的宪法权利,这将是毁灭性的。因此,同性恋者权利群体的大多数成员都支持谨慎以对,只在州最高法院看起来富有同情心的那些州之中挑战禁止同性婚姻的州法律,在看似可能的各州之中,逐州谋求立法措施,将联邦宪法挑战留待以后。这似乎俨然是最安全的——也是最明智的——行动步骤。

然而,这项战略很快就被推翻了,因为,二十一世纪初最著名的两位美国律师——戴维·博伊斯和特德·奥尔森——在2009年下定决心,要联手挑战加利福尼亚州《八号提案》的合宪性。博伊斯和奥尔森曾在2000年的"布什诉戈尔案"中对阵,博伊斯代理阿尔·戈尔,奥尔森代理乔治·W. 布什。尽管他们来自政治对立阵营,但他们下定决心,要携手为家乡赢得胜利。

奥尔森同意参加这次挑战,着实令人吃惊。他是卓有声望的保守派人士,曾在罗纳德·里根时代担任司法部高官,并在乔治·W. 布什时代担任首席政府律师。尽管如此,他与同性恋者之间的私人关系和职业关系,让他感受到了他们在面对歧视时所承受的痛苦。他得出结论说,这是值得为之一战的事业。

大多数全国性的同性恋者权利组织反对博伊斯-奥尔森发起的这场诉讼即"佩里诉施瓦辛格案"。他们认为此举鲁莽傲慢,只考虑自己,太过仓促。在联邦最高法院失利,会让这场平等运动倒退数十载。包括"兰布达法律"、"美国公民自由联盟"和"人权运动"等多家同性恋者权利团体联合发布通讯稿,对这场诉讼提出批评。奥尔森信心满满地回答说:"我们知道自己在做什么。"

"佩里案"提起后,加利福尼亚州民主党司法总长杰里·布朗和共和党州长阿诺德·施瓦辛格共同宣布,州政府将不会为《八号提案》的合宪性辩护,他们还宣布,他们认为《八号提案》违反了美国宪法。这就产生了一种程序困境,因为诉讼各方现在无一处于维护《八号提案》合宪性的立场。受派审理此案的联邦地方法院法官沃恩·沃克裁定说,《八号提案》的支持者可以参与本案维护它的合宪性,从而解决了这个问题。

此后,沃克法官宣布《八号提案》违宪,因为它拒不承认人们享有结婚的基本权利"缺乏正当理由(更不存在重大理由)"①。《八号提案》的捍卫者立即上诉到联邦上诉法院,联邦上诉法院认定《八号提案》违宪,因为它甚至未能通过合理基础的审查。

之后,联邦最高法院同意受理此案。此案风险巨大。不过,尽管奥尔森和博伊斯发起的这场诉讼引发了人们的激动和焦虑,最高法院却得出结论说,这个问题上诉到最高法院是不对的,因为《八号提案》的支持者不应获准维护它的合宪性。最高法院因此认定,本案应予驳回。

最高法院对"佩里案"的解决方案,实际效果仍是保留了沃克法官宣告《八号提案》无效的决定。这样一来,就恢复了《八号提案》之前的加利福尼亚法律,即允许同性伴侣结婚。奥尔森和博伊斯因此为加利福尼亚的同性恋者赢得了重大胜利,但是,他们未能成功地改变全国性的法律。如果大法官们触及此案的是非曲直,他们会何去何从,大多数同性恋者权利的支持者自然无法确定,但他们颇有如释重负之感。

与此同时,在全国各地爆发了挑战《婚姻保护法案》合宪性的多起诉讼。这些诉讼的核心诉请,是对于根据州法结婚的

---

① 沃克法官是长期不为人知的同性恋者。讽刺的是,当乔治·H. W. 布什总统首次提名他出任联邦法官时,同性恋团体反对任命他的理由是,他所代表的利益集团,对同性恋者的权益存在敌意。在沃克对"佩里案"作出判决后,包括"全国婚姻组织"、"美国家庭协会"和帕特里克·布坎南在内的保守派以身为同性恋者却未回避此案为由,对他大加谴责。

同性配偶,联邦政府依据宪法不得拒绝给与社会保障、医疗保健、退伍、税收等方面的联邦婚姻福利。这种诉讼请求,比"佩里案"的诉请明显要狭窄,因为,在这些案件中的争议问题,不是各州依据宪法有责任准许同性婚姻,而只是如果他们选择这样做,那么,联邦政府依据宪法就不能歧视州法已经承认的同性婚姻。

2009年,曾经提起"古德里奇案"的玛丽·博诺托在马萨诸塞州提起诉讼,挑战《婚姻保护法案》的合宪性。玛丽·博诺托提出,歧视同性恋者的任何法律,根据平等保护条款,都应当被视为"可疑的",也因此必须经受更高的审查标准的检验,而不是合理基础审查。大多数同性恋者权利支持者深感忧虑,唯恐博诺托走得太快。

然而,2010年7月8日,联邦法官约瑟夫·劳罗在"吉尔诉人事管理办公室案"中宣布,《婚姻保护法案》违宪。由尼克松任命的劳罗法官,已有八十岁高龄。他没有处理更高审查标准的问题,而是援引"罗默案"和"劳伦斯案"解释说,他"实在想不出",合法结婚的同性伴侣与合法结婚的异性伴侣之间存在何种不同,可以合理地被认为与他们享受联邦婚姻福利的资格相关。因此,他得出结论说,只有"不合理的偏见"才会促使国会制定《婚姻保护法案》。

与此同时,公共舆论也在继续发生变化。到了2011年春,多数美国人以百分之五十对百分之四十五的比例支持同性婚姻,这在美国历史上还是破天荒头一遭。① 奥巴马政府也于此时下定决心,一切均已就绪。经过多番内部争论后,司法部长埃里克·霍尔德于 2011 年初通知国会,司法部本着良心,不再维护《婚姻保护法案》的合宪性。

因为奥巴马政府不会再论证《婚姻保护法案》符合宪法,众议院内的共和党人暴跳如雷,他们立刻自告奋勇承担这项任务。众议院议长约翰·博纳(俄亥俄州共和党人)宣布,乔治·W. 布什政府的前首席政府律师保罗·克莱门特将会代表众议院捍卫《婚姻保护法案》的合宪性。

此后不久,联邦上诉法院维持了劳罗法官的判决,即《婚姻保护法案》违宪。克莱门特立即请求联邦最高法院审理此案,但最高法院决定不予受理,最可能的原因是,此案提起诉讼时担任首席政府律师的埃琳娜·卡根大法官将无法参与审理。同性恋者权利群体再一次如释重负。

但是,其他案件就要悄然登场了。

"温莎案":《婚姻保护法案》的终结

1963 年,伊迪斯·温莎与西娅·斯拜尔在纽约市相遇,开始了一段旷日持久的爱情。温莎是数学奇才,曾在 IBM 担任

---

① 此外,2011 年与 2012 年,又有四个州——纽约州、华盛顿州、新泽西州和马里兰州——的州议会制定法律,将同性婚姻合法化。

高级系统程序员;斯拜尔是临床心理学家。1993年,纽约市首次允许同性伴侣选择登记成为同居伙伴,她们就办理了登记手续。2007年,距离她们最初成为伴侣已有四十多年,她们远赴加拿大安大略结婚。此后,她们的婚姻合法性就获得了纽约州的承认。

2009年,斯拜尔去世,享年七十七岁,温莎想要主张免除在世配偶的标准联邦遗产税收。然而,因为《婚姻保护法案》第三章拒不承认将联邦婚姻福利授予异性之外的已婚配偶,她的免税主张遭到了拒绝。温莎于是向法院提起诉讼,主张该法第三章违宪。

三年后,联邦地方法院的芭芭拉·琼斯法官,在"温莎诉联邦案"中遵循劳罗法官的"吉尔案"先例,认定《婚姻保护法案》违宪,她得出结论说,联邦政府对获得合法承认的同性婚姻的歧视,缺乏合理理由。

此后不久,联邦上诉法院维持了琼斯法官的决定。由乔治·H. W. 布什总统任命的首席法官丹尼斯·雅各布斯认定,歧视同性恋者的法律在宪法上是"可疑的",因此,《婚姻保护法案》因为歧视合法结婚的同性配偶,拒不承认他们有权获得法律的平等保护,并未实质上促进重大政府利益。

2012年12月7日,联邦最高法院宣布,将会审理"温莎案"。伊迪·温莎的律师罗伯塔·卡普兰后来回忆说,"欢呼声突然爆发",我们打开香槟,因为"我们要去最高法院了"。

卡普兰注意到,多年以来,伊迪·温莎"因为她的婚姻关系不被承认",背负着"难以承受的侮辱",但是,现在"她的案子将在这个国家的最高法院获得听审"。

. . .

2013年6月26日,联邦最高法院宣布对联邦诉"温莎案"的判决——距离"劳伦斯案"宣判之日整整十年。在分歧严重的以五票对四票形成的判决中,最高法院宣告《婚姻保护法案》第三章无效。与"罗默案"和"劳伦斯案"一样,肯尼迪大法官撰写了判决意见。他获得了金斯伯格、布雷耶、索托马约尔和卡根大法官的加入。首席大法官罗伯茨与斯卡利亚、托马斯、阿利托大法官提出了异议意见。

肯尼迪大法官开篇即强调说,呈递到最高法院的问题并非各州依据宪法是否负有承认同性婚姻的责任,而是对于在一个州合法结婚的配偶恰好是相同性别的人们,联邦政府是否可以依据宪法歧视对待。在处理这个问题时,肯尼迪评论说,婚姻的定义传统上由各州在自身权力范围内解决。因此,他称《婚姻保护法案》完全"史无前例",因为它彻底背离了这项传统。

为了找到出现这种背离的原因,肯尼迪转而讨论《婚姻保护法案》的制定历史。他的发现令他深感不安。比如,关于《婚姻保护法案》的众议院报告说明,这部法律旨在表达的"既是对同性恋的道德非难",又是"同性恋与犹太教与基督教所共有的"道德互不相容的"道德信念"。肯尼迪得出结论说，《婚姻保护法案》的核心目的是破坏"同性婚姻的平等尊严"，告诉"同性配偶和全世界，他们原本有效的婚姻不值得"受到尊重。他评论道，这样一来，《婚姻保护法案》"贬低了同性恋配偶"，"羞辱了如今正由同性配偶抚养的数万名孩子"。

与在"罗默案"和"劳伦斯案"中一样，肯尼迪解释道，"'赤裸裸地……想要伤害在政治上不受欢迎的群体，无法'"证明对这个群体的歧视对待是正当的。因为《婚姻保护法案》的主要目的和必然影响，是"贬低和伤害政府通过婚姻立法试图保护其人格和尊严的人们"，肯尼迪得出结论说，《婚姻保护法案》侵犯了美国宪法保证所有美国人享有的自由和平等。

与"劳伦斯案"一样，异议大法官们怒不可遏。获得克拉伦斯·托马斯大法官加入的安东宁·斯卡利亚大法官称，多数意见相当"不同寻常"。在异议意见中，斯卡利亚多次形容肯尼迪大法官的分析"令人费解"、"令人困惑"、"荒谬可笑"、"用力过猛"和"死抠法条的大放厥词"，对之不屑一顾。斯卡利亚重申了他在"劳伦斯案"中的宣告："宪法没有禁止政府强制实施传统的道德与性规范。"他认为，宪法对社会赞成同性婚姻的要求，并没有比对社会赞成无过错离婚或多配偶制的要求更高。他坚称，这本质上足以成为联邦政府决定不承认同性婚姻的理由。

不过，即使抛开"传统的道德非难"，斯卡利亚也认为，《婚姻保护法案》也拥有多个"完全正当的——的确也是完全乏味的"理由,比如,国会想要避免因为将婚姻福利扩张适用于同性配偶而将联邦法典的实施复杂化。斯卡利亚指责说,肯尼迪简单地无视此种理由,试图制造"错觉",即通过这部法律的国会议员都是"狂热暴徒中的精神错乱分子",想要"贬低和伤害同性配偶","给同性恋者打上'不值得'的烙印","'羞辱'他们的孩子"。斯卡利亚坚称,此种"指控完全不能成立"。

最后,斯卡利亚呼应了自己在"劳伦斯案"中的告诫,称"温莎案"必然导致承认同性婚姻属于宪法权利。简而言之,他指责说,如果最高法院相信,针对同性恋者的厌憎是违反宪法的,而《婚姻保护法案》正是此种厌憎的产物,那么,对于将婚姻限于异性之间的州法律,它将无可避免地得出同样的结论。他怒火中烧地说:"就本院而言,大家都不会上当;这不过是……等待另一只靴子……的问题而已。"①

得知最高法院作出的判决后,刚刚过完八十四岁生日的伊迪·温莎嚷嚷着想和自己的律师罗伯塔·卡普兰去石墙酒吧庆祝。温莎和卡普兰抵达石墙酒吧的时候,已有数百人聚集在那里,这里正是几乎半个世纪之前现代同性恋者权利行动的诞生地。温莎跨出汽车时,人群几近疯狂。卡普兰也是同性恋者,她的发言发自肺腑。她说,今天的判决提醒我们,为什么

---

① 首席大法官罗伯茨与阿利托大法官也提交了异议意见,并获得了托马斯大法官的加入。

"我们拥有宪法——将我们结合成为一个国家的公民,我们中的每一个人,都有权受到法律的平等保护"。

此时此刻,对于卡普兰而言无疑意味良多,不只是因为她在联邦最高法院获得了一场重大胜利,也因为她自己的人生故事。她回忆说:"从高中时起,我怀疑自己可能是同性恋者,但部分是因为我吓坏了,我无法真正面对这个问题,直到1991年,我在法学院的第三年……结果似乎很明显:作为同性恋者,意味着失去来自家庭的支持。它意味着再也不能结婚或者组建属于你自己的家庭。它意味着在社会边缘过着偷偷摸摸的生活,成年人生活中的关于幸福和安全的承诺,你根本无法指望。"

1991年,卡普兰终于决定公开同性恋身份,但她感受到的不是如释重负,而是绝望。对于她的宣告,她的母亲回以严厉的负面反应,使她陷入严重的消沉之中。但她遇到了一次不同寻常的命运转折,在"温莎案"作出判决的二十五年前,她去找临床医生寻求帮助,那位医生正是西娅·斯拜尔。

"温莎案"之后

从"鲍尔斯案"到"温莎案"的二十七年中,最高法院走得很远,令人震惊不已。这自然有几个方面的原因,其中之一是最高法院并非是在整体上朝着更为"自由派的"方向移动。恰恰相反，在包括平权行动、竞选资金、枪支管制和选举权等大量议题上，随着斯卡利亚、肯尼迪、托马斯、罗伯茨和阿利托的加入，如果说最高法院发生了变化，那么，比起作出"鲍尔斯案"的那个最高法院，它已是显著地更为"保守"了。

在此期间，发生变化的是对同性恋的全新认识，以及公众和法律对歧视同性恋的法律是否道德和明智的全新理解。1986年，没有人会花心思开展同性婚姻问题的民意调查。这种调查看上去很荒谬。直到1996年，盖洛普公司终于想要问问人们关于同性婚姻的问题。当时，只有27%的美国人认为同性婚姻应当合法化。到了2013年，在"温莎案"判决之时，百分之五十四的美国人持有此种观点。

这种转变归因于多个方面，不过，其中最重要的是美国社会中的同性恋者可见度发生了巨大变化。受到这种转变影响的，不仅仅是平常市民，还有议员、市长、州长、总统和法官。与此相应的是，对于自由、平等和正当程序等基本法律概念的传统理解——在适用于同性恋者时——突然受到了质疑，而且理当如此。

不过，必须注意的是，公众的态度和理解发生的这些变化，并不能自行影响宪法原则发生某种特定的变化。"鲍尔斯案"和"温莎案"都是以五票对四票形成的判决。只要有一张票，就可以改变长达二十七年的"改变"过程。如果罗伯特·博克通过提名确认，如果安东尼·肯尼迪因此没能进入最高法院，

"温莎案"的结果很可能是倒过来的五票对四票。

因而,在这些案件中出现的分歧结果,至少是由两个关键事实所塑造的:在判决案件的时候,普通社会公众对同性恋有什么样的理解;在问题出现的特定时刻,恰好在最高法院任上的大法官们个人所持的特定解释方法和价值观。

不过,最高法院在"温莎案"中实际做了什么呢?这份判决的理由和含意都不甚清晰。"温莎案"判决一公布,评论家们在理解肯尼迪撰写的意见时立即陷入了"严重挫折",甚至无法确定它在说什么。无疑,肯尼迪大法官是有意如此的。他担心,最高法院如果走得太远太快,就会招致强烈反对,所以要回避风险。尽管他的意见可能会为最高法院走向承认同性婚姻的宪法权利奠定基础,但也"把门开得足够大,足以从这个领域中退出"。

尽管"温莎案"判决含糊不明,但它所带来的后果是,事实上出现了雪崩一般的司法判决,宣告拒不承认同性伴侣结婚权利的州法和州宪法条款无效。在一年之内,全国有二十多座法院作出了这个结论。法官们显然抓住了肯尼迪所写内容的要旨。

比如,在"博斯蒂克诉舍费尔案"中,第四巡回上诉法院宣告弗吉尼亚州将婚姻限于异性之间的州宪法条款无效。由乔治·W. 布什法官任命的联邦法官亨利·弗洛伊德在判决意见中认定,因为弗吉尼亚州法律拒不承认结婚属于基本权利,它必须经受更高审查标准的检验。弗洛伊德法官得出结论说,弗吉尼亚州主张的传统、道德、生育责任和抚养子女最佳选择等理由，均不够充分，不足以满足宪法的要求。

在"巴斯金诉博根案"中，第七巡回上诉法院宣告印第安纳州和威斯康星州拒不承认同性伴侣享有结婚权的法律无效。由里根总统任命的联邦法官理查德·波斯纳，是美国最著名、最有影响力的法学家之一，他所执笔的判决意见犀利无比。法院指出，这些法律"沿着可疑的界线"作出歧视规定，因为"同性恋在世界历史上属于最受污名化、最受误解和最受歧视的少数群体之一"，也因为"同性恋并非自主选择的身份"也已毫无疑问。

除此之外，波斯纳法官补充道，拒不承认同性伴侣享有结婚权利的法律甚至无法通过合理依据审查，因为各州据以维护这些法律的论点"漏洞百出"，无法"给予认真对待"。波斯纳将各州都会言之凿凿提出的唯一理由——同性伴侣不需要结婚，因为他们无法生育——斥之为"完全难以置信"。

就这样，在阿肯色、科罗拉多、佛罗里达、艾奥瓦、伊利诺伊、印第安纳、肯塔基、密歇根、新泽西、新墨西哥、俄亥俄、俄克拉何马、俄勒冈、宾夕法尼亚、田纳西、得克萨斯和威斯康星，各个层级的法官在一起又一起的案件中认定拒绝承认同性伴侣享有结婚权利的州法违宪。[1] 简而言之，全国的州法院和联邦法院的法官们几乎无一例外地赞同斯卡利亚大法官在"温莎

---

[1] 此外，在这些州之中，有几位州长——包括新泽西和内华达的共和党州长——对本州的此种法律违宪表示赞同，拒绝在法院中为它们作出辩护。

案"中愤怒的警告,即肯尼迪大法官撰写的意见深刻改变了法律格局和宪法格局。在"温莎案"之前,处理这个问题的绝大多数法官会认定说,将婚姻限于异性伴侣的法律是合宪的。在"温莎案"之后,压倒性多数的法官会认定此种法律违宪。这种转变突如其来,影响深远。①

不过,令人毫不惊讶的是,考虑到联邦最高法院在"罗默案"、"劳伦斯案"和"温莎案"中的论证多少有些晦涩不明,各法院在宣告这些法律无效时,给出的理由五花八门。一些法院主张它们侵犯了结婚的基本权利,一些法院依赖的理由是基于性取向的歧视在宪法上是"可疑的",一些法院得出结论说,这些法律要么是完全非理性的,要么是受到了宪法所不允许的对同性恋者的厌憎之影响。

到了 2015 年春天,已有百分之六十的美国人支持同性婚姻,同性伴侣可以在三十八个州和哥伦比亚特区合法结婚。几经犹豫之后,联邦最高法院终于宣布,它准备处理这个宪法议题。因为,此时准许同性婚姻的绝大多数州之所以如此规定,是由于法院判决认定,各州拒绝允许同性伴侣结婚违反了美国宪法,但是,风险仍然很高。如果出现一份判决认定此种法律不违宪,将会彻底翻天覆地。

---

① 也有几个例外。比如,在"德博尔诉斯奈德案"(772 F.3d 38,第六巡回上诉法院,2014)中,第六巡回上诉法院作出存在严重分歧意见的判决,维持了拒不承认同性配偶享有结婚权利的一部法律的合宪性。

用斯卡利亚大法官在"温莎案"中的话来说,"另一只靴子"就要落地了。

"另一只靴子"

在二十多年中,詹姆斯·奥贝格费尔与约翰·亚瑟在俄亥俄州的辛辛那提共同生活,保持着长期稳定的关系。约翰患上了通称为 ALS 的肌萎缩性脊髓侧索硬化症,已病入膏肓,这是一种绝症,会让身体麻痹无力。他们下定决心,希望在约翰去世前获得结婚的尊严。因为俄亥俄州法律禁止同性伴侣结婚,于是,2013 年 7 月 11 日,他们包了一架医疗飞机飞往马里兰,在那里他们可以合法地结婚。在飞机落地后,亚瑟的阿姨博莱特就在巴尔的摩–华盛顿国际机场的停机坪上为他们完成了结婚仪式。三个月后,约翰去世,吉姆[*]提起诉讼,要求俄亥俄州在死亡证明书上承认他是约翰的丈夫,但也自然遭到了俄亥俄州的拒绝。

2015 年 4 月 28 日,联邦最高法院听审了"奥贝格费尔诉霍奇斯案",代理吉姆·奥贝格费尔的律师是玛丽·博诺托,她曾于十二年前在马萨诸塞州最高法院代理"古德里奇案",是非常合适的人选。出现在法庭上的人,还有罗比·卡普兰,

---

[*] 吉姆是詹姆斯的昵称。——译者注

她代理过"温莎案";埃文·沃尔夫森,他在三十年前首次提出同性伴侣享有结婚的宪法权利的不可思议想法;保罗·史密斯,他代理过"劳伦斯诉得克萨斯州案";如今已退休的马萨诸塞州首席大法官玛格丽特·马歇尔;以及许多律师、历史学家和积极分子,他们在帮助联邦最高法院——和美国——走到此时此刻的过程中发挥了重要作用。

在庭审过程中,每个人都期待安东尼·肯尼迪大法官在本案中成为关键的摇摆票,当他在庭审中问道,对于他所谓的还在继续之中的这场社会运动,最高法院是否适合这么快介入,这引发了一些惊讶和担心。他评论说,婚姻的定义就是在异性之间缔结,"数千年来都是如此"。他问道,"让最高法院来说,哦,好吧,我们知道得更多",这是否真的合适?首席政府律师唐纳德·维里利代理的是奥巴马政府,更重要的是,他代理的是美国。他直接回应了肯尼迪大法官的问题:"同性恋者是平等的,"他宣布。"他们应当受到法律的平等保护,他们**现在**就应当受到保护"。

2015年6月26日是"劳伦斯案"和"温莎案"公布判决的周年纪念日,联邦最高法院向正在焦急等待的全美国宣布了"奥贝格费尔案"的判决。

与"罗默案"、"劳伦斯案"和"温莎案"一样,安东尼·肯尼迪宣布了判决意见。最高法院再次出现了严重分歧。与"温莎案"一样,金斯伯格、布雷耶、索托马约尔和卡根大法官加入肯尼迪大法官的意见,首席大法官罗伯茨和斯卡利亚、托马斯、阿利托大法官提出了异议意见。

肯尼迪大法官开篇即强调说,最高法院长期以来一直认为,尽管宪法没有明确列明,但婚姻属于至关重要的权利。肯尼迪注意到了贯穿人类历史的婚姻具有"超常的重要性",他评论道,婚姻总是被人们理解为是赋予已婚夫妇的"尊严"。他评论说,基于这个原因,最高法院多年以来一直认为,各州依据宪法不得拒绝承认已婚夫妇享有使用避孕用品的权利,不得禁止跨种族伴侣结婚,不得禁止迟延支付子女抚养费的父亲们结婚,不得禁止囚犯结婚。

尽管肯尼迪承认,最高法院此前保护婚姻属于基本权利的判决处理的全部都是异性配偶之间的关系,但他解释说,这绝对没有排除最高法院决定同性伴侣是否应当享有这项权益的职责。他解释说,之所以如此是因为,尽管历史与传统指引着对宪法的解释,但当"新的视角"揭示出社会对基本宪法规定的理解发生了变化时,这些规定的含义必须同样发生变化。他论证道,因此,尽管将婚姻限于异性配偶"可能长期以来似乎是自然和公正的",但它"与结婚这项基本权利的核心内容存在矛盾,如今已显而易见"。①

---

① 肯尼迪援引"斯金纳诉俄克拉何马州案""埃森施塔特诉贝尔德案"等判决,进一步解释说,州政府决定拒不承认同性伴侣享有结婚的自由权,不仅仅影响正当程序条款所赋予的自由,还会影响平等保护条款赋予的平等权。他解释说,这两项基本原则之间的"相互关系"至关重要,因为,"拒绝承认同性伴侣享有结婚的权利",会对被不公平地否定这项权利的人们"造成巨大的、持续的伤害"。

安东尼·肯尼迪大法官

肯尼迪接着讨论的问题,是他本人在庭审过程中提出来的:在考虑同性婚姻这样的政治敏感议题时,最高法院是否应当"谨慎以对",袖手等待进一步的公众辩论、诉讼和立法?尽管肯尼迪认同,在宪法的考虑中,民主程序通常才是应对政治变革的合适机制,但他宣布,当基本权利受到侵犯时,"宪法要求法院给予救济"。为了呼应我国宪法的制定者,肯尼迪解释说,宪法理念本身就是"从变动不居的政治争论中收回某些主题","将它们安置于大多数人"和政府官员"无法触及之处"。

因此,为了回应四十年前最高法院在"罗伊诉韦德案"中的立场,肯尼迪宣布,"如果最高法院袖手旁观,允许更为缓慢的逐案作出的决定",是在实际上不负责任地允许各州拒不承认同性恋者享有宪法赋予他们的基本权利。

在意见的最后几段,肯尼迪大法官讨论的是潜藏着的宗教问题。肯尼迪承认,宪法保护人们有权坚持某种宗教学说,可以主张同性婚姻是罪恶的、人们不应参与此种关系。但是,就像在"罗默案"、"劳伦斯案"和"温莎案"中一样,他认为,宪法没有允许州政府为了迁就他人的宗教信仰,而拒绝承认人们享有宪法所赋予的权利。

"宪法……与之完全无关"

异议大法官们被激怒了。尽管获得斯卡利亚和托马斯大法官加入的首席大法官约翰·罗伯茨承认,很多人对最高法院的判决"欣喜万分",但他宣布,"对相信的对象是法治政府、而不是个人的人们而言,"最高法院的判决肯定"令人沮丧"。他抱怨说,这是"出自个人意愿之举",而不是出自"法律判断"之举,因为,它所宣布的这项权利"缺乏宪法依据"。

尽管罗伯茨同意,宪法保护隐含的结婚权利,但他认为,这项权利仅仅适用于异性的结合。他提出,之所以如此是因为,婚姻的定义"数千年以来在多种文明中都存在"。罗伯茨称最高法院的方法"没有原则"、"站不住脚",他主张,未列明的权利只有深深"根植于我们人民的传统和良心",才能合理地被视为具有根本性,这项标准绝对无法用来形容本案所主张的同性婚姻权利。他认为,此种限制必不可少,因为它是限制法官自由裁量权所必须的。他警告说,最高法院的论证如果可以不受此种限制,那将会同样适用于"多配偶制"也属于基本权利的主张。

罗伯茨在意见的结尾承认,支持确认同性婚姻的人将无疑会"庆祝今天的决定"。但是,他警告说,"不要为宪法而庆祝。它与之无关"。

获得托马斯大法官加入的斯卡利亚大法官全盘接受了罗伯茨的意见,但他感到有必要单独写一篇意见,以强调最高法院"对美国民主产生的威胁"的程度。斯卡利亚认为,同性伴侣是否可以结婚,于他而言毫不重要,他坚称,最高法院的决定真正激怒他的,是他所谓的"在今天的司法政变中体现出的狂妄自大"。斯卡利亚在攻击肯尼迪的意见时毫不留情,他嘲弄它"自命不凡""自高自大""极不连贯""法律的虚饰一点都不讲了"。

斯卡利亚大法官将他的"原旨主义"方法运用到宪法解释中,他写道,当第十四修正案于内战后获得批准时,每一个州"都将婚姻限制在异性之间,没有人怀疑这样做的合宪性"。他坚称,这个无可辩驳的事实,应可彻底解决这个问题。他宣布,最高法院没有合法权力以宪法为由宣告这些法律无效,"必须允许对同性婚姻的公开辩论继续进行"。①

获得斯卡利亚大法官加入的托马斯大法官强调说,最高法院的决定"威胁到了我国长期以来试图保护的宗教自由"。他警告说,因为婚姻既是政府制度,也是宗教制度,因为个人与教会都面临着参与并认可同性婚姻的需要,因此,这两种婚姻现在会"陷入冲突","似已无可避免"。考虑到这种现实,托马斯批评道,最高法院的决定"可能为宗教自由带来毁灭性的影响"。②

谁才是对的?

"奥贝格费尔案"中的四位异议大法官坚决反对的是他们所强调的主张,即形成多数意见的大法官们无耻地——也是不合理地——歪曲了宪法的"真正"含义,以符合他们自己的个人价值观和信仰。或许是为了让这个观点最为突出,斯卡利亚大法官嘲笑道:"今天的判决说,我的统治者,从东海岸到西海岸的三亿二千万美国人的统治者,是端坐在联邦最高法院的九名法律人中的多数派。"他恼火地道,这样一种制度"不应被称为民主政治"。在分别提交的异议意见中,首席大法官罗伯茨

---

① 就在这段论证的同一行,斯卡利亚曾暗示说,平等保护条款的恰当解读,也没有提及歧视女性的法律。
② 阿利托大法官也提交了一份异议意见,并获得了斯卡利亚和托马斯大法官的加入。

和托马斯、阿利托大法官各自发出了对最高法院篡夺"人民"自治"权利"的斥责。

如果发出此类指责的大法官们自己能够恪守司法克制原则，它们或许还能成立。在美国历史上，确实有法官——菲利克斯·法兰克福特和约翰·马歇尔·哈伦即为著例——真诚地相信司法克制。在他们看来，联邦最高法院的大法官们在解释宪法时应当是中立的，不应对当选政府妄下结论，除非它们的行为明显、明确违反了宪法。

如果是法兰克福特与哈伦这样的大法官谴责"奥贝格费尔案"的多数意见违反了司法克制原则，人们至少必须尊重他们是在真诚地恪守这项原则。但是，首席大法官罗伯茨与斯卡利亚、托马斯和阿利托绝对没有做到这一点。与此相反，他们在案复一案中的表现，通常都是激烈的司法能动主义形式，完全不符合他们在"奥贝格费尔案"中对司法克制所吟唱的那些自命正直的赞美诗。

比如，这四位大法官曾为了维持规制竞选开支和竞选捐款、批准平权行动项目、规制枪支购买、保护少数族裔的选举权、促进种族融合的违宪法律，欣然接受对宪法的激进解释。简而言之，这四位大法官绝非原则性很强的恪守司法克制原则的法官。

尽管在对判决意见提出反对时，他们可以、也的确提出了当然有其合理性的论点，但他们所指责的"奥贝格费尔案"侵犯了最高法院依法具有的宪法地位,以某种异乎寻常的方式侵犯了美国民主政治的规范,却是言过其实,充其量也只是荒唐之言。不赞成最高法院的论证是一回事。指责形成多数意见的大法官们背叛了最高法院对民主程序应有的尊重,在这份判决中尤其如此,却又是另一回事。事实很简单,他们并非如此。

这些攻击来势汹汹,这也表明,四位异议大法官受到了同性婚姻想法的严重的道德冒犯,为此怒不可遏。但他们提出的抗议却与之相反。在这层意义上,可以公平地说,在"奥贝格费尔案"中,对于未能采取冷静、慎重、平心静气、专业的方法,而是用一时赌气的方法处理此案的,并不仅仅是多数意见中的大法官们,异议大法官们也是如此,他们也要负起责任。

然而,这并不是说,不赞同最高法院的分析,就不存在合理的理由。在宣告将婚姻限于异性之间的法律无效时,肯尼迪大法官依赖的论据是,婚姻属于根本性权利,因此,政府不得在缺乏重大理由时,却以宪法为由拒绝承认同性伴侣享有结婚的权利。宪法保护未列明基本权利的概念,尽管明显是在第九修正案①的情理之中,但一直以来都有些令人苦恼。詹姆斯·麦迪逊评论道,在宪法中承认"特定的权利,不应被解释为削减人民所保留的其他权利应有的重要性"。多年以来,最高法院承认,存在数种这样的权利,比如,包括不受绝育手术的权利、使

---

① 关于第九修正案的制定,参见第6章。

用避孕用品的权利、隐私权、选举权、迁移权、终止意外妊娠的权利、学习外语的权利、教育子女的权利和结婚的权利。

但是,对未列明权利的承认往往是一项棘手的事情,因为它赋予大法官们潜在的广泛权力,使之凌驾于民主程序之上,向人民施加他们作出的什么才是根本性权利的判断。因此,正如"奥贝格费尔案"的异议大法官们所言,最高法院偶尔施加于此种探询的一种限制,是未列明权利只有在它"深深根植于我国的历史与传统"时才应获得承认。根据此种观点,最高法院在因为一部法律限制了未列明权利从而认定其违宪时,只能是因为它严重背离了长期存在的传统。比如,如果某个州制定法律禁止失业人员结婚,或许就会如此。

正如异议大法官们所主张的那样,如果秉持此种理解,这项标准在"奥贝格费尔案"中并未得到满足。尽管最高法院长期以来承认婚姻属于基本权利,但"深深根植于我国的历史与传统"的是异性婚姻,而不是同性婚姻。因此,各州决定不予准许同性伴侣结婚,不属于背离了对这项权利的历史轮廓的既定的、存续的理解。因此,在异议大法官们看来,在"奥贝格费尔案"中,最高法院不是在保护"深深根植于我国的历史与传统"的一项权利,反而是在创造一项全新的凭空捏造的权利,此举已经逾越了最高法院的正当权力。

尽管作为基本原则,这是一种貌似合理的论点,但它事实上并不符合最高法院长期以来的实际做法。最高法院已经承认的许多未列明的基本权利,显然包含根据不断发展的社会理解和价值观对在传统上已获承认的权利的全新适用。

比如,最高法院在"斯金纳诉俄克拉何马州案"中认定,生育权包含了不接受绝育手术的基本权利;它在"格里斯沃尔德诉康涅狄格州案"中认定,"婚内隐私"权包含了已婚夫妇使用避孕用品的基本权利;它在"埃森施塔特诉贝尔德案"中认定,人们自主决定是否"生养孩子"的权利,包含了未婚人士使用避孕用品的基本权利;它在"洛文诉弗吉尼亚州案"中认定,结婚的权利包含了跨种族伴侣结婚的基本权利;它在"罗伊诉韦德案"中认定,隐私权包含了女性自主决定是否终止妊娠的基本权利。在这些案件中,都是如此。

这些例子以及其他一些案例都表明,当一部法律受到挑战时,法院并不是只有在该法背离了传统认可权利的严格定义时,才可以出手对基本权利加以保护。与此相反,它会问,对这种权利的普通理解是否"深深根植于我国的历史与传统",然后再判断特定的限制是否违背了对更为一般性的基本权利的在不断发展中的、当代的理解。[1]

相较于限制较高的司法方法,此种分析模式会产生更大的

---

[1] 对于异议大法官们在这个问题上的立场,或许最有力的先例,是"华盛顿州诉格鲁克斯堡案",521 U.S. 702(1997)。在此案中,由首席大法官伦奎斯特撰写的判决意见,驳回了禁止医生协助自杀的法律侵犯了所谓的自主决定是否继续生存的基本权利。另一方面,在更早的判决中,比如"克鲁詹诉密苏里州卫生部主管案",497 U.S. 261(1990),最高法院确认,个人依据宪法享有保持自己身体完整性的基本权利,因此有权拒绝行政部门挽救生命的医疗行为。

自由裁量空间，但是，多年以来，最高法院显然已下定决心，正如为了保护已经明文规定的宪法权利的生命力就必须与时俱进一样，对未列明的权利也同样必须如此。最高法院在这个问题上的传统方法并不符合异议大法官们的主张，有鉴于此，在"温莎案"与"奥贝格费尔案"之间的数年中，思考这个问题的绝大多数下级法院法官完全预见到了最高法院的司法方法，也就不会令人感到惊讶了。

法学家戴维·科尔敏锐地评论道，"奥贝格费尔案"中的最高法院"并未重写宪法，而是承认了宪法已被重写"。在这个问题上，公共舆论、法律理解和宪法分析发生了重大转变，这是具有奉献精神的支持者们数十年来提供坚定坚持的结果，包括弗兰克·卡米尼、玛丽·博诺托、埃文·沃尔夫森、罗伯塔·卡普兰、"玛特辛协会"、"同性恋的支持者与捍卫者"、"兰姆达法律"、"婚姻自由"组织、"人权运动"组织和"美国公民自由联盟"等个人和团体在内。

他们的努力常常需要付出极大的勇气，与不可胜数的议员、州长、市长、学者和公民团结在一起，质疑受到广泛认同的想法，重构美国人恪守的平等和个人尊严的核心原则，然后不屈不挠地努力打开同胞们的心智，引发宪法学说的深刻变革，并在"奥贝格费尔案"中得到了联邦最高法院的承认。

需要注意的是，与在"劳伦斯案"和"温莎案"中一样，肯尼迪大法官在"奥贝格费尔案"中作出的决定，再次以相对狭窄的理由为基础,这一点十分重要。对于最高法院的决定而言,一种更宽泛的、甚至是更有力的理由本可以是数座下级法院在"温莎案"之后所采纳的那项论证,即对同性恋者的歧视需要根据平等保护条款受到更严格的审查。这项论证很简单:同性恋者已经经历了长期的备受歧视的历史,性取向不是他们可以自己作出选择的,同性恋者的利益在多数主义的政治程序中一直被无视和践踏,性取向与个人在社会中所表现的能力无关。

这样一来,不论是婚姻问题、儿童监护程序、收养程序、政府雇员问题上,还是在其他情形之中,歧视同性恋者的法律,与以种族、性别、祖籍国为由歧视对待的法律一样,都应当被合理解读为在宪法上是"可疑的",从某种意义上来说,此种歧视很容易受到基于厌憎、敌意、无知和偏见的影响。对于宣告歧视同性恋的法律无效而言,这是最令人信服的理由。而且,与"婚姻属于基本权利"的理由不同,可疑分类的理由将导致政府对同性恋者的**所有**歧视都被推定为违宪——也本应如此。最高法院,更准确地说是肯尼迪大法官,在作出"奥贝格费尔案"判决时,为什么选择强调婚姻属于基本权利,而不选择"可疑"分类的理由,还不清楚,不过,这可能是因为肯尼迪大法官,或许还有形成多数意见的大法官中的其他人,希望将其他问题留待以后解决。

展望未来

2015年6月26日，在离开联邦最高法院大楼时，吉姆·奥贝格费尔热泪盈眶地说道："今天的判决……肯定了我们的爱情是平等的，""所有美国人都应得到平等的尊严、尊重和对待。"他的身边挤满了数百名支持者，浑身洋溢着喜悦和自豪，他们挥舞着彩虹旗，高唱《爱能战胜一切》。纽约市一幢六层公寓的二楼，是"婚姻自由"团体的办公室，它的创建者埃文·沃尔夫森在阅读肯尼迪大法官的判决意见时泣不成声。

与此同时，在数个街区之外，"同性恋者反诋毁同盟"主席莎拉·凯特·埃利斯宣布："今天，我国成为更完美的共同体。"许多伴侣和家庭汇成人潮——有同性恋，也有异性恋——聚集到石墙酒吧参加庆祝活动，并向意志坚定的同性恋者权利活动家们致敬，他们多年以来的坚持不懈，终于打开了通往最高法院判决的大门。对于聚集在石墙酒吧的大多数人而言，这是他们一生中从未奢望过的时刻。

这种热情体现了大多数美国人民的观点。尽管，异议大法官们抱怨说，最高法院在"奥贝格费尔案"中的决定是强加给美国人民的，但有百分之五十八的美国人支持这份判决。

最高法院宣布判决后，巴拉克·奥巴马总统马上发表了一份声明，称赞"奥贝格费尔案"是"美国的胜利"，并宣布说，它

"肯定了数百万美国人内心已经相信的东西"。"当所有美国人都受到平等对待之时",他说到,因为激动语带哽咽,"我们都会更加自由"。总统欢欣鼓舞地说:"美国应当感到非常骄傲。"

在"奥贝格费尔案"作出判决之后的四个月内,在全国各州,约有二十万名同性恋者携手步入同性婚姻的殿堂,缔结同性婚姻的同性恋者人数因此攀升到了上百万人。在这些同性恋者组建的家庭中,超过四分之一的家庭领养了孩子。

并非每一个人都在庆祝。对一个人而言,如果他是2015年夏天的共和党总统候选人,又正陷于激烈的提名竞选的阵痛之中,他只能谴责这份判决。比如,得克萨斯州参议员泰德·克鲁兹就将"奥贝格费尔案"形容为"我国历史上最黑暗的时刻"。他怒斥说,弹劾才是合适的回应,并呼吁制定宪法修正案推翻最高法院的判决。阿肯色州前州长迈克·哈克比宣布:"联邦最高法院能够废止的关于婚姻的自然律法或者自然之神的律法,不会超过它能够废止的地球引力法则。"佛罗里达州参议员马尔科·卢比奥承诺,如果当选为总统,他将提名会推翻此案的人担任大法官。

基督教右派暴跳如雷。"家庭研究协会"会长托尼·珀金斯宣布:"没有哪座法院能够推翻自然的律法。"他宣布,真理不是由联邦最高法院的五位大法官决定的,"而是由创造时间与万物并存在于其中的救世主决定的"。"全国婚姻组织"主席布莱恩·S.布朗将最高法院在"奥贝格费尔案"中的判决比作"德雷德·斯科特诉桑福德案"判决,并警告说,"今天的决定""只不过是下一阶段斗争的开始"。

全美国的天主教会主教们都在谴责最高法院的决定。肯塔基州路易斯维尔的约瑟夫·库尔茨大主教形容"奥贝格费尔案"是"悲剧性的错误"。波士顿的肖恩·奥马利枢机主教警告说,该判决给我国的未来带来了巨大危险。纽约州布法罗的理查德·马龙主教宣布,婚姻是异性之间的结合是传统的理解,它"来源于上帝造物:上帝在创造人类的同一时刻,创造了婚姻"。罗德岛普罗维登斯的托马斯·托宾主教宣布,肯尼大法官的判决意见只不过是"破坏上帝计划的一种企图"。

然而,尽管出现了这种种嘈杂之声,在美国几乎每一个州之中,政府工作人员却很快承认,无论是否同意最高法院,他们都负有遵守宪法的职责,并立即着手实施。在密西西比州,司法总长吉姆·胡德授权县政府职员为同性伴侣签发结婚证书,他写道,此时,这是"美国的法律"。在路易斯安那州,尽管博比·金达尔州长批评了最高法院的判决,但他还是宣布,州政府将遵守这份判决。此后不久,在新奥尔良市的郊区,阿莱西亚·勒伯夫与塞莱斯特·奥汀成为路易斯安那州第一对结婚的同性伴侣。勒伯夫评论说,她的手因此激动抖个不停,"我说不出话来。我从没想过我能看到这一天"。

就这样，虽然也有少数例外，①不过，向勇敢的新世界的转变，顺利得令人吃惊。与"布朗诉教育委员会案"在南方遇到的长达十几年的强烈抵制不同，在最高法院对"奥贝格费尔案"作出判决后的几天之内，就连在曾经强烈反对同性婚姻的各州内，同性伴侣们也在兴高采烈地结婚。奥巴马总统所言不虚，这是美国历史上值得纪念的一刻，也是"美国应当感到非常骄傲"的一刻。

· · ·

不过，未来又会如何？尽管已经取得了"罗默案"、"劳伦斯案"、"温莎案"和"奥贝格费尔案"等非常成就，但仍然存在很多问题。或许最明显的问题是，随着最高法院的人事组成发生变化，新的多数意见是否有可能推翻"奥贝格费尔案"。考虑到异议大法官们的激烈反应以及他们对此案判决正当性的严厉批评，将来某个时候，持有类似观点的大法官们形成多数意见，推翻先例，将各州送回"温莎案"之前的混乱局面之中，当然是有可能的。但是，考虑到一百多万结了婚的同性恋者和他们的孩子所怀有的期望，就连持有那种观点的大法官们，很

---

① 获得最多关注的事件，是肯塔基州的县政府职员金姆·戴维斯引起的。她拒绝为同性伴侣签发结婚证书，只为异性伴侣签发。她声称，于她而言，为同性伴侣签发结婚证书将会违背她的宗教信仰。在拒不执行联邦法院的命令后，她因为藐视法庭被判监禁五天。最终，她授权助手代替她签发结婚证书，问题才得以解决。

可能也不愿质疑所有这些家庭的合法性。

不过,即使"奥贝格费尔案"继续生效,也并未解决更广泛的政府基于性取向的歧视问题,意识到这一点十分重要。比如,假设,公立学区主张,这类人会让学区中的孩子们分心和苦恼,学区居民也不会赞成,因此拒绝雇佣同性恋者或跨性别者教师。"奥贝格费尔案"的重点是结婚的基本权利,因此,它没有解决前述问题,即此种歧视是否违反平等保护条款。

形成"奥贝格费尔案"多数意见的五位大法官很可能会宣告这样一项政策无效,理由或者是此种歧视没有合理地促进合法的州利益、且是出于宪法上不允许的厌憎,又或者是基于性取向的歧视在宪法上是可疑的,因此必须受到更严格审查标准的检验。

然而,再次考虑到"奥贝格费尔案"的异议大法官们的激烈反应,也考虑到"奥贝格费尔案"和最高法院此前的判决都未能控制住这种局面,最高法院人事组成上的变化,可以轻易地导致出现一纸判决,将"奥贝格费尔案"局限于结婚权利,维持此种歧视政策,以及所有其他形式的、与婚姻无关的对同性恋者的政府歧视。这依然是将来需要面对的一个问题。

另一个尚未解决的问题不是宪法层面的,而是个人基于性取向和性别认同的歧视。考虑到当前对这个问题的态度还处于发展之中,联邦政府是否会在某个时候制定《就业反歧视法》?这部法律将会禁止私人基于性取向的歧视,就像联邦现在禁止基于种族、性别、祖籍国、宗教、退伍军人地位等原因的此类私人歧视的《民权法案》一样。尽管在这个问题上,公共舆论在总体上强力支持制定《就业反歧视法》,但国家政治的现实和阻挠议事程序所具有的力量表明,纵然不是毫无可能,但想让国会在不久之后制定《就业反歧视法》,确实不太可能。①

接下来还有州法的问题。截至2016年,有二十二个州立法禁止基于性取向在就业、住房和公共设施方面的私人歧视。② 然而,还有二十八个州没有这样的立法。③ 在那二十八个州之中,除了个别城市可能制定自己的反歧视法令外,针对同性恋者的歧视仍然完全是合法的。因此,在那些州之中,理发师如果不希望同性恋者走进理发店,有权拒绝接待;酒店如果不希望已婚同性配偶入住,也有权拒绝接待;工厂如果不希望雇佣同性恋者,也有权不予录用。在这些州之中,基于性取向或性别认同歧视他人的人,无论出于何种理由,都有权利这

---

① 参见第18章对《就业反歧视法案》的讨论。
② 加利福尼亚、科罗拉多、康涅狄格、特拉华、夏威夷、伊利诺伊、艾奥瓦、缅因、马里兰、马萨诸塞、明尼苏达、内华达、新泽西、新墨西哥、俄勒冈、罗得岛、犹他、佛蒙特和华盛顿立法禁止基于性取向或者性别认同的歧视。新罕布什尔、纽约和威斯康星立法禁止的是仅基于性取向的歧视。包括堪萨斯、肯塔基、路易斯安那和弗吉尼亚在内的几个州,一度制定了此种法律,但后来废止了。
③ 亚拉巴马、阿拉斯加、亚利桑那、阿肯色、佛罗里达、佐治亚、爱达荷、印第安纳、堪萨斯、肯塔基、路易斯安那、密歇根、密西西比、密苏里、蒙大拿、内布拉斯加、北卡罗来纳、北达科他、俄亥俄、俄克拉何马、宾夕法尼亚、南卡罗来纳、南达科他、田纳西、得克萨斯、弗吉尼亚、西弗吉尼亚、怀俄明。

样做,包括只是单纯地厌恶同性恋者。

但是,立法禁止基于性取向的私人歧视的二十二个州,情形又是如何?在这些州之中,必然会出现的问题是,因为**自身所持宗教信仰**而歧视同性恋者的人们是否享有宪法或者法律上的权利让他们能够这样做呢?

· · ·

最高法院宣布"奥贝格费尔案"之后的几天或几周内,它成为谴责此案判决的人们关注的核心主题,这也不会令人感到惊讶。他们所怀有的担心,克拉伦斯·托马斯在异议意见中已经预先揭示了,这份判决将"可能为宗教自由带来毁灭性的影响"。比如,"南方浸信会大会"的拉塞尔·摩尔警告说,同性恋者正在对美国公民所享有的自由发动战争,宗教自由将成为这场战争的"下一个战线"。"关注家庭"团体的主席吉姆·戴利指责说,如果敬畏上帝的天主教徒鼓起勇气反对同性婚姻,"奥贝格费尔案"会让他们遭受"偏见与迫害"。

"奥贝格费尔案"的批评者发现了他们担心会出现此种冲突的一系列情形。宗教附属医院、大学、学校、慈善机构、收养机构和庇护所,现在会不会以违背自身宗教信仰的多种方式被迫承认同性婚姻?诸如酒店、饭店、花店、面包店、音乐团体和摄影机构等宗教附属企业,现在会不会被迫参加他们视为罪恶的同性婚礼?政府官员在所持宗教信仰与最高法院的判决相矛盾时，比如签发结婚证书的办事员，现在是否会被迫以某些背叛信仰的方式履行职责？

一方面是对个人尊严和平等的要求，另一方面是对宗教自由的要求，当它们发生矛盾时，我们如何调和？

简单地说，拥有信仰的人们是否有权利歧视同性恋者？对于这样一种权利，至少有两种可能的来源。首先，个人或许会认为，对政府而言，强迫某人以某种他视为不符合自身宗教信仰的方式行事，侵犯了他根据第一修正案所享有的权利，因为第一修正案禁止政府立法"禁止宗教自由"。这条规定明确禁止政府制定对特定宗教成员**明显**不利的法律。比如，如果法律明文禁止穆斯林担任学校教师，或者明文禁止犹太人戴圆顶小帽，就是典型的例子。

更为困难的问题也由此出现。法律针对的并非宗教，但会对个人按照自身宗教信仰行事的能力产生附带影响，当这样的法律适用于某人时，是否因此而违宪？比如，花商主张他所信奉的宗教禁止他向同性婚礼供应鲜花，要对他适用禁止基于性取向歧视对待的法律时，这个问题就出现了。"奥贝格费尔案"的批评者所担心的，正是此类情形。

在沃伦法院的自由派全盛时期，联邦最高法院一度认定，此种法律即使并非意在干涉人们享有的宗教自由，如果它们实质上造成了个人行使宗教自由权利的负担，也是违宪的，除非该法律在适用于此人时服务于重大的政府利益。如果该法律没有满足此项标准，此人即享有对该法律的宪法上的豁免权。

在起到关键作用的"舍伯特诉韦纳尔案"判决中，基督复临安息日会信徒阿黛尔·舍伯特，因为拒绝在她所信奉的安息日即周六工作而遭到开除。南卡罗来纳州就业保障委员会拒绝向她支付失业救济金，认为她因为宗教理由拒绝在周六工作是无法接受的。1963年，联邦最高法院由威廉·J. 布伦南执笔的里程碑式判决意见中认定，在此种情形下，政府依据宪法不得拒绝向舍伯特支付失业救济金。

根据此种原则，在花商的例子中，今天要面对的问题将是，花商必须为同性婚礼供应鲜花的非歧视性规定，是否实质上对她的宗教自由造成了负担，如果是的话，政府在要求花商不得歧视同性婚礼筹备者的问题上是否享有重大利益。

但这已经不再是法律了。1990年，在尼克松、福特和里根总统相继任命八位大法官后，联邦最高法院已经很快走向了更为保守的方向。在"就业处诉史密斯案"中，最高法院推翻了舍伯特原则。"史密斯案"中的问题是，对于因为违法食用佩奥特掌——一种自然存在的精神药物——而被开除的人，州政府是否可以依据宪法拒绝支付失业救济金。对这些人而言，食用佩奥特掌是他们所信奉的原住民教会的宗教仪式的基本元素。教会成员简称，正如《禁酒令》豁免了天主教徒在圣餐中喝酒，禁止佩奥特掌的法律应当豁免原住民教会成员为了类似宗教目的食用佩奥特掌。因为该法律没有规定此种豁免，他们主张,根据既定的法律,第一修正案要求规定这样一种豁免。

有人主张,宗教自由条款赋予个人以宪法权利,让他们有权违反"普遍适用的法律,这些法律要求(或禁止)人们实施的行为,是他的宗教信仰禁止(或要求)他实施的"。在安东宁·斯卡利亚大法官撰写的判决意见中,最高法院直接驳回了这项主张。斯卡利亚解释说,"对有害于社会的行为,已制定普遍适用的禁令,政府执行这些禁令的能力……不得依赖于对政府行为如何影响宗教反对者的精神发展所做的权衡"。他宣布,"规定个人有义务服从此种法律,还要视法律是否符合其宗教信仰",有违"常识"。

几十年前塑造前案学说的更为自由派的大法官们曾经担心,主流宗教可以在政治程序中保护自身,不需要为了保护宗教自由而在宪法基础上提供豁免,但与之不同的是,少数宗教为了能在多数人的漠不关心——或者敌意——中保护自身的宗教自由,却需要这项原则。更为保守的大法官们在"史密斯案"中加入斯卡利亚大法官的分析意见,否定了前案原则所基于的理由。

那么,根据斯卡利亚大法官在"史密斯案"中确定的法律的当前状态,在禁止基于性取向歧视对待的各州和各城市中,具有宗教上的反对理由、拒绝向同性婚礼供应鲜花、蛋糕或签发结婚证书的人们,似乎无法找到宪法上的理由可兹依赖——当然,除非最高法院先看一下如今被刺死的是谁的公牛,再次重新考虑它对第一修正案的解释。①

不过,"史密斯案"并非故事的结束。三年后,对斯卡利亚在"史密斯案"中的判决意见深感恼火的国会制定了1993年《宗教自由恢复法案》,现在,有一部成文法律禁止联邦政府对人们的宗教自由造成"实质负担",即使这种负担只不过是附带影响的结果,除非政府能够证明其与重大的政府利益密切相关。而且,截至2016年,在国会的领导下,已有二十一个州制定了类似的法律。②

考虑到各州之间的宗教差异,已经立法禁止基于性取向的私人歧视的二十二个州,与已经制定州版本的《宗教自由恢复法案》的二十一个州之间,只有很少的重合,或许并不会令人感到惊讶。只有四个州既禁止此种歧视又豁免具有宗教理由的反对者。在其余四十六个州中,要么歧视同性恋是合法的,因此不需要规定宗教理由豁免,要么此种歧视是违法的,不容宗教理由豁免的存在。

---

① 值得注意的是,在"史密斯案"判决十年之后,联邦最高法院在仍然是由斯卡利亚大法官撰写的一份判决意见中认定,禁止歧视同性恋者的州法律,依据宪法不得适用于"童子军",因为,让同性恋者担任童子军团长的要求,会对向童子军教授同性恋是不道德的言论自由权利产生附带影响。见"美国童子军诉戴尔案",530 U.S. 640 (2000)。

② 亚拉巴马州、亚利桑那州、阿肯色州、康涅狄格州、佛罗里达州、爱达荷州、伊利诺伊州、印第安纳州、堪萨斯州、肯塔基州、路易斯安那州、密西西比州、密苏里州、新墨西哥州、俄克拉何马州、宾夕法尼亚州、罗得岛州、南卡罗来纳州、田纳西州、得克萨斯州和弗吉尼亚州都制定了州版本的《宗教自由恢复法案》。

更确切地说,截至2016年,三十二个州允许因为宗教理由对同性恋者歧视对待,不是因为它们完全不禁止歧视对待(二十八个州),就是因为它们禁止歧视对待但豁免因为宗教理由的歧视对待(四个州)。而且,截至2016年,十八个州禁止歧视对待同性恋者,且没有规定歧视对待的宗教理由豁免。在这十八个州之中,目前已由"史密斯案"解决的宪法问题,没有规定豁免具有宗教理由的反对者。

在立法机关和宪法层面,将来的核心问题是,在下列三种情境中,哪一种是"正确的":(1)私人与私人机构可以合法地基于性取向或性别认同歧视对待他人。(2)私人与私人机构不得合法地基于性取向或性别认同歧视对待他人。(3)私人和私人机构可以合法地基于性取向或性别认同歧视对待他人,只要此种歧视对待在他们的宗教信仰上是"正当的"。

这是将来要面对的问题。

后记

　　性是人类生活中一种伟大而神秘的动力,也是古往今来一个令人心醉神迷的主题。

　　——1957年"罗斯诉联邦案",354 U.S. 476, 487（1957）

　　我们身处一场宪法革命之中。这是一场检验美国人民最基本的价值观,从根本上动摇宪法的革命。它使公民、政治家和法官产生分歧。它主导政治,激发宗教热忱,让美国人重新思考、重新审视他们在曾以为已经解决的各种议题上的立场。

　　在历史长河中,社会、宗教和法律对待性的态度因时而异。这些变化并没有固定朝着哪一个方向。与此相反,它们来回摆动,取决于诸多影响因素和周边环境。尽管希腊人和罗马人没有对性附着任何宗教意义,但早期的基督徒还是把性视为天生罪恶。在一千多年中,教会向信徒灌输它对性的看法,却影响不了不同信仰的人。

中世纪末，变革开始出现，因为，先是教会，然后是新教改革者，都日益需要求助于世俗法律，要求**所有**人民听命于主流宗教。然而，时移世易，洛克、伏尔泰、卢梭等启蒙思想家开始拒绝接受传统天主教的许多教义，以及在更广泛层面上的假设，即主流宗教可以合法地利用政府权力将自己关于罪恶的看法强加给他人。

此种观点塑造了美国宪法制定者们的理解，并最终催生了政教分离原则，制宪先贤们将之写入了第一修正案。这条规定表明，尽管宗教有权为具有相同信仰的人们制定他们自己的行为规范，但依据宪法，他们不得利用政府权力强迫他人听命于其本身并未接受的宗教。

在制定宪法的时候，美国并没有禁止性表达、避孕、胎动前堕胎的法律，而长期存在的禁止自愿鸡奸行为的法律，就算获得实施，也极为罕见。这也体现了启蒙运动的核心价值观，它激励人们创建了美利坚合众国，并产生了重要的影响。

但是，随着第二次大觉醒、维多利亚时代的宗教道德主义、社会净化运动的影响、安东尼·康斯托克的支配接踵而至，宗教力量在整个十九世纪对性表达、避孕、堕胎和同性恋施加了严厉的全新限制。宗教领袖不加掩饰地援引《圣经》作为世俗法律的理由，严重限制了个人自由。

尽管对于这场美国法律的激烈变革一直存在反对的声音，但直到二十世纪，诸如玛格丽特·桑格、贺拉斯·利夫莱特、弗兰克·卡米尼这样的勇敢领袖,才对这场将宗教教条注入美国法律的运动发起成功的挑战。数十年之后,各种社会运动需要更强有力的表达权、女性控制自身生育命运的权利、日益茁壮成长的同性恋者的尊严权与平等权。这些社会运动认为,此时他们所挑战的这些法律,不容于美国宪法中的大部分基本规定。

贯穿整段历史的,是关于淫秽、避孕、堕胎、鸡奸和同性婚姻等诸多议题的政治、法律和宪法斗争,这使得美国人按照宗教立场的不同,陷入了严重分裂。某些宗教信仰认为此种行为是罪恶的,它们的信奉者从莱曼·比彻、安东尼·康斯托克一直到杰里·福尔韦尔,都热切地认为此种行为是"不道德的",应予禁止。然而,秉持不同信仰的人们,从塞缪尔·罗斯到埃斯特尔·格里斯沃尔德到玛丽·博诺托,却以同样的热情认为,仅仅因为一些人——哪怕是大多数人——相信他们的行为是"罪恶的",政府依据宪法也不得限制美国公民的自由权。

尽管在这些争议之中,宗教发挥的主导影响无所不在,但是,联邦最高法院的大法官们一直不太愿意援引政教分离条款宣告此类法律无效。这是因为,维护这些法律的人们总会在为之辩护时提出非宗教性的理由。比如,在为禁止销售避孕用品的法律辩护时,理由并非避孕用品与某些宗教信仰相抵触,而是让人购买避孕用品就是在鼓励女性滥交,并进而破坏家庭稳定。在此种情形下,当然可以理解,对于是否要指责其他政府分支为了避免违反宪法所表现出的虚伪方式，联邦最高法院的大法官们会非常犹豫。但是，对于限制避孕、性表达、堕胎、鸡奸和同性婚姻的诸多法律，在根据**其他的**宪法规定评估其合宪性时，不管是平等保护条款、言论自由条款、正当程序条款还是第九修正案，大法官们——或者至少是其中一部分大法官——无疑会注意到基础事实究竟如何，他们也本应如此。

在1957年之前，对于规制性表达、避孕、堕胎或同性恋的法律合宪与否的问题，联邦最高法院都避免直接参与其中。这并非是因为不存在参与其中的机会。举例而言，恰恰相反，自十九世纪末以降，联邦《康斯托克法》显然就在淫秽和避孕两方面都提出了潜在的宪法问题。但是，大法官们回避了这些问题，部分是因为他们仍然没有认真以对，还有部分是因为，对于要在联邦最高法院的肃穆氛围中处理此种不得体的问题，他们无疑对其前景深感不安。

然而，从1957年处理淫秽问题的"罗斯案"开始，最高法院发现自己陷入了一系列具有挑战性且充满争议的案件之中，这些案件提出了对性相关行为加以管制时的各种复杂问题。"罗斯案"判决时隔8年之后，最高法院在"格里斯沃尔德案"中认定，禁止已婚夫妇避孕不符合宪法规定。数年后，在埃森施塔特案中，最高法院将这项原则扩张适用于未婚伴侣，同时明确承认，自主决定是否"生养孩子"是虽未列明但属于根本性的个人权利。1973年，最高法院走得更远，在"罗伊诉韦德案"中认定,宪法保护女性自主决定是否终止意外怀孕的根本性权利。

在这些判例中,由两党的总统任命的大法官们分化组合,承认人生中的一些抉择对个人尊严如此重要、与个人如此密切相关,政府在缺乏压倒一切的正当理由时,不得依据宪法加以干涉。最高法院始终如一地拒绝接受的观点,是仅仅援引"道德"为对个人自由的这种侵犯式限制在宪法上提供辩护,而这正是这些判例的核心。

在此后四十年中,最高法院继续想方设法解决这些问题,最终把注意力转向了同性恋者权利问题。在"罗默案"、"劳伦斯案"、"温莎案"和"奥贝尔格费尔案"等一系列引人注目的判例中,最高法院援引在此前的案件中业已采纳的相同的基本原理,认定鸡奸不应在宪法上被认定为犯罪,同时认定同性伴侣享有结婚的宪法权利。

因此,自1957年至今,我们见证了美国宪法所发生的影响深远的变革。性露骨材料如今对于经其同意的成年人而言已随手可得,避孕用品如今在全国各地的杂货店中均可大大方方地购买,女性可以合法地获得堕胎,同性恋者配偶如今可以公开庆祝他们有权自由结婚。

不过,这场革命绝非已竟全功。许多州仍然对堕胎科以严苛的、严重侵犯隐私的限制,大多数州和联邦政府仍然允许基于性取向和性别认知的歧视。他们的确面临着很多新问题,比如在进入公共浴室之类的情境下,歧视跨性别者的法律是否合宪。但是,尽管这些问题仍然有待解决,宪法上的这场革命却是真实的,它已经给美国社会带来了巨大的影响。

这场革命是否仍将继续？虽然,说一句"当然如此"再轻易不过,但我们知道,规制性问题的舆论和法律常常因时而异,今天庆祝这场革命的人们,过了不多久就不会再将之视为理所当然。诚然,人们将来在理解宪法所规定的自由时,尽管它们已经得到广泛承认,但联邦最高法院的人事变动,仍会对其范围带来巨大的变化。

当然,美国法律和文化的那些变化,并不是联邦最高法院以一己之力带来的,而是诸多个人和团体勇敢、坚毅地挑战传统观念的结果。他们提出的质疑,起初遭到了人们不假思索的否定。但正是因为他们坚持不懈、目光如炬、信念坚定,以一种使宪法上的改变成为可能的方式,改变了人们的想法和道德观念。联邦最高法院的大法官们并非是在真空中工作。正如宪法的制定者们所设想的那样,他们身处其中的世界,拥有不断发展的社会、政治、法律和宪法价值观和理解力。

诸如"言论自由"、"法律的平等保护"、"法律的正当程序"和"人民所保留的权利"之类的模糊措辞,它们的含义无可避免会因时而异。联邦最高法院的大法官们肩负的责任,是赋予这些措辞以实质内容,而非将个人的价值观强加给这个国家,而是要理解美国人民自身如何理解他们最基本的自由。就此而言,尽管一些大法官提出了强烈的异议意见,但联邦最高法院在这些案件中确已完成自身的核心使命。面对宗教势力的反对,最高法院保护了个人权利,不辱使命,他们应当对此表示感谢。

但是,他们现在发现自己身处一种令人不解而且史无前例的局面。在美国历史上的大多数时候,信奉传统基督教价值观的人们都能如愿以偿。无论在性表达、避孕、堕胎还是同性恋问题上,政府都将宗教信仰和价值观强加到持有不同意见的个人身上。虽然他们不是"基督教国家",但在一个多世纪之中,他们在性问题上的法律,体现的是一整套的宗教教义,它们认为,所有的公民必须根据这些信仰生活。

不过,此刻,在美国历史上第一次,宗教团体和个人转入了防守状态。信仰宗教的雇主如今所谋求的自由,是无须被迫向女性雇员提供作为医保组成部分的避孕用品。信仰宗教的花商、面包师、酒店和饭店所有者如今所谋求的自由,是无须被迫参与同性婚礼。信仰宗教的房东如今所谋求的自由,是无须被迫将房屋出租给同性伴侣。信仰宗教的政府官员如今谋求的自由,是无须被迫批准同性婚姻。这些要求体现了复杂的政策、立法和宪法争议。对于宗教自由、歧视和平等的含义,它们提出了严肃的——也是困难的——问题。

值得一提的是,这些问题正是**如今**他们所面临的争议。拥有虔诚宗教信仰的人们,在这些问题上不再处于将他们的信仰强加他人的地位,他们如今所谋求的自由,不过是行事符合自身的宗教信仰。在美国的文化和法律之中,这是一种惊人的、也的确是具有历史意义的转变。

· · ·

纵观历史,联邦最高法院的人事组成非常重要。就此而言,2016年的总统选举是关键所在。安东宁·斯卡利亚于2016年2月去世后,巴拉克·奥巴马总统提名梅里克·加兰接替他的席位。奥巴马总统选择加兰,显然是对控制参议院的共和党人作出的让步。奥巴马没有提出更为年轻的人所共知的坚定自由派候选人———一如他此前提名的索尼娅·索托马约尔和埃琳娜·卡根,他提名的是一位六十四岁高龄的法官,还是众所周知的温和自由派。值得注意的是,比起最近的四位候选人(罗伯茨、阿利托、索托马约尔和卡根),加兰比他们的平均年龄还要年长十三岁,而且,他的过往记录明显要比他们中的任何一位都要更加温和。简而言之,他是一位绝对合格、明显合乎道德标准、公正无私的温和派候选人。

但是,参议院中的共和党人知道,拥有加兰大法官而非斯卡利亚大法官的最高法院,显然将朝着更加自由的方向倾斜。他们甚至拒绝为加兰举行听证。尽管他们声称,此举之所以正当,理由是在总统任期的最后一年不应确认联邦最高法院候选人的提名。此种说法显然是虚伪之辞。许多位总统,包括乔治·华盛顿、托马斯·杰斐逊、安德鲁·杰克逊、亚伯拉罕·林肯、威廉·霍华德·塔夫脱、伍德罗·威尔逊、赫伯特·胡佛、富兰克林·罗斯福和罗纳德·里根,都在总统任期的最后一年确认过联邦最高法院的候选人提名。尽管如此,心心念念堕胎和同性恋者权利等议题的参议院共和党人,选择的是将权力凌驾于原则之上。这是滥权之举——但他们成功了。*

随着唐纳德·J.特朗普当选总统,将由他来提名安东宁·斯卡利亚的继任者,而非巴拉克·奥巴马或者希拉里·克林顿。此外,三位最年长的在任大法官——鲁斯·巴德·金斯伯格、斯蒂芬·布雷耶和安东尼·肯尼迪——均支持堕胎和同性恋者权利,如果特朗普总统有机会替换他们之中的一位或者几位,他们将肯定会拥有比此前几乎一个世纪中的任何时候都更加保守的联邦最高法院。"赫勒斯泰特案"、"劳伦斯案"、"奥贝格费尔案"和"罗伊案"的命运如何,仍未可知。

・・・

或许,《性与法律》的核心思想是:我们能够、也应该感到高兴的是,美国在保护人的尊严和平等之路上,已经走出了重

---

* 2020年9月18日,美国联邦最高法院发表声明,宣布鲁斯·巴德·金斯伯格大法官去世,享年八十七岁。此时距离2020年美国总统选举日即11月3日仅剩一个半月时间。9月26日,共和党总统特朗普提名埃米·巴雷特接替金斯伯格大法官的席位。10月26日,由共和党控制的参议院投票通过对巴雷特的提名。——译者注

要的一步。我们还有很多路要走,但是,这一步是我们应当庆贺的——无须在乎一些大法官和其他人可能会觉得我们踏上的是毁灭之路。

在制宪先贤们所设想的社会中,我们努力完成身为公民的责任,我们必须具备挑战既有观念的勇气和正直,同时,我们也必须完全接受尊重他人权利的道德、法律和宪法责任。归根结底,这是创建这个国家的人期望我们去做的事。

本书注释部分篇幅较大,扫描二维码发送:性与法律,即可在线查看。

译后记

本书作者杰弗里·斯通教授是美国著名的宪法学家,他于1973年起在芝加哥大学任教,此后在宪法领域著述颇丰,可谓著作等身。而且,他并没有将写作局限在学术领域,而是用生花妙笔将法律、历史、现实结合在一起,面向大众写作。唯有斯通教授这样的大家,才能写出如此气象的大作,带领读者一路回溯到古希腊和古罗马,从西方文明的源头讲起,穿越中世纪和启蒙时代;从五月花号横渡大西洋到达美洲,讲到这几个议题在这数十年中的天翻地覆。斯通教授让读者不但观其源,而且知其流,阅读本书,实可谓是在享受一场智识的盛宴。作为关注美国热点司法议题二十余年的观察者,我深知堕胎、同性恋权利、淫秽材料等议题对于美国社会和法律的重要性,但对于其在西方文明史上的源流,以及为何会成为撕裂政坛和社会的焦点问题,却是一知半解。读完此书,相信很多读者会与我一样,油然生出恍然大悟之感。

感谢麦读的信任和曾健兄的宽容，面对我的多次拖稿，依然勉励有加。感谢汪雪律师，不但不厌其烦地多番为我释疑解惑，而且在通读译稿后指出了多处错译。感谢郑睿博士，在我面对中世纪英语艳诗一筹莫展之时，慷慨施以援手，并展现出了对中英古典情色文学的非凡造诣和才情。感谢陈欢博士，为我指点若干拉丁文的理解和翻译。感谢沈诚律师，为我提供了《圣经》思高本，让我得以与手头的另外两种《圣经》中译本对照阅读，从而更准确地翻译出书中涉及的圣经故事。还要感谢何帆博士和蒋奕博士，在我遇到疑难时为我指点迷津。当然，本书中的翻译错误，均应由我负责。

最后，我想把这本译作献给我的妻子杨志勤，如果没有她，我的生活必然会是一团乱麻；如果没有她，我的生命中也不会出现两位如此可爱的儿子。既然本书的主题关乎人类的性，将之献给我的配偶和人生伴侣，自然也是我的不二选择了。

是为后记。

何　远

2022 年 4 月 5 日